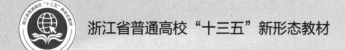

浙江省普通高校"十三五"新形态教材

U0182722

电工技术基础

主　编　张雪莲

副主编　李　欣　周　标　许　云　余建平

ZHEJIANG UNIVERSITY PRESS
浙江大学出版社
·杭州·

图书在版编目(CIP)数据

电工技术基础 / 张雪莲主编.— 杭州：浙江大学
出版社，2024.1

ISBN 978-7-308-23298-2

Ⅰ.①电… Ⅱ.①张… Ⅲ.①电工技术 Ⅳ.①TM

中国版本图书馆 CIP 数据核字(2022)第 221647 号

电工技术基础

DIANGONG JISHU JICHU

主　编　张雪莲

责任编辑　王　波

文字编辑　沈巧华

责任校对　汪荣丽

封面设计　春天书装

出版发行　浙江大学出版社

（杭州市天目山路 148 号　邮政编码 310007）

（网址:http://www.zjupress.com）

排　　版　杭州晨特广告有限公司

印　　刷　广东虎彩云印刷有限公司绍兴分公司

开　　本　787mm×1092mm　1/16

印　　张　19.75

字　　数　468 千

版 印 次　2024 年 1 月第 1 版　2024 年 1 月第 1 次印刷

书　　号　ISBN 978-7-308-23298-2

定　　价　58.00 元

版权所有　侵权必究　印装差错　负责调换

浙江大学出版社市场运营中心联系方式:(0571)88925591;http://zjdxcbs.tmall.com

前　言

　　本书为浙江省普通高校"十三五"新形态教材,与浙江省线上一流开放课程"电工技术基础"相配套。它以纸质教材为基础,将多种类型的数字化教学资源(微课、课件、在线测试题等)通过二维码技术与文本紧密关联,支持学生通过移动终端随时随地进行学习。本书编写时尽量做到教学内容的系统性、完整性、科学性和教学适用性的有机结合。本书不仅适用于传统方法教学,同时还适用于MOOC教学。

　　本书为普通本科院校和高职高专非电类专业及其他相关专业的学生编写,根据应用型院校学生的知识基础和认知规律组织内容。在内容选材上立足于"加强基础、学以致用、突出重点、联系实际"的原则,在文字叙述上力求由浅入深、通俗易懂,方便学生自学和教师授课。

　　党的二十大报告指出,要坚持为党育人、为国育才。为满足"应用型人才"的培养需求,本书在编写过程中注重理论联系实际和提升学生分析解决问题的能力。除第1章、第7章和第9章外,在每章的最后增加一节介绍电路理论应用的实例,将电路理论和实际应用有机结合起来,帮助学生建立研究实际电路问题的思维模式和兴趣,培养学生的工程意识;本书所配例题具有典型性、实用性,每章小结归纳全面、详尽,每章习题循序渐进、由浅入深,除第9章以外均有参考答案,部分答案还有思维引导,以供读者选用。书中正文、例题、习题密切结合,便于读者自学,以适应启发性教学方法的需要。

　　本书内容丰富,资源充足。知识点都配有教学视频、电子课件,每一节都配有在线测试题,每一章都配有难度递进的拓展练习、习题。读者通过扫描二维码就可以观看视频,或进行在线测试并实时查看测试结果等。因此,本书不仅有助于提升学生的思想力、行动力、创造力,同时还特别适合翻转课堂、混合式教学等新型教学模式。

　　本书由张雪莲任主编并统稿。第1章、第2章、第3章、第4章由张雪莲编写,

第 5 章、第 7 章、第 8 章由张雪莲和李欣编写,第 6 章由周标编写,第 9 章及部分应用实例由许云、周建强编写,课后习题由余建平编写。

本书在编写过程中,参考了许多教材,这些资料均在参考文献中列出,在此对这些教材的作者表示衷心的感谢!本书的编写也得到了全国教育科学规划课题"新工科背景下省域边际高校教育共同体建设研究"(BIA200211)项目组同行的大力支持,在这里表示诚挚的谢意!

由于编者水平和能力有限,书中难免有不足或错误之处,敬请读者不吝赐教,批评指正。

编　者

2023 年 6 月

目录

CONTENTS

第 1 章　电路的基本概念与基本定律 ……………………………………………………… 1

1.1　电路与电路模型 ………………………………………………………………… 1

1.1.1　电路的组成及其作用 ……………………………………………………… 1

1.1.2　电路模型 …………………………………………………………………… 2

1.2　电路的基本物理量和欧姆定律 ………………………………………………… 4

1.2.1　电　流 ……………………………………………………………………… 4

1.2.2　电　压 ……………………………………………………………………… 6

1.2.3　电动势 ……………………………………………………………………… 7

1.2.4　欧姆定律 …………………………………………………………………… 8

1.3　电路中的功率和电能 …………………………………………………………… 9

1.4　电路的三种工作状态 …………………………………………………………… 11

1.4.1　电源有载工作状态 ………………………………………………………… 11

1.4.2　开路状态 …………………………………………………………………… 13

1.4.3　短路状态 …………………………………………………………………… 14

1.5　无源二端元件 …………………………………………………………………… 15

1.5.1　电阻元件 …………………………………………………………………… 15

1.5.2　电感元件 …………………………………………………………………… 16

1.5.3　电容元件 …………………………………………………………………… 18

1.6　基尔霍夫定律 …………………………………………………………………… 20

1.6.1　基本概念 …………………………………………………………………… 20

1.6.2　基尔霍夫电流定律 ………………………………………………………… 20

1.6.3　基尔霍夫电压定律 ………………………………………………………… 22

1.7　电路中的电位 …………………………………………………………………… 24

本章小结 ……………………………………………………………………………… 27

习题 1 ………………………………………………………………………………… 30

第 2 章　电路的分析方法 …………………………………………………………………… 34

2.1　电阻串并联连接及其等效变换 ………………………………………………… 34

2.1.1　电阻的串联 ………………………………………………………………… 34

2.1.2 电阻的并联 ··· 35

2.1.3 电阻的混联及其等效变换 ··· 36

2.2 电阻星形连接与三角形连接的等效变换 ·································· 37

2.3 电源的两种模型及其等效变换 ··· 42

2.3.1 电压源 ··· 42

2.3.2 电流源 ··· 43

2.3.3 理想电源的串并联等效 ··· 44

2.3.4 两种电源模型之间的等效变换 ·· 46

2.4 受控源及其电路的分析 ··· 47

2.4.1 受控源介绍 ··· 47

2.4.2 含受控源的简单电路分析 ·· 49

2.5 支路电流法 ··· 52

2.6 节点电压法 ··· 54

2.7 叠加定理 ·· 58

2.7.1 叠加定理的基本内容 ·· 58

2.7.2 叠加定理使用的注意事项 ·· 59

2.8 等效电源定理 ·· 60

2.8.1 戴维南定理 ··· 60

2.8.2 诺顿定理 ·· 64

2.9 应用举例 ·· 67

2.9.1 磁电式万用表 ·· 67

2.9.2 惠斯通电桥电路 ··· 68

本章小结 ·· 69

习题 2 ··· 71

第 3 章 正弦交流电路 ·· 77

3.1 正弦电压与电流 ··· 77

3.1.1 周期与频率 ··· 78

3.1.2 振幅与有效值 ·· 78

3.1.3 相位、初相位和相位差 ·· 80

3.2 正弦量的相量表示法 ··· 82

3.2.1 复数及其四则运算 ··· 82

3.2.2 相量的概念 ··· 85

3.2.3 相量图 ··· 87

3.2.4 基尔霍夫定律的相量形式 ·· 88

3.3 单一参数的正弦交流电路 ··· 89

3.3.1 单一参数的正弦交流电路——电阻电路 ······························· 90

3.3.2　单一参数的正弦交流电路——电感电路 ……………………………… 91

3.3.3　单一参数的正弦交流电路——电容电路 ……………………………… 94

3.4　RLC 串联的交流电路 …………………………………………………………… 97

3.5　阻抗的串联与并联 ……………………………………………………………… 102

3.5.1　阻抗的串联 …………………………………………………………… 102

3.5.2　阻抗的并联 …………………………………………………………… 103

3.5.3　正弦交流电路的相量法分析 ………………………………………… 105

3.6　正弦交流电路的功率及功率因数的提高 ……………………………………… 109

3.6.1　瞬时功率 ……………………………………………………………… 109

3.6.2　平均功率和功率因数 ………………………………………………… 109

3.6.3　无功功率 ……………………………………………………………… 110

3.6.4　视在功率 ……………………………………………………………… 111

3.6.5　电路功率因数的提高 ………………………………………………… 114

3.7　电路中的谐振 …………………………………………………………………… 118

3.7.1　串联谐振 ……………………………………………………………… 118

3.7.2　并联谐振 ……………………………………………………………… 121

3.8　应用举例 ………………………………………………………………………… 125

3.8.1　日光灯电路 …………………………………………………………… 125

3.8.2　移相电路 ……………………………………………………………… 127

3.8.3　交流电桥 ……………………………………………………………… 128

本章小结 ………………………………………………………………………………… 130

习题 3 …………………………………………………………………………………… 133

第 4 章　三相正弦交流电路 …………………………………………………………… 138

4.1　三相电路的三相电源 …………………………………………………………… 138

4.1.1　三相电源的产生 ……………………………………………………… 138

4.1.2　三相电源的连接 ……………………………………………………… 140

4.2　负载星形连接的三相电路 ……………………………………………………… 142

4.2.1　三相负载 ……………………………………………………………… 142

4.2.2　负载星形连接 ………………………………………………………… 143

4.3　负载三角形连接的三相电路 …………………………………………………… 148

4.4　三相电路的三相功率 …………………………………………………………… 150

4.4.1　有功功率 ……………………………………………………………… 150

4.4.2　无功功率 ……………………………………………………………… 151

4.4.3　视在功率 ……………………………………………………………… 151

4.4.4　瞬时功率 ……………………………………………………………… 151

4.4.5　三相功率的测量 ……………………………………………………… 154

4.5　应用举例 ··· 155

　　4.5.1　相序指示器 ··· 155

　　4.5.2　实用电路分析 ··· 157

本章小结 ··· 158

习题 4 ·· 159

第 5 章　电路的暂态分析 ··· 163

5.1　暂态过程与换路定则 ·· 163

　　5.1.1　暂态过程 ··· 163

　　5.1.2　换路定则 ··· 164

　　5.1.3　初始值的确定 ··· 164

5.2　一阶 RC 电路的暂态响应 ·· 166

　　5.2.1　一阶 RC 电路的零输入响应 ······························· 166

　　5.2.2　一阶 RC 电路的零状态响应 ······························· 170

　　5.2.3　一阶 RC 电路的全响应 ····································· 172

5.3　一阶 RL 电路的暂态响应 ·· 174

　　5.3.1　一阶 RL 电路的零输入响应 ······························· 174

　　5.3.2　一阶 RL 电路的零状态响应 ······························· 176

　　5.3.3　一阶 RL 电路的全响应 ····································· 178

　　5.3.4　一阶电路暂态响应的一般形式 ······························ 180

5.4　一阶电路的三要素法 ·· 180

5.5　应用举例 ··· 184

　　5.5.1　积分电路和微分电路 ·· 184

　　5.5.2　汽车用电容式闪光器 ·· 185

本章小结 ··· 187

习题 5 ·· 187

第 6 章　磁路和变压器 ··· 190

6.1　磁　路 ··· 190

　　6.1.1　磁路的基本概念 ··· 190

　　6.1.2　磁路的基本物理量 ·· 191

6.2　磁性材料的磁性能 ·· 192

6.3　磁路及其分析方法 ·· 196

　　6.3.1　磁路欧姆定律 ··· 196

　　6.3.2　磁路的分析方法 ··· 196

6.4　交流铁心线圈电路 ·· 197

　　6.4.1　电磁关系 ··· 197

　　6.4.2　电压电流关系 ··· 198

6.4.3 功率损耗 ……………………………………………………… 199

6.5 变压器及电磁铁 ………………………………………………… 200

6.5.1 变压器的工作原理 ………………………………………… 200

6.5.2 变压器的作用 ……………………………………………… 201

6.5.3 变压器绕组的极性 ………………………………………… 205

6.5.4 变压器的使用 ……………………………………………… 206

6.5.5 特殊变压器 ………………………………………………… 208

6.5.6 电磁铁 ……………………………………………………… 210

6.6 应用举例 ………………………………………………………… 211

本章小结 ……………………………………………………………… 213

习题 6 ………………………………………………………………… 214

第 7 章 异步电动机 …………………………………………………… 215

7.1 三相异步电动机的构造 ………………………………………… 215

7.2 三相异步电动机的旋转磁场 …………………………………… 218

7.2.1 旋转磁场的产生 …………………………………………… 218

7.2.2 旋转磁场的极对数和转速 ………………………………… 220

7.3 三相异步电动机的转动原理和电路分析 ……………………… 221

7.3.1 三相异步电动机的转动原理 ……………………………… 221

7.3.2 三相异步电动机的电路分析 ……………………………… 222

7.4 三相异步电动机的转矩与机械特性 …………………………… 225

7.4.1 三相异步电动机的转矩 …………………………………… 225

7.4.2 三相异步电动机的机械特性 ……………………………… 226

7.5 三相异步电动机的使用 ………………………………………… 229

7.5.1 三相异步电动机铭牌与技术数据 ………………………… 229

7.5.2 三相异步电动机的启动 …………………………………… 232

7.5.3 三相异步电动机的制动 …………………………………… 236

7.5.4 三相异步电动机的调速 …………………………………… 239

7.6 三相异步电动机的选择 ………………………………………… 242

7.6.1 功率的选择 ………………………………………………… 242

7.6.2 种类和形式的选择 ………………………………………… 244

7.6.3 电压和转速的选择 ………………………………………… 245

7.7 单相异步电动机 ………………………………………………… 245

7.7.1 单相异步电动机的工作原理 ……………………………… 246

本章小结 ……………………………………………………………… 249

习题 7 ………………………………………………………………… 251

第8章 继电-接触器控制 ································· 253

8.1 几种常用控制电器 ····························· 253

8.1.1 手动控制电器 ························· 253

8.1.2 自动控制电器 ························· 257

8.1.3 保护电器 ···························· 260

8.2 继电-接触器控制线路的绘制与阅读 ················ 264

8.3 三相异步电动机的基本控制线路 ················· 267

8.4 笼型电动机的正反转控制 ······················ 269

8.5 行程控制 ·································· 271

8.5.1 行程开关 ···························· 271

8.5.2 自动往返行程控制 ······················ 271

8.6 时间控制 ·································· 272

8.6.1 时间继电器 ·························· 272

8.6.2 三相笼型异步电动机 Y-△换接启动控制线路 ······· 274

8.6.3 三相笼型异步电动机能耗制动控制线路 ·········· 275

8.7 应用举例 ·································· 276

8.7.1 三人抢答器控制线路 ····················· 276

8.7.2 一种混凝土搅拌机控制线路 ················· 277

本章小结 ······································ 278

习题8 ·· 279

第9章 工厂供电与安全用电 ························· 281

9.1 电力系统概述 ······························ 281

9.1.1 电力系统的组成 ······················· 282

9.1.2 工厂供电系统 ························· 283

9.2 安全用电常识 ······························ 283

9.2.1 触 电 ······························ 284

9.2.2 预防触电的措施 ······················· 286

9.2.3 静 电 ······························ 290

9.3 节约用电 ·································· 291

本章小结 ······································ 292

习题9 ·· 292

习题答案 ·· 293

参考文献 ·· 305

第1章 电路的基本概念与基本定律

本章从电路的作用入手,介绍了电路的组成、电路的基本物理量(电流、电压)、电路中的功率和电能、电路的三种工作状态以及电路中的电位等基本概念;阐述了电路的基本定律——基尔霍夫定律及欧姆定律。这些内容都是分析与计算电路的基本依据,所以本章是本课程最基础的部分。

绪论

绪论

1.1 电路与电路模型

1.1.1 电路的组成及其作用

电路是电流的通路。它是为了满足某种需要由电气设备或电路元件按照一定的方式连接而成的。在现代工业、农业、国防建设、科学研究及日常生活中,人们使用不同的电路来完成各种任务。小到手电筒,大到计算机、通信系统和电力网络,都有电路。可以说,只要是用电的物体,其内部都含有电路。

电路与
电路模型

实际的电路功能各异,种类繁多,但从宏观上来看,其作用可以归纳为两类:一是能量的处理;二是信号的处理。

其一,能量处理是指通过电路实现电能的转换、传输与分配。

以电力系统中的输电线路为例。发电厂中的发电设备将机械能、热能、核能、太阳能等其他形式的能量转换成电能,通过变电站、输电线等传输、分配给工厂、学校、家庭等用户,用户又会把电能转换成光能、机械能、热能等加以利用。

电路与
电路模型

这类电路中电压往往比较高,电流比较大,俗称"强电"电路。工程上一般要求这类电路在电能的传输和转换过程中,尽可能地减小电能的损耗以提高效率。

其二,信号处理是指通过电路实现电信号的变换、传递与处理。

以常见的扬声器为例。扬声器电路主要由信号转换电路(话筒)、放大电路以及扬声器组成。信号转换电路的功能是把声音这个物理信息转换为电信号,即电压或电流信号。由于话筒输出的电信号比较微弱,不足以驱动扬声器发音,因此,需要放大电路将话筒输出的电信号放大再送入扬声器。可见,扬声器电路的作用是实现电信号的变换、传递与处理,即

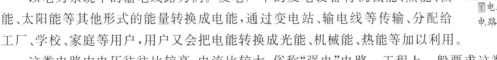

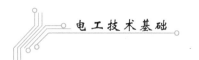

将激励信号处理成所需要的响应。

信号传递和处理的例子很多,如电视机的接收天线把载有语言、音乐、图像信息的电磁波转换为相应的电信号,然后通过电路对信号进行传递和处理(调谐、变频、检波、放大等),把信号送到扬声器和显像管,还原为原始信息。

这类电路中电压往往比较低,电流比较小,通常称为"弱电"电路。工程上一般要求这类电路在信息的传递与处理过程中,尽可能地减小信号的失真,以提高电路工作的稳定性。

可以看到,即使电路功能不同,结构方式多种多样,电路中都会有提供电能或电信号的装置,它们是电路中能量的来源,称为电源;取用电能的设备就是负载;而在两者之间起到电的传输和控制作用的环节则称为中间环节。

因此,从电路的组成上讲,任何实际电路都由电源、负载和中间环节三部分组成。

电源是提供电能的电气装置。如发电厂里的发电机可以把光能、机械能、风能等转换为电能,是常用的电源。话筒是输出电信号的设备,称为信号源,相当于电源,但其与上述发电机、电池这种电源不同,信号源输出的电信号(电压和电流)的变化规律取决于所加的信息。

负载是电路中的受电器。它将电能转换为非电能。电灯、电动机、电炉等都是负载,它们分别将电能转换为光能、机械能、热能等。扬声器和显像管也是负载,它们接收电信号并将电信号转换为原始信号。

中间环节则将电源和负载连接起来使电路能够正常工作,主要有连接导线、开关、变压器、保护装置等一些辅助装置和设备。它们的作用是传递和控制电能,以构成完整的电流通路。

不论是电能的传输和转换,还是信号的传递和处理,其中电源或信号源的电压或电流均称为激励,它推动电路工作;由激励在电路各部分产生的电压和电流称为响应。所谓电路分析,就是在已知电路的结构和元器件参数的条件下,讨论电路的激励与响应之间的关系。

实际的电路元器件、连接导线以及由它们组成的实际电路都有一定的外形尺寸,占据一定的空间。若实际电路的几何尺寸 d 远小于电路工作时电磁波的波长 λ(即 $d \ll \lambda$),则可以认为电流同时到达实际电路的各个点,此时元件及电路的尺寸可以忽略不计,整个实际电路可以看成是电磁空间的一个点,这种电路称为集总参数电路。不满足上述条件的电路则为分布参数电路。

例如,我国电力系统交流电的频率为 50Hz,电磁能量的传播速度为 $c = 3 \times 10^8$ m/s,其所对应的波长为 6000km。对以此为工作频率的用电设备来说,其尺寸与这一波长相比可以忽略不计,因此可按集总参数电路处理。而对于上千公里的远距离输电线路来说,显然不满足 $d \ll \lambda$,不能按集总参数电路处理,分析此类电路时就必须考虑电场、磁场沿线分布的情况。又如在微波电路(如电视天线、雷达天线和通信卫星天线)中,由于信号频率特别高,波长 λ 的范围是 0.1~10cm,此时电路的尺寸和波长属于同一数量级,因此为分布参数电路。本书只讨论集总参数电路,因为工程中所遇到的大量电路都可看作集总参数电路。

1.1.2 电路模型

实际电路都是由一些按需要起不同作用的电路元器件组成的,诸如发电机、变压器、电动机、电池以及各种电阻器和电容器等,它们的电磁性质较为复杂。以白炽灯为例,它除具有消耗电能的性质(电阻性)外,当通有电流时还会产生磁场,即它还具有电感性。这就给电路分析带来许多困难,为了便于对实际电路进行分析和用数学描述,将实际元器件理想化(或称模型化),即在一定条件下突出其主要的电磁性质,忽略其次要因素,把它近似地看作理想电路元器件。

每一种理想电路元件只表示一种电磁特性,并且用规定的符号表示。例如,用电阻元件来表征具有消耗电能特性的各种实际电器件;用电感元件来表征具有存储磁场能量的各种实际电器件;用电容元件来表征具有存储电场能量的各种实际电器件;用电源元件来表征具有提供电能特性的各种实际电器件。电源元件可分为理想电压源和理想电流源两种。上述理想电路元件的图形符号如图 1-1 所示。

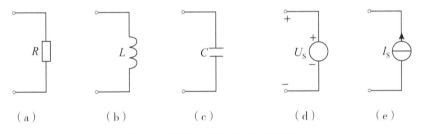

（a）　　　　（b）　　　　（c）　　　　（d）　　　　（e）

图 1-1　理想电路元件的图形符号

理想电路元件是实际电器件的理想化和近似,其电特性单一、确切,可定量分析和计算。

工程上各种实际电器件,根据其电磁特性可以用一种或几种理想的电路元件来表示,这个过程称为建模。不同的实际电器件,只要具有相同的电磁特性,在一定条件下就可以用同一个模型来表示。例如,白炽灯、电炉的主要电磁特性是消耗电能,可用电阻元件表示;干电池、发电机的主要电磁特性是提供电能,可用电源元件表示。

需要注意的是,建模时必须考虑工作条件。同一个实际电器件在不同应用条件下所呈现的电磁特性是不同的,因此要抽象成不同的元件模型。例如一个内阻很小的通电线圈,在低频条件下工作时,主要存储磁场能量,消耗电能很小,所以把它理想化成电感元件,如图 1-2(a)所示;随着工作频率的升高,线圈还具有存储电场能量的作用,因此必须考虑其电容效应,其等效元件模型如图 1-2(b)所示,其中电感 L 表示其存储磁场能量的作用,电容 C 表示其存储电场能量的作用。又如一个实际电容,当它的发热损耗很低时,可以等效成一个理想的电容元件,如图 1-3(a)所示;而若要考虑其发热损耗,则将电容抽象成电阻和电容的并联(或串联),如图 1-3(b)所示。

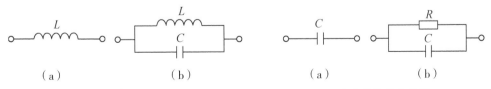

（a）　　　　（b）　　　　　　（a）　　　　（b）

图 1-2　电感线圈的元件模型　　　**图 1-3　电容器的元件模型**

把组成实际电路的各种电器件用理想的电路元件及其组合来表示,并用理想导线将这些电路元件连接起来,就可得到实际电路的电路模型。在图 1-4(a)所示的手电筒电路中,灯泡可以用电阻元件来表示;如果考虑干电池内阻,则干电池可以用理想电压源与电阻的串联组合来表示;连接导线是连接电源与负载的中间环节(还包括开关),其电阻忽略不计,可将其看成无电阻的理想导体,于是可以得到手电筒电路的电路模型,如图 1-4(b)所示。电路模型一旦正确地建立,我们就可以利用数学方法深入地分析电路。注意,电路分析的对象是电路模型,而不是实际电路。如果没有特别说明,下文所说的"元件"、"电路"均指理想的电路元件和电路模型。

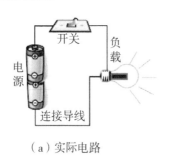

1.1 测试题

（a）实际电路　　　　　　　　（b）电路模型

图 1-4　手电筒电路

1.2　电路的基本物理量和欧姆定律

电路的基本物理量和欧姆定律

电路的特性是由电路的物理量来描述的,主要有电流、电压、电动势、功率和能量等,电流和电压是电路的基本物理量,本节将对电流和电压以及与它们相关的概念进行说明。

1.2.1　电　流

电路的基本物理量和欧姆定律

闭合电源开关时,照明灯会发光,电风扇就会转动,这是因为在照明灯、电风扇中有电流流过。若在电路中接入电流表,电流表就能测出电流的数值。

1. 电流的概念

电流是带电粒子或电荷在电场力作用下的定向运动。电流的大小用电流强度表征,电流强度指单位时间内流过导体横截面的电荷量,电流强度简称电流,用字母 i 表示,即有

$$i = \frac{\mathrm{d}q}{\mathrm{d}t} \tag{1.2.1}$$

式中,$\mathrm{d}q$ 为 $\mathrm{d}t$ 时间内通过导体横截面的电荷量。

式(1.2.1)表示电流是随时间而变化的。如果电流的大小和方向随着时间进行周期性变化且平均值为 0,则称为交流电流(AC),用英文小写字母 i 表示,如图 1-5(a)所示。如果电流的大小和方向均不随时间变化,即 $\frac{\mathrm{d}q}{\mathrm{d}t} =$ 常数,则称为直流电流(DC),简称直流电。直流电流用英文大写字母 I 表示,如图 1-5(b)所示。直流电流的定义式为

$$I = \frac{Q}{t} \qquad\qquad (1.2.2)$$

式中,Q 为 t 时间内通过导体横截面的电荷量。

在这里需要说明的一点就是,我们通常用小写字母表示随时间变化的量,而用大写字母表示恒定的量。

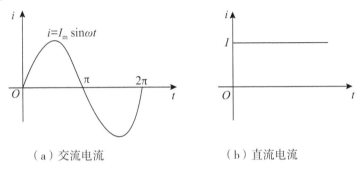

（a）交流电流　　　　　　　　　（b）直流电流

图 1-5　电流

2. 电流的单位

在国际单位制(SI)中,电流的单位为安培(A),简称安。电流的常用单位还有毫安、微安、千安,当电流很小时,常用单位为毫安(mA)或微安(μA);当电流很大时,常用单位为千安(kA)。它们之间的换算关系为

$$1A = 10^3 mA, \quad 1A = 10^6 \mu A, \quad 1kA = 10^3 A$$

3. 电流的方向

电流的方向有实际方向和参考方向之分。电流的实际方向是指正电荷运动的方向。它是客观存在的。而在进行电路分析计算时,电流的实际方向往往难以预先判定,特别是对于交流电流,其实际方向随时间而变化,因此在电路中很难标出电流的实际方向。为此,在进行电路分析时,需要预先假定电流的正方向,即电流的参考方向,它是任意假定的。

电流的方向在电路图中可用箭头"→"表示,也可用字母顺序(双下标)表示,如 i_{ab}。注意此处字母顺序是和箭头方向对应的。图 1-6 说明了参考方向的含义,图中虚线箭头表示电流的实际方向。电路中电流参考方向任意假定以后,若电流参考方向与实际方向相同,则电流值为正,如图 1-6(a)所示;若电流参考方向与实际方向相反,则电流值为负,如图 1-6(b)所示。因此,根据电流的参考方向以及电流值的正负,就能确定电流的实际方向。即按设定的电流参考方向进行电路计算,若计算得到的电流值为正,则表明电流的实际方向和所假设的参考方向是一致的;若电流值为负,则表明电流的实际方向和所假设的参考方向是相反的。

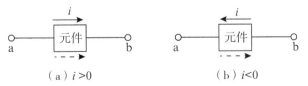

（a）$i > 0$　　　　　　　　　（b）$i < 0$

图 1-6　电流的参考方向

显然,在参考方向假定以后,电流的数值才有正、负之分。在电路图中只标明参考方向,分析电路时也都以参考方向为依据。

例 1.2.1 图 1-7 中,若电流 $I=5A$,问电流的实际方向如何?若电流 $I=-5A$,问电流的实际方向又如何?

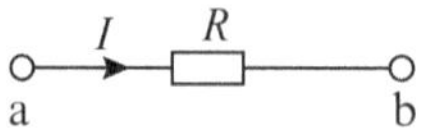

图 1-7　例 1.2.1 图

解:若 $I=5A$,电流值为正,说明图示电路中假定的电流参考方向与实际方向一致,因此,实际上电流从 a 流向 b。

若 $I=-5A$,电流值为负,说明图示电路中假定的电流参考方向与实际方向相反,因此,实际上电流从 b 流向 a。

1.2.2　电　压

1. 电压的概念

物理学中电压的定义是电路中 a、b 两点间的电压等于电场力把单位正电荷从电场中的 a 点移到 b 点所做的功。其通用表达式为

$$u_{ab} = \frac{\mathrm{d}w_{ab}}{\mathrm{d}q} \tag{1.2.3}$$

式中,u_{ab} 表示电路 a、b 两点间的电压,$\mathrm{d}w_{ab}$ 为电场力将 $\mathrm{d}q$ 的正电荷从 a 点移动到 b 点所做的功。

从工程应用的角度来讲,电路中电压是产生电流的根本原因。数值上,电压等于电路中两点间电位的差值,即有

$$U_{ab} = V_a - V_b \tag{1.2.4}$$

式中,V_a、V_b 分别表示电路中 a 点、b 点的电位。电位是指电路中某点至参考点的电压,记为"V_x",通常设参考点的电位为零。

如果电压的大小和方向均不随时间变化,则称为直流电压,用大写英文字母 U 表示;如果电压的大小和方向随着时间进行周期性变化且平均值为零,则称为交流电压,用小写英文字母 u 表示。例如,日常生活中用电设备使用的频率为 50Hz 的 220V 电压就是正弦交流电压。

2. 电压的单位

在国际单位制(SI)中,电压的单位是伏特(V),简称伏。电压的常用单位还有毫伏(mV)、微伏(μV)、千伏(kV),它们之间的换算关系为

$$1V = 10^3 mV, \ 1V = 10^6 \mu V, \ 1kV = 10^3 V$$

3. 电压的方向

电压的方向也有实际方向和参考方向之分,电压的实际方向是从高电位指向低电位,即

电位降低的方向。高电位称为正极,低电位称为负极。电压的实际方向是客观存在的。而在进行电路分析计算时,电压的实际方向有时难以确定,为此,需要预先假定电压的正方向,即电压的参考方向,它是任意假定的。它有三种表示方法:一是用"+"、"−"极性,即高低电位法表示,如图 1-8(a)所示;二是用箭头"→"表示,如图 1-8(b)所示;三是用双下标表示,如 u_{ab} 表示电压的参考方向是 a 为"+",b 为"−"。

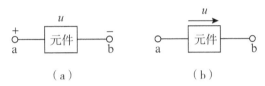

图 1-8　电压的参考方向

与电流的参考方向的含义类似,在参考方向假定以后,电压的数值才有正、负之分。即按设定的电压参考方向进行电路计算,若计算得到的电压值为正,则表明电压的实际方向和所假设的参考方向是一致的;若电压值为负,则表明电压的实际方向和所假设的参考方向是相反的。显然,根据电压的参考方向以及电压值的正负,就能确定电压的实际方向。

例 1.2.2　图 1-9 中,若电压 $U = 5V$,问电压的实际方向如何?若电压 $U = -5V$,问电压的实际方向又如何?

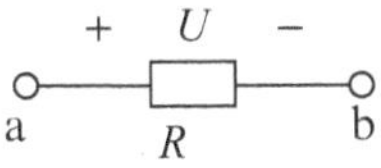

+　U　−
a　□　b
　　R

图1-9　例 1.2.2 图

解:若 $U = 5V$,电压值为正,说明图示电路中假定的电压参考方向与实际方向一致,因此,实际上 a 点电位高于 b 点电位。

若 $U = -5V$,电压值为负,说明图示电路中假定的电压参考方向与实际方向相反,因此,实际上 a 点电位低于 b 点电位。

例 1.2.3　图 1-9 中,若已知 $U_{ab} = -5V$,$V_b = 2V$,则 a 点的电位等于多少?
解:因为电压等于两点之间的电位差,$U_{ab} = V_a - V_b$
所以 $V_a = U_{ab} + V_b = (-5 + 2)V = -3V$

1.2.3　电动势

电路的基本物理量电动势,是指非电场力把单位正电荷从负极板经电源内部移到正极板所做的功。可表示为

$$E = \frac{\mathrm{d}w}{\mathrm{d}q} \tag{1.2.5}$$

电动势的单位与电压的单位相同。电动势的实际方向规定为电源内非电场力的方向,即由低电位端指向高电位端,或者说是电位升高的方向,与电压方向相反。交流电动势用符号"e"表示,直流电动势用符号"E"表示。电动势的方向一般用正、负号或者箭头表示。若忽略电源内部的其他能量转换,根据能量守恒定律,电源的电压在数值上等于电动势,即电压和电动势大小相等,方向相反。

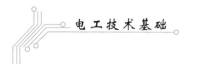

1.2.4 欧姆定律

1. 关联参考方向

在规定了电路中电压和电流的参考方向以后,若电路中同一元件的 u、i 参考方向设定相一致(相对应),则称为关联参考方向,如图 1-10(a)所示;否则,称为非关联参考方向,如图 1-10(b)所示。

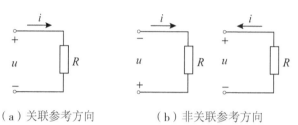

（a）关联参考方向　　（b）非关联参考方向

图 1-10　关联参考方向和非关联参考方向

2. 欧姆定律

欧姆定律指出了通过线性电阻的电流和电阻两端的电压成正比。如图 1-10(a)所示,在关联参考方向下

$$u = iR \text{ 或 } i = \frac{u}{R} \tag{1.2.6}$$

式中,R 为电路中的电阻,单位为 Ω。

如图 1-10(b)所示,在非关联参考方向下

$$u = -iR \text{ 或 } i = -\frac{u}{R} \tag{1.2.7}$$

应注意,式(1.2.6)和式(1.2.7)中有两套正负号,公式前的正负号由 u、i 参考方向的关系确定;u、i 值本身的正负则表明实际方向与参考方向之间的关系。

例 1.2.4　求图 1-11 所示电路中电阻的阻值。

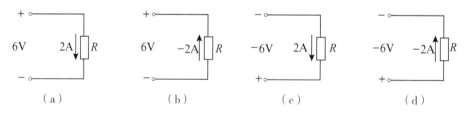

（a）　　　　　　（b）　　　　　　（c）　　　　　　（d）

图 1-11　关联参考方向和非关联参考方向

解:对图 1-11(a)有 $U = IR$,所以 $R = \dfrac{U}{I} = \dfrac{6}{2}\Omega = 3\Omega$

对图 1-11(b)有 $U = -IR$,所以 $R = -\dfrac{U}{I} = -\dfrac{6}{-2}\Omega = 3\Omega$

对图 1-11(c) 有 $U = -IR$，所以 $R = -\dfrac{U}{I} = -\dfrac{-6}{2}\Omega = 3\Omega$

对图 1-11(d) 有 $U = IR$，所以 $R = \dfrac{U}{I} = \dfrac{-6}{-2}\Omega = 3\Omega$

1.2 测试题

1.3　电路中的功率和电能

1. 功率

在电学中，功率是指单位时间内电场力或电源力所做的功，用符号 p 表示。其定义式为

电路中的
功率和电能

$$p = \frac{\mathrm{d}w}{\mathrm{d}t} \tag{1.3.1}$$

式中，$\mathrm{d}w$ 为 $\mathrm{d}t$ 时间内转换的电能。

因为，$u = \dfrac{\mathrm{d}w}{\mathrm{d}q}$，$i = \dfrac{\mathrm{d}q}{\mathrm{d}t}$，所以功率 p 也可以表示为

电路中的
功率和电能

$$p = \frac{\mathrm{d}w}{\mathrm{d}t} = \frac{u\mathrm{d}q}{\mathrm{d}t} = ui \tag{1.3.2}$$

对于直流电，有

$$P = UI \tag{1.3.3}$$

注意，公式 (1.3.2) 和公式 (1.3.3) 是功率在电压、电流采用关联参考方向时的表达式；当电压、电流采用非关联参考方向时，电功率表示为

$$p = -ui \ 或 \ P = -UI \tag{1.3.4}$$

在国际单位制中，功率的单位为瓦特（W），简称瓦。功率常用的单位还有千瓦（kW）、毫瓦（mW）等。它们之间的换算关系是

$$1\mathrm{W} = 10^{-3}\mathrm{kW} = 10^{3}\mathrm{mW}$$

显然，功率可正可负，若计算得 $p>0$，说明元件实际消耗（吸收）功率，在电路中为负载或起着负载的作用；若计算得 $p<0$，说明元件实际发出（产生）功率，在电路中为电源或起电源的作用。

电功率反映了电路元器件能量转换的本领。如 100W 的电灯表明在 1s 内该灯可将 100J 的电能转换成光能和热能；电机 1000W 表明它在 1s 内可将 1000J 的电能转换成机械能。在一个完整的电路内，电功率是平衡的，即总的发出功率等于总的吸收功率，也就是说，电路中必有一部分元件发出功率（提供电能，作为电源），另一部分元件吸收功率（消耗电能，作为负载）。正因为如此，当电路和电源接通之后，电源向负载发出电能，而负载则吸收电源的电能。于是，根据能量守恒定律，若不考虑电源内部和传输导线中的能量损失，那么电源输出的电能就应该等于负载所取用的电能。

2. 电能

电能就是指在一段时间内，电场力或电源力所做的功，电能表示为

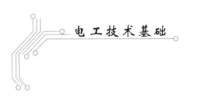

$$w = \int_{t_0}^{t} p\,\mathrm{d}t = \int_{t_0}^{t} ui\,\mathrm{d}t \tag{1.3.5}$$

对于直流电,有

$$W = P(t - t_0) = UI(t - t_0) \tag{1.3.6}$$

当 p 的单位为瓦特(W),t 的单位为秒(s)时,电能的单位为焦耳,简称焦,符号为 J。另外,工程上常用"度"作为电能的单位。它等于功率为 1kW 的用电设备在 1h 内消耗的电能。

$$1\text{度} = 1\text{kW} \cdot \text{h} = 1000\text{W} \times 3600\text{s} = 3.6 \times 10^6 \text{J}$$

例 1.3.1 计算图 1-12 中各元件的功率,并指出该元件是吸收功率(消耗电能)还是发出功率(提供电能)。

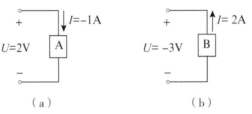

图 1-12 例 1.3.1 图

解:在图(a)中,元件上电流和电压的参考方向是关联的。

$P = UI = [2 \times (-1)]\text{W} = -2\text{W}$,$P < 0$,元件 A 发出功率,是电源或起电源作用。

在图(b)中,元件上电流和电压的参考方向是非关联的。

$P = -UI = [-(-3) \times 2]\text{W} = 6\text{W}$,$P > 0$,元件 B 吸收功率,是负载或起负载作用。

例 1.3.2 图 1-13 所示电路中,已知 $U_1 = 5\text{V}$,$U_2 = 3\text{V}$,$U_4 = -9\text{V}$,$I = -2\text{A}$。(1)求元件 1、2、4 的功率,说明它们是消耗还是发出功率,起电源还是负载作用;(2)元件 3 消耗功率 14W,求 U_3;(3)求元件 1 在 1h 内消耗电能多少千瓦·时(度),并校验整个电路的功率是否平衡。

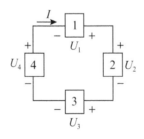

图 1-13 例 1.3.2 图

解:(1)元件 1 的电压与电流参考方向非关联,故

$P_1 = -U_1 I = [-5 \times (-2)]\text{W} = 10\text{W}$,$P > 0$,元件 1 消耗功率,起负载作用。

元件 2 的电压与电流参考方向关联,故

$P_2 = U_2 I = [3 \times (-2)]\text{W} = -6\text{W}$,$P < 0$,元件 2 发出功率,起电源作用。

元件 4 的电压与电流参考方向非关联,故

$P_4 = -U_4 I = [-(-9) \times (-2)]\text{W} = -18\text{W}$,$P < 0$,元件 4 发出功率,起电源作用。

(2)元件 3 的电压与电流参考方向关联,已知消耗功率($P > 0$),有

$P_3 = U_3 I = 14\,\text{W}$

$U_3 = P_3 / I = [14/(-2)]\,\text{V} = -7\,\text{V}$

(3) $W_1 = P_1 t = (10 \times 10^{-3})\,\text{kW} \times 1\text{h} = 0.01\,\text{kW} \cdot \text{h}\,(\text{度})$

因为 $P_1 + P_3 = P_2 + P_4$，所以元件 1 和 3 吸收的功率等于元件 2 和 4 发出的功率，整个电路的功率平衡。

1.3 测试题

1.4　电路的三种工作状态

根据负载的不同情况，电路可分为电源有载工作状态、开路状态和短路状态。

电路的三
种工作状态

1.4.1　电源有载工作状态

1. 电压与电流

电路的三
种工作状态

将图 1-14 所示电路的开关闭合，接通电源与负载，电路有电流，电流 I 可以表示为

$$I = \frac{E}{R_0 + R_L} \tag{1.4.1}$$

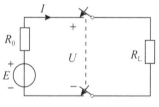

图 1-14　电源有载工作

由公式(1.4.1)可见，在电源一定时，电流的大小由负载决定，图 1-14 中负载 R_L 两端电压可表示为

$$U = IR_L \text{ 或者 } U = E - IR_0 \tag{1.4.2}$$

由公式(1.4.2)可知，在电源有内阻时，电流增加电压会减小。

由此，可以得到电源外特性曲线，如图 1-15 所示。从电源外特性曲线中，可以看到伏安特性的斜率与电源内阻 R_0 有关，R_0 越小，斜率越小。当电源内阻 R_0 远远小于负载 R_L 时，则负载端电压 U 约等于电源电动势 E。此时，负载变化，电源的端电压变化不大，即电源带负载能力强。电源的内阻越小，带负载能力越强。

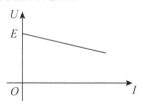

图 1-15　电源的外特性曲线

2. 功率与功率平衡

在电源的外特性方程 $U = E - IR_0$ 左右两边同时乘以电流 I,得到

$$UI = EI - I^2 R_0 \qquad (1.4.3)$$

$$P = P_E - \Delta P$$

式中,$P_E = EI$,是电源产生的功率;$\Delta P = I^2 R_0$,是电源在内阻上损耗的功率;$P = UI$,是电源输出的功率。此式表明负载的取用功率等于电源产生的功率减去电源在内阻上损耗的功率。

由公式(1.4.1)和公式(1.4.3)可见,在电源一定时,电源输出的功率取决于负载的大小,所以电源不一定处于额定工作状态,但是一般不应该超过额定值,因此,电源的额定状态与负载是有区别的,负载一般要额定工作。电源的输出功率取决于负载。

3. 额定值与实际值

各种电气设备的电压、电流及功率等都有一个额定值。例如一盏电灯的电压是 220V,功率是 60W,这就是它的额定值。额定值是制造厂为了使产品能在给定的工作条件下正常运行而规定的正常允许值。大多数电气设备(例如电机、变压器等)的寿命与绝缘材料的耐热性能及绝缘强度有关。当电流超过额定值过多时,由于发热过甚,绝缘材料将遭受损坏;当所加电压超过额定值过多时,绝缘材料也可能被击穿。反之,如果电压和电流远低于其额定值,不仅达不到正常合理的工作情况,而且也不能充分利用设备。此外,对电灯及各种电阻器来说,当电压过高或电流过大时,其灯丝或电阻丝将被烧毁。因此,应尽可能使电气设备或元器件在额定状态下工作。

电气设备或元器件的额定值常标在铭牌上或写在其他说明中,在使用时应充分考虑额定数据。例如一个电烙铁,标有 220V/45W,这是额定值,使用时不能接到 380V 的电源上。额定电压、额定电流和额定功率分别用 U_N、I_N 和 P_N 表示。

使用时,电压、电流和功率的实际值不一定等于它们的额定值,这也是一个重要的概念。究其原因,一个是受到外界的影响。例如电源额定电压为 220V,但电源电压经常波动,稍低于或稍高于 220V。这样,额定值为 220V/40W 的电灯上所加的电压不是 220V,实际功率也就不是 40W 了。另一个原因如上所述,在一定电压下电源输出的功率和电流决定于负载的大小,就是负载需要多少功率和电流,电源就给多少,所以电源通常不一定处于额定工作状态,但是一般不应超过额定值。对于电动机也是这样,它的实际功率和电流也决定于它轴上所带的机械负载的大小,通常也不一定处于额定工作状态。

例 1.4.1 有一只 220V/60W 的白炽灯,接在 220V 的电源上,试求通过该灯的电流和该灯的电阻。如果每晚用 3h,则一个月(30 天)消耗电能多少?

解:

$$I = \frac{P}{U} = \frac{60}{220}\text{A} = 0.273\text{A}$$

$$R = \frac{U}{I} = \frac{220}{0.273}\Omega = 806\Omega$$

电阻值也可以用 $R = \dfrac{P}{I^2}$ 或 $R = \dfrac{U^2}{P}$ 计算。

一个月用电

$$W = Pt = 60\mathrm{W} \times (3 \times 30)\mathrm{h} = 0.06\mathrm{kW} \times 90\mathrm{h} = 5.4\mathrm{kW \cdot h}(度)$$

例 1.4.2　有一额定值为 5W/500Ω 的线绕电阻,其额定电流为多少?在使用时电压不得超过多大的数值?

解:因为 $P = I^2 R$,所以根据功率和电阻值可以求出额定电流,即

$$I = \sqrt{\dfrac{P}{R}} = \sqrt{\dfrac{5}{500}}\,\mathrm{A} = 0.1\mathrm{A}$$

在使用时电压不得超过

$$U = RI = (500 \times 0.1)\,\mathrm{V} = 50\mathrm{V}$$

因此,在选用电阻时不能只标出电阻值,还要考虑电流有多大,而后标出功率值。

1.4.2　开路状态

在图 1-14 所示电路中,当开关断开时,电源则处于开路状态(空载)状态,如图 1-16 所示。电源开路时电路中的电流 I 等于 0,负载没有从电源取用功率,这时电源的端电压(称为开路电压或空载电压)等于电源电动势,电源不输出电能。

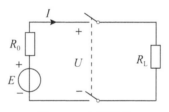

图 1-16　电源开路

如上所述,电源开路时的特征可用下列各式表示

$$\begin{cases} I = 0 \\ U = E \\ P = 0 \end{cases} \tag{1.4.4}$$

由电源开路时的特征可以引申出电路中某处断开时的特征,一是开路处的电流等于 0,二是开路处的电压 U 视电路情况而定。

例 1.4.3　如图 1-17 所示,某实际电压源的开路电压为 $U_{oc} = 10\mathrm{V}$,当外接负载电阻 $R_L = 4\Omega$ 时,电源的端电压 $U = 8\mathrm{V}$,试计算此电源的内阻 R_0 及 E。

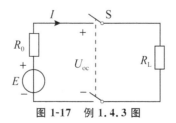

图 1-17　例 1.4.3 图

解：由电源开路的特点可知，电压源开路时的开路电压就等于电源电动势 E，于是有

$$E = 10V$$

当电源外接负载电阻时，电源的端电压 U 就是负载上的电压，因此电路中的电流为

$$I = \frac{U}{R} = \frac{8}{4}A = 2A$$

再由 $U = E - IR_0$，可以求出电源内阻 R_0 为

$$R_0 = \frac{E - U}{I} = \frac{10 - 8}{2}\Omega = 1\Omega$$

在实际电路中此例是求有源二端网络等效电压源的很好的方法。

1.4.3 短路状态

在图 1-14 所示的电路中，当电源的两端由于某种原因而连在一起时，电源则被短路，如图 1-18 所示。电源短路时，外电路两端口的电位相等，电压为 0，电流不再流过负载，而是直接通过短路线回到电源，负载上的功率为 0，电源产生的能量全被内阻消耗掉。因为在电流的回路中仅有很小的电源内阻 R_0，所以这时电路中的电流很大，此电流称为短路电流 I_S。

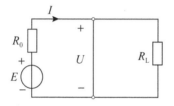

图 1-18　电源短路

如上所述，电源短路时的特征可用下列各式表示

$$\begin{cases} U = 0 \\ I = I_S = \dfrac{E}{R_0} \\ P_E = \Delta P = I^2 R_0, P = 0 \end{cases} \tag{1.4.5}$$

由电源短路时的特征可以引申出电路中某处短路时的特征：一是短路处的电压等于 0，二是短路处的电流 I 视电路情况而定。

短路电流很大，可能会造成发热使电源损坏，甚至发热严重引起火灾。为了防止因为短路造成的电源和电气设备的损坏，通常在电路中接入熔断器或自动断路器，以便在万一发生短路的时候能迅速将故障电路切断。但是，有时候也会因为某种需要将某一段电路短路（常称为短接）或进行某种短路实验。

例 1.4.4　如图 1-19 所示，若电源的开路电压 $U_0 = 12V$，短路电流 $I_S = 30A$，试问电源的电动势和内阻各为多少？

解：由电源开路的特点有

$$E = U_0 = 12V$$

电源短路时

$$R_0 = \frac{E}{I} = \frac{12}{30}\Omega = 0.4\Omega$$

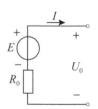

图 1-19　例 1.4.4 图

本例给出了由电源的开路电压和短路电流计算电源电动势和内阻的一种实验方法。

1.5　无源二端元件

电路元件是为建立实际电气器件的电路模型而提出的一种理想元件,它们都有精确的定义。按电路元件与外电路连接端点的数目,电路元件可分为二端元件、三端元件、四端元件;按其在电路中所起的作用,也可以分为无源元件和有源元件两大类。当元件的电压、电流取关联参考方向时,如果对任意时刻 t 都满足 $w(t)=\int_{-\infty}^{t}u(t)i(t)\mathrm{d}t\geqslant 0$,则该元件为无源元件;否则为有源元件。无源元件不具有能量的控制作用,如电阻、电感、电容、二极管等,它们在电路中通常作为负载。有源元件则具有能量的产生或者控制作用,如发电机、电池、三极管、运算放大器等。本节介绍电阻、电感、电容这三种最常见的无源二端元件。

1.4 测试题

无源
二端元件

无源
二端元件

1.5.1　电阻元件

1. 电阻元件的定义

电阻元件是具有消耗电能特性的理想电路元件,电阻值是反映物体对电流所起的阻碍作用的大小的物理量。电阻的字母表示为 R 或 r。在国际单位制中,电阻的单位为欧姆(Ω),简称欧,常用的电阻单位还有千欧($\mathrm{k}\Omega$)和兆欧($\mathrm{M}\Omega$)。

$$1\mathrm{M}\Omega=10^{3}\mathrm{k}\Omega=10^{6}\Omega$$

在电子设备中常用的碳膜电阻、绕线电阻、金属膜电阻及在日常生活中常见的电灯、电炉等,都可以用电阻元件作为其电路模型。电阻元件的图形符号如图 1-20(a)所示。

2. 线性电阻元件的电压与电流关系

电阻元件的电压和电流关系可由 $u\text{-}i$ 平面的一条曲线确定,通常把该曲线称伏安特性曲线。在关联参考方向下,若电阻两端的电压和流过的电流比是常数,则称为线性电阻,其伏安特性曲线如图 1-20(b)所示,是过原点的直线,电压和电流满足欧姆定律。若电阻两端的电压和流过的电流不成正比关系,则称为非线性电阻,其伏安特性曲线如图 1-20(c)所示,是过原点的曲线。本书主要研究线性电阻元件,遇到非线性电阻时我们会将其等效变换成线性电阻。

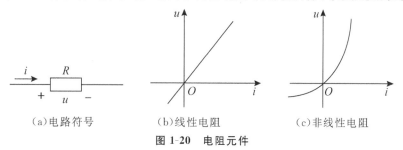

(a)电路符号	(b)线性电阻	(c)非线性电阻

图 1-20　电阻元件

3. 电阻元件的功率

电阻元件对电流具有阻碍作用,电流流过电阻时必然要消耗能量。当电压、电流取关联参考方向时,电阻元件吸收的功率为

$$p = ui = i^2 R = \frac{u^2}{R} = u^2 G \geqslant 0 \tag{1.5.1}$$

式中,$G = 1/R$,是电阻的倒数,称为电导,单位为西门子,简称西。

当电压、电流取非关联参考方向时,因为电压 $u = -iR$,故电阻元件吸收的功率为

$$p = -ui = -(-iR)i = i^2 R = \frac{u^2}{R} = u^2 G \geqslant 0 \tag{1.5.2}$$

可见,不论是关联参考方向还是非关联参考方向,电阻元件始终吸收功率,并把吸收的电能转换成其他形式的能量消耗掉,因此电阻是耗能元件,也是无源元件。

实际应用中,电阻除了标出电阻值外,还需要标出其额定功率(如$\frac{1}{8}$W、$\frac{1}{4}$W、$\frac{1}{2}$W、1W、2W、3W、5W、10W、20W 等),选用固定电阻时,要留有一定的余量,选额定功率比实际消耗的功率稍大一些的电阻,以保证电路及元件的安全。

1.5.2 电感元件

1. 电感元件的定义

凡是以存储磁场能量为主要电磁特性的实际电气装置或电气元件,从理论上来说,都可以抽象为理想电感元件。工程上为了用较小的电流产生较大的磁场,通常用金属导线绕制成线圈,当线圈中有电流流过时,在其周围就会产生磁场。对空心线圈来说,若导线电阻忽略不计,则可用线性电感元件作为它的电路模型。电感元件不仅可以作为实际电感线圈的模型,还可以表示在许多场合广泛存在的电感效应。电感元件简称电感,可以用字母 L 表示。

本书主要研究线性电感元件,其图形符号如图 1-21(a)所示。

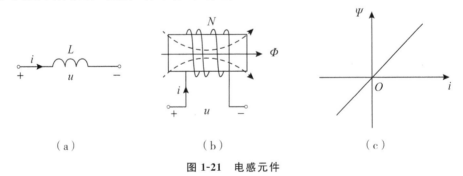

（a）　　　　　　　　　（b）　　　　　　　　　（c）

图 1-21 电感元件

2. 线性电感元件的电压与电流关系

电感中有电流流过时会产生磁通 Φ,如图 1-21(b)所示,电流与磁通的参考方向符合右手螺旋定则,假设 N 匝线圈通以电流 i,产生磁链 Ψ,则对于线性电感来说,其磁链 Ψ 与电流

i 的关系是

$$\Psi = Li \tag{1.5.3}$$

当磁链的单位为韦伯（Wb），电流的单位为安培（A）时，电感的单位为亨利（H），简称亨。常用的电感单位还有毫亨（mH）、微亨（μH）。它们之间的换算关系为

$$1H = 10^3 mH = 10^6 \mu H$$

以磁链 Ψ 为纵坐标，电流 i 为横坐标，可得线性电感元件的韦安特性曲线，如图 1-21(c) 所示。它是一条通过原点的直线，直线的斜率由电感值 L 决定。

由公式（1.5.3）可见，磁链会随着电感电流的变化而变化，根据楞次定律，电感将产生感应电压。当电压、电流的参考方向设定为关联时，有

$$u_L = \frac{d\Psi}{dt} = \frac{dLi}{dt} = L\frac{di}{dt} \tag{1.5.4}$$

当电压、电流取非关联参考方向时，式（1.5.4）中加个负号。式（1.5.4）是电感的伏安特性方程，等式表明，任意 t 时刻线性电感元件上的电压与该时刻电流的变化率成正比；当电流不变时，电感电压为 0，电感相当于短路。即在直流电路中，电感元件相当于短路。对电压的表达式两边从 t_0 到 t 进行积分，就可以得到电感电流的表达式，它是电压的积分形式。

$$\int_{t_0}^{t} u dt = \int_{t_0}^{t} L\frac{di}{dt} dt = L\int_{i(t_0)}^{i(t)} di = L[i(t) - i(t_0)]$$

$$i(t) = i(t_0) + \frac{1}{L}\int_{t_0}^{t} u dt \tag{1.5.5}$$

式中，t_0 为任选的计时起点，$i(t_0)$ 是 t_0 时刻电感元件中通过的电流。若取 $t_0 = 0$，则

$$i(t) = i(0) + \frac{1}{L}\int_{0}^{t} u dt \tag{1.5.6}$$

公式（1.5.5）和公式（1.5.6）两边同时乘以电感 L，就可以得到磁链和电感电压之间的积分表达关系

$$\Psi(t) = \Psi(t_0) + \int_{t_0}^{t} u dt \tag{1.5.7}$$

同样，$t_0 = 0$ 时有

$$\Psi(t) = \Psi(0) + \int_{0}^{t} u dt \tag{1.5.8}$$

可以看到，在某一时刻 t，电感元件的电流和磁链的强度均与它们 t_0 时刻的初始值以及从计时起点 t_0 到 t 区间的所有电压值有关，即电感元件上的电流和磁链的强度与感应电压的全部历史有关，具有"记忆"电压的作用。所以说电感是一种"记忆元件"。

3. 电感的功率和储能

当电感元件的电压、电流取关联参考方向时，其瞬时功率表示为

$$p(t) = u(t)i(t) = Li(t)\frac{di(t)}{dt}$$

在时间 $[t_0, t]$ 内，电感元件吸收的能量为

$$w_L(t) = \int_{t_0}^{t} p dt = \int_{t_0}^{t} Li\frac{di}{dt} dt = L\int_{i(t_0)}^{i(t)} i di - \frac{1}{2}Li^2(t) - \frac{1}{2}Li^2(t_0) \tag{1.5.9}$$

上式表明,当电感元件中的电流增大时,$w>0$,电感吸收能量,将电能转换为磁场能;当电流减小时,$w<0$,电感释放磁能量,电感将磁场能转换为电能。可见电感元件不消耗能量,是储能元件。

当电感元件的初始储能为 0 时,由公式(1.5.9)可以得出电感元件在任意时刻 t 存储的磁场能量为

$$w_L(t) = \frac{1}{2} L i^2(t) \geqslant 0 \tag{1.5.10}$$

可见,电感在任何工况下吸收的净能量都是大于或等于零的,因此电感是无源元件。

实际应用中,对电感元件除了标出电感值外,还需标出其额定电流,使用时流过电感的电流不能超过其额定值,否则电感会烧坏。

1.5.3 电容元件

1. 电容元件的定义

凡是以存储电场能量为主要电磁特性的实际电气装置或电气元件从理论上讲都可以抽象为理想电容元件,简称电容,用字母 C 表示。任何两个彼此绝缘又相互靠近的导体都可以构成一个电容。这两个导体称为电容的两个极板,极板上接有电极,用于和外部电路相接。中间所填充的绝缘物(如云母、绝缘纸、电解质等)称为电容的介质。给电容外加电压时,在金属极板上就会分别聚集等量的正负电荷,接高电位的极板聚集正电荷,接低电位的极板聚集负电荷,从而在绝缘介质中建立电场并具有电场能量。即使移去外加电压,电荷仍然保留在极板上,所以电容具有存储电场能量的作用。忽略电容的介质损耗和漏电流,可以用理想的电容元件作为它的电路模型。电容元件不仅可以作为实际电容器的模型,还可以表示在许多场合广泛存在的寄生电容效应。例如,一对架空输电线之间就有电容效应;电感线圈在高频工作条件下,各匝线圈之间也有电容效应。

本书主要研究线性电容元件,其图形符号如图 1-22(a)所示。

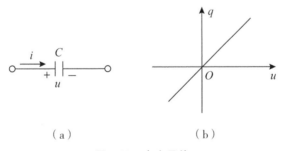

（a）　　　　　　　　　　（b）

图 1-22　电容元件

2. 线性电容元件的电压与电流关系

对线性电容来说,任何时刻电容元件正极板上集聚的电荷量 q 与其两端电压 u 之间的关系为

$$q = Cu \tag{1.5.11}$$

当电荷的单位为库仑(简称库,C)、电压的单位为伏特时,电容的单位为法拉(F),简称法。在实际应用中法拉的单位太大,常用微法(μF)和皮法(pF),它们之间的换算关系是

$$1\mathrm{F} = 10^{6}\,\mu\mathrm{F} = 10^{12}\,\mathrm{pF}$$

线性电容的库伏特性如图 1-22(b)所示,是一条过原点的直线。直线的斜率由电容 C 决定。

如图 1-22(a)所示,当电容元件的电压和电流设定为关联参考方向时,电流可表示为

$$i = \frac{\mathrm{d}q}{\mathrm{d}t} = \frac{\mathrm{d}Cu}{\mathrm{d}t} = C\frac{\mathrm{d}u}{\mathrm{d}t} \tag{1.5.12}$$

当电压、电流取非关联参考方向时,式(1.5.12)中加个负号。式(1.5.12)是电容的伏安特性方程,等式表明,任意 t 时刻线性电容元件上的电流与该时刻其上电压的变化率成正比;当电压不变化时,电容电流为 0,电容相当于开路。即在直流电路中,电容元件相当于开路,电容具有隔离直流的作用。对电流的表达式两边从 t_0 到 t 进行积分,就可以得到电容电压的表达式,它是电流的积分形式。

$$\int_{t_0}^{t} i\mathrm{d}t = \int_{t_0}^{t} C\frac{\mathrm{d}u}{\mathrm{d}t}\mathrm{d}t = C\int_{u(t_0)}^{u(t)} \mathrm{d}u = C[u(t) - u(t_0)]$$

$$u(t) = u(t_0) + \frac{1}{C}\int_{t_0}^{t} i\mathrm{d}t \tag{1.5.13}$$

式中,t_0 为任选的计时起点,$u(t_0)$ 是 t_0 时刻电容元件两端的电压,即初始值。若取 $t_0 = 0$,则

$$u(t) = u(0) + \frac{1}{C}\int_{0}^{t} i\mathrm{d}t \tag{1.5.14}$$

公式(1.5.13)和公式(1.5.14)两边同时乘以电容 C,就可以得到电荷 q 和电流 i 之间的积分表达关系

$$q(t) = q(t_0) + \int_{t_0}^{t} i\mathrm{d}t \tag{1.5.15}$$

同样,$t_0 = 0$ 时有

$$q(t) = q(0) + \int_{0}^{t} i\mathrm{d}t \tag{1.5.16}$$

可以看到,在某一时刻 t,电容的端电压 $u(t)$ 和电容极板上集聚的电荷量 $q(t)$ 均与它们 t_0 时刻的初始值以及从计时起点 t_0 到 t 区间的所有电流值有关,即电容的端电压和电容极板上集聚的电荷量与电容上流过电流的全部历史有关,具有“记忆”电流的作用。所以说电容是一种“记忆元件”。

3. 电容的功率和储能

当电容元件的电压、电流取关联参考方向时,其瞬时功率表示为

$$p = ui = Cu\frac{\mathrm{d}u}{\mathrm{d}t}$$

在时间 $[t_0, t]$ 内,电容元件吸收的能量为

$$w_C(t) = \int_{t_0}^{t} p\mathrm{d}t = \int_{t_0}^{t} Cu\frac{\mathrm{d}u}{\mathrm{d}t}\mathrm{d}t = L\int_{u(t_0)}^{u(t)} u\mathrm{d}u = \frac{1}{2}Lu^2(t) - \frac{1}{2}Lu^2(t_0) \tag{1.5.17}$$

上式表明,当 $|u(t)| > |u(t_0)|$ 时,$w>0$,电容元件吸收能量,电容充电,将电能转换为电场能存储;当 $|u(t)| < |u(t_0)|$ 时,$w<0$,电容元件释放能量,电容放电,将存储的电场能量转换为电能。可见电容元件不消耗能量,是储能元件。

当电容元件的初始储能为 0 时,由公式(1.5.17)可以得出电容元件在任意时刻 t 存储的电场能量

$$w_C(t) = \frac{1}{2}Cu^2(t) \geqslant 0 \qquad (1.5.18)$$

可见,电容在任何工况下吸收的净能量都是大于或等于零的,因此电容是无源元件。

实际电容除了标出型号、电容值之外,还需要标出电容的耐压值。使用时加在电容两端的电压不能超过耐压值,否则电容会被击穿。电解电容使用时还需要注意其正、负极性。

1.6 基尔霍夫定律

1.6.1 基本概念

1.5测试题

基尔霍夫定律是德国物理学家 G. 基尔霍夫教授 1847 年提出的,它体现了电路的连接关系对电压和电流的约束,是描述电路结构关系的基本定律,它包含基尔霍夫电流定律和基尔霍夫电压定律。运用这两个电路基本定律能求解复杂的电路,直到现在它仍是解决复杂问题的重要工具。

在介绍基尔霍夫定律之前,先结合图 1-23 所示电路介绍几个相关的术语。

支路:是指一个或几个元件串联而构成的无分支电路。同一条支路上的各元件流过相同的电流。支路数常用 b 表示。图 1-23 所示电路共有 3 条支路,分别是 adc、abc、ac 所在分支电路,三条支路的电流分别为 I_1、I_2、I_3。

节点:三条或三条以上支路的连接点称为节点。节点数常用 n 表示。图 1-23 所示电路共有两个节点,即 a 点和 c 点。在电路图中,节点通常用实心的小圆点标注。需要注意的是:用一根理想导线直接相连的支路连接点,应该将其看做是同一个节点。

回路:电路中的任一闭合路径称为回路。图 1-23 所示电路中共有 3 个回路,分别是 adcba、abca、adca 所在闭合路径。

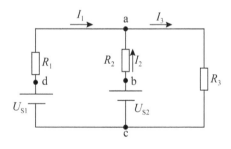

图 1-23 电路举例

网孔:对平面电路而言,内部不含有其他支路的回路称为网孔。所谓平面电路是指经任意扭动变形后画在一个平面上而不会出现支路交叉的电路(节点处除外)。网孔数常用 m 表示。图 1-23 所示电路共有两个网孔,分别是 adcba 和 abca 所在回路。

1.6.2 基尔霍夫电流定律

基尔霍夫电流定律

电流定律(Kirchhoff current law,KCL)是指在任一时刻,对电路

中的任一节点,流入节点的支路电流之和等于流出节点的支路电流之和。即

$$\sum i_入 = \sum i_出 \tag{1.6.1}$$

可见,基尔霍夫电流定律是针对节点的,因此,也可称为节点电流定律。如图 1-24 所示电路,对节点 a 有,I_1、I_2 是流入的,I_3 是流出的,节点电流方程可表示为 $I_1 + I_2 = I_3$,不难发现,如果对节点 b 列节点电流方程,结果和对节点 a 是一样的。也就是说,电路若有 2 个节点,则有 1 个独立的节点电流方程,若有 n 个节点,则有 $n-1$ 个独立的节点电流方程。节点电流方程也可以表示为等式一边为 0 的情况。这种表述方法相当于规定流入为正,流出为负,在任一瞬间通过电路中任一节点的所有支路电流的代数和恒等于 0。即

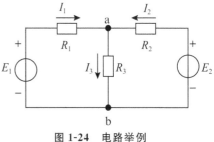

图 1-24　电路举例

$$\sum i = 0 \tag{1.6.2}$$

从基尔霍夫电流定律的思想可以看出该定律反映了电路中任一节点处各支路电流间相互制约的关系。

例 1.6.1　如图 1-25 所示电桥电路,已知 $I_1 = 25\text{mA}$,$I_3 = 16\text{mA}$,$I_4 = 12\text{mA}$,试求其余电阻中的电流 I_2、I_5、I_6。

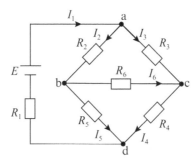

图 1-25　例 1.6.1 图

解:电路有 4 个节点,可以列 3 个独立的节点电流方程,3 个方程求解 3 个未知量,所求可解。任选 3 个节点列基尔霍夫电流方程:

对节点 a:$I_1 = I_2 + I_3$,则 $I_2 = I_1 - I_3 = (25-16)\text{mA} = 9\text{mA}$

对节点 d:$I_1 = I_4 + I_5$,则 $I_5 = I_1 - I_4 = (25-12)\text{mA} = 13\text{mA}$

对节点 b:$I_2 = I_6 + I_5$,则 $I_6 = I_2 - I_5 = (9-13)\text{mA} = -4\text{mA}$

注意,电路中若有 n 节点,则独立节点的个数为 $n-1$ 个,即对其中任意的 $n-1$ 个节点列基尔霍夫电流方程,则这 $n-1$ 个方程是相互独立的。I_6 为 -4mA,其中负号说明电流的实际方向与图中标出的参考方向相反。参考方向是任意假定的方向。

基尔霍夫电流定律还可以进一步推广。

推广 1:对于电路中任意假设的封闭面来说,基尔霍夫电流定律仍然成立。如图 1-26(a) 所示,对于封闭面 S 来说,有

$$I_1 + I_2 = I_3$$

推广 2:对于电路之间的电流关系,仍然可由基尔霍夫电流定律判定。如图 1-26(b)所示,流入 B 电路中的电流必等于从该电路中流出的电流。

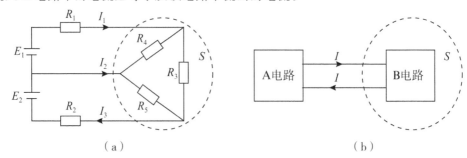

图 1-26 基尔霍夫电流定律的推广

例 1.6.2 试写出图 1-27 各电路中电流的关系表达式。

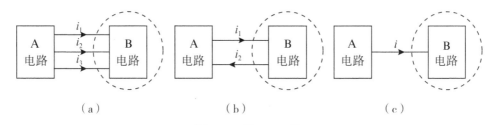

图 1-27 例 1.6.2 图

解:此题要利用基尔霍夫电流定律的推广求解。

在图(a)中,对 B 电路而言,i_1、i_2、i_3 都是流入的,没有流出的电流,因此有 $i_1 + i_2 + i_3 = 0$;

在图(b)中,对 B 电路而言,i_1 流入,i_2 流出,因此有 $i_1 = i_2$;

在图(c)中,对 B 电路而言,只有流入的电流 i,没有流出的电流,所以有 $i = 0$。

1.6.3 基尔霍夫电压定律

基尔霍夫电流定律是针对节点的,研究的是节点处的电流关系;而基尔霍夫电压定律(Kirchhoff voltage law,KVL)是针对回路的,研究的是闭合回路上元件间的电压关系。因此基尔霍夫电压定律又称为回路电压定律。它的基本内容是:对电路中的任一回路,在任一瞬间,从回路中任一点出发,沿回路顺时针或逆时针循行一周,该回路中各段电压的代数和恒等于零。即有

$$\sum u = 0 \qquad (1.6.3)$$

列写 KVL 方程前,必须先假定回路的绕行方向。若回路中元件上电压的参考方向和假定的回路绕行方向一致,则该段电压前取"+"号,反之取"−"号。

如图 1-28 所示电路,对回路Ⅰ,假定回路绕行方向为顺时针(也可以假设为逆时针方向),电阻 R_1 上的电流方向和顺时针循行方向相同,所以为正;电阻 R_3 上的电流方向也和顺时针循行方向相同,所以也为正;而电源 U_{S1} 的电压方向向下,和顺时针循行方向相反,所以符号为负,三段电压的代数和恒为零。即有

基尔霍夫
电压定律

基尔霍夫
电压定律

$$R_1 I_1 + R_3 I_3 - U_{S1} = 0$$

对回路Ⅱ,假定回路绕行方向为逆时针(也可以假设为顺时针方向),则同理可得 KVL 方程为

$$R_2 I_2 + R_3 I_3 - U_{S2} = 0$$

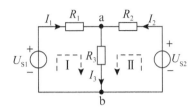

图 1-28　基尔霍夫电压定律举例

基尔霍夫电压定律反映了电路中任一回路上各段电压间相互制约的关系,也是能量守恒定律的体现。电荷沿着闭合回路绕行一周,没有产生能量,也没有吸收能量,所以任一回路上的各段电压的代数和恒为零。

基尔霍夫电压定律还可以推广应用到电路中任一假想的闭合回路。比如,图 1-29 所示电路中,回路 aceba 和回路 acdeba 其实都是开路的,断开支路虽然没有电流,但是存在开路端电压,基尔霍夫电压定律对于任意假想的闭合回路也适用,即也满足回路上各段电压的代数和恒为零。

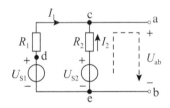

图 1-29　基尔霍夫电压定律的推广

对于图 1-29 电路中的假想闭合回路 aceba,开路端电压为 U_{ab},取回路参考绕行方向为顺时针,列写 KVL 方程:

$$U_{ab} + I_2 R_2 - U_{S2} = 0$$

可得
$$U_{ab} = U_{S2} - I_2 R_2$$

若对图 1-29 电路中的假想闭合回路 acdeba 列写 KVL 方程(顺时针绕行):

$$U_{ab} + I_1 R_1 - U_{S1} = 0$$

可得
$$U_{ab} = U_{S1} - I_1 R_1$$

再对图 1-29 电路中的闭合回路 cdec 列写 KVL 方程(顺时针绕行):

$$U_{S2} - I_2 R_2 + I_1 R_1 - U_{S1} = 0$$

可得
$$U_{S1} - I_1 R_1 = U_{S2} - I_2 R_2$$

可见按不同路径求出的电压 U_{ab} 是相等的。

以上分析结果表明:电路中任意两点之间的电压 U_{ab} 等于从 a 点到 b 点的任一路径上所经过的各元件电压的代数和。这是求解电路中任意两点间电压的方法。也就是说,两点间的电压与所选的路径无关。

需要指出的是,KCL 和 KVL 确定了电路中各支路电流和回路电压间的约束关系。这种约束关系只与电路的连接方式有关,与支路元件的性质无关,故称为拓扑约束。因此无论电路由什么元件组成,也无论元件是线性还是非线性,时变还是非时变,只要是集总参数电路,基尔霍夫定律始终适用。

例 1.6.3 求图 1-30 电路的开路电压 U_{ab}。

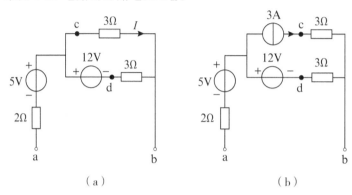

（a）　　　　　　　　（b）

图 1-30　例 1.6.3 图

解:如图 1-30(a)所示电路中,12V 电压源、2 个 3Ω 电阻三个元件构成的回路是一个独立回路,三个元件是串联关系,流过相同的电流,由欧姆定律得

$$I = \frac{12}{3+3}A = 2A$$

对假想闭合回路 adba,取回路循行方向为顺时针,列写 KVL 回路方程:

$$-U_{ab} - 5 + 12 - 3 \times 2 = 0$$

求得

$$U_{ab} = 1V$$

对于图 1-30(a),也可以利用假想闭合回路 acba,列写 KVL 回路方程:

$$-U_{ab} - 5 + 3 \times 2 = 0$$

同样可得

$$U_{ab} = 1V$$

图 1-30(b)所示电路中,3A 电流源、2 个 3Ω 电阻和 12V 电压源四个元件构成的回路是一个独立回路,四个元件是串联关系,流过相同的电流,即是电流源的电流,方向为顺时针环流。

对假想闭合回路 adba,取回路循行方向为顺时针,列写 KVL 回路方程:

$$-U_{ab} - 5 + 12 - 3 \times 3 = 0$$

求得

$$U_{ab} = -2V$$

1.6 测试题

1.7　电路中的电位

前面在介绍电压时,曾讲到两点间的电压就是两点的电位差。两点间电压的数值可以反映电路中两点电位的高低,以及两点之间电位相差多少,至于电路中某点电位的具体概念及求解方法等,将在本节讨论。

电路中的电位

电路中的电位

电路中某一点与参考点之间的电压称为该点的电位。其意义是单位正电荷从某一点移到参考点时电场力所做的功。电位可用符号 V_x 表示,即 A 点的电位可表示为 V_A,B 点的电位可表示为 V_B。电位的单位和电压一样,也是伏特(V)。

参考点的选取原则上是任意的。工程上通常选取大地或与大地相连的部件(如设备的机壳、金属底板)作为参考点,规定其电位为零,在没有与大地相连的电路中,通常选取许多支路交会的公共点作为参考点,用接地符号(⊥)表示。参考点确定后,电路中的其他各点的电位都同它比较,高于参考点的电位为正值,低于参考点的电位为负值,正数值愈大则电位愈高,负数值愈大则电位愈低。还需要注意,一个电路只能选择一个参考点,一旦选定,在计算过程中不能更改。

例 1.7.1　如图 1-31 所示,已知 $E_1=45\text{V}$,$E_2=12\text{V}$,电源内阻可忽略不计,$R_1=5\Omega$,$R_2=4\Omega$,$R_3=2\Omega$,求 B、C、D 三点的电位。

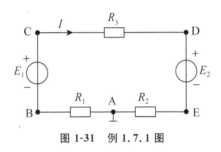

图 1-31　例 1.7.1 图

解:以图 1-31 电路为例,来说明电位计算的方法及步骤。

(1)任选电路中某一点为参考点,设其电位为零;此处取点 A 为参考点,即有 $V_A=0$。

(2)标出电路中各支路电流和电源两端电压的参考方向,如图 1-31 所示。若电压、电流的参考方向图中已经标注,则此步骤忽略。

(3)采用"下楼法"求解各点电位。

从电路中某点选择一条路径"走"至参考点,沿途各元件的电压代数和即为该点的电位。其中电源电压前符号的规定是:电压参考方向和路径一致为正,不一致为负。电阻电压前符号的规定是(已知电流的参考方向):其中流过的电流参考方向和路径一致为正,否则为负。

以求 B 点的电位为例,首先由基尔霍夫电压定律将电路电流 I 求出,回路的绕行方向取逆时针,得

$$E_1-IR_1-IR_2-E_2-IR_3=0$$

可得

$$I=\frac{E_1-E_2}{R_1+R_2+R_3}=3\text{A}$$

若路径是从 B 到 A,则 B 点电位可计算为

$$V_B=-IR_1=(-3\times5)\text{V}=-15\text{V}$$

若路径是从 B 到 C 到 D 到 E 再到 A,则 B 点电位可计算为

$$V_B=-E_1+IR_3+E_2+IR_2=(-45+3\times2+12+3\times4)\text{V}=-15\text{V}$$

同理也可以算得 C 点在不同路径下的相同电位值 $V_C=30\text{V}$;D 点在不同路径下的相同电位值 $V_D=24\text{V}$。

显然,电路中某点电位的大小与所选择的路径无关,但为计算方便应选择捷径。

例 1.7.2 求图 1-32 所示电路的 V_a、V_b、V_c、V_d、U_{ab}、U_{cb} 及 U_{db}。

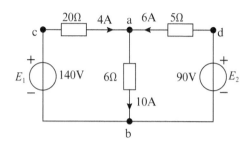

图 1-32　例 1.7.2 图

解:若设 a 为参考点,即 $V_a=0$V,则有

$V_b=U_{ba}=(-10\times6)$V$=-60$V

$V_c=U_{ca}=(4\times20)$V$=80$V

$V_d=U_{da}=(6\times5)$V$=30$V

$U_{ab}=(10\times6)$V$=60$V

$U_{cb}=E_1=140$V

$U_{db}=E_2=90$V

若设 b 为参考点,即 $V_b=0$V,则有

$V_a=U_{ab}=(10\times6)$V$=60$V

$V_c=U_{cb}=E_1=140$V

$V_d=U_{db}=E_2=90$V

$U_{ab}=(10\times6)$V$=60$V

$U_{cb}=E_1=140$V

$U_{db}=E_2=90$V

可见,电位值是相对的,选取不同的参考点,电路中各点的电位也将随之改变;电路中两点间的电压值是固定的,不会因参考点的不同而改变,即与零电位参考点的选取无关。

在电子线路中,通常将电路中的恒压源符号省去,各端点标以电位值。图 1-33(a)电路也可以化简为图 1-33(b)和(c)所示的电路,通常将电路中的恒压源符号省去,各端点标以电位值。

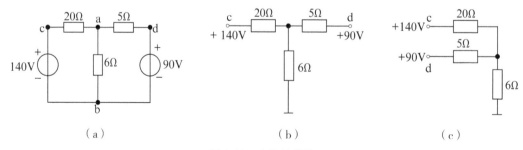

（a）　　　　　　　（b）　　　　　　　（c）

图 1-33　电路的简化

26

例 1.7.3　计算如图 1-34 所示电路中开关 S 断开和闭合时 A 点的电位 V_A。

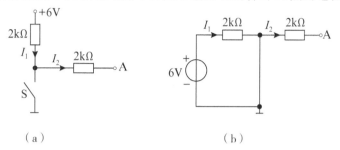

（a）　　　　　　　　　　　（b）

图 1-34　例 1.7.3 图

解：(1)当开关 S 断开时，电路处于开路状态，如图 1-34(a)所示。

$$电流\ I_1 = I_2 = 0$$
$$电位\ V_A = 6V$$

(2)图 1-34(a)中开关闭合，该电路是恒压源被简化后的电路，我们也可以把恒压源还原，其原电路就如图 1-34(b)所示，由图可见，电流 $I_2 = 0$，故右边的 $2k\Omega$ 电阻上的电压等于 0，于是有

$$电位\ V_A = 0V$$

1.7 测试题

▤第 1 章拓展
练习-1

▤第 1 章拓展
练习-2

▤第 1 章拓展
练习-3

本章小结

1. 电路与电路模型

电路的组成：电源、负载及中间环节三部分。

电路的作用：

(1)实现电能的转换、传输与分配。

(2)实现电信号的变换、传递与处理。

电路模型：把组成实际电路的各种电器元件用理想的电路元件及其组合来表示，并用理想导线将这些电路元件连接起来，就可得到实际电路的电路模型。电路模型是电路分析的对象。

2. 电路的基本物理量和欧姆定律（见表 1-1 和表 1-2）

表 1-1　电路的基本物理量

类别	电流	电压	电动势
定义	$i = \dfrac{\mathrm{d}q}{\mathrm{d}t}$	$u_{ab} = \dfrac{\mathrm{d}w_{ab}}{\mathrm{d}q}$	$E = \dfrac{\mathrm{d}w}{\mathrm{d}q}$
基本单位	A	V	V
实际方向（客观存在）	正电荷运动的方向	高电位指向低电位，即电位降低的方向	低电位指向高电位，与电压大小相等方向相反

续表

类别	电流	电压	电动势
参考方向表示 （人为假设）	元件 (1)箭头"→" (2)双下标 i_{ab}	元件 (1)"＋"、"－"极性 (2)箭头"→" (3)双下标 u_{ab}	(1)"＋"、"－"极性 (2)箭头"→"

表 1-2　欧姆定律

类别	关联参考方向	非关联参考方向
定义	电路中同一元件的 u、i 参考方向设定一致（相对应）。	电路中同一元件的 u、i 参考方向设定不一致（不相对应）。
欧姆定律	$u=iR$ 或 $i=\dfrac{u}{R}$	$u=-iR$ 或 $i=-\dfrac{u}{R}$

3. 电路中的功率和电能

功率：若电压、电流参考方向关联，则 $p=ui$；若电压、电流参考方向非关联，则 $p=-ui$。

若计算得 $p>0$，说明元件实际消耗（吸收）功率，在电路中为负载或起着负载的作用；若计算得 $p<0$，说明元件实际发出（产生）功率，在电路中为电源或起电源的作用。

电能：是指在一段时间内，电场力或电源力所做的功，表示为 $w=\displaystyle\int_{t_0}^{t} p\,dt=\int_{t_0}^{t} ui\,dt$。

直流时有 $W=P(t-t_0)=UI(t-t_0)$。

当 p 的单位为瓦特（W），t 的单位为秒（s）时，电能的单位为焦［耳］，符号为 J。当功率单位为千瓦（kW），t 的单位为小时（h）时，电能的单位为度。

4. 电路的三种工作状态（见表 1-3）

表 1-3　电路的三种工作状态

类别	电源有载工作	开路	短路
电路			
电压、电流关系	$U=E-IR_0$	$I=0$ $U=E$	$U=0$ $I=I_S=E/R_0$
特点	电源一定时，电流的大小由负载决定	开路处的电流等于零，开路处的电压视电路情况而定	短路处电压等于零，短路处电流视电路情况而定

5. 无源二端元件（见表 1-4）

表 1-4　无源二端元件

元件名称	电路符号	主要特性
线性电阻	$\xrightarrow{i}\ \underset{u}{\overset{R}{\boxed{}}}\ $ 　+　　−	(1) 伏安关系：$u = Ri$ (2) 无记忆性 (3) 耗能 $p = i^2 R = \dfrac{u^2}{R} \geqslant 0$
线性电感	$\xrightarrow{i}\ \overset{L}{\frown\!\frown\!\frown}\ $ 　+　　−	(1) 韦安关系：$\Psi = Li$ (2) 伏安特性：$u = L\dfrac{\mathrm{d}i}{\mathrm{d}t}$ (3) 记忆性：$i(t) = i(t_0) + \dfrac{1}{L}\displaystyle\int_{t_0}^{t} u\,\mathrm{d}t$ (4) 存储磁能：$w_L(t) = \dfrac{1}{2}Li^2(t) \geqslant 0$
线性电容	$\xrightarrow{i}\ \overset{C}{\dashv\!\vdash}\ $ 　+　　−	(1) 库伏关系：$q = Cu$ (2) 伏安关系：$i = C\dfrac{\mathrm{d}u}{\mathrm{d}t}$ (3) 记忆性：$u(t) = u(t_0) + \dfrac{1}{C}\displaystyle\int_{t_0}^{t} i\,\mathrm{d}t$ (4) 存储电能：$w_C(t) = \dfrac{1}{2}Cu^2(t) \geqslant 0$

6. 基尔霍夫定律

相关概念：

支路：是指一个或几个元件串联而构成的无分支电路。

节点：三条或三条以上支路的连接点。

回路：电路中的任一闭合路径。

网孔：对平面电路而言，内部不含其他支路的回路。

基尔霍夫定律（见表 1-5）：

表 1-5　基尔霍夫定律

类别	基尔霍夫电流定律（KCL）	基尔霍夫电压定律（KVL）
定律内容	在任一时刻，对电路中的任一节点，流入节点的支路电流之和等于流出节点的支路电流之和，即 $\sum i_入 = \sum i_出$	对电路中的任一回路，在任一瞬间，从回路中任一点出发，沿回路顺时针或逆时针循行一周，该回路中各段电压的代数和恒等于零，即 $\sum u = 0$
定律推广	电路中任意假设的封闭面也适用	任意假想的闭合回路也适用
物理意义	电荷守恒	能量守恒
约束关系	节点处各支路电流间相互制约	任一回路上各段电压间相互制约

7. 电路中的电位

概念：电路中某一点与参考点之间的电压，用符号 V_x 表示。

参考点的选取原则上是任意的，规定其电位为零。

计算方法：下楼法。

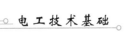

结论:

(1)电路中某点电位的大小与所选择的路径无关,通常选择捷径;

(2)电位值是相对的,选取不同的参考点,电路中各点的电位也将随之改变;

(3)电路中两点间的电压值是固定的,与零电位参考点的选取无关。

习题 1

1.1 对题 1.1 图所示电路,判断各理想电路元件的伏安关系式,哪些是正确的,哪些是错误的,并改正。

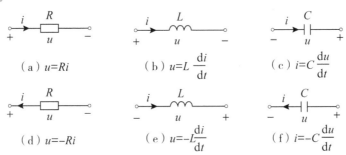

（a）$u=Ri$　　（b）$u=L\dfrac{\mathrm{d}i}{\mathrm{d}t}$　　（c）$i=C\dfrac{\mathrm{d}u}{\mathrm{d}t}$

（d）$u=-Ri$　　（e）$u=-L\dfrac{\mathrm{d}i}{\mathrm{d}t}$　　（f）$i=-C\dfrac{\mathrm{d}u}{\mathrm{d}t}$

题 1.1 图

1.2 题 1.2 图为某电路的一部分,已知 $U_2=2\mathrm{V}$,求:(1)电流 I 和 U_1、U_3、U_4、U_{ae};(2)比较 a、b、c、d、e 各点电位的高低。

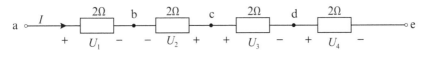

题 1.2 图

1.3 题 1.3 图所示电路中,已知电压 $U=50\mathrm{V}$,电流 $I_1=-10\mathrm{A}$,$I_2=-6\mathrm{A}$,$I_3=4\mathrm{A}$。试判断各元件吸收功率还是发出功率,是电源还是负载。

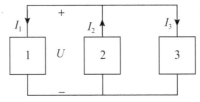

题 1.3 图

1.4 在题 1.4 图所示电路中,已知 $U=-10\mathrm{V}$,$I=2\mathrm{A}$,试问 A、B 两点,哪点电位高?元件 N 是电源还是负载?

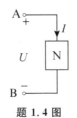

题 1.4 图

1.5 求题1.5图所示电路的未知量。

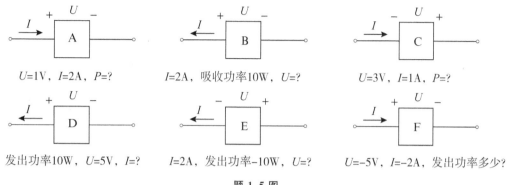

U=1V，I=2A，P=？　　　I=2A，吸收功率10W，U=？　　　U=3V，I=1A，P=？

发出功率10W，U=5V，I=？　　　I=2A，发出功率−10W，U=？　　　U=−5V，I=−2A，发出功率多少？

题 1.5 图

1.6 题1.6图(a)为一台电烤箱的铭牌，其内部简化电路如题1.6图(b)所示，R_1和R_2均为电热丝。求：(1)电烤箱在高温挡正常工作10min所消耗的电能；(2)电路中R_1的阻值；(3)电烤箱在低温挡正常工作5min，电路中的电流和R_1产生的热量。

××牌电烤箱		
额定电压		220V
额定功率	高温挡	1100W
	低温挡	440W
电源频率		50Hz

(a)

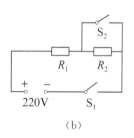

(b)

题 1.6 图

1.7 题1.7图所示为某电子仪器的局部线路图。检修该电子仪器时，用电压表测量发现U_{AB}=3V，U_{BC}=1V，U_{CD}=0，U_{DE}=2V，U_{AE}=6V。试判断线路中可能出现的故障是什么。

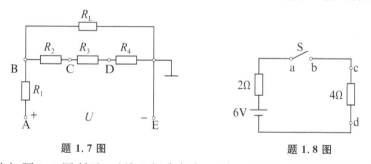

题 1.7 图　　　　　　　题 1.8 图

1.8 电路如题1.8图所示，开关S闭合与断开时，电压U_{ab}和U_{cd}分别为多少？

1.9 当给一个1H的电感通入10A直流电流时，电感上的电压降是多少？如果通入的是$10\sin100t$A的交流电流，电压降是多少？

1.10 已知电容C=100μF，当电容上充电电压U=10V时，极板上储存的电荷量是多少？

1.11 当给一个C=100μF电容极板上加10V直流电压时，流过的电流是多少？如果极板上加$10\sin100t$V交流电压，电流是多大？

1.12 电路如题 1.12 图所示，求电流 I。

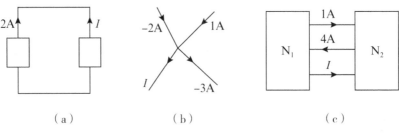

（a）　　　　　（b）　　　　　（c）

题 **1.12** 图

1.13 分别求题 1.13 图（a）中电压 U 和图（b）中的电压 U_1、U_2、U_3。

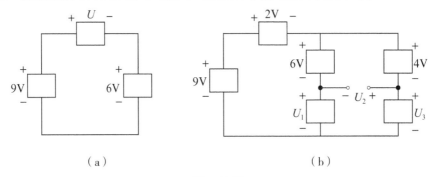

（a）　　　　　　　　　（b）

题 **1.13** 图

1.14 电路如题 1.14 图所示，试问 ab 支路的开路电压 U_{ab} 和短路电流 I_{ab} 为多少？

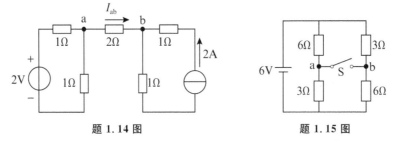

题 **1.14** 图　　　　　　　题 **1.15** 图

1.15 电路如题 1.15 图所示，求：（1）开关 S 打开时，电压 U_{ab} 的值；（2）开关 S 闭合时，a、b 中的电流 I_{ab}。

1.16 电路如题 1.16 图所示，求电流 I_1、I_2、I_3、I_A、I_B、I_C。

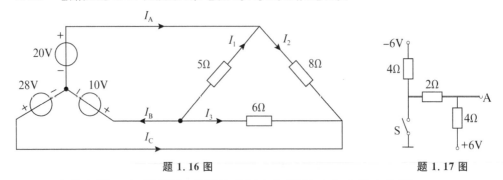

题 **1.16** 图　　　　　　　题 **1.17** 图

1.17 电路如题 1.17 图所示，求开关 S 闭合与断开时 A 点的电位 V_A。

1.18 指出题 1.18 图所示电路中 A、B、C 三点的电位。

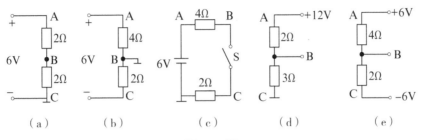

（a） （b） （c） （d） （e）

题 1.18 图

1.19 电路如题 1.19 图所示,求电路中 A、B、C 三点的电位。

1.20 电路如题 1.20 图所示,求:（1）零电位参考点在哪里? 画电路图表示出来。
（2）当电位器 R_P 的滑动触点向下滑动时,A、B 两点的电位增高了还是降低了?

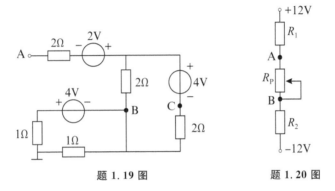

题 1.19 图 题 1.20 图

第 2 章　电路的分析方法

电路分析是电路理论中最重要的内容之一,它是在给定电路结构和元件参数的条件下,计算电路各部分的电压、电流、功率等物理量。

分析与计算电路的基本定律是欧姆定律和基尔霍夫定律。实际电路的结构形式是多种多样的,通常要根据电路的具体结构,寻找分析与计算电路的简便方法。本章以电阻电路为例首先讨论电阻、电源的等效变换方法,其次介绍支路电流法、节点电压法、叠加定理、戴维南定理等分析电路的基本原理和方法。

2.1　电阻串并联连接及其等效变换

电路中电阻的连接形式多种多样,有串联、并联、星形和三角形连接等多种连接方式。通过等效变换,可以将多个电阻连接的电路等效为一个电阻。

在电阻连接电路中,电阻的基本连接方式主要有两种,分别是串联和并联,即便是当前电路中电阻的连接看起来不是串联和并联,也可以通过等效变换将其转换为串、并联的形式,进而等效为一个电阻。本节知识点就是电阻串并联连接及其等效变换。

电阻串并联连接及其等效变换

电阻串并联连接及其等效变换

2.1.1　电阻的串联

两个或两个以上的电阻一个接一个地按顺序连接,这样的连接形式称为电阻的串联,如图 2-1 所示。串联的电阻中流过相同的电流,并且总电压等于各串联电阻电压的代数和,即有

$$u = u_1 + u_2 + \cdots + u_k + \cdots + u_n$$

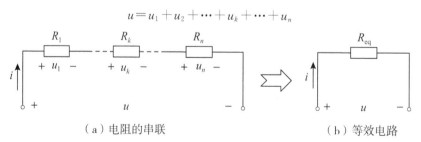

（a）电阻的串联　　　　　　　　　　（b）等效电路

图 2-1　电阻的串联

进一步由欧姆定律可得

$$u = R_1 i + R_2 i + \cdots + R_k i + \cdots + R_n i = (R_1 + R_2 + \cdots + R_k + \cdots + R_n) i = R_{eq} i$$

于是有

$$R_{eq} = R_1 + R_2 + \cdots + R_k + \cdots + R_n = \sum R_i \qquad (2.1.1)$$

即串联电阻电路可等效为一个电阻,其等效电阻值等于各串联电阻之和。

如图 2-1 所示,若已知端口电压 u,则每个电阻上的电压可求,即

$$u_k = R_k i = \frac{R_k}{R_{eq}} u \qquad (2.1.2)$$

此式表明串联电阻上电压的分配与电阻值成正比,因此串联电阻电路可用作分压电路。

在生活中,当电器元件两端的电压大于其额定值时,电器很容易损坏。为保证电器元件的正常工作,通常在电路中串联一个电阻来分掉多余的电压。

图 2-1 中,若已知电路的电流 i,则每个电阻上的功率可表示为

$$p_k = u_k i = R_k i^2$$

串联电阻电路的总功率可表示为

$$p_k = R_{eq} i^2 = (R_1 + R_2 + \cdots + R_k + \cdots + R_n) i^2 = R_1 i^2 + R_2 i^2 + \cdots + R_k i^2 + \cdots + R_n i^2$$

于是有

$$p_k = p_1 + p_2 + \cdots + p_k + \cdots + p_n \qquad (2.1.3)$$

可见,电阻串联时,各电阻消耗的功率与电阻大小成正比;等效电阻消耗的功率等于各串联电阻消耗功率的总和。

2.1.2 电阻的并联

两个或两个以上的电阻首尾两端分别连接在两个公共的节点之间,这样的连接形式称为电阻的并联,如图 2-2 所示。并联的电阻两端电压相同,并且总电流为各并联电阻所在支路电流的代数和,即有

$$i = i_1 + i_2 + \cdots + i_k + \cdots + i_n$$

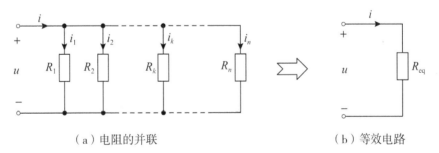

（a）电阻的并联　　　　　　　　　　（b）等效电路

图 2-2　电阻的并联

进一步由欧姆定律可得

$$i = \frac{u}{R_{eq}} = \frac{u}{R_1} + \frac{u}{R_2} + \cdots + \frac{u}{R_k} + \cdots + \frac{u}{R_n}$$

于是有

$$\frac{1}{R_{eq}} = \frac{1}{R_1} + \frac{1}{R_2} + \cdots + \frac{1}{R_k} + \cdots + \frac{1}{R_n} = \sum_{k=1}^{n} \frac{1}{R_k} \qquad (2.1.4)$$

即并联电路等效电阻的倒数等于各支路电阻的倒数之和。由式(2.1.4)可见,并联等效电阻小于任一并联电阻。式(2.1.4)也可以表示为

$$G_{eq} = G_1 + G_2 + \cdots + G_k + \cdots + G_n = \sum_{k=1}^{n} G_k \qquad (2.1.5)$$

式(2.1.5)中 G 为电导,是电阻的倒数。在国际单位制中,电导的单位是西门子(S)。

如果已知端口电流 i,就可以求得每个电阻上的电流,即

$$i_k = G_k u = \frac{G_k}{G_{eq}} i \qquad (2.1.6)$$

可见,并联电阻上电流的分配与电导成正比,与电阻成反比。

如果只有 R_1、R_2 两个电阻并联,则分流公式为

$$i_1 = \frac{R_2}{R_1 + R_2} i \ , \ i_2 = \frac{R_1}{R_1 + R_2} i \qquad (2.1.7)$$

实际应用中,当额定电流较小的用电器要接到电流较大的支路上时,为保证用电器正常工作,通常并联一个电阻来分掉多余的电流。

并联电阻电路的总功率可表示为

$$p_k = G_{eq} u^2 = (G_1 + G_2 + \cdots + G_k + \cdots + G_n) u^2 = G_1 u^2 + G_2 u^2 + \cdots + G_k u^2 + \cdots + G_n u^2$$

于是有

$$p_k = p_1 + p_2 + \cdots + p_k + \cdots + p_n \qquad (2.1.8)$$

可见,电阻并联时,各电阻消耗的功率与电阻大小成反比;等效电阻消耗的功率等于各并联电阻消耗功率的总和。

2.1.3　电阻的混联及其等效变换

有些电路中电阻的连接不是单一的串联或并联,这种情况通常称为电阻的混联。以例题 2.1.1 为例介绍一种可实现电阻混联电路等效变换的方法,即标点法。

例 2.1.1　求图 2-3(a)所示电路的等效电阻 R_{ab} 的表达式。

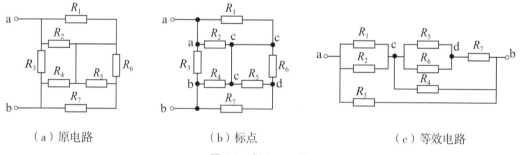

（a）原电路　　　　　　（b）标点　　　　　　（c）等效电路

图 2-3　例 2.1.1 图

解:标点法的规则是:(1)在各节点处标上节点字母,等电位点用同一字母标注,因为导线内阻通常很小可以忽略,所以导线上各点电位是相同的。图 2-3(a)标点后如图 2-3(b)所示。(2)将电路拉直,找到中间点,整理并简化电路,如图 2-3(c)所示。

由图 2-3(c)可见,a 点和 c 点之间有两个电阻,它们是手拉手状态,即并联;c 点和 d 点之间也有两个电阻,它们也是手拉手状态,即并联;d 点和 b 点之间有一个电阻。找到 a、c、d、b

后,再把其余的点和点间的电阻画出,如点 c 和点 b 及点 a 和点 b 之间的电阻。可以看到利用标点法变换后,电阻的串并联情况清晰可见。

于是,图 2-3(a)电路的等效电阻 R_{ab} 可以表示为

$$R_{ab} = (R_1//R_2 + [(R_5//R_6 + R_7)//R_4])//R_3$$

其中符号"//"表示并联的关系。

例 2.1.2　求图 2-4(a)所示电路的等效电阻 R_{ab}。

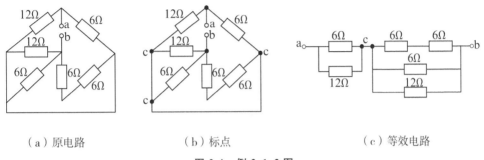

（a）原电路　　　　　　　（b）标点　　　　　　　（c）等效电路

图 2-4　例 2.1.2 图

解:首先利用标点法将电位不同的节点用不同的字母表示,如图 2-4(b)所示。接着把电路拉直,找到电路中标注的点,如图 2-4(c)所示。本题求 a、b 间的等效电阻,于是分别以 a 点、b 点为起点和终点,可以看到 a 点和 c 点之间有 12Ω 和 6Ω 两个电阻,它们手拉手,一端在 a 点,另一端在 c 点;c 点和 b 点之间有两个 6Ω 的电阻串联。找到节点 a、c、b 后,再把其余点和点之间的电阻画出来。由图 2-4(c)可见,c 点和 b 点之间还有两个并联的电阻,到此,全部 6 个电阻都找到,即所有点和点之间的电阻全部标出。电阻的串并联情况清晰可见。

于是,图 2-4(a)电路的等效电阻 R_{ab} 可以表示为

$$R_{ab} = 6//12 + [(6+6)//6//12] = (4+3)\Omega = 7\Omega$$

2.1 测试题

2.2　电阻星形连接与三角形连接的等效变换

电路计算中,利用电阻的串、并联化简计算等效电阻的方法最为简便。但是有的电路,例如图 2-5(a)所示的电路,五个电阻既不是串联,又不是并联,就不能直接用电阻串、并联的方法来化简计算电路的等效电阻。

电阻星形连接与三角形连接的等效变换

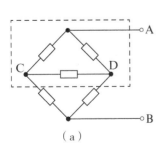 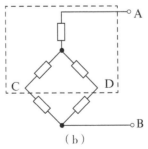

（a）　　　　　　　　　　（b）

图 2-5　Y-△等效变换

电阻星形连接与三角形连接的等效变换

在图 2-5(a)中,若能将 A、C、D 三端间构成三角形(△形)的三个电阻等效变换为星形(Y形)连接的另外三个电阻,如图 2-5(b)所示,则该电路中的五个电阻就是串、并联的,这样就能很简便地计算其等效电阻。

电阻的星形连接是把三个电阻的一端连在一起,另一端分别连接其他元件的形式,也叫 Y 形连接或者 T 连接,如图 2-6 所示。

电阻的三角形连接是把三个电阻首尾相连,接成一个三角形的形式,并由三个连接点引出端线,也叫△形连接或者 π 连接,如图 2-7 所示。

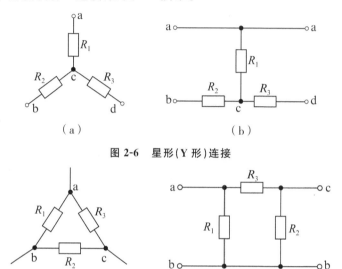

图 2-6　星形(Y 形)连接

图 2-7　三角形(△形)连接

电阻星形连接和三角形连接的等效变换,可以化简电路。星形连接的电阻与三角形连接的电阻等效变换的条件是:对应端(如 a、b、c)流入或流出的电流(如 i_a、i_b、i_c)一一相等,对应端间的电压(如 u_{ab}、u_{bc}、u_{ca})也一一相等。如图 2-8 所示,这样变换后,不会影响电路其他部分的电压和电流。

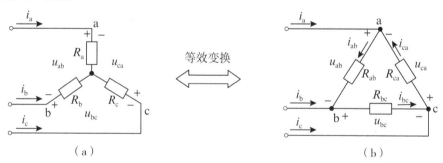

图 2-8　电阻星形连接与三角形连接的等效变换

当满足上述等效条件时,在 Y 形和△形两种接法中,对应的任意两端间的等效电阻也必然相等。由这个等效条件,可以推出两种连接方式下电阻之间的关系。

对于 Y 形连接电路,如图 2-8(a)所示,根据 KCL 和 KVL 可得方程组:

$$\begin{cases} i_a + i_b + i_c = 0 \\ R_a i_a - R_b i_b = u_{ab} \\ R_b i_b - R_c i_c = u_{bc} \end{cases}$$

可得

$$\begin{cases} i_a = \dfrac{R_c u_{ab}}{R_a R_b + R_b R_c + R_c R_a} - \dfrac{R_b u_{ca}}{R_a R_b + R_b R_c + R_c R_a} \\ i_b = \dfrac{R_a u_{bc}}{R_a R_b + R_b R_c + R_c R_a} - \dfrac{R_c u_{ab}}{R_a R_b + R_b R_c + R_c R_a} \\ i_c = \dfrac{R_b u_{ca}}{R_a R_b + R_b R_c + R_c R_a} - \dfrac{R_a u_{bc}}{R_a R_b + R_b R_c + R_c R_a} \end{cases}$$

对于△形连接的电路,如图 2-8(b)所示,各电阻中的电流由欧姆定律可以表示为

$$i_{ab} = \frac{u_{ab}}{R_{ab}}, i_{bc} = \frac{u_{bc}}{R_{bc}}, i_{ca} = \frac{u_{ca}}{R_{ca}}$$

根据 KCL,各端电流分别为

$$i_a = \frac{u_{ab}}{R_{ab}} - \frac{u_{ca}}{R_{ca}}$$

$$i_b = \frac{u_{bc}}{R_{bc}} - \frac{u_{ab}}{R_{ab}}$$

$$i_c = \frac{u_{ca}}{R_{ca}} - \frac{u_{bc}}{R_{bc}}$$

由等效变换的条件,即两种连接方式下的 i_a、i_b、i_c 及 u_{ab}、u_{bc}、u_{ca} 一一相等,可以得到:

(1)电阻 Y 形连接等效替换成电阻△形连接时,电阻之间的对应关系为:

$$\begin{cases} R_{ab} = \dfrac{R_a R_b + R_b R_c + R_c R_a}{R_c} \\ R_{bc} = \dfrac{R_a R_b + R_b R_c + R_c R_a}{R_a} \\ R_{ca} = \dfrac{R_a R_b + R_b R_c + R_c R_a}{R_b} \end{cases} \tag{2.2.1}$$

可概括为 $R_{mn} = \dfrac{\text{Y 形电阻两两乘积之和}}{\text{不与 } mn \text{ 端相连的电阻}}$。

当 $R_a = R_b = R_c = R_Y$ 时,有 $R_{ab} = R_{bc} = R_{ca} = 3R_Y$。

(2)电阻△形连接等效替换成电阻 Y 形连接时,电阻之间的对应关系为:

$$\begin{cases} R_a = \dfrac{R_{ab} R_{ca}}{R_{ab} + R_{bc} + R_{ca}} \\ R_b = \dfrac{R_{bc} R_{ab}}{R_{ab} + R_{bc} + R_{ca}} \\ R_c = \dfrac{R_{ca} R_{bc}}{R_{ab} + R_{bc} + R_{ca}} \end{cases} \tag{2.2.2}$$

可概括为 $R_k = \dfrac{\text{接于 } k \text{ 端两电阻乘积}}{\triangle \text{形三边电阻之和}}$。

当 $R_{ab} = R_{bc} = R_{ca} = R_\triangle$ 时，$R_a = R_b = R_c = \dfrac{1}{3} R_\triangle$。

例 2.2.1 试求图 2-9(a)所示电路的等效电阻 R_{ab}。

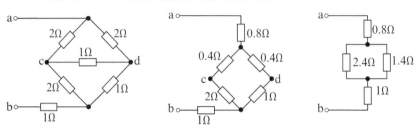

（a）原电路　　　　　（b）Y-△等效变换　　　　（c）原电路的等效电路

图 2-9 例 2.2.1 图

解：将图 2-9(a)中的 2Ω、2Ω 和 1Ω 三个电阻构成的△形连接等效成 Y 形连接，如图 2-9(b)所示。其 Y 形连接的电阻值可由式(2.2.2)求得：

$$\begin{cases} R_a = \dfrac{R_{ac} R_{da}}{R_{ac} + R_{cd} + R_{da}} = \dfrac{2 \times 2}{2 + 2 + 1}\Omega = 0.8\Omega \\[3mm] R_c = \dfrac{R_{cd} R_{ac}}{R_{ac} + R_{cd} + R_{da}} = \dfrac{1 \times 2}{2 + 2 + 1}\Omega = 0.4\Omega \\[3mm] R_d = \dfrac{R_{da} R_{cd}}{R_{ac} + R_{cd} + R_{da}} = \dfrac{2 \times 1}{2 + 2 + 1}\Omega = 0.4\Omega \end{cases}$$

图 2-9(b)中 0.4Ω 电阻和 2Ω 电阻串联，0.4Ω 电阻和 1Ω 电阻也串联，整理后如图 2-9(c)所示，由电阻的串、并联公式，可得图 2-9(a)电路的等效电阻为

$$R_{ab} = (0.8 + 2.4 // 1.4 + 1)\Omega = (0.8 + 0.88 + 1)\Omega = 2.68\Omega$$

求端口等效电阻时，本题还有其他等效变换的方式。例如，可以把交于 c 点的 2Ω、1Ω 和 2Ω 这三个电阻构成的 Y 形连接等效为△形连接，也可以把 1Ω、2Ω 和 1Ω 这三个电阻组成的△形连接等效为 Y 形连接等，最后结果都相同，读者可自行分析。

例 2.2.2 计算图 2-10(a)电路中的电流 I_1。

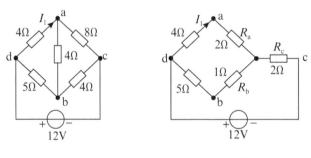

（a）原电路　　　　　　　（b）Y-△等效变换

图 2-10 例 2.2.2 图

解：将图 2-10(a)中的 8Ω、4Ω 和 4Ω 三个电阻构成的△形连接等效成 Y 形连接，如图 2-10(b)所示。其 Y 形连接的电阻值可由式(2.2.2)求得：

$$\begin{cases} R_\mathrm{a} = \dfrac{R_\mathrm{ab}R_\mathrm{ca}}{R_\mathrm{ab}+R_\mathrm{bc}+R_\mathrm{ca}} = \dfrac{4\times8}{4+4+8}\Omega = 2\,\Omega \\[3mm] R_\mathrm{b} = \dfrac{R_\mathrm{bc}R_\mathrm{ab}}{R_\mathrm{ab}+R_\mathrm{bc}+R_\mathrm{ca}} = \dfrac{4\times4}{4+4+8}\Omega = 1\,\Omega \\[3mm] R_\mathrm{c} = \dfrac{R_\mathrm{ca}R_\mathrm{bc}}{R_\mathrm{ab}+R_\mathrm{bc}+R_\mathrm{ca}} = \dfrac{8\times4}{4+4+8}\Omega = 2\,\Omega \end{cases}$$

由电阻的串、并联公式,可得图 2-10(b)电路的等效电阻为

$$R_总 = \left[(4+2)//(5+1)+2\right]\Omega = \left[\frac{(4+2)\times(5+1)}{(4+2)+(5+1)}+2\right]\Omega = 5\,\Omega$$

则 $I_总 = \dfrac{12}{5}\mathrm{A} = 2.4\,\mathrm{A}$,于是,利用电阻并联的分流公式(2.1.7)可得

$$I_1 = \left(\frac{5+1}{4+2+5+1}\times2.4\right)\mathrm{A} = 1.2\,\mathrm{A}$$

本题等效变换的方式也不是唯一的,但需要注意的是所求支路不能参与变换。

思考: 对于这类电路,当达到电桥平衡时,虽然可以通过△形与 Y 形变换来分析,但还有没有更简便的方法呢?

下面介绍平衡电桥的条件及特点。

对图 2-11(a)所示电桥电路,当电阻满足 $R_1R_3 = R_2R_4$ 时,电桥是平衡的。此时 a、b 点电位相等,因此不管电阻 R_5 多大,R_5 所在支路的电压、电流均为零。

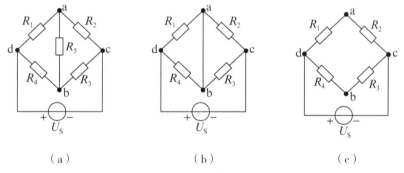

图 2-11　平衡电桥

R_5 支路上的电压为零,因此可以将 a、b 两点直接短路,如图 2-11(b)所示;R_5 支路上的电流为零,因此也可以将 a、b 两点断开,如图 2-11(c)所示。将 R_5 支路作短路或断路处理后,电路就转换为简单的串并联电路,从而很容易就能求出电路等效电阻。当然,这两种处理方法的计算结果完全相同。

由此可知,如果电路中电阻的连接并非简单的串并联,则首先要寻找有无平衡电桥。如果存在平衡电桥,则可以按照图 2-11(b)或(c)作短路或断路处理。如果没有平衡电桥,则须利用电阻的 Y-△等效变换,将其转换为简单的串并联,再进行求解。

例 2.2.3　试求图 2-12(a)所示电路的等效电阻 R_{ab}。

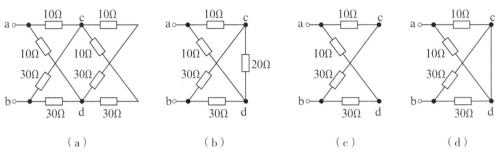

（a）　　　　　（b）　　　　　（c）　　　　　（d）

图 2-12　例 2.2.3 图

解：从图 2-12(a)电路较难直接看出电阻的连接方式，因此先把最右边两条支路进行串并联等效，等效电阻为 $(10+30)//(10+30)=20\Omega$，如图 2-12(b)所示。显然此电路存在平衡电桥，所以 c 点和 d 点是等电位点，故这两点之间可以作断路处理，如图 2-12(c)所示。此时等效电阻为

$$R_{ab}=(10+30)//(10+30)=20\Omega$$

c 点和 d 点之间也可以作短路处理，如图 2-12(d)所示。此时等效电阻为

$$R_{ab}=10//10+30//30=20\Omega$$

显然，这两种处理方法得到的结果完全相同。

2.2 测试题

2.3　电源的两种模型及其等效变换

电源的
两种模型及
其等效变换

2.3.1　电压源

电路中的电源既提供电压也提供电流。一个实际电源可以用两种模型来表示。一种是用理想电压源与电阻串联的电路模型来表示，称为电源的电压源模型，简称电压源；另一种是用理想电流源与电阻并联的电路模型来表示，称为电源的电流源模型，简称电流源。将电源看作电压源还是电流源，主要的依据是电源内阻的大小。

电源的
两种模型及
其等效变换

具有较低内阻的电源输出的电压较为恒定，常用电压源来表征。电压源可分为交流电压源和直流电压源，如图 2-13(a)和(b)所示，图中 U 是电源端电压，R_L 是负载电阻，I 是负载电流，R_0 是电源内阻。

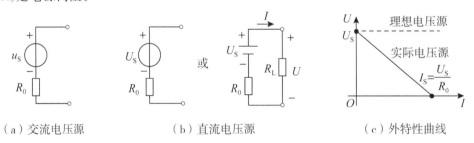

（a）交流电压源　　　　（b）直流电压源　　　　（c）外特性曲线

图 2-13　实际电压源

需要注意,交流量用小写字母表示,直流量用大写字母表示。

根据图 2-13(b)所示的电路,可以得出

$$U = U_S - IR_0 \tag{2.3.1}$$

由此可以作出实际电压源的外特性曲线,如图 2-13(c)所示,这是一条斜直线,随着输出电流 I 的增加,实际电源的输出电压 U 会逐渐减小。当电压源开路时,电流 $I=0$,端电压 $U = U_S$;当负载短接时,端电压 $U=0$,电流 $I = I_S = U_S / R_0$,由于电压源内阻较小,所以短路电流很大。内阻 R_0 愈小,则外特性曲线越平直。

实际电压源以输出电压的形式向负载供电,输出端电压的大小为 $U = U_S - IR_0$,在输出相同电流的条件下,电压源内阻 R_0 越小,输出端电压越大。若电源内阻 $R_0 = 0$,则端电压 $U = U_S$,是一定值,与输出电流的大小无关。把内阻为零的电压源称为理想电压源或恒压源。其外特性曲线是与横轴平行的一条直线,如图 2-13(c)所示。

一般用电设备所需的电压源,多数需要它输出较为稳定的电压,这要求电压源的内阻越小越好,也就是要求实际电压源的特性与理想电压源尽量接近。

2.3.2　电流源

具有较高内阻的电源输出的电流较为恒定,常用电流源来表征。电流源也可分为交流电流源和直流电流源,如图 2-14(a)和(b)所示。

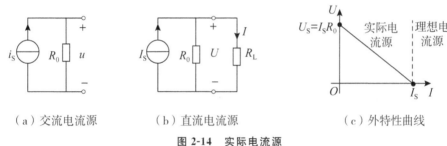

（a）交流电流源　　　（b）直流电流源　　　（c）外特性曲线

图 2-14　实际电流源

实际电流源可以用理想电流源和内阻并联表示。其实实际电流源模型可以由公式 (2.3.1)变换得出,将等式两端除以 R_0,则有

$$\frac{U}{R_0} = \frac{U_S}{R_0} - I = I_S - I$$

$$I_S = \frac{U}{R_0} + I \tag{2.3.2}$$

根据式(2.3.2),并结合 KCL,可以画出实际电流源的等效电路模型,如图 2-14(a)和 (b)所示,注意交流量小写,直流量大写。

由公式(2.3.2)可以作出实际电流源的外特性曲线,也是一条斜直线,如图 2-14(c)所示。当电流源开路时,$I=0$,$U = U_S = R_0 I_S$;当短路时,$U=0$,$I = I_S$。内阻 R_0 愈大,则直线愈陡。

实际电流源以输出电流的形式向负载供电,输出电流的大小为 $I = I_S - U/R_0$,在输出相同电压的条件下,电源内阻 R_0 越大,输出电流越大。若电源内阻 R_0 趋于无穷大,则输出电流 $I = I_S$,是一定值,而与输出端电压的大小无关。内阻趋于无穷大的电流源称为理想电流源,

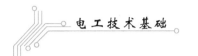

也称恒流源。其外特性曲线是与纵轴平行的一条直线,如图 2-14(c)所示。

一般用电设备所需的电流源,多数需要它输出较为稳定的电流,这要求电流源的内阻越大越好,也就是要求实际电流源的特性与理想电流源尽量接近。

2.3.3 理想电源的串并联等效

1. 理想电压源的串联等效

如图 2-15 所示,当 n 个理想电压源串联时,对外可以等效成一个理想电压源,等效电压源的电压值等于各串联电压源电压的代数和。即有

$$U_S = U_{S1} + U_{S2} + \cdots + U_{Sn} = \sum U_{Si} \qquad (2.3.3)$$

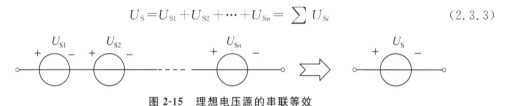

图 2-15 理想电压源的串联等效

式中,凡方向与 U_S 相同的电压取正号,反之取负号。需要强调的是,图中电压的方向都是参考方向,如果求得的 U_S 为正值,则说明等效电压源的实际方向和图中标示的参考方向一致;若为负,则相反。

并联元件两端电压一样,所以如果将两个电动势不一样的理想电压源并联,则会造成电源电动势小的那一个损坏,如果是额定工作电压相同(大小和方向)的理想电压源理论上可以并联,但电源中的电流不确定,所以在实际应用中通常不将理想电压源并联使用。

2. 理想电流源的并联等效

如图 2-16 所示,当 n 个理想电流源并联时,可以合并为一个等效电流源,等效电流源的 I_S 等于各个电流源电流的代数和。即有

$$I_S = I_{S1} + I_{S2} + \cdots + I_{Sn} = \sum I_{Si} \qquad (2.3.4)$$

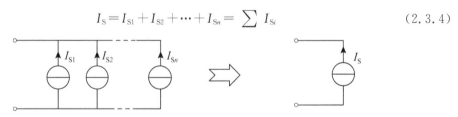

图 2-16 理想电流源的并联等效

式中,凡方向与 I_S 相同的电流取正号;反之,取负号。需要强调的是,图中电流的方向都是参考方向,如果求得的 I_S 为正值,则说明等效电流源的实际方向和图中标示的参考方向一致;若为负,则相反。

串联元件中流过相同的电流,所以将两个额定工作电流不一样的理想电流源串联,会造成额定电流值小的那一个损坏,如果是额定工作电流相同(大小和方向)的理想电流源,理论上可以串联,但实际应用中通常不将理想电流源串联使用。

3. 理想电压源与其他电路的并联等效

理想电压源和其他电路的并联对外就等效为该理想电压源,如图 2-17 所示。这里的其他电路可以为任意元件(电压值不相等的理想电压源除外)或者是若干个元件的组合。因为对外电路而言,该电路的端口电压恒等于 U_s,和端口电流无关,它和理想电压源的伏安关系完全相同,所以这一部分电路对外就等效为该理想电压源。注意:这里的其他电路存在与否不影响端口电压的大小,但是会影响电压源上的电流,所以对外等效,而对内不等效。

图 2-17 理想电压源与其他电路的并联等效

4. 理想电流源与其他电路的串联等效

理想电流源和其他电路的串联对外就等效为该理想电流源,如图 2-18 所示。这里的其他电路可以为任意元件(电流值不相等的理想电流源除外)或者是若干个元件的组合。因为对外电路而言,该支路的电流恒等于 I_s,与两端的电压无关,它和理想电流源的伏安关系完全相同,所以这一部分电路对外就等效为该理想电流源。注意:这里的其他电路存在与否并不影响端口电流的大小,但是会影响电流源两端的电压,所以对外可以将其他电路去除,而对内却不能去除。

图 2-18 理想电流源与其他电路的串联等效

例 2.3.1 求下列各电路的等效电源。

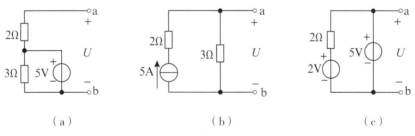

图 2-19 例 2.3.1 图

解:对于图 2-19(a),5V 理想电压源和 3Ω 电阻并联可等效为 5V 理想电压源,所以,最后的等效电源是一个具有 2Ω 内阻的 5V 电压源,如图 2-20(a)所示。

对于图 2-19(b),5A 的理想电流源和 2Ω 的电阻串联可等效为 5A 理想电流源,所以最后的等效电源是一个具有 3Ω 内阻的 $5A$ 电流源，如图 2-20(b)所示。

对于图 2-19(c)，和 5V 理想电压源并联的元件都可以拿掉，最后只剩下一个 5V 的理想电压源，如图 2-20(c)所示。

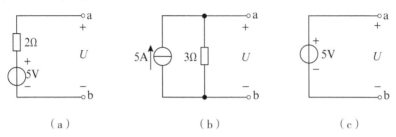

（a）   （b）   （c）

图 2-20　例 2.3.1 的等效电源

2.3.4　两种电源模型之间的等效变换

如图 2-13(c)所示的实际电压源模型的外特性和如图 2-14(c)所示的实际电流源模型的外特性是相同的。因此，实际电源的两种电路模型（见图 2-13 和图 2-14）对外电路来说，可以互相等效。即对外电路而言，如果将同一负载 R 分别接在两个电源上，R 上得到相同的电流、电压，则两个电源对 R 而言就是等效的。基于这个等效变换的条件，公式(2.3.1)和公式(2.3.2)中的 U 和 I 相等，则可以得出

$$I_{\mathrm{s}} = \frac{U_{\mathrm{s}}}{R_0} \tag{2.3.5}$$

在对两种电源模型等效变换时应注意以下几点：

(1)实际电压源和实际电流源的等效关系只是对外电路而言，对电源内部是不等效的。对外电路而言，两种电源模型可以给负载提供相同的输出端电压 U 和输出电流 I，而两个电源内部的功率通常是不同的。例如，当两种电源模型均开路时($I=0$)，电压源的内部电流为零，电压源内阻不消耗功率；而电流源的内部仍有电流 I_{s}，电流源内阻上仍有功率消耗。

(2)等效变换时，两种电源的参考方向要一一对应，如图 2-21 所示，以保证在两种电源模型中，电源提供的电流的方向是一致的。

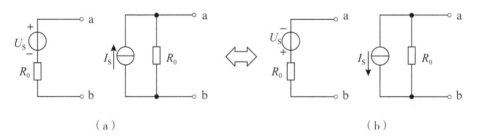

（a）   （b）

图 2-21　两种电源模型的等效变换

(3)理想电压源与理想电流源之间无等效关系。理想电压源要求在任何电流下端电压保持恒定，实际中找不到能满足该特性的电流源，因此无法等效。同样，理想电流源也没有等效的电压源模型。

例 2.3.2　试用电源等效变换的方法求图 2-22(a)中 2Ω 电阻上的电流 I。

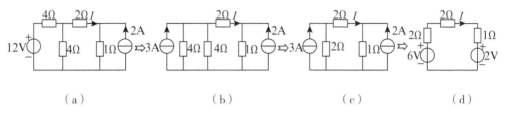

图 2-22　例 2.3.2 图

解：根据图 2-22 所示的变换次序，将图 2-22(a)化简为图(d)所示的电路，将电源合并，电阻合并之后，由欧姆定律可得(也可用 KVL 列方程)：

$$I = \frac{6-2}{2+1+2}\text{A} = 0.8\text{A}$$

2.3 测试题

例 2.3.3　试用电源等效变换的方法求图 2-23(a)中 1Ω 电阻上的电流 I。

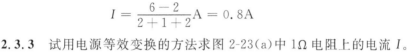

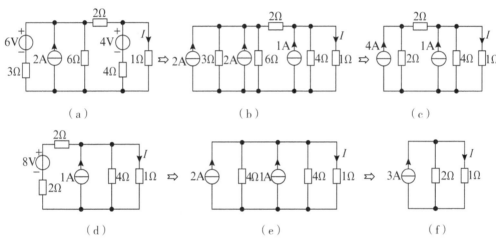

图 2-23　例 2.3.3 图

解：根据图 2-23 所示的变换次序，最后化简为图 2-23(f)所示的电路，由此可得

$$I = \left(\frac{2}{2+1} \times 3\right)\text{A} = 2\text{A}$$

2.4　受控源及其电路的分析

2.4.1　受控源介绍

前面介绍的电压源和电流源，都是独立电源，也就是电压源的电压或电流源的电流不受外电路的控制而独立存在，这样的电源称为独立电源。此外，在电子电路中还有一类电源叫受控电源，简称受控源，它的特点是电压源的电压或电流源的电流受电路中某条支路(或元件)的电压(或电流)的控制。当控制的电压(或电流)消失或等于零时，受控源的电压或电流也将为零。

受控源及其电路的分析

受控源及其电路的分析

受控源含有两条支路:其一为控制支路,这条支路为开路或短路,表明控制电压或电流的性质;其二为受控支路,用一个受控"电压源"表明该支路的电压受控制的性质,或用一个受控"电流源"表明该支路的电流受控制的性质,因此它是一种四端元件或双口元件(对外有两对端口)。

根据控制量是某条支路(或元件)的电压还是电流,受控量是电压源还是电流源,受控源可分为四种类型,分别是电压控制电压源(voltage controlled voltage source,VCVS)、电压控制电流源(voltage controlled current source,VCCS)、电流控制电压源(current controlled voltage source,CCVS)、电流控制电流源(current controlled current source,CCCS)。受控源用菱形方框表示。图2-24分别给出了四种类型受控源的模型,图中的 μ、g、r 和 β 都是控制系数。其中 r 以电阻为量纲,g 以电导为量纲,μ 和 β 无量纲。当控制系数是常数时,控制量与被控制量呈线性关系,这样的受控源为线性受控源。本书只讨论线性受控源。

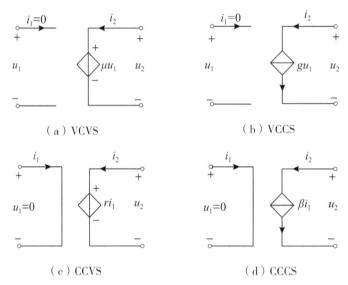

图 2-24 受控源

每一种受控源由两个方程描述:

$$VCVS:i_1 = 0 , u_2 = \mu u_1 \tag{2.4.1}$$

$$VCCS:i_1 = 0 , i_2 = g u_1 \tag{2.4.2}$$

$$CCVS:u_1 = 0 , u_2 = r i_1 \tag{2.4.3}$$

$$CCCS:u_1 = 0 , i_2 = \beta i_1 \tag{2.4.4}$$

图 2-24 给出的受控源模型都是理想受控源,就是说受控源的控制端(输入端)和受控端(输出端)都是理想的。即在控制端,受电压控制的受控电源,其输入端电阻为无穷大($i_1 = 0$);受电流控制的受控电源,其输入端电阻为零($u_1 = 0$)。这样,控制端消耗的功率为零(即 $p = u_1 i_1 = 0$)。

在受控端,对受控电压源,其输出端电阻为零,输出电压由电源本身表达式决定,与外电路无关,而流过受控电压源的电流是任意的,由与其相连的外电路决定;对受控电流源,其输出端电阻为无穷大,输出电流由电源本身表达式决定,与外电路无关,而受控电流源两端的电压是任意的,由与其相连的外电路决定。

如图 2-24 所示的四种受控源,在各端口电压、电流采用关联参考方向时,受控源吸收的功率为

$$p = u_1 i_1 + u_2 i_2$$

不管何种类型的受控源,因其控制支路 $u_1 i_1 = 0$,所以上式可以写成

$$p = u_2 i_2 \qquad\qquad (2.4.5)$$

即受控源的功率可以由受控支路来计算。在实际电路中,受控源可以吸收功率,也可以发出功率,不满足在任何时刻都有 $\int_{}^{} p\,dt \geqslant 0$ 这一条件,所以它是一种有源元件。

需要强调的是,受控源虽然是有源元件,但是它与独立电源在电路中的作用有着本质的区别,具体如下:

(1)独立电源的电压(或电流)由电源本身决定,与电路中其他电压、电流无关。而受控源的电压(或电流)是由控制量决定的,当控制量为零时,受控电压源的输出电压或受控电流源的输出电流均为零。只有当控制量确定且保持不变时,受控源才具有独立电源的特性,所以受控源不能独立存在,又称为非独立电源。

(2)独立电源是电路的输入或激励,在电路中产生电压和电流,而受控源则描述电路中两条支路电压或电流间的一种约束关系。受控源的存在虽然可以改变电路中的电压或电流,使电路特性发生变化,但因为受控源所产生的能量往往来自独立电源,故不能作为电路的输入或激励。也就是说,如果电路不含独立电源,不能为控制支路提供电压或电流,则受控源以及整个电路的电压和电流都将为零。

受控源是从实际电子电路或器件抽象而来的。许多实际电子器件,如晶体三极管的集电极电流受基级电流的控制,可以用 CCCS 作为其电路模型;场效应管的漏极电流受栅源电压控制,可以用 VCCS 作为其电路模型;发电机的输出电压受其励磁线圈电流控制,可以用 CCVS 作为其电路模型;集成运放的输出电压受输入电压控制,可以用 VCVS 作为其电路模型。

2.4.2　含受控源的简单电路分析

1. 受控源在电路中的画法

一般情况下,电路图中无须专门标出控制量所在处的端钮,仅标出控制量及参考方向,如图 2-25 所示。

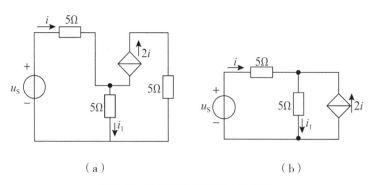

图 2-25　受控源在电路图中的画法

从图 2-25 电路不难看出,电路中的受控源为电流控制电流源,其输出电流为 $2i$。其中 i 为5Ω 电阻所在支路的电流,也就是说受控电流源的输出电流值要受到支路电流 i 的控制。

2.受控源电路的等效变换

独立电压源和独立电流源可以对外等效变换,也就是独立电压源和电阻串联端口可以等效变换为独立电流源和电阻并联端口网络。与此相似,一个受控电压源和电阻串联端口,对外电路而言,也可以等效变换为一个受控电流源和电阻并联端口。需要注意的是,这种等效变换仅指其受控支路,如图 2-26 所示。

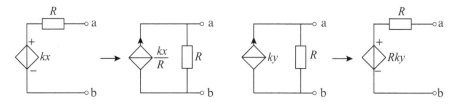

（a）受控电压源等效变换为受控电流源　　（b）受控电流源等效变换为受控电压源

图 2-26　受控源电路的等效变换

3.受控源电路的分析

受控源电路分析的一般原则是电路的基本定理和各种分析计算方法仍可使用,但要考虑受控源的受控特性,不能随意将受控源去掉、开路、短路或让其单独作用,即不能改变控制支路的控制量,也不能改变受控支路的受控性质。

例 2.4.1　求图 2-27 电路开关 S 打开和闭合时的 I_1 和 I_2。

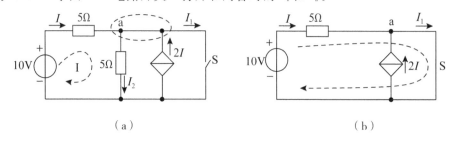

图 2-27　例 2.4.1 图

解:(1)S打开时,电路如图 2-27(a)所示 $I_1=0$。对图示节点 a 利用基尔霍夫电流定律列方程:

$$I_2=I+2I \tag{2.4.6}$$

方程式中有两个未知量,所以还需要列一个方程。

可以找一个回路列出基尔霍夫电压方程,需注意的是找到的回路不要引入新的未知量。因此,选择图 2-27(a)所示回路 I,顺时针绕行,可得 KVL 方程为:

$$5I+5I_2=10 \tag{2.4.7}$$

方程(2.4.6)和(2.4.7)联立求解,可以求得 $I_2=1.5\text{A}$。

(2)S闭合时,由于 I_2 所在支路被短接,所以 $I_2=0$,此时电路如图 2-27(b)所示,对节点 a 列基尔霍夫电流定律方程:

$$I_1=I+2I \tag{2.4.8}$$

再对图 2-27(b)所示电路中的最外圈回路,按顺时针绕行,如图中虚线所示,可得 KVL 方程为:

$$5I-10=0 \tag{2.4.9}$$

方程(2.4.8)和(2.4.9)联立求解,可以求得 $I_1=6\text{A}$。

例 2.4.2 电路如图 2-28 所示,求电压 U。

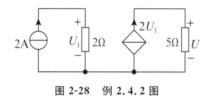

图 2-28 例 2.4.2 图

解:本题电路含有受控电流源,它的输出电流始终为 $2U_1$,U_1 是控制量。

利用欧姆定律求得控制量 $U_1=(2\times2)\text{V}=4\text{V}$,所以受控电流源的电流为 $2U_1=8\text{A}$。

由欧姆定律可得:$U=(5\times8)\text{V}=40\text{V}$。

例 2.4.3 求图 2-29(a)电路中 20Ω 电阻上的电流 I。

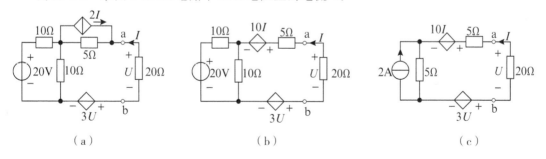

（a）   （b）   （c）

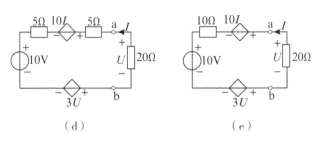

（d）　　　　　　（e）

图 2-29　例 2.4.3 图

解：首先，将图 2-29（a）电路中，$2I$ 受控电流源和 5Ω 电阻的并联等效为 $10I$ 受控电压源和 5Ω 电阻的串联，如图 2-29（b）所示。再将 $20V$、10Ω 的电压源等效为 $2A$、10Ω 的电流源，之后将两个 10Ω 的电阻并联，得到一个 $2A$、5Ω 的电流源，如图 2-29（c）所示。接着，将 $2A$、5Ω 的电流源等效为 $10V$、5Ω 的电压源，如图 2-29（d）所示。之后将两个 5Ω 的电阻合并为一个 10Ω 的电阻，如图 2-29（e）所示。此处注意不能将 20Ω 电阻合并，否则，$3U$ 受控电压源的控制量 U 将改变。

对图 2-29（e），由欧姆定律得：

$$U = -20I$$

注意，此处有负号是因为 20Ω 电阻上的电压和电流的参考方向不一致，式中电流 I 可以由回路的基尔霍夫电压方程得到：

$$10 - 3 \times (-20I) + 20I + 10I + 10I = 0$$

求得 $I = -0.1A$。

2.4 测试题

2.5　支路电流法

不能利用电路等效变换法化简的电路，一般称为复杂电路。在计算复杂电路的各种方法中，支路电流法是线性电路普遍适用的基本分析方法，它是将每个支路的电流均作为待求的未知量，利用基尔霍夫电流定律和基尔霍夫电压定律分别对节点和回路列出与未知量数目相同的方程组，从而求解电路的一种分析方法。

支路电流法

本节以电阻电路为例，介绍支路电流法，当然，这里讨论的电路分析方法同样适用于交流电路和暂态电路。

支路电流法

用支路电流法分析具有 n 个节点 b 条支路的电路，需要 b 个相互独立的方程。从 n 个节点中任选 $n-1$ 个节点，列 KCL 方程，则 $n-1$ 个方程将相互独立。剩下的 $b-(n-1)$ 个独立方程应由 KVL 列出。

在使用支路电流法时还需要注意要先确定各支路电流、电压的参考方向；并注意各项的正负号，列回路方程时电阻上的电压用支路电流乘以电阻的形式表示。

现以图 2-30 所示电路为例，来说明支路电流法的应用。在该电路中，支路数 $b=3$，所以需列 3 个独立方程来求解 3 条支路的电流。节点数 $n=2$，可以列 $n-1=1$ 个独立的 KCL 方程，则需要列写独立的 KVL 方程为 $b-(n-1)=2$ 个。

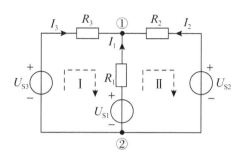

图 2-30 支路电流法举例

任选 $n-1$ 个节点列写 KCL 方程,例如对节点①列 KCL 方程,可得:

$$I_1 + I_2 + I_3 = 0$$

能提供独立 KVL 方程的回路称为独立回路。独立回路的选取方法有以下两种:

(1)对平面电路,网孔必为一组独立回路,且网孔数必为 $b-(n-1)$ 个。

(2)每选取一个回路,都至少要包含一条其他回路都未曾使用过的新支路。

如图 2-30 所示电路,选取网孔 Ⅰ 和网孔 Ⅱ 作为独立回路,按顺时针绕行列写 KVL 方程,可得

$$I_3 R_3 + U_{S1} - I_1 R_1 - U_{S3} = 0$$
$$U_{S2} - I_2 R_2 + I_1 R_1 - U_{S1} = 0$$

可见,由 KCL 和 KVL 可得 3 个独立方程,刚好可以求解未知的支路电流。求解方程组,就可以求得各支路电流。

综上,支路电流法的解题步骤可以概括为:

(1)假定各支路电压、电流的参考方向,如果题目中电压、电流的参考方向已经给出,则第一步省略;

(2)应用 KCL 对节点列方程,对于有 n 个节点的电路,只能列出 $n-1$ 个独立的 KCL 方程式;

(3)应用 KVL 对 $b-(n-1)$ 个独立回路列回路方程(平面电路通常选网孔作为独立回路),列回路方程时电阻上的电压用支路电流乘以电阻的形式表示;

(4)方程联立求解得各支路电流。

例 2.5.1 用支路电流法求图 2-31 所示电路的各支路电流。

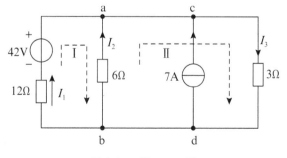

图 2-31 例 2.5.1 图

解：图 2-31 有 4 条支路，但是有一条支路含有恒流源，恒流源支路的电流已知，则未知支路电流只有 3 个，节点数为 2 个(a、c 为同一节点，b、d 也为同一节点)，按图示电流参考方向，对节点 a 列 KCL 方程：

$$I_1 + I_2 + 7 = I_3$$

按图示顺时针绕行方向，对回路 Ⅰ 和 Ⅱ 列 KVL 方程：

$$12I_1 - 42 - 6I_2 = 0$$
$$6I_2 + 3I_3 = 0$$

将 3 个方程联立求解，得 $I_1 = 2A$，$I_2 = -3A$，$I_3 = 6A$。

讨论：本题如果选取网孔作为独立回路，则回路包含电流源支路，而电流源两端的电压未知，故在列写 KVL 方程时必须考虑。设电流源两端的电压为 U_x，则有：

对节点 a 列 KCL 方程：

$$I_1 + I_2 + 7 = I_3$$

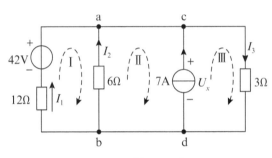

图 2-32　例 2.5.1 图

按图 2-32 所示顺时针绕行方向，对回路 Ⅰ、Ⅱ 和 Ⅲ 列 KVL 方程：

$$12I_1 - 6I_2 = 42$$
$$6I_2 + U_x = 0$$
$$-U_x + 3I_3 = 0$$

将 4 个方程联立求解，得支路电流 $I_1 = 2A$，$I_2 = -3A$，$I_3 = 6A$。

从以上的分析可知，对含有电流源的电路，选取独立回路时应尽量避开电流源支路，这样可以减少方程的数目。

2.6　节点电压法

对于 b 条支路、n 个节点的电路，用支路电流法需要列写 b 个方程，当支路较多时，方程维数较高，求解不便。

任选电路中某一节点为零电位参考点(用 ⊥ 表示)，其他各节点对参考点的电压，称为该节点的节点电压。显然，一个具有 n 个节点的电路，共有 $n-1$ 个节点电压。节点电压的参考方向从节点指向参考节点。以图 2-33 为例，该电路有 3 个节点，若选节点③作为参考节点(用 ⊥ 表示)，则其余两个节点电压分别表示为 U_{n1} 和 U_{n2}。因为电路中所有的支路电压都可以用节点电压线性表

2.5 测试题

节点电压法

节点电压法

示,如 $U_{12} = U_{n1} - U_{n2}$,所以节点电压也是一组完备的独立变量。

节点电压法就是以节点电压为未知变量,列方程求解电路的一种分析方法。用节点电压作变量建立的方程就称为节点电压方程。

在求出节点电压后,可应用基尔霍夫定律或欧姆定律求出各支路的电流或电压。节点电压法适用于分析支路较多,节点较少的电路。

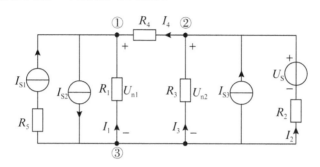

图 2-33　节点电压法举例

下面以图 2-33 为例说明如何建立节点电压方程。

(1)首先选参考节点(0 电位点)。

选③为参考节点,设备独立节点电压为 U_{n1} 和 U_{n2}(方向指向参考节点),如图 2-33 所示。

(2)对每个独立节点列 KCL 方程:

$$\begin{cases} I_{S1} - I_{S2} + I_1 + I_4 = 0 \\ I_2 + I_{S3} + I_3 - I_4 = 0 \end{cases} \tag{2.6.1}$$

(3)应用欧姆定律,将各支路电流用节点电压表示:

$$I_1 = -\frac{U_{n1}}{R_1} \, , \quad I_2 = -\frac{U_{n2} - U_S}{R_2}$$

$$I_3 = -\frac{U_{n2}}{R_3} \, , \quad I_4 = \frac{U_{n2} - U_{n1}}{R_4}$$

将各电流代入 KCL 方程(2.6.1)中,整理得:

$$\begin{cases} \left(\dfrac{1}{R_1} + \dfrac{1}{R_4}\right)U_{n1} - \dfrac{1}{R_4}U_{n2} = I_{S1} - I_{S2} \\ \left(\dfrac{1}{R_3} + \dfrac{1}{R_4} + \dfrac{1}{R_2}\right)U_{n2} - \dfrac{1}{R_4}U_{n1} - I_{S3} + \dfrac{U_S}{R_2} \end{cases} \tag{2.6.2}$$

公式(2.6.2)还可以用电导形式表示为

$$\begin{cases} (G_1 + G_4)U_{n1} - G_4 U_{n2} = I_{S1} - I_{S2} \\ (G_3 + G_4 + G_2)U_{n2} - G_4 U_{n1} = I_{S3} + U_S G_2 \end{cases} \tag{2.6.3}$$

式(2.6.3)就是图 2-33 所示电路的节点电压方程,写成一般形式为:

$$\begin{cases} G_{11}U_{n1} + G_{12}U_{n2} = \sum I_{S11} + \sum U_{S11}G \\ G_{21}U_{n1} + G_{22}U_{n2} = \sum I_{S22} + \sum U_{S22}G \end{cases} \tag{2.6.4}$$

其中,G_{11}、G_{22} 分别称为节点①、②的自电导,它们分别等于连接到各节点上的所有支路电导的总和,但不包括与理想电流源串联的电导(理想电流源和其他元件串联的支路,对外可等效为该理想电流源)。例如 $G_{11}=G_1+G_4$,$G_{22}=G_3+G_4+G_2$,自电导恒为正。

$G_{ij}(i\neq j)$ 称为节点 i 和节点 j 的互电导,等于直接连接在节点 i 和 j 之间的所有支路电导之和的负值,当然也不包括与理想电流源串联的电导,例如 $G_{12}=G_{21}=-G_4$。互电导总为负值或为零,如果节点 i 和 j 之间无直接相连的支路,则 $G_{ij}=0$。

$\sum I_{S11}$、$\sum I_{S22}$ 分别为与节点①、②相连的全部电流源电流的代数和,电流源电流流入节点为正,流出为负。

$\sum U_{S11}G$、$\sum U_{S22}G$ 分别为与节点①、②相连的电压源串联电阻支路转换成等效电流源后,等效电流源电流的代数和。凡电压源的"+"极与该节点相连为正,反之为负。

对于由独立源和线性电阻构成的电路,根据以上总结的规律,通过观察就可以直接列写节点电压方程。

对具有 n 个节点的电路,其节点电压方程的一般形式为

$$\begin{cases} G_{11}U_{n1}+G_{12}U_{n2}+\cdots+G_{1(n-1)}U_{n(n-1)}=\sum I_{S11}+\sum U_{S11}G \\ G_{21}U_{n1}+G_{22}U_{n2}+\cdots+G_{2(n-1)}U_{n(n-1)}=\sum I_{S22}+\sum U_{S22}G \\ \cdots\cdots \\ G_{(n-1)1}U_{n1}+G_{(n-1)2}U_{n2}+\cdots+G_{(n-1)(n-1)}U_{n(n-1)}=\sum I_{S(n-1)(n-1)}+\sum U_{S(n-1)(n-1)}G \end{cases} \qquad (2.6.5)$$

该节点电压方程也适用于交流电路的分析。

综上所述,节点电压法的解题步骤为:

(1)选择参考节点(最好选电压源的一端或支路的密集点),标出各节点电压,节点电压的参考方向从节点指向参考节点。

(2)按式(2.6.5)列写节点电压方程。

(3)求解方程组,得各节点电压,再进一步计算其他未知量。

节点电压法对平面和非平面电路都适用,常见的计算机电路分析软件均采用节点电压法编程。

例 2.6.1 如图 2-34 所示电路,$R_1=R_2=R_3=R_4=R_5=2\Omega$,$U_S=4V$,$I_S=2A$,试用节点电压法求各支路电流。

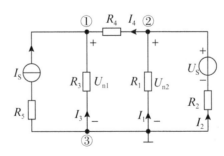

图 2-34 例 2.6.1 图

解:该电路共有 3 个节点,以节点③为参考节点,列节点电压方程

$$\begin{cases} (\dfrac{1}{R_3}+\dfrac{1}{R_4})U_{n1}-\dfrac{1}{R_4}U_{n2}=I_S \\ -\dfrac{1}{R_4}U_{n1}+(\dfrac{1}{R_1}+\dfrac{1}{R_4}+\dfrac{1}{R_2})U_{n2}=\dfrac{U_S}{R_2} \end{cases}$$

代入数据整理得:

$$\begin{cases} U_{n1}-\dfrac{1}{2}U_{n2}=2 \\ -\dfrac{1}{2}U_{n1}+\dfrac{3}{2}U_{n2}=2 \end{cases}$$

解方程组得:$U_{n1}=3.2\text{V},U_{n2}=2.4\text{V}$。

设各支路电流参考方向如图 2-34 所示,则

$$I_1=-\frac{U_{n2}}{R_1}=-\frac{2.4}{2}\text{A}=-1.2\text{A},\ I_2=-\frac{U_{n2}-U_S}{R_2}=-\frac{2.4-4}{2}\text{A}=0.8\text{A}$$

$$I_3=-\frac{U_{n1}}{R_3}=-\frac{3.2}{2}\text{A}=-1.6\text{A},\ I_4=\frac{U_{n2}-U_{n1}}{R_4}=\frac{2.4-3.2}{2}\text{A}=-0.4\text{A}$$

例 2.6.2　如图 2-35 所示电路,$R_1=R_2=R_3=R_4=1\Omega,U_S=4\text{V},I_S=2\text{A}$,试用节点电压法求各支路电流。

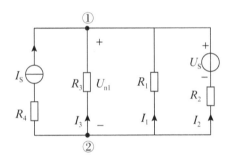

图 2-35　例 2.6.2 图

解:该电路共有 2 个节点,以节点②为参考节点,列节点电压方程

$$(\frac{1}{R_1}+\frac{1}{R_2}+\frac{1}{R_3})U_{n1}=I_S+\frac{U_S}{R_2}$$

即有

$$U_{n1}=\frac{I_S+\dfrac{U_S}{R_2}}{\dfrac{1}{R_1}+\dfrac{1}{R_2}+\dfrac{1}{R_3}}=\frac{\sum GU_S+\sum I_S}{\sum G} \tag{2.6.6}$$

代入数据整理得:

$$U_{n1}=2\text{V}$$

设各支路电流参考方向如图 2-35 所示,则

2.6 测试题

$$I_1=-\frac{U_{n1}}{R_1}=-\frac{2}{1}\text{A}=-2\text{A},\ I_2=-\frac{U_{n1}-U_S}{R_2}=-\frac{2-4}{1}\text{A}=2\text{A},\ I_3=-\frac{U_{n1}}{R_3}=-\frac{2}{1}\text{A}=-2\text{A}$$

式(2.6.6)所列的关系称为弥尔曼定理,它给出了当电路只有一个独立节点时,该节点

电压表达式的通用形式,它在三相电路的计算中十分有用。

2.7 叠加定理

叠加定理

叠加定理是线性电路的一个重要定理,它反映了线性电路的基本性质。所谓线性电路,是指由独立电源和线性元件组成的电路,如线性电阻、线性电感、线性电容、线性受控源等。如果电路中包含非线性元件,如二极管、三极管等,则为非线性电路。

2.7.1 叠加定理的基本内容

叠加定理

在线性电路中,多个独立电源共同作用时,任一支路的电流(或电压)可以看成是电路中每一个独立电源单独作用于电路时,在该支路产生的电流(或电压)的代数和。需要注意的是,某个独立电源单独作用时,其他所有的独立电源应不起作用。对于理想电压源(不考虑内阻)来说,在电路中不起作用就是要使其输出电压为零,即 $u_S = 0$,因此要将理想电压源短接;对于理想电流源(不考虑内阻)来说,在电路中不起作用就是要使其输出电流为零,即 $i_S = 0$,因此要将理想电流源开路。利用叠加定理可以将一个复杂的电路分解成多个简单电路的计算,其解题步骤如下:

(1)标出未知量的参考方向。

(2)画出每个独立电源单独作用时的电路分解图。

①不作用电源的处理:理想电压源短接;理想电流源开路。

②标出未知分量的参考方向(建议与原图一致)。

(3)在分解图中求出各未知分量(电压或电流)。

(4)求未知分量的代数和。

下面以图 2-36 所示电路为例,说明叠加定理的具体解题方法。

例 2.7.1 如图 2-36(a)所示电路,用叠加原理计算电流 I。

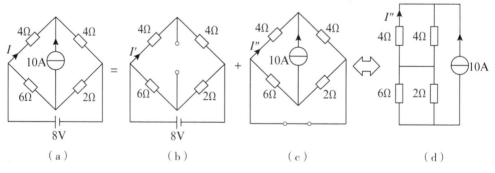

图 2-36 例 2.7.1 图

解:(1)8V 理想电压源单独作用时,电路如图 2-36(b)所示;10A 理想电流源单独作用时,电路如图 2-36(c)所示,图 2-36(d)是图 2-36(c)的等效电路。

(2)由图 2-36(b)可知,2 个 4Ω 电阻串联,总电压为 8V。于是有

$$I' = \frac{8}{4+4}\text{A} = 1\text{A}$$

由图 2-36(d)可知,2 个 4Ω 电阻并联分流,总电流为 10A,注意电流 I'' 和总电流 10A 的参考方向不一致,所以 I'' 为负,于是有

$$I'' = \left(-\frac{4}{4+4} \times 10\right)\text{A} = -5\text{A}$$

(3)由叠加定理得:

$$I = I' + I'' = (1-5)\text{A} = -4\text{A}$$

2.7.2　叠加定理使用的注意事项

应用叠加定理解题时,要注意以下几点:

(1)叠加定理只适用于线性电路,不适用于非线性电路。当然非线性电路在一定条件下近似线性化后也可使用叠加定理进行分析。

(2)叠加定理只能用来计算线性电路中的电流或电压,不能用来计算功率。

因为 $P' = U'I'$, $P'' = U''I''$,而 $P = UI = (U'+U'')(I'+I')$,显然, $P \neq P' + P''$ 。

(3)叠加时,应注意电源单独作用时电路各处电压、电流的参考方向与各电源共同作用时的参考方向是否一致。若不一致,叠加时相应项前要带负号。但要注意,分量本身也有正负值(这是由参考方向与实际方向是否一致引入的),不要将运算时的加、减符号与代数值的正负号相混淆。

(4)叠加时只将独立电源分别单独作用,电路的结构和参数不变,受控源应始终保留,注意受控源的控制量要改为各分电路中的相应量。其中,不作用的电压源置零是将其短路,不作用的电流源置零是将其开路。

(5)运用叠加定理时也可以把电源分组求解,每个分电路的电源个数可能不止一个,如图 2-37 所示。

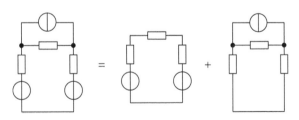

图 2-37　应用叠加定理将独立电源分组

例 2.7.2　求图 2-38(a)所示电路中电压 U_s 。

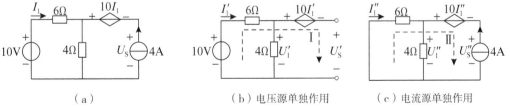

（a）　　　　　（b）电压源单独作用　　　　　（c）电流源单独作用

图 2-38　例 2.7.2 图

解:(1)10V 理想电压源单独作用时,电路如图 2-38(b)所示,注意此时受控源的控制量为 I_1',即受控电压源的电压为 $10I_1'$,对回路 I 按顺时针方向绕行,列写 KVL 方程:

$$U_s' + 6I_1' + 10I_1' - 10 = 0 \qquad (2.7.1)$$

式中的 I_1' 可以通过图 2-38(b)左边的通路求得:

$$I_1' = \frac{10}{6+4}A = 1A$$

将 I_1' 代入式(2.7.1)中,有 $U_s' = -16I_1' + 10 = -6V$。

(2)4A 电流源单独作用时,电路如图 2-38(c)所示,注意此时受控源的控制量为 I_1'',即受控电压源的电压为 $10I_1''$,对回路 II 按顺时针方向绕行,列写 KVL 方程:

$$U_s'' + 6I_1'' + 10I_1'' = 0 \qquad (2.7.2)$$

式中的 I_1'' 可以利用分流公式求得:

$$I_1'' = \left(-\frac{4}{6+4} \times 4\right)A = -1.6A$$

将 I_1'' 代入式(2.7.2)中,有 $U_s'' = -16I_1'' = 25.6V$。

(3)由叠加定理得:

$$U_s = U_s' + U_s'' = (-6 + 25.6)V = 19.6V$$

2.7 测试题

2.8 等效电源定理

在电路分析中,有时并不需要求出所有支路的电压或电流,只需要研究某一条支路的电压、电流,此时采用支路电流法或者节点电压法并不合适,可以采用等效电源定理。先将未知量所在的支路从电路中分离出来,对电路的其余部分即有源二端网络作等效处理。等效电源定理指出,一个有源二端网络可以用一个实际电源来等效。它包括戴维南定理和诺顿定理。其中将有源二端网络等效成实际电压源模型,应用的是戴维南定理;将有源二端网络等效成实际电流源模型,应用的则是诺顿定理。戴维南定理和诺顿定理是线性电路中的两个重要定理,熟练应用这些定理会给复杂电路的分析计算带来方便。

2.8.1 戴维南定理

1. 基本概念

戴维南定理是分析线性二端网络的一个重要定理。所谓二端网络是指具有两个出线端的部分电路。不含独立电源的二端网络称为无源二端网络,如图 2-39(a)所示。含有独立电源的二端网络则称为有源二端网络,如图 2-39(b)所示。

戴维南定理

戴维南定理

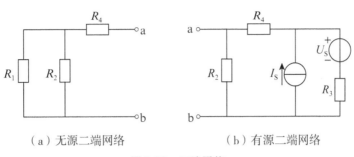

（a）无源二端网络　　　　（b）有源二端网络

图 2-39　二端网络

2. 戴维南定理

戴维南定理指出任何一个有源线性二端网络 N，对外电路而言，都可以用一个电压源来等效代替，即理想电压源 U_S 和内阻 R_0 串联的形式，如图 2-40 所示。该理想电压源的电压 U_S 等于有源二端网络 N 的开路电压 U_{oc}，即将负载断开后 a、b 两端之间的电压；与理想电压源串联的电阻 R_0 等于有源二端网络除源（理想电压源短路，理想电流源开路）后，所得到的无源二端网络 a、b 两端之间的等效电阻。这一理想电压源串联电阻的组合称为有源二端网络的戴维南等效电路。

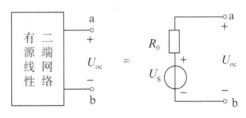

图 2-40　戴维南定理

当有源二端网络内部含有受控源时，只要这些受控源都是线性的，且有源二端网络内部与外部无控制与被控制的关系，则戴维南定理仍适用。

二端网络的等效电阻的求解方法有如下三种。

1）电阻化简法

如果线性有源二端网络内部不含受控源，则在网络内部除源（理想电压源短路，理想电流源开路）后，通过电阻的串、并联化简或 Y-△ 等效变换可求得有源二端网络的等效电阻 R_0。

2）加压求流法

在线性有源二端网络内部除源（独立电源全部置零，受控源保留）后，在网络端口处外加电压源 U，计算或测出端口处的电流 I（注意电流的参考方向），如图 2-41 所示，则二端网络的等效电阻 $R_0 = U/I$。此法也可以在端口处外加电流源 I，求端口电压 U，R_0 的计算公式保持不变。

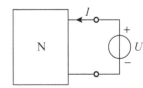

图 2-41　外加电源法

3)开路短路法

线性有源二端网络内部电路保持不变,测量或计算该有源二端网络的开路电压 U_{oc} 和短路电流 I_{sc}(注意短路电流的参考方向),如图 2-42 所示,则等效电阻 $R_0 = U_{oc}/I_{sc}$(请读者自行证明)。

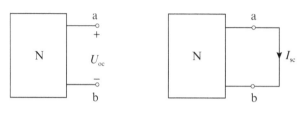

图 2-42 开路短路法

注意:电阻化简法只适用于不含受控源的电路,当电路中含有受控源时,则可以用加压求流法或开路短路法计算有源二端网络的等效电阻。

在电路分析中,当被求量集中在一条支路上时,用戴维南定理求解更方便,戴维南定理的求解步骤可表述为:

(1)断开待求支路,构造二端网络。

将未知量所在的支路从电路中分离出来,对电路的其余部分即有源二端网络作等效处理。

(2)计算开路电压 U_{oc},即求理想电压源的电压 U_S。

利用电路的基本定律、定理和基本分析方法,如 KCL、KVL、电源等效变换法或叠加定理等方法,求出该线性有源二端网络的开路电压 U_{oc}。

(3)计算等效电源的内阻 R_0。

(4)作出有源二端网络的戴维南等效电路,再接入待求支路求解。

例 2.8.1 求图 2-43(a)所示电路中 R 分别为 3Ω、8Ω、18Ω 时 R 支路的电流。

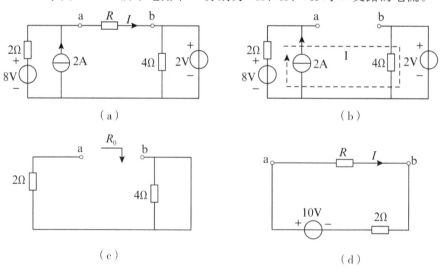

图 2-43 例 2.8.1 图

解:(1)断开待求支路,构造二端网络,如图2-43(b)所示。

(2)计算开路电压 U_{ab}。对图2-43(b)电路中的回路 I 列 KVL 方程,取顺时针绕行方向,注意 2Ω 电阻上的电流就是电流源的电流 2A,于是有:

$$U_{ab}+2-8-2\times2=0\Rightarrow U_{ab}=(2\times2+8-2)\text{V}=10\text{V}$$

(3)计算等效电源的内阻 R_0。利用电阻化简法,将线性有源二端网络内部除源(理想电压源短路,理想电流源开路),得到如图2-43(c)所示的无源二端网络,由此电路来求等效电阻:

$$R_0=2\Omega$$

注意 4Ω 电阻被短接了,所以等效电阻就等于 2Ω。

(4)将图2-43(b)所示的线性有源二端网络用戴维南等效电路代替,再接上 R,原电路的等效电路如图2-43(d)所示,由欧姆定律得:

$$I=\frac{10}{2+R}$$

于是求得 R 为 3Ω、8Ω、18Ω 时 R 支路的电流分别为 2A、1A、0.5A。

戴维南定理特别适用于本例这种情况,即电路中某条支路的参数是变化的,而待求量就在这条支路上。

例 2.8.2 用戴维南定理求图2-44(a)所示电路中的电流 I。

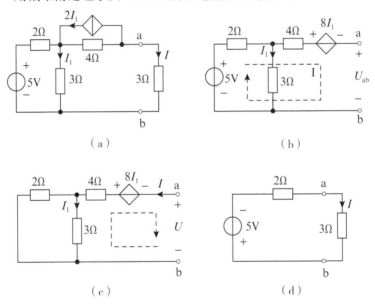

图 2-44 例 2.8.2 图

解:(1)将图2-44(a)中的受控电流源等效为受控电压源,并断开待求支路,构造二端网络,如图2-44(b)所示。

(2)计算开路电压 U_{ab}。对图2-44(b)电路中的回路 I 列 KVL 方程,取顺时针绕行方向,则有:

$$U_{ab}-5+2I_1+8I_1=0 \qquad (2.8.1)$$

其中电流 I_1 可由图2-44(b)电路中的左边小回路(即 5V 电压源、2Ω 和 3Ω 电阻串联回路),

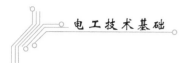
利用欧姆定律求得：

$$I_1 = \frac{5}{2+3}A = 1A$$

将 I_1 代入(2.8.1)式中，于是有

$$U_{ab} - 5 + 2 \times 1 + 8 \times 1 = 0 \Rightarrow U_{ab} = -5V$$

（3）计算等效电源的内阻 R_0。利用加压求流法。将线性有源二端网络内部除源（理想电压源短路，理想电流源开路），之后在端口处外加电压 U，如图 2-44(c)所示，对图示回路列 KVL 方程：

$$U - 3I_1 - 4I + 8I_1 = 0 \qquad (2.8.2)$$

其中，$I_1 = \frac{2}{2+3}I = \frac{2}{5}I$，将 I_1 代入式(2.8.2)可得：

$$U = -5I_1 + 4I = -5 \times \frac{2}{5}I + 4I = 2I$$

由此，电路的等效电阻为：

$$\frac{U}{I} = R_0 = 2\Omega$$

（4）将图 2-44(b)所示的线性有源二端网络用戴维南等效电路代替，再接上待求支路（注意开路电压 U_{ab} 为负值），原电路的等效电路如图 2-44(d)所示，由欧姆定律得：

$$I = -\frac{5}{2+3}A = -1A$$

2.8.2 诺顿定理

诺顿定理

诺顿定理是指任何一个线性有源二端网络 N，对外电路而言，都可以用一个电流源来等效代替，即理想电流源 I_s 和电阻 R_0 并联的形式，如图 2-45 所示。其中理想电流源的电流 I_s 就是该有源二端网络的短路电流 I_{sc}，即将 a、b 两端短接后其中的电流，如图 2-45(b)所示；与理想电流源并联的电阻 R_0 等于有源二端网络除源（理想电压源短路，理想电流源开路）后，所得到的无源二端网络 a、b 两端之间的等效电阻，如图 2-45(c)所示。这一理想电流源并联电阻的组合称为有源二端网络的诺顿等效电路。

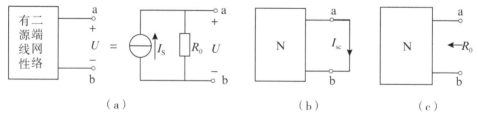

图 2-45　诺顿定理

例 2.8.3　图 2-46 所示电路,已知:$R_1=R_2=R_4=5\Omega,R_3=10\Omega,E=12V,R_G=10\Omega$,试用诺顿定理求检流计中的电流 I_G。

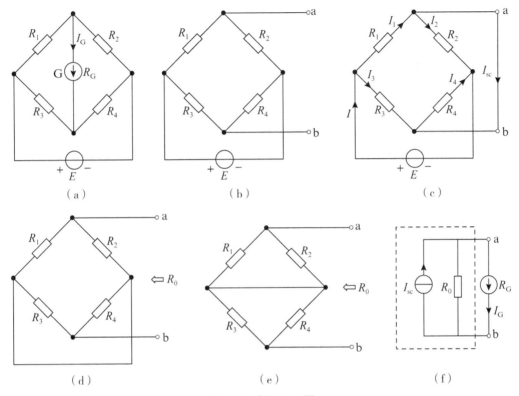

图 2-46　例 2.8.3 图

解:(1)断开待求支路,构造二端网络,如图 2-46(b)所示。

(2)计算短路电流 I_{sc}。将 a、b 端直接短路,标出短路电流 I_{sc} 及此时其他各支路的电流参考方向,如图 2-46(c)所示,由电路可见,由于 a、b 两点短接,电阻 R_1 和 R_3 并联,R_2 和 R_4 并联,然后再串联接在电源 E 上。由 KCL 短路电流可表示为:

$$I_{sc}=I_1-I_2 \tag{2.8.3}$$

式(2.8.3)中的支路电流 I_1 和 I_2 可分别由分流公式得到:

$$R=(R_1//R_3)+(R_2//R_4)=5.8\Omega$$

$$I=\frac{E}{R}=\frac{12}{5.8}A=2.07A$$

$$I_1=\frac{R_3}{R_1+R_3}I=\left(\frac{10}{10+5}\times2.07\right)A=1.38A$$

$$I_2=I_4=\frac{1}{2}I=1.04A$$

$$I_{sc}=I_1-I_2=(1.38-1.035)A=0.345A \quad 或 \quad I_{SC}=I_4-I_3$$

(3)计算等效电源的内阻 R_0。利用电阻化简法,将线性有源二端网络内部除源(理想电压源短路,理想电流源开路),得到如图 2-46(d)所示的无源二端网络,由此电路求等效电阻:

$$R_0=(R_1//R_2)+(R_3//R_4)=(5//5)+(10//5)=5.8\Omega$$

(4)将图2-46(b)所示的线性有源二端网络用诺顿等效电路代替,再接上检流计,原电路的等效电路如图2-46(e)所示,注意等效电流源的电流方向要和短路电流 I_{sc} 的参考方向一致,由分流公式得:

$$I_G = \frac{R_0}{R_0 + R_G} I_{sc} = \left(\frac{5.8}{5.8+10} \times 0.345\right)A = 0.127A$$

例2.8.4 图2-47为某低频信号发生器。在图2-47(a)中用示波器或低内阻交流电流表测得仪器输出的正弦电流幅度为10mA。当仪器端接900Ω负载电阻时,输出电流幅度降为6mA,如图2-47(b)所示。

(1)试求信号发生器的电路模型;

(2)已知仪器端接负载电阻 R_L 时的电流幅度为5mA,求电阻 R_L。

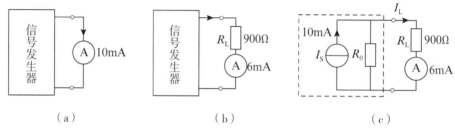

图2-47 例2.8.4图

解:(1)如图2-47(a)所示,将低内阻电流表接到电路里,其两端电压可看成零,所以电流表测的就是信号发生器的短路电流,即二端网络的等效电流源的电流 I_S。于是,将图2-47(b)所示电路的信号发生器部分用等效电流源代替,就可以得到图2-47(c)所示的电路,信号发生器(等效电流源)的等效内阻待求。

接下来求信号发生器(等效电流源)的等效内阻,对图2-47(c)利用分流公式可将负载电流表示为:

$$I_L = \frac{R_0}{R_0 + R_L} I_S \qquad (2.8.4)$$

由(2.8.4)式,可推得等效电阻 R_0 为:

$$R_0 = \frac{I_L}{I_S - I_L} R_L = \left(\frac{6}{10-6} \times 900\right)\Omega = 1350\Omega$$

于是信号发生器的电路模型可表示为一个10mA的理想电流源和一个1350Ω的电阻并联。

2.8测试题

(2)当负载电阻 R_L 上的电流幅度为5mA时,由公式(2.8.4),可推得负载电阻为:

$$R_L = \frac{I_S - I_L}{I_L} R_0 = \left(\frac{10-5}{5} \times 1350\right)\Omega = 1350\Omega$$

由例题2.8.4可见,求含源线性二端网络等效电阻 R_0 的一种简单方法,是在这些设备的输出端接一个可变电阻器(如电位器),当负载电流降到短路电流的一半时,可变电阻器的阻值就是等效电流源的内阻。

实际上,许多电子设备,例如音响设备,无线电接收机,交、直流电源设备,信号发生器等,在正常工作条件下,对负载而言,均可用戴维南定理和诺顿定理来近似等效。

2.9　应用举例

2.9.1　磁电式万用表

磁电式万用表主要由表头电路(磁电式微安表)、分流器和倍压器、二极管及转换开关等组成。图 2-48 为常用的 MF 型万用表面板。

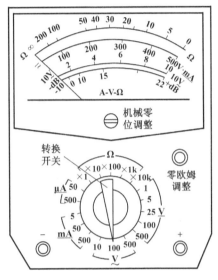

图 2-48　MF 型万用表面板

1. 直流电流测量原理

测量直流电流时,通过测量转换开关的转换,电路构成电流表,图 2-49(a)为直流电流测量原理。表头 PA(内阻为 R_0)与分流器 R 并联,被测电流 I 由"+"、"−"两端进出。I 分为通过表头的电流 I_P 和通过分流器的电流 I_R 两个支路,I_P、I_R 可分别表示为

$$I_P = \frac{R}{R_0 + R} I \ , \ I_R = \frac{R_0}{R_0 + R} I$$

可见总电流 $I(I = I_P + I_R)$ 中,电流 I_P 和 I_R 的分配比例由表头内阻 R_0 与分流器 R 阻值比的倒数决定。表头 PA 按比例指示电流的大小。

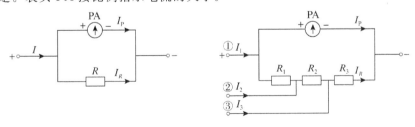

（a）直流电流测量原理　　　　（b）直流电流表量程转换原理

图 2-49　直流电流表原理

因此,改变 I_P 和 I_R 两个支路阻值的大小,即可改变电流的分配比例,这就是实现量程的转换的原理。图 2-49(b)为直流电流表量程转换原理。当被测电流 I_1 从①端输入时,I_P 支路电阻为 R_0,I_R 支路电阻为 $R_1 + R_2 + R_3$;而当被测电流 I_3 从③端输入时,I_P 支路电阻为 $R_0 + R_1 + R_2$,I_R 支路电阻为 R_3(分流电阻愈小,支路电流 I_R 愈大)。因此,当表头指示相同(I_P 相同)时,$I_3 > I_1$,扩大了量程。

2. 直流电压测量原理

测量直流电压时,通过测量转换开关的转换,电路构成直流电压表,图 2-50(a)为直流电压测量原理。表头 PA 与分压器 R 串联,被测电压 U 加在"+"、"−"两端。可见,U 等于分压器压降 U_R 与表头压降 U_P 之和,分配比例由表头内阻 R_0 与分压器 R 的阻值比决定。表头 PA 按比例指示电压的大小。

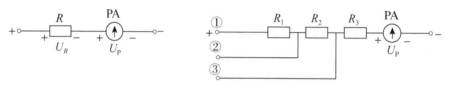

（a）直流电压测量原理　　　　　　　（b）直流电压表量程转换原理

图 2-50　直流电流表原理

在串联电路中,某部分电压降的大小与其阻值成正比。因此,改变 U_P 和 U_R 两部分阻值的大小,即可改变电压的分配比例,实现量程的转换,图 2-50(b)为直流电压表量程转换原理。当被测电压 U_3 接于③端与"−"端之间时,$U_P = U_{R0}$,$U_R = U_{R3}$;当被测电压 U_1 接于①端与"−"端之间时,$U_P = U_{R0}$,$U_R = U_{R1} + U_{R2} + U_{R3}$。可见,当表头指示相同($I_P$ 相同)时,$U_1 > U_3$,扩大了量程。

2.9.2　惠斯通电桥电路

惠斯通电桥也称单臂直流电桥,是用来测量中值(约 $1\Omega \sim 0.1M\Omega$)电阻的,其电路如图 2-51(a)所示,惠斯通电桥是由 4 个电阻组成的电桥电路,电阻 R_1、R_2、R_3、R_4 叫做电桥的四个臂,G 为检流计,用来检查它所在的支路有无电流。当检流计 G 中无电流通过时,电桥达到平衡,否则为非平衡电桥。电桥平衡的条件是电阻满足 $R_1 R_4 = R_2 R_3$。

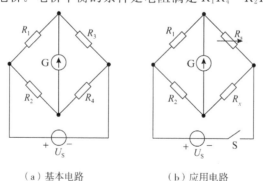

（a）基本电路　　　　　　（b）应用电路

图 2-51　惠斯通电桥电路

利用平衡的惠斯通电桥可以测量未知电阻。电路如图 2-51(b)所示，R_1、R_2 是已知标准电阻，R_s 是可变标准电阻，R_x 是被测电阻。测量时调节 R_s 使检流计的电流为零，此时电桥达到平衡，可得 $R_x = \dfrac{R_2}{R_1}R_s$。只要选择高灵敏度的检流计就可以达到较高的测量精度，故用电桥测电阻比用欧姆表要精确。

利用非平衡电桥可以间接测量非电学量，例如温度、压力、光强、流量等。测量时常常需要和传感器配合使用。利用传感器将非电学量的变化转换为电阻的变化，再利用非平衡电桥将电阻的变化转变成与之成正比的电压或电流输出，通过后续的放大、显示等处理，就可以计算出被测物理量的变化，这是一种精度很高的测量方式。

📖第 2 章拓展
练习-1

📖第 2 章拓展
练习-2

📖第 2 章拓展
练习-3

📖第 2 章拓展
练习-4

本章小结

1. 电阻串并联连接及其等效变换（见表 2-1）

表 2-1　电阻的串并联连接及其等效变换

类别	等效形式	重点
串联		元件串联流过电流相同。 $R_{eq} = \sum R_k (k = 1, 2, \cdots, n)$ $u_k = R_k \times i = \dfrac{R_k}{R_{eq}} \times u$（分压公式）
并联		元件并联两端电压相同。 $\dfrac{1}{R_{eq}} = \dfrac{1}{R_1} + \dfrac{1}{R_2} + \cdots + \dfrac{1}{R_k} + \cdots + \dfrac{1}{R_n}$ $= \displaystyle\sum_{k=1}^{n} \dfrac{1}{R_k}$ $i_k = G_k u = \dfrac{G_k}{G_{eq}} i \left(\dfrac{1}{R_k} = G_k \right)$ 两个电阻并联时的分流公式为 $i_1 = \dfrac{R_2}{R_1 + R_2} i$，$i_2 = \dfrac{R_1}{R_1 + R_2} i$
混联电路标点法等效		标点法的规则是： (1) 在各节点处标上节点字母，等电位点用同一字母标注； (2) 整理并简化电路。

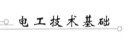

续表

类别	等效形式	重点
Y-△ 等效	电阻Y形连接 $Y \rightarrow \triangle$ 电阻△形连接	$Y \rightarrow \triangle:$ $\begin{cases} R_{ab} = \dfrac{R_a R_b + R_b R_c + R_c R_a}{R_c} \\ R_{bc} = \dfrac{R_a R_b + R_b R_c + R_c R_a}{R_a} \\ R_{ca} = \dfrac{R_a R_b + R_b R_c + R_c R_a}{R_b} \end{cases}$
	电阻△形连接 $\triangle \rightarrow Y$ 电阻Y形连接	$\triangle \rightarrow Y:$ $\begin{cases} R_a = \dfrac{R_{ab} R_{ca}}{R_{ab} + R_{bc} + R_{ca}} \\ R_b = \dfrac{R_{bc} R_{ab}}{R_{ab} + R_{bc} + R_{ca}} \\ R_c = \dfrac{R_{ca} R_{bc}}{R_{ab} + R_{bc} + R_{ca}} \end{cases}$

2. 电源的两种模型及其等效变换（见表 2-2）

表 2-2　电源的两种模型及其等效

类别	等效形式	主要特性
理想电压源的串联等效	U_{S1} U_{S2} … U_{Sn} ⇒ U_S	$U_S = U_{S1} + U_{S2} + \cdots + U_{Sn} = \sum U_{Si}$
理想电流源的并联等效	I_{S1} I_{S2} I_{Sn} ⇒ I_S	$I_S = I_{S1} + I_{S2} + \cdots + I_{Sn} = \sum I_{Si}$
理想电压源与其他电路的并联等效	U_S 其他电路 ⇒ U_S	理想电压源和其他电路的并联对外就等效为该理想电压源
理想电流源与其他电路的串联等效	I_S 其他电路 ⇒ I_S	理想电流源和其他电路的串联对外就等效为该理想电流源
两种电源模型之间的等效变换	U_S R_0 ⇄ I_S R_0	实际电源的两种电路模型对外电路来说,可以互相等效,其中 $U_S = I_S R_0$

3. 电路的几种分析方法(见表2-3)

表2-3 电路几种分析方法

名称	基本内容及特点	适用场合
支路电流法	(1)以支路电流为待求的未知量; (2)方程数目=支路数 b; (3)$n-1$ 个 KCL 方程,$b-n+1$ 个 KVL 方程	适用于求多条支路的电流,但当支路较多时,求解不便
节点电压法	(1)以节点电压为待求的未知量; (2)方程形式如公式(2.6.5); (3)主要利用 KCL 和欧姆定律求解各支路的电流或电压	适用于分析支路较多,节点较少的电路
叠加定理	(1)多个独立电源共同作用的线性电路中,任一支路的电流、电压都是电路中各独立电源单独作用于电路时,在该支路产生的电流、电压的代数和; (2)不作用的理想电压源短路,不作用的理想电流源开路; (3)电路中的受控源应始终保留,但其控制量要改为相应的分量; (4)叠加时,应注意电源单独作用时电路各处电压、电流的参考方向与电源共同作用时的参考方向是否一致	适用于线性电路中电压或电流的计算,功率不能叠加
戴维南定理	(1)任何一个线性有源二端网络,对其外电路而言,都可以用一个理想电压源和内阻串联的电压源模型来等效代替; (2)理想电压源的电压等于有源二端网络的开路电压 U_{oc}; (3)内阻 R_0 等于该有源二端网络无源化后的网络等效电阻(等效方法:电阻化简法、加压求流法、开路短路法)	适用于被求量集中在一条支路上的电路
诺顿定理	(1)任何一个线性有源二端网络,对其外电路而言,都可以用一个理想电流源和内阻并联的电流源模型来等效代替; (2)理想电流源的电流等于有源二端网络的短路电流 I_{sc}; (3)内阻 R_0 的求解同戴维南定理	

习题 2

2.1 已知电路如题 2.1 图所示,试计算 a、b 两端的等效电阻。

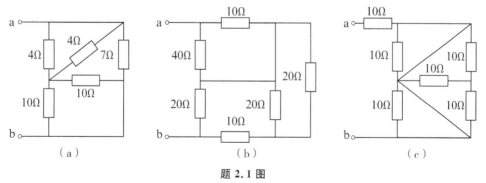

题 2.1 图

2.2 已知电路如题 2.2 图所示,试计算 a、b 两端的等效电阻。

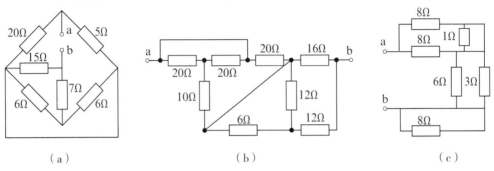

（a）　　　　　　　　　（b）　　　　　　　　　（c）

题 2.2 图

2.3 已知电路如题 2.3 图所示,试计算 a、b 两端的等效电阻。

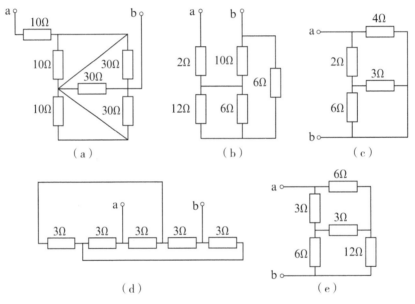

（a）　　　　　　　　　（b）　　　　　　　　　（c）

（d）　　　　　　　　　（e）

题 2.3 图

2.4 已知电路如题 2.4 图所示,试计算 a、b 两端的等效电阻。

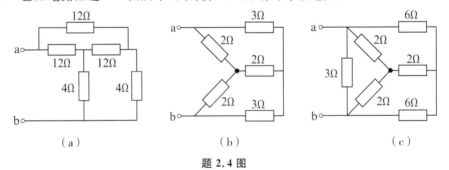

（a）　　　　　　　　　（b）　　　　　　　　　（c）

题 2.4 图

2.5 题 2.5 图所示各电路中的电压 U 和电流 I 各是多少？根据计算结果能得出什么规律性的结论吗？

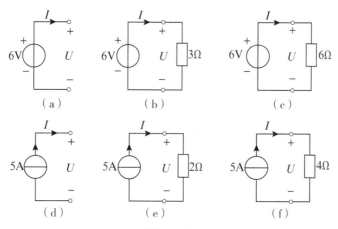

题 2.5 图

2.6 求题 2.6 图所示各电路的等效电源模型。

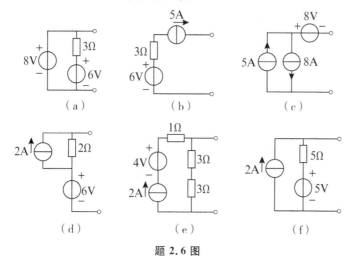

题 2.6 图

2.7 试用等效变换的方法，求题 2.7 图所示电路中的电流 I。

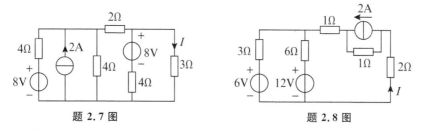

题 **2.7** 图　　　　题 **2.8** 图

2.8 试用等效变换的方法，求题 2.8 图所示电路中的电流 I。

2.9 试用等效变换的方法,求题 2.9 图所示电路中的电流 I。

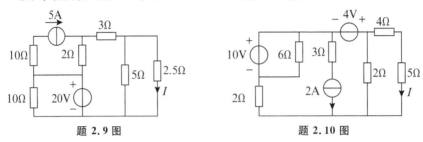

题 2.9 图   题 2.10 图

2.10 试用等效变换的方法,求题 2.10 图所示电路中的电流 I。

2.11 求题 2.11 图所示无源二端网络的等效电阻 R_{ab}。

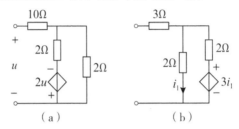

（a）   （b）

题 2.11 图

2.12 求题 2.12 图所示电路中的电流 i。

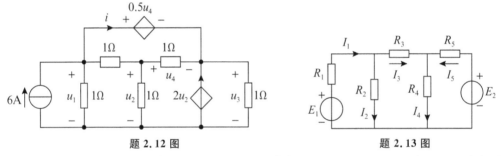

题 2.12 图   题 2.13 图

2.13 试用支路电流法,求题 2.13 图所示电路中的电流 I_1、I_2、I_3、I_4 和 I_5（只列方程不求解）。

2.14 试用支路电流法,求题 2.14 图所示电路中的电流 I。

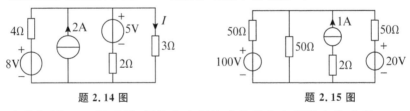

题 2.14 图   题 2.15 图

2.15 电路如题 2.15 图所示,用节点电压法求各独立电源发出的功率。

2.16 用节点电压法求题 2.16 图所示电路中的电压 U_o。

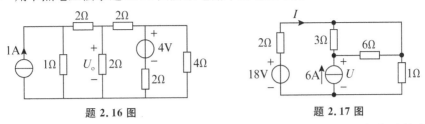

题 2.16 图   题 2.17 图

2.17 电路如题 2.17 图所示。试应用叠加原理计算支路电流 I 和电流源的电压 U。

2.18 电路如题 2.18 图所示,试应用叠加原理,求电路中的电流 I_1、I_3 及 3Ω 电阻消耗的电功率 P。

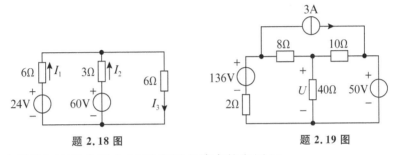

题 2.18 图   题 2.19 图

2.19 应用叠加定理求题 2.19 图所示电路中的电压 U。

2.20 应用叠加定理计算题 2.20 图所示电路中各支路的电流和各元器件(电源和电阻)两端的电压,并说明功率平衡关系。

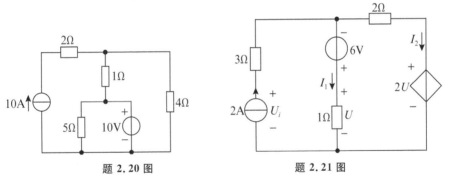

题 2.20 图   题 2.21 图

2.21 用叠加定理求电路中的电流 I_1、I_2 及独立源和受控源的功率。

2.22 求题 2.22 图所示电路的戴维南等效电路和诺顿等效电路。

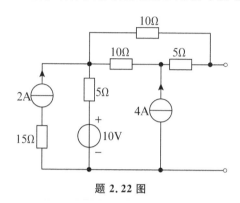

题 **2.22** 图

2.23 求题 2.23 图所示电路的戴维南等效电路和诺顿等效电路。

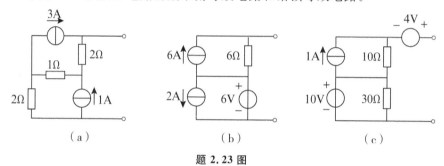

(a)　　　　　　　　　　(b)　　　　　　　　　　(c)

题 **2.23** 图

2.24 分别应用戴维南定理和诺顿定理计算题 2.24 图所示电路中的电流 I。

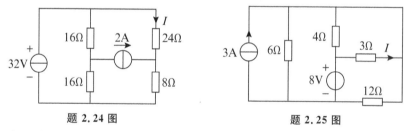

题 **2.24** 图　　　　　　　　　　题 **2.25** 图

2.25 应用戴维南定理计算题 2.25 图所示电路中的电流 I。

2.26 分别应用戴维南定理和诺顿定理计算题 2.17 图所示电路中的电流 I。

2.27 应用戴维南定理计算题 2.27 图所示电路中的电流 I。

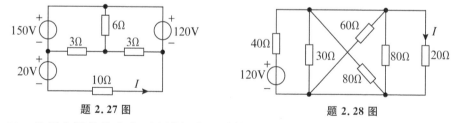

题 **2.27** 图　　　　　　　　　　题 **2.28** 图

2.28 分别应用戴维南定理和诺顿定理计算题 2.28 图所示电路中的电流 I。

第 3 章　正弦交流电路

　　所谓正弦交流电路,是指含有正弦电源(激励)而且电路各部分所产生的电压和电流(响应)均按正弦规律变化的电路。交流发电机中所产生的电动势和正弦信号发生器所输出的信号电压,都是随时间按正弦规律变化的。它们是常用的正弦电源,无论在实际应用中还是在理论分析上,正弦交流电路的分析都是非常重要的。在现代电力系统中,电力的产生、传输和分配主要以正弦交流电的形式进行;在通信及广播领域,载波使用的也是正弦波信号。另外,正弦信号常用来作为测试信号分析电路系统的性能,通过电路系统对正弦激励的响应来分析它对其他任意信号的响应。因此,正弦交流电路是最基本和最重要的交流电路,对正弦交流电路的分析是电路分析中的一个重要组成部分,也是研究其他交流电路必备的基础。

　　本章主要内容包括正弦量及其相量表示,单一参数正弦交流电路的分析,阻抗串、并联电路的分析,正弦交流电路的功率和功率因数,电路中的谐振。

正弦电
压与电流

3.1　正弦电压与电流

　　电路中大小与方向随时间按正弦规律变化的电流或电压叫做正弦交流电,统称为正弦量。对正弦量的数学描述,既可以采用正弦函数,也可以采用余弦函数,但两者不能同时混用,通常采用正弦函数。

正弦电
压与电流

　　图 3-1 所示正弦交流电路中某元件上的电压 u 和电流 i,其数学表达式如下:

$$u = U_m \sin(\omega t + \varphi_u) \tag{3.1.1}$$

$$i = I_m \sin(\omega t + \varphi_i) \tag{3.1.2}$$

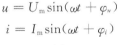

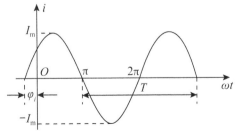

图 3-1　正弦电压和电流　　　　图 3-2　正弦电流的波形

式中，U_m、I_m 称为幅值（或振幅），ω 称为角频率，φ_u、φ_i 称为初相位。以正弦电流为例，图 3-2 是正弦电流 i 的波形，可见，一个正弦交流量的特征表现在变化的快慢、大小及初始位置三个方面，它们分别是由角频率、幅值和初相位来确定的。确定了正弦量的角频率、幅值和初相位就确定了一个正弦量，所以将角频率、幅值和初相位称为正弦量的三要素。

下面结合图 3-2 所示正弦电流 i 的波形，分别介绍正弦量的三要素。

3.1.1 周期与频率

周期与频率，它们都是描述正弦量变化快慢的参数。正弦量是周期函数，通常将正弦量变化一个循环所需要的时间称为周期，记为 T，单位为秒（s）。正弦量每秒所完成的循环次数称为频率，记为 f，单位为赫兹（Hz）。周期和频率互为倒数，即有 $f=1/T$。当频率较高时，常采用千赫（kHz）、兆赫（MHz）和吉赫（GHz）等单位。

我国和其他大多数国家都采用 50Hz 作为电力工业标准频率（简称工频），有些国家（如美国、日本、加拿大等）采用 60Hz 的正弦交流电。50Hz 的频率在工业上应用广泛，通常的交流电动机和照明负载都用这种频率。

其他各种不同的技术领域使用各种不同的频率。例如，实验室中的信号发生器一般提供 20Hz～20kHz 的正弦电压；高频炉的频率是 200～300kHz；中频炉的频率是 500～8000Hz；高速电动机的频率是 150～2000Hz；通常收音机中波段的频率是 530～1600kHz，短波段是 2.3～23MHz；移动通信的频率是 900MHz 和 1800MHz；在无线通信中使用的频率可高达 300GHz。

正弦量变化的快慢除了用周期和频率表示外，还可用角频率 ω 来表示。它表示正弦量在单位时间内变化的弧度数，单位是弧度/秒（rad/s）。因为正弦量一个周期所对应的弧度是 2π，所以角频率 ω 与周期 T、频率 f 之间的关系式为：

$$\omega = \frac{2\pi}{T} = 2\pi f \tag{3.1.3}$$

上式表示 T、f、ω 三者之间的关系，只要知道其中之一，其余均可求出。

3.1.2 振幅与有效值

正弦量在任意瞬间的值称为瞬时值，用小写字母表示，如 u、i 及 e 分别表示电压、电流及电动势的瞬时值。振幅指正弦量在一个周期内的最大值，也称为幅值或最大值，用带有下标 m 的大写字母表示，如 U_m、I_m 及 E_m 分别表示电压、电流及电动势的振幅。图 3-2 标出了电流的振幅 I_m。从 $-I_m$ 到 I_m 是正弦电流 i 的大小变化范围，称为正弦量的峰-峰值。

周期电流、电压的瞬时值都是随时间而变化的，工程上为了衡量其效果，通常采用有效值来表示周期信号的大小。周期信号的有效值是从电流的热效应来规定的，因为在电工技术中，电流常表现出其热效应。不论是周期性变化的电流还是直流电流，只要它们在相等的时间内通过同一电阻且两者的热效应相等，则认为它们的安培值是相等的。就是说，设一个周期电流 i 和一个直流电流 I 分别通过两个阻值相同的电阻 R，如果在相同的时间 T（一个周期）内所产生的热量相等，则定义这个直流电流的数值为周期电流 i 的有效值，记为 I。

周期电流 i 通过电阻 R 时,在一个周期 T 内产生的热量为

$$W = \int_0^T p\,\mathrm{d}t = \int_0^T i^2 R\,\mathrm{d}t$$

直流电流 I 通过电阻 R 时,在相同的时间 T 内产生的热量为

$$W = I^2 R T$$

根据有效值的定义,可得

$$\int_0^T i^2 R\,\mathrm{d}t = I^2 R T$$

则周期电流 i 的有效值 I 为

$$I = \sqrt{\frac{1}{T}\int_0^T i^2\,\mathrm{d}t} \qquad\qquad (3.1.4)$$

由式(3.1.4)可知:周期电流的有效值为 i 在一个周期内的均方根值,通常用大写字母 I 表示。式(3.1.4)适用于任何周期量,但不适用于非周期量。

当周期电流为正弦量时,设 $i = I_{\mathrm{m}}\sin(\omega t + \varphi_i)$,将其代入式(3.1.4),即可得到正弦量的有效值和振幅之间的关系

$$I = \sqrt{\frac{1}{T}\int_0^T I_{\mathrm{m}}^2 \sin^2(\omega t + \varphi_i)\,\mathrm{d}t} = \frac{I_{\mathrm{m}}}{\sqrt{2}} = 0.707 I_{\mathrm{m}} \qquad\qquad (3.1.5)$$

即正弦量的有效值是其振幅的 $\dfrac{1}{\sqrt{2}}$。注意:只有正弦量的振幅与有效值之间有 $\sqrt{2}$ 关系。

如果考虑到周期电流 i 是作用在电阻 R 两端的周期电压 u 产生的,则由式(3.1.4)就可以推得周期电压的有效值。

$$U = \sqrt{\frac{1}{T}\int_0^T u^2\,\mathrm{d}t}$$

当周期电压为正弦量时,即 $u = U_{\mathrm{m}}\sin(\omega t + \varphi_u)$,则

$$U = \frac{U_{\mathrm{m}}}{\sqrt{2}} = 0.707 U_{\mathrm{m}}$$

同理

$$E = \frac{E_{\mathrm{m}}}{\sqrt{2}} = 0.707 E_{\mathrm{m}}$$

按照规定,有效值都用大写字母表示,和表示直流的字母一样。

引入有效值概念后,正弦电压、电流的标准表达式也可以写成如下形式:

$$u = \sqrt{2}\,U\sin(\omega t + \varphi_u)$$

$$i = \sqrt{2}\,I\sin(\omega t + \varphi_i)$$

在工程上所说的正弦电压、电流的大小如不加说明,则通常均指有效值,例如各种使用交流电的电气设备上所标的额定电压和额定电流的数值,交流测量仪表的读数也都是有效值,但各种电器的绝缘水平——耐压值,则按最大值考虑。

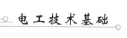

例 3.1.1　已知 $u = U_m \sin\omega t$，$U_m = 310\text{V}$，$f = 50\text{Hz}$，试求有效值 U 和 $t = \dfrac{1}{10}\text{s}$ 时的瞬时值。

解：

$$U = \frac{U_m}{\sqrt{2}} = \frac{310}{\sqrt{2}}\text{V} = 220\text{V}$$

$$u = U_m \sin 2\pi f t = 310\sin\frac{100\pi}{10} = 0$$

3.1.3　相位、初相位和相位差

正弦量是随时间而变化的，所取的计时起点不同，正弦量的初始值（$t = 0$ 时的值）就不同，到达幅值或某一特定值所需的时间就不同。式（3.1.1）和（3.1.2）中，随时间变化的角度（$\omega t + \varphi$）称为相位角或相位，单位为弧度（rad）或度（°），它反映了正弦量变化的进程。当相位角随时间连续变化时，正弦量的瞬时值随之连续变化。$t = 0$ 时，相位 φ 称为正弦量的初相位，简称初相，初相位确定了正弦量计时的起始位置，它的取值范围通常为 $|\varphi| \leqslant 180°$。初相的大小与计时起点有关，计时起点可以任意选取。

如图 3-3 所示，当计时起始点在图示 O 点位置时，$\varphi_i = 0$（O 点为正弦波的起始点，也称为位置起点）；当计时起点在图示 O' 点位置时（计时起点在位置起点的左边），$\varphi_i' = -\dfrac{\pi}{2}$；当计时起点在图示 O' 点位置时（计时起点在位置起点的右边），$\varphi_i'' = \dfrac{\pi}{2}$。可见，如果计时起点在位置起点的右边，则计时起点位于正弦波的正半周，初相为正值；如果计时起点在位置起点的左边，则计时起点位于正弦波的负半周，初相为负值。

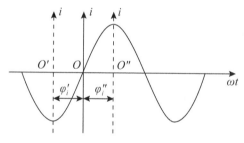

图 3-3　不同计时起点对应的初相

对于任一正弦量，初相是允许任意设定的，但对于一个电路中的许多相关的正弦量而言，它们只能相对于一个共同的计时起点来确定各自的相位。因此，在一个正弦交流电路的计算中，我们可以先任意指定其中某一个正弦量的初相为零，该正弦量称为参考正弦量，再根据其他正弦量与参考正弦量之间的相位关系确定它们的初相。

在正弦交流电路分析中，经常要比较两个同频率正弦量的相位关系。两个同频率正弦量的相位之差称为相位差，用 φ 表示。φ 的取值范围为 $|\varphi| \leqslant 180°$。

设在一个正弦交流电路中，有两个同频率的正弦电压 u 和正弦电流 i，分别为：

$$u = U_m \sin(\omega t + \varphi_u)\text{V}, \ i = I_m \sin(\omega t + \varphi_i)\text{A}$$

则 u 和 i 相位差为：

$$\varphi=(\omega t+\varphi_u)-(\omega t+\varphi_i)=\varphi_u-\varphi_i \qquad (3.1.6)$$

由式(3.1.6)可见,两个同频率正弦量的相位差等于初相之差,是与时间 t 无关的常量。另外,虽然正弦量的初相与它们的计时起点有关,但两个正弦量的相位差却与正弦量的计时起点无关。上述正弦电压 u 和正弦电流 i 的波形及它们的相位差如图 3-4 所示。

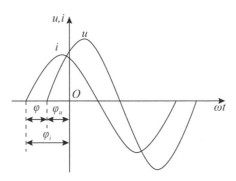

图 3-4 两个同频率正弦量相位差

相位差反映了两个同频率正弦量随时间变化"步调"上的先后,电路中通常采用"超前"、"滞后"、"同相"和"反相"等术语来说明两个同频正弦量的相位关系。电路中的相位关系通常有以下几种。

当相位差 $\varphi>0$ 时,称电压 u 超前电流 i(或电流滞后电压)φ 角;当 $\varphi<0$ 时,称电压 u 滞后电流 i(或电流超前电压)φ 角。

当相位差 $\varphi=0$ 时,称电压 u 和电流 i 同相,即它们同时到达最大值、最小值及同时过零,如图 3-5(a)所示。

当相位差 $\varphi=\pm180°$ 时,称电压 u 和电流 i 反相,即当电压 u 到达最大值时,电流 i 到达最小值,或者电压 u 到达最小值时,电流 i 到达最大值,如图 3-5(b)所示。

当相位差 $\varphi=\pm90°$ 时,称电压 u 和电流 i 正交,即当电压 u 过零时,电流 i 到达极值(最大值或最小值),如图 3-5(c)所示。

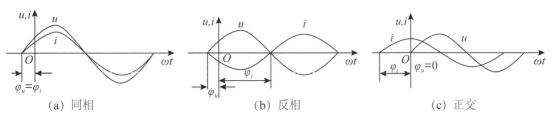

(a) 同相   (b) 反相   (c) 正交

图 3-5 几种特殊的相位关系

例 3.1.2 已知正弦电流 $i_1=10\sqrt{2}\sin(314t+60°)\text{A}$,$i_2=10\sin(314t-90°)\text{A}$,试求

(1)若用电流表测量 i_1 及 i_2,读数为多少? 并比较两者的相位关系。

(2)如果 i_1 及 i_2 的参考方向相反,写出它们的三角函数式,画出波形图。

解:(1)若用电流表测量 i_1,读数为 10A;若用电流表测量 i_2,读数为 7.07A。

i_1 和 i_2 的相位差为:$60°-(-90°)=150°$,故 i_1 超前 i_2 $150°$。

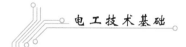

（2）若记参考方向取反后的 i_1 为 i'_1，i_2 为 i'_2，则有：

$$i'_1 = -i_1 = -10\sqrt{2}\sin(314t+60°) = 10\sqrt{2}\sin(314t+60°-180°)$$

所以 $i'_1 = 10\sqrt{2}\sin(314t-120°)$。

$$i'_2 = -i_2 = -10\sin(314t-90°) = 10\sin(314t-90°+180°)$$

所以 $i'_2 = 10\sin(314t+90°)$。

此题求解正弦量的初相时要注意 $|\varphi| \leqslant 180°$。其波形如图 3-6 所示。

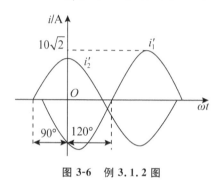

图 3-6　例 3.1.2 图

3.1 测试题

3.2　正弦量的相量表示法

前面已经介绍了正弦量的两种表示方法：三角函数式法和正弦波形图法。显然，这两种表达形式对于正弦量进行加、减、乘、除等运算来说是很不方便的。本节介绍一种用复数表示正弦量的方法，即正弦量的相量表示法。把正弦量用相量这种特殊的复数表示后，就可以将求解正弦量的运算问题转化为求解相量代数运算的问题，从而化简正弦电路的分析与运算。本节介绍复数的表示及运算，并根据正弦交流电路的特点，给出相量的定义及正弦量的相量表示方法。

正弦量的相量表示法

正弦量的相量表示法

3.2.1　复数及其四则运算

复数可以在复平面内表示，以直角坐标系的横轴为实轴，以 $+1$ 为单位；纵轴为虚轴，以 $+j$ 为单位，$j = \sqrt{-1}$ 称为虚数单位（电路中，为了与电流 i 区别，虚数单位用 j 而不是用 i 表示）。复平面上的点与复数一一对应，复数在复平面上可以用矢量（有向线段）$\overrightarrow{OA}$ 来表示，如图 3-7 所示。矢量的长度 $|A|$ 即是复数的模，矢量与正实轴的夹角 θ 即是复数的辐角，规定 $|\theta| \leqslant 180°$。$\overrightarrow{OA}$ 在实轴的投影即是复数的实部 a，在虚轴的投影即是复数的虚部 b。复数有四种表达形式。

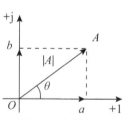

图 3-7　复数 A

1. 代数形式

$$A = a + jb \tag{3.2.1}$$

由图 3-7 可以得到

$$|A| = \sqrt{a^2 + b^2}, \tan\theta = \frac{b}{a}$$

$$a = |A|\cos\theta, b = |A|\sin\theta$$

2. 三角函数形式

$$A = |A|(\cos\theta + j\sin\theta) \tag{3.2.2}$$

3. 指数形式

根据欧拉公式 $e^{j\theta} = \cos\theta + j\sin\theta$，可得

$$A = |A|e^{j\theta} \tag{3.2.3}$$

4. 极坐标形式

$$A = |A| \angle \theta \tag{3.2.4}$$

复数的四种表达形式可以互相转换。一般情况下，加法和减法采用代数形式比较方便。

设有复数

$$A_1 = a_1 + jb_1$$

$$A_2 = a_2 + jb_2$$

则

$$A_1 \pm A_2 = (a_1 \pm a_2) + j(b_1 \pm b_2)$$

即复数的加减运算规则为：实部和虚部分别相加减。

乘法和除法采用指数或极坐标形式较为方便。

设有复数

$$A_1 = |A_1| \angle \theta_1$$

$$A_2 = |A_2| \angle \theta_2$$

乘法运算：$A_1 A_2 = |A_1||A_2| \angle (\theta_1 + \theta_2)$

除法运算：$\dfrac{A_1}{A_2} = \dfrac{|A_1|}{|A_2|} \angle (\theta_1 - \theta_2)$

即复数的乘除运算规则为：两个复数相乘时，模相乘，辐角相加；两个复数相除时，模相除，辐角相减。

复数的运算也可以用作图的方法来实现。加法运算可以在复平面上用平行四边形法则完成，如图 3-8 所示。

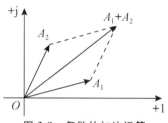

图 3-8　复数的加法运算

复数的乘法和除法运算如图 3-9 所示。

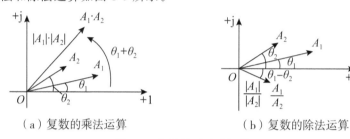

（a）复数的乘法运算　　　　　　（b）复数的除法运算

图 3-9　复数的乘除法运算

由复数乘法和除法的运算规则可见,任一复数 A 乘以模为 1 的复数 $e^{j\theta}(Ae^{j\theta})$,相当于将复数 A 逆时针旋转一个角度 θ,而模不变,故把 $e^{j\theta}$ 称为旋转因子。

当 $\theta=\dfrac{\pi}{2}$ 时,$e^{j\frac{\pi}{2}}=\cos\dfrac{\pi}{2}+j\sin\dfrac{\pi}{2}=j$;当 $\theta=-\dfrac{\pi}{2}$ 时,$e^{j(-\frac{\pi}{2})}=\cos(-\dfrac{\pi}{2})+j\sin(-\dfrac{\pi}{2})$ $=-j$;当 $\theta=\pm\pi$ 时,$e^{j(\pm\pi)}=\cos(\pm\pi)+j\sin(\pm\pi)=-1$。因此 $+j,-j,-1$ 都可以看成旋转因子。也就是说,若有一个复数 A 乘以 j,相当于将复数 A 逆时针旋转 90°,而模不变;若复数 A 乘以 $-j$,相当于将复数 A 顺时针旋转 90°,而模不变,如图 3-10 所示。

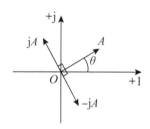

图 3-10　复数 A 乘以 $\pm j$

例 3.2.1　试写出下列复数的极坐标形式。

(1)$A_1=3-j4$　　　　(2)$A_2=-8-j6$　　　　(3)$A_3=j10$　　　　(4)$A_4=-1$

解:(1)A_1 的模 $|A_1|=\sqrt{3^2+4^2}=5$,辐角 $\theta_1=\arctan(\dfrac{-4}{3})=-53.1°$。

故 A_1 的极坐标形式为 $A_1=5\angle-53.1°$。

(2)A_2 的模 $|A_2|=\sqrt{(-8)^2+(-6)^2}=10$,辐角 $\theta_2=-180°+\arctan(\dfrac{-6}{-8})=-143.1°$ (处于第三象限),故 A_2 的极坐标形式为 $A_2=10\angle-143.1°$。

(3)A_3 的模 $|A_3|=\sqrt{0^2+10^2}=10$,辐角 $\theta_3=90°$ (纯虚数,正虚轴上)。

故 A_3 的极坐标形式为 $A_3 = 10\angle 90°$。

(4)A_4 的模 $|A_4| = \sqrt{(-1)^2 + 0^2} = 1$，辐角 $\theta_4 = 180°$（纯实数，负实轴上）。

故 A_4 的极坐标形式为 $A_4 = 1\angle 180°$。

复数的四种形式使得复数的加、减、乘、除这四种基本运算非常灵活、方便。

例 3.2.2 已知复数 $Z = 10\angle 60° + \dfrac{(5+j5)(-j10)}{5-j5}$，求 Z 的极坐标形式。

解：根据复数运算规则，可得：

$$Z = 10\angle 60° + \frac{(5+j5)(-j10)}{5-j5} = 10(\cos 60° + j\sin 60°) + \frac{5\sqrt{2}\angle 45° \times 10\angle -90°}{5\sqrt{2}\angle -45°}$$

$$= 5 + j8.66 + \frac{50\sqrt{2}\angle(45° - 90°)}{5\sqrt{2}\angle -45°} = 5 + j8.66 + 10\angle 0°$$

$$= 15 + j8.66 = \sqrt{15^2 + 8.66^2}\angle \arctan\frac{8.66}{15} = 17.32\angle 30°$$

在复数的混合运算中，需要对复数的代数形式和极坐标形式进行转换。

3.2.2　相量的概念

一个复数由模和辐角两个特征来确定。而正弦量由幅值、初相位和频率三个特征来确定。但在分析线性电路时，正弦激励和响应均为同频率的正弦量，频率是已知的，可不必考虑。因此，一个正弦量由幅值（或有效值）和初相位就可确定。

如果复数 $A = |A|\angle e^{j\theta}$ 中的辐角 $\theta = \omega t + \varphi$，则 A 就是一个复指数函数，它的辐角以 ω 为角速度随时间变化。利用欧拉公式，这个复指数函数可以展开为

$$A = |A|\angle e^{j(\omega t + \varphi)} = |A|\cos(\omega t + \varphi) + j|A|\sin(\omega t + \varphi)$$

则

$$\mathrm{Im}[A] = |A|\sin(\omega t + \varphi)$$

式中，Im 表示取复数的虚部。由此可见，正弦量可以用复指数函数来描述。设正弦电流 $i = \sqrt{2}I\sin(\omega t + \varphi_i)$，则它可以用复指数函数表示为：

$$i = \sqrt{2}I\sin(\omega t + \varphi_i) = \mathrm{Im}[\sqrt{2}Ie^{j(\omega t + \varphi_i)}] = \mathrm{Im}[\sqrt{2}Ie^{j\varphi_i}e^{j\omega t}] \tag{3.2.5}$$

式（3.2.5）表明，以正弦量的振幅为模，正弦量的相位为辐角构成的复指数函数的虚部就是这个正弦量。

也就是说，要表示正弦量 $i = \sqrt{2}I\sin(\omega t + \varphi_i)$，可在复平面上作一矢量 $\overrightarrow{OA}$，其长度等于该正弦量的幅值 $\sqrt{2}I(I_\mathrm{m})$，矢量与正实轴的夹角等于初相位 φ_i，矢量以 ω 为角速度绕坐标原点逆时针方向旋转，如图 3-11 所示。这个旋转矢量于各个时刻在纵轴上的投影就是该时刻正弦量的瞬时值，即任一正弦量都可以找到与之对应的旋转矢量，旋转矢量可以用复数表示，因此一个正弦量可以与一个复数相对应，可以借助复数计算完成正弦量的计算。

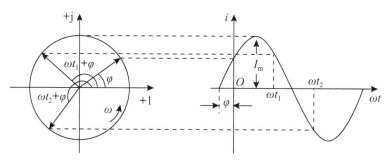

图 3-11 正弦量的相量表示

我们把与正弦量对应的复数称为相量,用大写字母上面加点"·"表示,相量有两种书写方式,一是有效值相量,记为 $\dot{I}$,即

$$\dot{I} = I\mathrm{e}^{\mathrm{j}\varphi_i} = I\angle\varphi_i \tag{3.2.6}$$

式中,I 是正弦电流的有效值,φ_i 是正弦电流的初相位。有效值相量 $\dot{I}$ 是在大写字母 I 上加个小圆点,既可以区别于有效值,也表明它不是一般的复数,它是与正弦量一一对应的。

二是幅值相量(也可以称为最大值相量或振幅相量),记为 $\dot{I}_{\mathrm{m}}$,即

$$\dot{I}_{\mathrm{m}} = I_{\mathrm{m}}\mathrm{e}^{\mathrm{j}\varphi_i} = I_{\mathrm{m}}\angle\varphi_i = \sqrt{2}\,I\angle\varphi_i \tag{3.2.7}$$

显然有

$$\dot{I}_{\mathrm{m}} = \sqrt{2}\,\dot{I}$$

本书中如果没有特殊说明,一般所说的相量均是指有效值相量。

按照定义,正弦电压 $u = U_{\mathrm{m}}\sin(\omega t + \varphi_u)$ 的幅值相量和有效值相量分别为

$$\dot{U}_{\mathrm{m}} = U_{\mathrm{m}}\mathrm{e}^{\mathrm{j}\varphi_u} = U_{\mathrm{m}}\angle\varphi_u,\ \dot{U} = \frac{U_{\mathrm{m}}}{\sqrt{2}}\mathrm{e}^{\mathrm{j}\varphi_u} = \frac{U_{\mathrm{m}}}{\sqrt{2}}\angle\varphi_u$$

可以由任一正弦量直接写出与之对应的相量,也可以由相量直接写出与其对应的正弦量。注意:相量和正弦量是对应的关系,而不是相等关系。

例 3.2.3 已知正弦电压 $u_1 = 10\sqrt{2}\sin(314t + 60°)$ V,$u_2 = 6\sqrt{2}\cos(314t - 100°)$ V,试分别写出它们的幅值相量和有效值相量。

解:将电压 u_2 用正弦函数表示:

$u_2 = 6\sqrt{2}\cos(314t - 100°) = 6\sqrt{2}\sin(314t - 100° + 90°) = 6\sqrt{2}\sin(314t - 10°)$ V

电压 u_1、u_2 的幅值相量为:

$$\dot{U}_{1\mathrm{m}} = 10\sqrt{2}\angle60°\,\mathrm{V},\ \dot{U}_{2\mathrm{m}} = 6\sqrt{2}\angle-10°\,\mathrm{V}$$

电压 u_1、u_2 的有效值相量为:

$$\dot{U}_1 = 10\angle60°\,\mathrm{V},\ \dot{U}_2 = 6\angle-10°\,\mathrm{V}$$

例 3.2.4 已知同频率正弦电压和正弦电流的相量分别为 $\dot{U}=-10\angle-60°\text{V},\dot{I}=5\angle-30°\text{A}$，频率 $f=50\text{Hz}$，试写出 u、i 的时域表达式。

解：将 $\dot{U}$ 改写成标准形式：$\dot{U}=-10\angle-60°\text{V}=10\angle(-60°+180°)\text{V}=10\angle120°\text{V}$

故
$$u=10\sqrt{2}\sin(314t+120°)\text{V}$$

由 $\dot{I}=5\angle-30°\text{A}$ 可得：$i=5\sqrt{2}\sin(314t-30°)\text{A}$。

3.2.3　相量图

相量既然是复数，那么就可以在复平面上用有向线段来表示，有向线段的长度就是相量的模，即正弦量的有效值；有向线段与正实轴的夹角就是相量的辐角，即正弦量的初相，这种在复平面上表示相量的矢量图称为相量图。显然，根据相量的极坐标形式能方便地作出相量图。注意：只有同频率的相量才能画在同一个复平面内。

在相量图上能够形象地看出各个正弦量的大小和相互之间的相位关系，所以相量图在正弦稳态电路的分析中有着重要的作用，尤其适用于定性分析。利用相量图还可以进行同频正弦量所对应相量的加、减运算。

设有两电压相量，$\dot{U}_1=U_1\angle\varphi_1$，$\dot{U}_2=U_2\angle\varphi_2$，$\dot{U}_1$ 超前于 $\dot{U}_2$。它们的相量图如图 3-12 所示。

1. 在相量图上利用平行四边形法则计算 $\dot{U}=\dot{U}_1+\dot{U}_2$

如图 3-12(a)所示，$\dot{U}_1$ 和 $\dot{U}_2$ 构成了平行四边形的两边，$\dot{U}$ 则是平行四边形的对角线，因此，称之为平行四边形法则。它清楚地显示了各相量之间的关系。

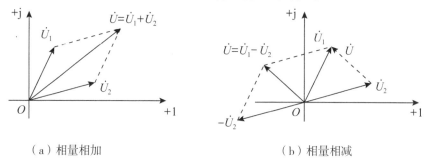

（a）相量相加　　　　　　　　（b）相量相减

图 3-12　相量运算的平行四边形法则

2. 在相量图上利用平行四边形法则计算 $\dot{U}=\dot{U}_1-\dot{U}_2$

实际上，$\dot{U}_1-\dot{U}_2$ 即是 $\dot{U}_1+(-\dot{U}_2)$，首先将相量 $\dot{U}_2$ 反相成 $-\dot{U}_2$，然后依据加法的平行四边形法则进行相量加法即可，求出的相量 $\dot{U}$ 如图 3-12(b)所示。

相量的减法也可以利用三角形法则，相量 $\dot{U}$ 可以直接从相量 $\dot{U}_2$ 的终点指向 $\dot{U}_1$ 的终端画有向线段，如图 3-12(b)中的虚线表示的 $\dot{U}$。可以看出实线表示的 $\dot{U}$ 与虚线表示的 $\dot{U}$ 是相同的相量,只是位置发生了平移。

可以证明,正弦量微积分或几个同频率正弦量相加减的结果仍是同频率正弦量。正弦量的相量实际上就是由正弦量的有效值和初相构成的复数,因此也有代数形式、指数形式和极坐标形式等多种表示形式。既然相量和正弦量是一一对应的关系,故可以用相量代替正弦量进行运算。

例 3.2.5 试用相量表示 $u_1 = 8\sqrt{2}\sin(314t + 60°)\,\text{V}$、$u_2 = 6\sqrt{2}\sin(314t - 30°)\,\text{V}$,绘出相量图,并计算 $u = u_1 + u_2$。

解:电压 u_1、u_2 的有效值相量为:

$$\dot{U}_1 = 8\angle 60°\,\text{V} = (4 + \text{j}6.9)\,\text{V}$$

$$\dot{U}_2 = 6\angle -30°\,\text{V} = (5.2 - \text{j}3)\,\text{V}$$

$$\dot{U} = \dot{U}_1 + \dot{U}_2 = (4 + \text{j}6.9 + 5.2 - \text{j}3)\,\text{V} = (9.2 + \text{j}3.9)\,\text{V} = 10\angle 23°\,\text{V}$$

相量图如图 3-13 所示。

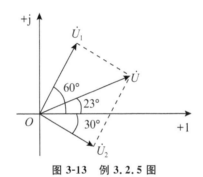

图 3-13　例 3.2.5 图

3.2.4　基尔霍夫定律的相量形式

基尔霍夫电流定律对电路中的任一节点任一瞬时都是成立的。若电流是同频率的正弦量,则可表达为:对于任一正弦交流电路中的任一节点,流出该节点的电流的相量之和等于流进该节点的电流相量之和,即流过该节点的电流相量的代数和恒等于零。

在图 3-14 所示的电路中,对节点 a 可以写出基尔霍夫电流定律的相量形式:

$$\dot{I}_1 + \dot{I}_2 - \dot{I}_3 = 0 \tag{3.2.8}$$

即

$$\sum \dot{I} = 0 \tag{3.2.9}$$

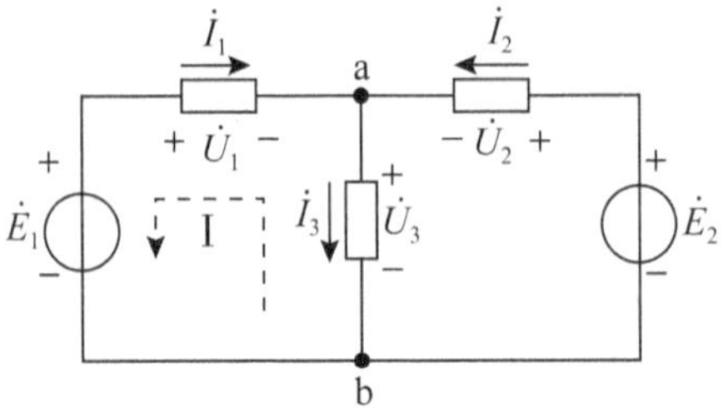

图 3-14　KCL、KVL 的相量形式电路

基尔霍夫电压定律对电路中的任一回路任一瞬时都是成立的。若电压是同频率的正弦量,则可表达为:对于任一正弦交流电路中的任一回路,沿着该回路的任一循行方向,所有支路的电压升的相量之和等于电压降的相量之和。或者说,对任一回路而言,沿某一循行方向,同频率正弦电压对应相量的代数和为零。

在图 3-14 所示的电路中,回路 Ⅰ 沿逆时针方向循行,按电压降(即电压降取正号,电压升取负号)写出基尔霍夫电压定律的相量形式

$$\dot{E}_1 - \dot{U}_1 - \dot{U}_3 = 0 \tag{3.2.10}$$

即

$$\sum \dot{U} = 0 \tag{3.2.11}$$

例 3.2.6　在图 3-15(a)所示的电路中,已知正弦电流 $i_1 = 5\sqrt{2}\sin(\omega t + 30°)$A, $i_2 = 6\sqrt{2}\sin(\omega t - 60°)$A,求总电流 i,并绘出电流的相量图。

解:将电流 i_1 和 i_2 用相量表示:

$$\dot{I}_1 = 5\angle 30°\text{A} = (4.3 + \text{j}2.5)\text{A}$$

$$\dot{I}_2 = 6\angle -60°\text{A} = (3 - \text{j}5.2)\text{A}$$

根据 KCL 相量形式得

$$\dot{I} = \dot{I}_1 + \dot{I}_2 = (4.3 + \text{j}2.5 + 3 - \text{j}5.2)\text{A} = (7.3 - \text{j}2.7)\text{A}$$

$$= \sqrt{7.3^2 + 2.7^2} \angle \arctan \frac{-2.7}{7.33}\text{A}$$

$$= 7.8\angle -20.2°\text{A}$$

$$i = 7.8\sqrt{2}\sin(\omega t - 20.2°)\text{A}$$

电流的相量图如图 3-15(b)所示。

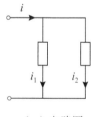
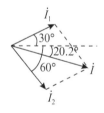

（a）电路图　　（b）电流的相量图

图 3-15　例 3.2.6 图

3.2 测试题

注意,绘制相量图时,坐标轴可以省略。

3.3　单一参数的正弦交流电路

电阻、电感和电容元件是正弦交流电路中的三种基本元件。一般电路都具有这三种基本元件,不过就某一电路而言,若只有一种元件起主要作用,而另外两种元件的作用可以忽略不计时,则这个正弦交流电路就可视为单一参数的正弦交流电路。

3.3.1　单一参数的正弦交流电路——电阻电路

单一参数的
正弦交流电路
——电阻电路

单一参数的正弦交流电阻电路是指交流电路中只有电阻,也称纯电阻电路,如电热炉、白炽灯等电路都可以近似地看成是纯电阻电路。

1.电阻元件上的电压与电流的关系

设在电阻元件的正弦交流电路中,电压、电流参考方向如图 3-16(a)所示。
设通过电阻元件的电流为

$$i = I_\mathrm{m}\sin\omega t \qquad (3.3.1)$$

则

$$u = iR = I_\mathrm{m}R\sin\omega t = U_\mathrm{m}\sin\omega t \qquad (3.3.2)$$

由此可以得出如下结论:

(1)在数值关系上,纯电阻元件上的电压与电流的瞬时值、最大值、有效值都满足欧姆定律,即

$$\frac{U_\mathrm{m}}{I_\mathrm{m}} = \frac{U}{I} = R \qquad (3.3.3)$$

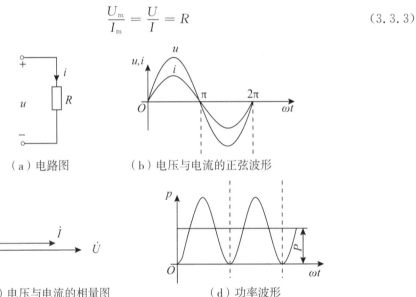

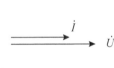

（a）电路图　　　（b）电压与电流的正弦波形

（c）电压与电流的相量图　　　（d）功率波形

图 3-16　电阻元件的正弦交流电路

(2)纯电阻元件上的电压与电流是同频率的正弦交流量,在相位关系上,电压与电流的相位差为 0,即两者同相,其波形如图 3-16(b)所示。

(3)纯电阻元件上的电压与电流的相量关系可以表示为

$$\frac{\dot{U}_\mathrm{m}}{\dot{I}_\mathrm{m}} = \frac{U_\mathrm{m}\angle 0°}{I_\mathrm{m}\angle 0°} = R \qquad (3.3.4)$$

同理可得

90

$$\frac{\dot{U}}{\dot{I}} = \frac{\dfrac{U_\mathrm{m}}{\sqrt{2}}\angle 0°}{\dfrac{I_\mathrm{m}}{\sqrt{2}}\angle 0°} = R$$

纯电阻元件上电压与电流的相量图如图 3-16(c)所示。

2. 电阻元件的功率

电路中任一瞬时吸收或产生的功率,称为瞬时功率。在电压与电流参考方向关联的条件下,它等于该瞬时电压的值 u 与电流的值 i 的乘积,并用小写字母 p 表示,即

$$p = ui$$

由式(3.3.1)和(3.3.2)可得出电阻元件所吸收的瞬时功率为

$$p = ui = U_\mathrm{m} I_\mathrm{m} \sin^2\omega t = \frac{U_\mathrm{m} I_\mathrm{m}}{2}(1 - \cos 2\omega t) = UI(1 - \cos 2\omega t) \tag{3.3.5}$$

由上式可知,瞬时功率是正弦交流量,瞬时功率的波形如图 3-16(d)所示。

由于在纯电阻的正弦交流电路中电流与电压同相,即它们同时为正或同时为负,所以纯电阻电路的瞬时功率除零值外始终为正,说明电阻是耗能元件,它总是从电源取用电能而转换为热能。因为电压和电流都是交变的,所以瞬时功率也是随时间变化的,因此瞬时功率用小写字母表示。

由于瞬时功率随时间而变化,故实用意义不大,在电工技术中,衡量元件消耗功率的大小是用瞬时功率在一个周期内的平均值来表示的,此平均值称为平均功率,又称有功功率,用大写字母 P 表示。在纯电阻元件的正弦交流电路中,平均功率为

$$P = \frac{1}{T}\int_0^T p\,\mathrm{d}t = \frac{1}{T}\int_0^T UI(1 - \cos 2\omega t)\,\mathrm{d}t = UI = \frac{U^2}{R} = I^2 R \tag{3.3.6}$$

可见电压与电流用有效值表示时,有功功率与直流电路的功率表达式完全一样,单位也是瓦(W)或千瓦(kW)。

注意,通常铭牌数据或者测量的功率均指有功功率。

例 3.3.1 已知,加在电阻元件两端的电压为 $u = 220\sqrt{2}\sin(314t + 30°)\,\mathrm{V}$,$R = 110\,\Omega$,求 I、i 和 P_R。

解：$I = \dfrac{U}{R} = \dfrac{220}{110}\,\mathrm{A} = 2\,\mathrm{A}$

$\dot{I} = \dfrac{\dot{U}}{R} = \dfrac{220\angle 30°}{110}\,\mathrm{A} = 2\angle 30°\,\mathrm{A}$

$i = 2\sqrt{2}\sin(314t + 30°)\,\mathrm{A}$

$P_R = I^2 R = (2^2 \times 110)\,\mathrm{W} = 440\,\mathrm{W}$

3.3.2　单一参数的正弦交流电路——电感电路

1. 纯电感元件上的电压与电流的关系

图 3-17(a)所示是纯电感电路。设电压与电流为关联参考方向,电流为参

单一参数的
正弦交流电路
——电感电路

考正弦量,即设通过电感元件的电流为

$$i = I_\text{m}\sin\omega t$$

则电感两端的电压为

单一参数的正弦交流电路——电感电路

$$u = L\frac{\text{d}i}{\text{d}t} = L\frac{\text{d}(I_\text{m}\sin\omega t)}{\text{d}t} = I_\text{m}\omega L\cos\omega t = U_\text{m}\sin(\omega t + \frac{\pi}{2}) \quad (3.3.7)$$

由式(3.3.7)可以得出如下结论:

(1)在数值关系上,纯电感元件的电压与电流的瞬时值不满足欧姆定律,最大值、有效值满足欧姆定律,即

$$\frac{U_\text{m}}{I_\text{m}} = \frac{U}{I} = \omega L \quad (3.3.8)$$

式中,ωL 的单位为 Ω,当电压 U 一定时,ωL 越大,电流 I 越小。可见它具有对交流起阻碍作用的物理性质,所以称为感抗 X_L,即

$$X_L = \omega L = 2\pi fL \quad (3.3.9)$$

感抗 X_L 的大小反映了电感对正弦电流阻碍能力的强弱。感抗与电阻具有相同的量纲,单位为欧姆(Ω)。感抗 X_L 与电感的参数 L、频率 f 成正比。频率越高,电感对电流的阻碍作用越大,因此,电感具有"通低频、阻高频"的特点。直流电路中,因为 $\omega = 0$,所以 $X_L = 0$,即电感对直流相当于短路。

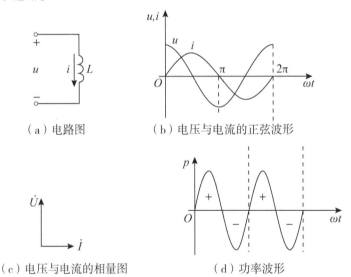

（a）电路图　　　　（b）电压与电流的正弦波形

（c）电压与电流的相量图　　　　（d）功率波形

图 3-17　电感元件的正弦交流电路

(2)纯电感元件的电压与电流是同频率的正弦交流量,在相位关系上,电压与电流的相位差为 $90°$,即电压超前电流 $90°$,其波形如图 3-17(b)所示。

(3)纯电感元件的电压与电流的相量关系可以表示为

$$\frac{\dot{U}_\text{m}}{\dot{I}_\text{m}} = \frac{U_\text{m}\angle 90°}{I_\text{m}\angle 0°} = \text{j}X_L \quad (3.3.10)$$

同理可得

$$\frac{\dot{U}}{\dot{I}} = \frac{\frac{U_{\mathrm{m}}}{\sqrt{2}} \angle 90°}{\frac{I_{\mathrm{m}}}{\sqrt{2}} \angle 0°} = \mathrm{j}X_L$$

纯电感元件上电压与电流的相量图如图 3-17(c)所示。

2. 纯电感元件的功率

在电压与电流参考方向关联的条件下,纯电感元件的瞬时功率可表示为

$$p = ui = U_m I_m \sin\omega t \sin(\omega t + 90°) = U_m I_m \sin\omega t \cos\omega t$$

$$= \frac{U_{\mathrm{m}} I_{\mathrm{m}}}{2} \sin 2\omega t = UI\sin 2\omega t \qquad (3.3.11)$$

由上式可知,瞬时功率是一个角频率为 2ω、幅值为 UI 的正弦交流量,瞬时功率的波形如图 3-17(d)所示。

由图 3-17(d)可以看出,在电压与电流的一个周期之内,在第 1、第 3 个 1/4 周期内,电压与电流的瞬时值同时为正或同时为负,这时瞬时功率为正,说明电感从电源取得电能,并转换为磁场能量储存起来;在第 2、第 4 个 1/4 周期内,电压与电流的瞬时值一个为正,另一个为负,此时瞬时功率为负,表示电感元件内磁场能量转换为电能,并送还给外部电路(电源或其他电路元件)。电感元件周期性地进行磁场能量的储存和释放,其过程是可逆的,即电感元件从外部电路取用的能量一定等于它归还给外部电路的能量。

在纯电感元件的正弦交流电路中,平均功率(有功功率)为

$$P = \frac{1}{T}\int_0^T p\,\mathrm{d}t = \frac{1}{T}\int_0^T UI\sin 2\omega t\,\mathrm{d}t = 0 \qquad (3.3.12)$$

可见,纯电感元件在正弦交流激励下,不断地与电源进行能量的互换,但不消耗电能,是一种储能元件。

电感与电源之间能量互换的规模,用无功功率 Q 来衡量,它等于瞬时功率的幅值,即

$$Q = UI = X_L I^2 = \frac{U^2}{X_L} \qquad (3.3.13)$$

无功功率表示单位时间内互换能量的多少,即反映了储能元件与外电路之间进行能量交换的速率。它对外并不真正做功,所以被形象地称为"无功",但是并非"无用"的功率。

由式(3.3.13)可见,电感的无功功率始终大于等于零。为了区别于有功功率,无功功率的国际单位是乏(var),在工程上还用千乏(kvar)作为单位。

储能元件虽本身不消耗电能,但需占用电源容量并与之进行能量交换,因此对电源来讲是一种负担。

例 3.3.2　把一个 0.1H 的电感元件接到频率为 50Hz、电压有效值为 10V 的正弦电源上,问电流是多少? 如保持电压值不变,而电源频率改为 1000Hz,这时电流将为多少?

解:当 $f = 50\mathrm{Hz}$ 时,

$$X_L = \omega L = 2\pi f L = (2 \times 3.14 \times 50 \times 0.1)\Omega = 31.4\,\Omega$$

$$I = \frac{U}{X_L} = \frac{10}{31.4}\mathrm{A} = 0.318\mathrm{A} = 318\mathrm{mA}$$

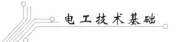

当 $f=1000\text{Hz}$ 时，

$$X_L=\omega L=2\pi f L=(2\times3.14\times1000\times0.1)\Omega=628\Omega$$

$$I=\frac{U}{X_L}=\frac{10}{628}\text{A}=0.0159\text{A}=15.9\text{mA}$$

可见，在电压有效值一定时，频率越高，则通过电感元件的电流有效值越小。

例 3.3.3 一个 0.5H 的电感线圈，通过的电流 $i=2\sqrt{2}\sin(100t+30°)\text{A}$，设电压和电流为关联参考方向，试求电感两端的电压 u。

解：方法 1：利用相量法。

由已知得，电感线圈的感抗为

$$X_L=\omega L=(100\times0.5)\Omega=50\Omega$$

由纯电感元件的电压与电流的相量关系可得

$$\dot{U}=\text{j}X_L\dot{I}=(\text{j}50\times2\angle30°)\text{V}=(50\angle90°\times2\angle30°)\text{V}=100\angle120°\text{V}$$

根据电压相量可写出电压的瞬时值

$$u=100\sqrt{2}\sin(100t+120°)\text{V}$$

方法 2：根据电感元件电压和电流的有效值及相位之间的关系，先分别求出电压的有效值和初相，再写出瞬时值表达式。

电压的有效值为：$U=X_L I=(50\times2)\text{V}=100\text{V}$

因电感的电压超前电流 90°，故

$$\varphi_u=\varphi_i+90°=120°$$

又因为电感电压 u 与电流 i 为同频率正弦量，故

$$u=100\sqrt{2}\sin(100t+120°)\text{V}$$

3.3.3 单一参数的正弦交流电路——电容电路

1. 纯电容元件上的电压与电流的关系

图 3-18(a)所示是纯电容电路。设电压与电流为关联参考方向，电压为参考正弦量，设电容元件两端的电压为

$$u=U_\text{m}\sin\omega t$$

则电容元件上通过的电流为

$$i=C\frac{\text{d}u}{\text{d}t}=C\frac{\text{d}(U_\text{m}\sin\omega t)}{\text{d}t}=\omega CU_\text{m}\cos\omega t=\omega CU_\text{m}\sin\left(\omega t+\frac{\pi}{2}\right)=I_\text{m}\sin\left(\omega t+\frac{\pi}{2}\right)$$

$$(3.3.14)$$

单一参数的
正弦交流电路
——电容电路

单一参数的
正弦交流电路
——电容电路

由式(3.3.14)可以得出如下结论：

(1)在数值关系上，纯电容元件的电压与电流的瞬时值不满足欧姆定律，最大值、有效值满足欧姆定律，即

$$\frac{U_\text{m}}{I_\text{m}}=\frac{U}{I}=\frac{1}{\omega C}$$

$$(3.3.15)$$

将 $\dfrac{1}{\omega C}$ 定义为电容元件的容抗,用 X_C 表示,单位为欧姆(Ω),即

$$X_C = \frac{1}{\omega C} = \frac{1}{2\pi f C} \tag{3.3.16}$$

容抗 X_C 的大小表征了电容对正弦电流阻碍能力的强弱。它与电容 C 及电路的工作频率 f 都有关系。在一定的频率下,电容 C 越大,容抗 X_C 越小,则导电能力越强。在电容 C 一定时,容抗 X_C 与频率 f 成反比,频率越低,则容抗 X_C 越大,说明电容对低频电流的阻碍能力更强。因此,电容具有"通高频、阻低频"的特点。当 $\omega = 0$ 时,$X_C = \infty$,即对直流来说,电容相当于开路。

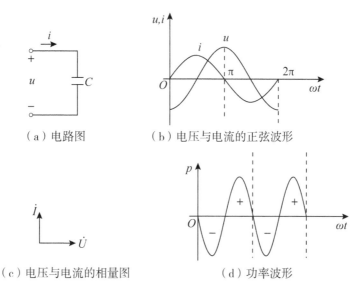

（a）电路图　　（b）电压与电流的正弦波形

（c）电压与电流的相量图　　（d）功率波形

图 3-18　电容元件的正弦交流电路

(2)纯电容元件的电压与电流是同频率的正弦交流量,在相位关系上,电流与电压的相位差为 $90°$,即电流超前电压 $90°$,其波形如图 3-18(b)所示。

(3)纯电容元件的电压与电流的相量关系可以表示为

$$\frac{\dot{U}_{\text{m}}}{\dot{I}_{\text{m}}} = \frac{U_{\text{m}}\angle 0°}{I_{\text{m}}\angle 90°} = -jX_C \tag{3.3.17}$$

同理可得

$$\frac{\dot{U}}{\dot{I}} = \frac{\dfrac{U_{\text{m}}}{\sqrt{2}}\angle 0°}{\dfrac{I_{\text{m}}}{\sqrt{2}}\angle 90°} = -jX_C$$

纯电容元件上电压与电流的相量图如图 3-18(c)所示。

2. 纯电容元件的功率

对于电容元件来说,电压与电流的相位差为 $-90°$,为了同纯电感电路的功率相比较,在计算纯电容元件的瞬时功率时,同样以电流为参考正弦量,则在电压与电流参考方向关联的

条件下,纯电容元件的瞬时功率可表示为

$$p = ui = U_{\mathrm{m}} I_{\mathrm{m}} \sin\omega t \sin(\omega t - 90°) = -U_{\mathrm{m}} I_{\mathrm{m}} \sin\omega t \cos\omega t$$

$$= -\frac{U_{\mathrm{m}} I_{\mathrm{m}}}{2} \sin2\omega t = -UI \sin2\omega t \tag{3.3.18}$$

由上式可知,纯电容元件的瞬时功率也是一个角频率为 2ω、幅值为 UI 的正弦交流量。为了区别与外电路进行能量交换的元件是电感还是电容,一般瞬时功率函数都采取以电流为参考物理量,如式(3.3.18),故电容元件的瞬时功率与电感元件的瞬时功率相差一个负号,说明它们和外电路进行能量交换的过程刚好相反。瞬时功率的波形如图 3-18(d)所示。

由图 3-18(d)可以看出,在电压与电流的一个周期之内,在第 1、第 3 个 1/4 周期内,电压与电流的瞬时值一个为正,另一个为负,此时瞬时功率为负,表示电容元件内电场能量转换为电能,并送还给外部电路(电源或其他电路元件),此时电容处于放电状态;在第 2、第 4 个 1/4 周期内,电压与电流的瞬时值同时为正或同时为负,这时瞬时功率为正,说明电容元件吸收电能转换为电场能量储存起来,此时电容处于充电状态。电容元件周期性地进行电场能量的储存和释放,其过程是可逆的,即电容元件从外部电路取用的能量一定等于它归还给外部电路的能量。

在纯电容元件的正弦交流电路中,平均功率(有功功率)为

$$P = \frac{1}{T} \int_0^T p \mathrm{d}t = \frac{1}{T} \int_0^T -UI \sin2\omega t \, \mathrm{d}t = 0 \tag{3.3.19}$$

可见,纯电容元件在正弦交流激励下,不断地与电源进行能量的互换,但不消耗电能,是一种储能元件。

其无功功率可表示为

$$Q = -UI = -X_C I^2 = -\frac{U^2}{X_C} \tag{3.3.20}$$

显然,电容的无功功率是小于等于零的。要注意,无功功率只是反映储能元件与外电路之间进行能量交换的速率,所以其正负是没有意义的。因为电感的无功功率大于或等于零,电容的无功功率小于或等于零,所以习惯上把电感看做吸收无功功率,把电容看做发出无功功率。

例 3.3.4 在 3-18(a)图中,已知:$C = 1\mu\mathrm{F}$,$u = 70.7\sqrt{2}\sin(314t - 30°)\mathrm{V}$,求电流 I、i 和 $\dot{Q}$,并作 $\dot{U}$ 与 $\dot{I}$ 的相量图。

解:$X_C = \dfrac{1}{\omega C} = \dfrac{1}{314 \times 10^{-6}}\Omega = 3185\Omega$

电流的有效值:$I = \dfrac{U}{X_C} = \dfrac{70.7}{3185}\mathrm{A} = 22.2\mathrm{mA}$

电流的瞬时值:$i = 22.2\sqrt{2}\sin(314t - 30° + 90°)\mathrm{mA} = 22.2\sqrt{2}\sin(314t + 60°)\mathrm{mA}$

无功功率:$Q_C = -UI = (-70.7 \times 22.2 \times 10^{-3})\mathrm{var} = -1.57\mathrm{var}$

相量图如图 3-19 所示。

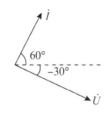

图 3-19　例 3.3.4 的相量图

例 3.3.5　已知电容 $C=2\mu$F,其两端电压 $u=10\sqrt{2}\sin(314t-30°)$ V,设电压和电流为关联参考方向,求电容的电流 i。若 ω 变成 628rad/s,重新计算电流 i。

解:由已知得:$\dot{U}=10\angle-30°$ V

电容的容抗为:$X_C=\dfrac{1}{\omega C}=\dfrac{1}{314\times2\times10^{-6}}\Omega=1592\Omega$

由电容元件的电压和电流的相量关系得:

$$\dot{I}=\frac{\dot{U}}{-jX_C}=\frac{10\angle-30°}{-j1592}A=\frac{10\angle-30°}{1592\angle-90°}A=6.28\angle60° \text{ mA}$$

则电流的瞬时值为:

$$i=6.28\sqrt{2}\sin(314t+60°)\text{mA}$$

若 ω 变成 628rad/s,ω 增加一倍,导致容抗减小一半,则

$$\dot{I}=\frac{10\angle-30°}{-j1592/2}A=\frac{20\angle-30°}{1592\angle-90°}A=12.56\angle60°\text{mA}$$

故电流变为:

$$i=12.56\sqrt{2}\sin(628t+60°)\text{mA}$$

可见,高频电流更容易通过电容。

注意:对于电感元件和电容元件,感抗和容抗随电源频率变化,而电阻元件的阻值始终恒定,这是它们的不同之处。

3.3测试题

3.4　*RLC* 串联的交流电路

如图 3-20(a)所示,交流电路含有电阻、电感、电容三种元件,由于三个元件之间是串联关系,这种电路叫做 *RLC* 串联电路。电流与各个电压的参考方向如图中所示。

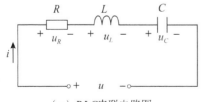

（a）*RLC*串联电路图

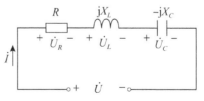

（b）*RLC*串联电路的相量模型

图 3-20　*RLC* 串联电路

RLC 串联的交流电路

RLC 串联的交流电路

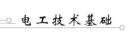

设电路中电流 $i = I_m \sin\omega t$ 为参考正弦量,根据基尔霍夫电压定律有

$$u = u_R + u_L + u_C$$

其相量形式如图 3-20(b)所示,即

$$\dot{U} = \dot{U}_R + \dot{U}_L + \dot{U}_C$$

将电阻、电感、电容元件电压与电流的相量关系代入可得

$$\dot{U} = \dot{I}R + j\dot{I}X_L - j\dot{I}X_C = [R + j(X_L - X_C)]\dot{I} = (R + jX)\dot{I} = Z\dot{I} \tag{3.4.1}$$

可以看到电压相量和电流相量的比值是一个复数,把它定义为复阻抗(简称阻抗),用符号 Z 表示,单位是欧姆(Ω)。即

$$Z = \frac{\dot{U}}{\dot{I}} \text{ 或 } \dot{U} = Z\dot{I} \tag{3.4.2}$$

式(3.4.2)称为欧姆定律的相量形式,也是交流电路的欧姆定律。

阻抗 Z 是一个复数,但是它并不是和某一个正弦量相对应的复数,它仅用来表示电压和电流之间的相量关系,所以,大写字母 Z 上不用加小圆点。

根据定义,电阻、电感和电容元件的阻抗分别为

$$Z_R = \frac{\dot{U}}{\dot{I}} = R \tag{3.4.3}$$

$$Z_L = \frac{\dot{U}}{\dot{I}} = j\omega L = jX_L \tag{3.4.4}$$

$$Z_R = \frac{\dot{U}}{\dot{I}} = \frac{1}{j\omega C} = -jX_C \tag{3.4.5}$$

由于阻抗是复数,故阻抗还可以写作

$$Z = |Z|\angle\varphi \tag{3.4.6}$$

式(3.4.6)中,$|Z|$ 称为阻抗模,φ 称为阻抗角。在式(3.4.2)中,若设电压相量为 $\dot{U} = U\angle\varphi_u$,电流相量为 $\dot{I} = I\angle\varphi_i$,则有

$$Z = \frac{\dot{U}}{\dot{I}} = \frac{U\angle\varphi_u}{I\angle\varphi_i} = \frac{U}{I}\angle\varphi_u - \varphi_i \tag{3.4.7}$$

对比式(3.4.6)和式(3.4.7),可见

$$|Z| = \frac{U}{I} \tag{3.4.8}$$

$$\varphi = \varphi_u - \varphi_i \tag{3.4.9}$$

式(3.4.8)、式(3.4.9)表明,阻抗模是电压有效值和电流有效值之比,阻抗角是电压和电流的相位差。

式(3.4.6)是阻抗 Z 的极坐标形式,阻抗也可以用指数式、三角式、代数式来表示:

$$Z = |Z|\angle\varphi = |Z|e^{j\varphi} = |Z|\cos\varphi + j|Z|\sin\varphi = R + jX \tag{3.4.10}$$

式(3.4.10)阻抗的代数式中,R 称为阻抗 Z 的电阻分量,对应阻抗的实部;X 称为阻抗 Z 的电抗分量,对应阻抗的虚部。对不含受控源的无源二端网络来说,$R \geqslant 0$,X 可正可负,故 $|\varphi| \leqslant \dfrac{\pi}{2}$。

阻抗模 $|Z|$、电阻分量 R 及电抗分量 X 可以构成一个直角三角形,称为阻抗三角形,如图 3-21 所示,可以看出

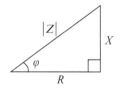

图 3-21　阻抗三角形

$$|Z| = \sqrt{R^2 + X^2}, \quad \varphi = \arctan \frac{X}{R}, \quad R = |Z|\cos\varphi, \quad X = |Z|\sin\varphi \tag{3.4.11}$$

根据电抗的不同,电路分为三种情况。

(1)如果 $X > 0$,则阻抗角 $\varphi > 0$,总电压超前电流,电路对外呈感性,称为感性阻抗,可以用电阻元件和电感元件的串联来等效。

(2)如果 $X < 0$,则阻抗角 $\varphi < 0$,总电压滞后电流,电路对外呈容性,称为容性阻抗,可以用电阻元件和电容元件的串联来等效。

(3)如果 $X = 0$,则阻抗角 $\varphi = 0$,总电压和电流同相,电路对外呈阻性,称为纯电阻性阻抗,可以用电阻元件来等效。当电路达到这种状态时,又称为谐振状态。

RLC 串联电路三种情况的相量图如图 3-22 所示。可以看出,电路的总电压和各元件端电压之间的关系也是三角形关系,其有效值为 $U = \sqrt{U_R{}^2 + (U_L - U_C)^2}$,该三角形称为电压三角形。

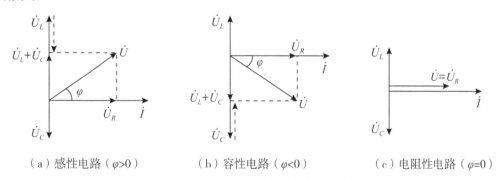

（a）感性电路（$\varphi > 0$）　　　（b）容性电路（$\varphi < 0$）　　　（c）电阻性电路（$\varphi = 0$）

图 3-22　RLC 串联电路的电压和电流的相量图

显然电压三角形与阻抗三角形是相似三角形,将阻抗三角形各边乘以电流可得电压三角形各边。

前面讲到,正弦量的分析、计算要基于相量,那么正弦交流电路的分析、计算则需要基于相量模型。图 3-20(b)为 RLC 串联电路的相量模型。相量模型是一种运用相量分析方法对正弦交流电路进行分析、计算的模型,建立相量模型是分析正弦交流电路的重要步骤。

保持电路结构不变,将电路中所有的元件用阻抗表示,即 $R \rightarrow R, L \rightarrow jX_L, C \rightarrow -jX_C$;所有的电压、电流用相量表示,即 $u \rightarrow \dot{U}, i \rightarrow \dot{I}$,这样就得到该时域电路所对应的相量模型。相量模型正确建立后,就可以利用直流电阻电路中的各种定理、定律和分析方法来分析正弦交流电路了。

例 3.4.1 已知:在 RLC 串联交流电路中, $u = 220\sqrt{2}\sin(314t + 20°)\text{V}, R = 30\Omega, L = 127\text{mH}, C = 40\mu\text{F}$,求:(1)电流的有效值 I 与瞬时值 i;(2)各部分电压的有效值与瞬时值;(3)作相量图。

RLC 串联交流电路的相量模型如图 3-20(b)所示。

解: $X_L = \omega L = (314 \times 127 \times 10^{-3})\Omega = 40\Omega$

$$X_C = \frac{1}{\omega C} = \frac{1}{314 \times 40 \times 10^{-6}}\Omega = 80\Omega$$

$$|Z| = \sqrt{R^2 + (X_L - X_C)^2} = \sqrt{30^2 + (40-80)^2}\Omega = 50\Omega$$

方法 1: 基于电压和电流之间的相位关系求解。

(1) $I = \dfrac{U}{|Z|} = \dfrac{220}{50}\text{A} = 4.4\text{A}$

$$\varphi = \arctan\frac{X_L - X_C}{R} = \arctan\frac{40-80}{30} = -53°$$

因为 $\varphi = \varphi_u - \varphi_i = -53°$,所以 $\varphi_i = 20° + 53° = 73°$。

$i = 4.4\sqrt{2}\sin(314t + 73°)\text{A}$

(2) $U_R = IR = (4.4 \times 30)\text{V} = 132\text{V}$

$u_R = 132\sqrt{2}\sin(314t + 73°)\text{V}$

$U_L = IX_L = (4.4 \times 40)\text{V} = 176\text{V}$

$u_L = 176\sqrt{2}\sin(314t + 163°)\text{V}$

$U_C = IX_C = (4.4 \times 80)\text{V} = 352\text{V}$

$u_C = 352\sqrt{2}\sin(314t - 17°)\text{V}$

通过计算可见, $U \neq U_R + U_L + U_C$,即正弦量的有效值不满足基尔霍夫定律,而正弦量的瞬时值关系 $u = u_R + u_L + u_C$ 和与之对应的相量关系 $\dot{U} = \dot{U}_R + \dot{U}_L + \dot{U}_C$ 满足基尔霍夫定律。

(3)相量图,如图 3-23 所示。

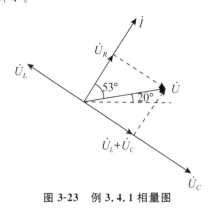

图 3-23 例 3.4.1 相量图

方法 2：基于电压和电流之间的相量关系求解。

$$\dot{U} = 220\angle 20° \text{V}$$

$$Z = R + j(X_L - X_C) = (30 - j40)\Omega = 50\angle -53°\Omega$$

$$\dot{I} = \frac{\dot{U}}{Z} = \frac{220\angle 20°}{50\angle -53°}\text{A} = 4.4\angle 73°\text{A}$$

$$\dot{U}_R = \dot{I}R = (4.4\angle 73° \times 30)\text{V} = 132\angle 73°\text{V}$$

$$\dot{U}_L = jX_L\dot{I} = (40\angle 90° \times 4.4\angle 73°)\text{V} = 176\angle 163°\text{V}$$

$$\dot{U}_C = -jX_C\dot{I} = (80\angle -90° \times 4.4\angle 73°)\text{V} = 352\angle -17°\text{V}$$

方法 2 求出电流、电压的相量后，可以同方法 1 得到其对应的有效值、瞬时值及相量图。

例 3.4.2　图 3-24（a）为 RL 串联电路，图中电压表可视为理想电压表。已知电源频率为 50Hz，电阻 $R = 3\Omega$，$L = 12.7\text{mH}$，电压表 V_1 和 V_2 的读数分别为 3V、4V，试求电路的阻抗及电压表 V 的读数。

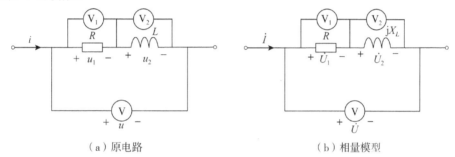

（a）原电路　　　　　　　　　　（b）相量模型

图 3-24　例 3.4.2 电路

解：画出图 3-24（a）原电路的相量模型，如图 3-24（b）所示。

$$X_L = 2\pi fL = (2 \times 3.14 \times 50 \times 12.7 \times 10^{-3})\Omega = 4\Omega$$

电阻的阻抗是 R，电感的阻抗是 jX_L，故电路的总阻抗为

$$Z = R + jX_L = (3 + j4)\Omega = 5\angle 53.1°\Omega$$

因为是串联电路，电阻和电感上流过的电流相同，故以电流为参考相量，即设 $\dot{I} = I\angle 0°\text{A}$，则电路的总电压可表示为

$$\dot{U} = \dot{U}_1 + \dot{U}_2 = (3\angle 0° + 4\angle 90°)\text{V} = (3 + j4)\text{V}$$

电压表的读数是电压的有效值，因此电压表 V 的读数为 $U = \sqrt{3^2 + 4^2}$ V $= 5\text{V}$。

3.4 测试题

此题在求电压表 V 读数时，也可以用相量图法。

以电流为参考相量，可得到电路各电压的相量图，如图 3-25 所示，可见，电压表 V 的读数为 $U = \sqrt{U_1^2 + U_2^2} = \sqrt{3^2 + 4^2}$ V $= 5\text{V}$。

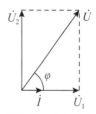

**图 3-25　例 3.4.2
各电压相量图**

3.5　阻抗的串联与并联

阻抗的
串联与并联

在交流电路中,阻抗的连接形式是多种多样的,其中最简单和最常用的是串联与并联,与直流电路中电阻的串联、并联类似,只不过在运算时直流电路电阻的串联、并联是实数运算,阻抗的串联与并联是复数运算。

3.5.1　阻抗的串联

阻抗的
串联与并联

图 3-26(a)为两个阻抗串联的电路。根据 KVL 可写出:

$$\dot{U} = \dot{U}_1 + \dot{U}_2 = Z_1\dot{I} + Z_2\dot{I} = (Z_1 + Z_2)\dot{I}$$

由阻抗的定义可知它的等效阻抗 Z 为:

$$Z = \frac{\dot{U}}{\dot{I}} = \frac{(Z_1 + Z_2)\dot{I}}{\dot{I}} = Z_1 + Z_2 \tag{3.5.1}$$

其等效电路如图 3-26(b)所示。两个阻抗上的电压分别为:

$$\dot{U}_1 = Z_1\dot{I} = \frac{Z_1}{Z_1 + Z_2}\dot{U}, \dot{U}_2 = Z_2\dot{I} = \frac{Z_2}{Z_1 + Z_2}\dot{U} \tag{3.5.2}$$

式(3.5.2)为两个阻抗的串联分压公式。

对于正弦交流电路,一般　　　　　$U \neq U_1 + U_2$

即　　　　　　　　　　　　　$|Z|I \neq |Z_1|I + |Z_2|I$

所以,一般　　　　　　　　　　$|Z| \neq |Z_1| + |Z_2|$

同样,若有 n 个阻抗串联,则等效阻抗可写为:

$$Z = \sum_{k=1}^{n} Z_k = \sum_{k=1}^{n} R_k + \mathrm{j}\sum_{k=1}^{n} X_k = |Z|\angle\varphi \tag{3.5.3}$$

式中,$|Z| = \sqrt{\left(\sum\limits_{k=1}^{n} R_k\right)^2 + \left(\sum\limits_{k=1}^{n} X_k\right)^2}$,$\varphi = \arctan\dfrac{\sum\limits_{k=1}^{n} X_k}{\sum\limits_{k=1}^{n} R_k}$

各个阻抗上的电压为:

$$\dot{U}_k = \frac{Z_k}{\sum\limits_{k=1}^{n} Z_k}\dot{U} \quad (k = 1, 2, \cdots, n) \tag{3.5.4}$$

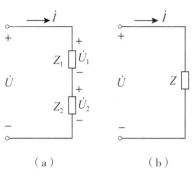

图 3-26 阻抗串联

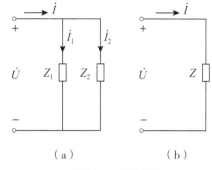

图 3-27 阻抗并联

3.5.2 阻抗的并联

图 3-27(a)为两个阻抗并联的电路。根据 KCL 可写出：

$$\dot{I} = \dot{I}_1 + \dot{I}_2 = \frac{\dot{U}}{Z_1} + \frac{\dot{U}}{Z_2} = \left(\frac{1}{Z_1} + \frac{1}{Z_2}\right)\dot{U}$$

则等效阻抗 Z 可根据定义得到：

$$Z = \frac{\dot{U}}{\dot{I}} = \frac{\dot{U}}{\left(\frac{1}{Z_1} + \frac{1}{Z_2}\right)\dot{U}} = \frac{1}{\frac{1}{Z_1} + \frac{1}{Z_2}} = \frac{Z_1 Z_2}{Z_1 + Z_2} \tag{3.5.5}$$

其等效电路如图 3-27(b)所示。两个阻抗上的电流分别为：

$$\dot{I}_1 = \frac{\dot{U}}{Z_1} = \frac{Z_2}{Z_1 + Z_2}\dot{I}, \dot{I}_2 = \frac{\dot{U}}{Z_2} = \frac{Z_1}{Z_1 + Z_2}\dot{I} \tag{3.5.6}$$

式(3.5.6)为两个阻抗的并联分流公式。

对于正弦交流电路,一般 $\qquad I \neq I_1 + I_2$

即

$$\frac{U}{|Z|} \neq \frac{U}{|Z_1|} + \frac{U}{|Z_2|}$$

所以,一般

$$\frac{1}{|Z|} \neq \frac{1}{|Z_1|} + \frac{1}{|Z_2|}$$

同样,若有 n 个阻抗并联,则等效阻抗可写为：

$$\frac{1}{Z} = \sum_{k=1}^{n} \frac{1}{Z_k} \tag{3.5.7}$$

通常又称阻抗的倒数为导纳(Y),在国际单位制中导纳的单位与电导的单位一样是西门子(S)。

各个阻抗上的电流为：

$$\dot{I}_k = \frac{\frac{1}{Z_k}}{\sum_{k=1}^{n} \frac{1}{Z_k}}\dot{I} \quad (k = 1, 2, \cdots, n) \tag{3.5.8}$$

例 3.5.1 已知图 3-26(a)电路中阻抗 $Z_1=(6.16+j9)\Omega$，$Z_2=(2.5-j4)\Omega$，电压 $u=220\sqrt{2}\sin(\omega t+45°)\mathrm{V}$，试求电路中的电流 i、各阻抗上的电压 u_1 和 u_2，并画出电压、电流相量图。

解：

$$Z=Z_1+Z_2=(6.16+j9+2.5-j4)\Omega=(8.66+j5)\Omega$$

$$=\sqrt{8.66^2+5^2}\angle\arctan\frac{5}{8.66}\Omega=10\angle30°\Omega$$

$$\dot{I}=\frac{\dot{U}}{Z}=\frac{220\angle45°}{10\angle30°}\mathrm{A}=22\angle15°\mathrm{A}$$

所以

$$i=22\sqrt{2}\sin(\omega t+15°)\mathrm{A}$$

$$\dot{U}_1=Z_1\dot{I}=\left[(6.16+j9)\times22\angle15°\right]\mathrm{V}=(10.91\angle55.6°\times22\angle15°)\mathrm{V}=240\angle70.6°\mathrm{V}$$

$$\dot{U}_2=Z_2\dot{I}=\left[(2.5-j4)\times22\angle15°\right]\mathrm{V}=(4.72\angle-58°\times22\angle15°)\mathrm{V}=103.84\angle-43°\mathrm{V}$$

$$u_1=240\sqrt{2}\sin(\omega t+70.6°)\mathrm{V}$$

$$u_2=103.84\sqrt{2}\sin(\omega t-43°)\mathrm{V}$$

根据计算结果，作出电压、电流相量图，如图 3-28 所示。

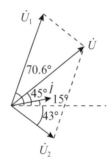

图 3-28　例 3.5.1 相量图

例 3.5.2 已知图 3-29(a)电路中，$i_{\mathrm{S}}=10\sqrt{2}\sin10t\,\mathrm{A}$，$R=10\Omega$，$L=1\mathrm{H}$，求电流 i_R 和 i_L。

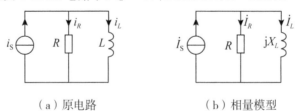

（a）原电路　　　　　　　（b）相量模型

图 3-29　例 3.5.2 电路

解：画出相量模型，如图 3-29(b)所示，根据并联分流公式(3.5.6)，可得：

$$\dot{I}_R=\frac{Z_L}{Z_R+Z_L}\dot{I}_{\mathrm{S}}=\frac{jX_L}{R+jX_L}\dot{I}_{\mathrm{S}}=\left(\frac{j10}{10+j10}\times10\angle0°\right)\mathrm{A}=\left(\frac{10\angle90°}{\sqrt{10^2+10^2}\angle\arctan1}\times10\angle0°\right)\mathrm{A}$$

$$=\frac{100\angle90°}{10\sqrt{2}\angle45°}\mathrm{A}=5\sqrt{2}\angle45°\mathrm{A}$$

$$\dot{I}_L = \frac{Z_R}{Z_R + Z_L}\dot{I}_s = \frac{R}{R + \mathrm{j}X_L}\dot{I}_s = \left(\frac{10}{10+\mathrm{j}10}\times 10\angle 0°\right)\mathrm{A} = \frac{100\angle 0°}{10\sqrt{2}\angle 45°}\mathrm{A} = 5\sqrt{2}\angle -45°\mathrm{A}$$

最后，根据相量写出对应的电流瞬时值表达式：

$$i_R = 10\sin(10t + 45°)\mathrm{A}, \quad i_L = 10\sin(10t - 45°)\mathrm{A}$$

例 3.5.3　电路如图 3-30(a)所示,已知 $u = 220\sqrt{2}\sin\omega t\ \mathrm{V}$, $R = 50\Omega$, $R_1 = 100\Omega$, $X_L = 200\Omega$, $X_C = 400\Omega$, 求电流 i、i_1 和 i_2。

解：画出相量模型,如图 3-30(b)所示。

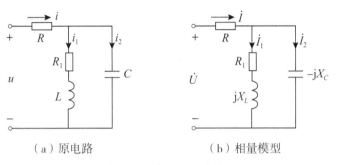

（a）原电路　　　　　　（b）相量模型

图 3-30　例 3.5.3 电路

$\dot{U} = 220\angle 0°\mathrm{V}$

$Z_1 = R_1 + \mathrm{j}X_L = (100 + \mathrm{j}200)\Omega$

$Z_2 = -\mathrm{j}X_C = -\mathrm{j}400\Omega$

$Z = \left[50 + \dfrac{(100+\mathrm{j}200)(-\mathrm{j}400)}{100+\mathrm{j}200-\mathrm{j}400}\right]\Omega = \left[50 + \dfrac{223.6\angle 63.4°\times 400\angle -90°}{223.6\angle -63.4°}\right]\Omega$

$\quad = (50 + 400\angle 36.8°)\Omega = (370 + \mathrm{j}240)\Omega = 441\angle 33°\Omega$

$\dot{I} = \dfrac{\dot{U}}{Z} = \dfrac{220\angle 0°}{441\angle 33°}\mathrm{A} = 0.5\angle -33°\mathrm{A}$

所以 $i = 0.5\sqrt{2}\sin(\omega t - 33°)\mathrm{A}$。

$\dot{I}_1 = \dfrac{Z_2}{Z_1 + Z_2}\dot{I} = \left(\dfrac{-\mathrm{j}400}{100+\mathrm{j}200-\mathrm{j}400}\times 0.5\angle -33°\right)\mathrm{A} = \left(\dfrac{400\angle -90°}{223.6\angle -63.4°}\times 0.5\angle -33°\right)\mathrm{A}$

$\quad = 0.89\angle -59.6°\mathrm{A}$

$\dot{I}_2 = \dfrac{Z_1}{Z_1 + Z_2}\dot{I} = \left(\dfrac{100+\mathrm{j}200}{100+\mathrm{j}200-\mathrm{j}400}\times 0.5\angle -33°\right)\mathrm{A} = \left(\dfrac{223.6\angle 63.4°}{223.6\angle -63.4°}\times 0.5\angle -33°\right)\mathrm{A}$

$\quad = 0.5\angle 93.8°\mathrm{A}$

所以 $i_1 = 0.89\sqrt{2}\sin(\omega t - 59.6°)\mathrm{A}$, $i_2 = 0.5\sqrt{2}\sin(\omega t + 93.8°)\mathrm{A}$。

3.5.3　正弦交流电路的相量法分析

KCL、KVL 和元件的伏安关系是分析电路的基本依据。对于线性电阻电路,其形式为：

$$\sum i = 0, \quad \sum u = 0, \quad u = Ri$$

对于正弦交流电路,其相量形式为：

$$\sum \dot{I} = 0 \, , \quad \sum \dot{U} = 0 \, , \quad \dot{U} = Z\dot{I}$$

两者在形式上完全相同。因此,线性电阻直流电路的各种分析方法和电路定理都完全适用于正弦交流电路的相量法分析,差别在于用电压、电流的相量 $\dot{U}$、$\dot{I}$ 代替电阻电路中的 u 和 i,用阻抗 Z 和导纳 Y 代替电阻 R 与电导 G,用电路的相量模型代替时域模型,这样得到的电路方程都是相量形式的代数方程。

运用相量法分析正弦交流电路的一般步骤如下:

(1)画出电路的相量模型。保持电路结构不变,将元件用阻抗表示,电压、电流用相量表示。

(2)将直流电阻电路中的电路定律、定理及各种分析方法推广到正弦交流电路,根据相量模型列出相量形式的代数方程或画相量图,求出相量值。

(3)将相量变换为正弦量(或要求的形式)。

例 3.5.4　正弦交流电路如图 3-31 所示,已知 $\dot{U}_s = 10\angle 0°$V,试求电压 $\dot{U}_{ab}$。

解:由 c、d 两端向右看的等效阻抗为:

$$Z_{cd} = \frac{(1+j3)(1-j3)}{(1+j3)+(1-j3)}\Omega = 5\Omega$$

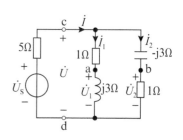
图 3-31　例 3.5.4 电路

由阻抗的串联分压公式得:

$$\dot{U} = \frac{Z_{cd}}{5+Z_{cd}}\dot{U}_s = (\frac{5}{5+5}\times 10\angle 0°)V = 5\angle 0°V$$

$$\dot{U}_1 = \frac{j3}{1+j3}\dot{U} = \frac{j15}{1+j3}V, \dot{U}_2 = \frac{1}{1-j3}\dot{U} = \frac{5}{1-j3}V$$

根据 KVL 得:

$$\dot{U}_{ab} = \dot{U}_1 - \dot{U}_2 = (\frac{j15}{1+j3} - \frac{5}{1-j3})V = \frac{j15(1-j3)-5(1+j3)}{(1+j3)(1-j3)}V = 4V$$

例 3.5.5　正弦交流电路如图 3-32(a)所示。已知 $I_1 = 10$A,$I_2 = 10\sqrt{2}$ A,$U_s = 100$V,$R_1 = 5\Omega$,$R_2 = X_L$,试求 I、X_C、X_L 及 R_2。

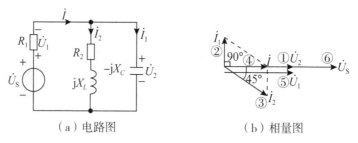
（a）电路图　　（b）相量图
图 3-32　例 3.5.5 图

解:**方法 1**:利用相位及相量关系求解。

以 $\dot{U}_2$ 为参考相量,即设 $\dot{U}_2 = U_2 \angle 0°$V。

因电容元件上的电流超前电压90°,故 $\dot{I}_1 = 10\angle 90°$A。

又 $\dot{I}_2$ 所在支路为电感性电路,其阻抗为 $Z_2 = R_2 + jX_L$,因 $R_2 = X_L$,故阻抗角为45°,即有

电压 $\dot{U}_2$ 超前电流 $\dot{I}_2$ $45°$，$\dot{I}_2 = I_2 \angle -45° = 10\sqrt{2} \angle -45°\text{A}$。

由 KCL 的相量形式可得：

$$\dot{I} = \dot{I}_1 + \dot{I}_2 = (10 \angle 90° + 10\sqrt{2} \angle -45°)\text{A} = 10 \angle 0°\text{A}$$

也可直接在相量图上用平行四边形法则求得 $\dot{I} = 10 \angle 0°\text{A}$。

电阻 R_1 两端电压 $\dot{U}_1 = \dot{I}R_1 = (10 \angle 0° \times 5)\text{V} = 50 \angle 0°\text{V}$。

由 KVL 的相量形式可得：

$$\dot{U}_S = \dot{U}_1 + \dot{U}_2 = 50 \angle 0° + U_2 \angle 0° = (50 + U_2) \angle 0° = 100 \angle 0°\text{V}$$

因为 $\dot{U}_S$、$\dot{U}_1$、$\dot{U}_2$ 它们的辐角 φ 相同，故它们同相，因此 U_2 可表示为：

$$U_2 = U_S - U_1 = (100 - 50)\text{V} = 50\text{V}$$

于是可得 R_2、X_C 及 X_L：

$$I_2 = \frac{U_2}{\sqrt{R_2^2 + X_L^2}} = \frac{U_2}{\sqrt{2}R_2}$$

$$R_2 = 2.5\Omega, X_L = R_2 = 2.5\Omega$$

$$X_C = \frac{U_2}{I_1} = \frac{50}{10}\Omega = 5\Omega$$

方法 2：基于相量图求解。

以 $\dot{U}_2$ 为参考相量，即设 $\dot{U}_2 = U_2 \angle 0°\text{V}$，如相量图 3-32(b) 中的①。"①"表示做相量图的第一笔（以下序号同理）。

因电容元件上的电流超前电压 $90°$，故 $\dot{I}_1 = 10 \angle 90°\text{A}$，如图 3-32(b) 中的②。

又 $\dot{I}_2$ 所在支路为电感性电路，其阻抗为 $Z_2 = R_2 + jX_L$，因 $R_2 = X_L$，故阻抗角为 $45°$，即有电压 $\dot{U}_2$ 超前电流 $\dot{I}_2$ $45°$，$\dot{I}_2 = I_2 \angle -45° = 10\sqrt{2} \angle -45°\text{A}$，如图 3-32(b) 中的③。

由 KCL 的相量形式可知 $\dot{I} = \dot{I}_1 + \dot{I}_2$，于是利用平行四边形法则在相量图上可画出 $\dot{I}$（平行四边形的对角线），如图 3-32(b) 中的④。

$$\dot{I} = \dot{I}_1 + \dot{I}_2 = (10 \angle 90° + 10\sqrt{2} \angle -45°)\text{A} = 10 \angle 0°\text{A}$$

电阻 R_1 上的电压和电流同相，$\dot{U}_1 = \dot{I}R_1 = (10 \angle 0° \times 5)\text{V} = 50 \angle 0°\text{V}$，故可在图中画出 $\dot{U}_1$，如图 3-32(b) 中的⑤。

如相量图 3-32(b) 所示，$\dot{U}_1$ 和 $\dot{U}_2$ 同相，由 KVL 的相量形式可知 $\dot{U}_S = \dot{U}_1 + \dot{U}_2$，故 $\dot{U}_S$ 也与 $\dot{U}_1$ 和 $\dot{U}_2$ 同相，如图 3-32(b) 中的⑥。即有 $\dot{U}_S = 100 \angle 0°\text{V}$，$U_S = U_1 + U_2$。

$$U_2 = U_S - U_1 = (100 - 50)\text{V} = 50\text{V}$$

于是可计算出 R_2、X_C 及 X_L：

$$I_2 = \frac{U_2}{\sqrt{R_2^2 + X_L^2}} = \frac{U_2}{\sqrt{2}R_2}$$

$$R_2 = 2.5\Omega, X_L = R_2 = 2.5\Omega$$

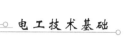

$$X_C = \frac{U_2}{I_1} = \frac{50}{10}\Omega = 5\Omega$$

从例 3.5.5 不难发现，熟练掌握单一参数元件的电压、电流相位关系，画出正确的相量图，对求解简单交流电路，乃至复杂交流电路都大有好处。

例 3.5.6 应用戴维南等效定理求图 3-33(a)所示电路的负载 Z_L 支路中的电流 $\dot{I}$。已知 $\dot{U}_{S1}=140\angle0°\text{V}$，$\dot{U}_{S2}=90\sqrt{2}\angle45°\text{V}$，$Z_1=Z_2=(3+j4)\Omega$，$Z_L=(6.5+j4)\Omega$。

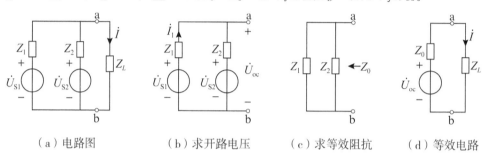

（a）电路图　　（b）求开路电压　　（c）求等效阻抗　　（d）等效电路

图 3-33　例 3.5.6 图

解:同直流电阻电路中应用戴维南定理分析电路一样，先断开待求支路，构造二端网络，如图 3-33(b)所示。

(1)求开路电压，即等效电压源电压 $\dot{U}_{\text{oc}}$。

首先利用 KVL 求解回路 $Z_1 \to \dot{U}_{S1} \to \dot{U}_{S2} \to Z_2$ 的电流 $\dot{I}_1$，取逆时针参考绕行方向：

$$-\dot{I}_1 Z_1 + \dot{U}_{S1} - \dot{U}_{S2} - \dot{I}_1 Z_2 = 0 \Rightarrow \dot{I}_1 = \frac{\dot{U}_{S1}-\dot{U}_{S2}}{Z_1+Z_2}$$

$$\dot{U}_{\text{oc}} = \frac{\dot{U}_{S1}-\dot{U}_{S2}}{Z_1+Z_2}\times Z_2 + \dot{U}_{S2} = \left[\frac{140-90\sqrt{2}\angle45°}{2(3+j4)}\times(3+j4)+90\sqrt{2}\angle45°\right]\text{V}$$

$$= (25-j45+90\sqrt{2}\cos45°+j90\sqrt{2}\sin45°)\text{V} = (25-j45+90+j90)\text{V}$$

$$= (115+j45)\text{V} = \left(\sqrt{115^2+45^2}\arctan\frac{45}{115}\right)\text{V} = 123.5\angle21.4°\text{V}$$

(2)求二端网络的等效阻抗 Z_0，如图 3-33(c)所示。

将二端网络里所有的电压源短接，可得：

$$Z_0 = \frac{Z_1 Z_2}{Z_1+Z_2} = \frac{(3+j4)(3+j4)}{2(3+j4)} = (1.5+j2)\Omega = 2.5\angle53.1°\Omega$$

3.5测试题

(3)将图 3-33(a)中的二端网络部分用求得的等效电源替换，得到如图 3-33(d)所示的电路，由此可得负载 Z_L 上的电流 $\dot{I}$。

$$\dot{I} = \frac{\dot{U}_{\text{oc}}}{Z_0+Z_L} = \frac{123.5\angle21.4°}{1.5+j2+6.5+j4}\text{A} = \frac{123.5\angle21.4°}{10\angle36.9°}\text{A} = 12.35\angle-15.5°\text{A}$$

正弦交流电路的功率及功率因数的提高

3.6　正弦交流电路的功率及功率因数的提高

本节讨论正弦交流电路的功率问题。在正弦交流电路中,储能元件的存在使得功率的变化规律出现了在电阻电路中没有的现象,即能量在电源和电路之间的往返交换现象。因此,正弦交流电路中功率的分析比直流电阻电路中功率的分析要复杂得多,需要引入一些新的概念。

正弦交流电路的功率及功率因数的提高

下面分别介绍正弦交流电路的瞬时功率、平均功率(有功功率)、无功功率、视在功率及功率因数的概念及其计算,最后讨论正弦交流电路中的最大功率传输。

3.6.1　瞬时功率

在交流电路中电流、电压都随时间而变化,在图 3-34(a)的无源二端网络中,设同频正弦交流电压、电流为关联参考方向,其大小为 $i = I_{\mathrm{m}}\sin\omega t$,$u = U_{\mathrm{m}}\sin(\omega t + \varphi)$,则瞬时功率为:

$$p = ui = U_{\mathrm{m}} I_{\mathrm{m}} \sin\omega t \sin(\omega t + \varphi) = UI\cos\varphi - UI\cos(2\omega t + \varphi) \tag{3.6.1}$$

其中,$\varphi = \varphi_u - \varphi_i$,为电压和电流之间的相位差角,也是阻抗角。

由式(3.6.1)可以看到瞬时功率包括一个恒定分量 $UI\cos\varphi$ 和一个正弦分量 $UI\cos(2\omega t + \varphi)$。从图 3-34(b)所示的波形图可以看出,当 u、i 同号时,瞬时功率 $p > 0$,说明网络在这期间吸收能量;当 u、i 异号时,瞬时功率 $p < 0$,说明网络在这期间释放能量。由此可见,电源和无源两端网络之间有能量往返交换的过程。

瞬时功率实际意义不大,因为它每时每刻都在变化,不便于测量,所以工程上通常使用平均功率的概念。

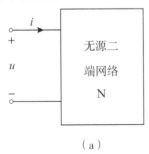

（a）

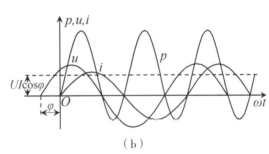

（b）

图 3-34　瞬时功率

3.6.2　平均功率和功率因数

平均功率也叫有功功率,它是瞬时功率在一个周期内的平均值,用大写字母 P 表示,即

$$P = \frac{1}{T}\int_0^T p\mathrm{d}t = \frac{1}{T}\int_0^T U_{\mathrm{m}} I_{\mathrm{m}} \sin\omega t \sin(\omega t + \varphi)\mathrm{d}t = UI\cos\varphi \tag{3.6.2}$$

由式(3.6.2)可知,平均功率不仅与电压、电流的有效值有关,还和电压、电流的相位差

φ 有关。

将式中的 $\cos\varphi$ 称为交流电路的功率因数,常用 λ 表示,即 $\lambda = \cos\varphi$,故 φ 又称为功率因数角。对无源二端网络来说,φ 就等于阻抗角。功率因数用来衡量电路对电源的利用程度,因为对于不含受控源的无源二端网络而言,阻抗角 φ 满足 $|\varphi| \leqslant \dfrac{\pi}{2}$,故 $0 \leqslant \cos\varphi \leqslant 1$。

有功功率的单位为瓦特(W),简称瓦。一般电器所标功率即指有功功率,如灯泡的功率为 60W 等。

对于纯电阻元件,其上电压与电流同相,即 $\varphi = 0$,平均功率 P 为

$$P = UI\cos 0° = UI = I^2 R = \frac{U^2}{R} \geqslant 0 \tag{3.6.3}$$

对于纯电感元件,其上电压超前电流 $90°$,即 $\varphi = 90°$,平均功率 P 为

$$P = UI\cos 90° = 0 \tag{3.6.4}$$

对于纯电容元件,其上电压滞后电流 $90°$,即 $\varphi = -90°$,平均功率 P 为

$$P = UI\cos(-90°) = 0 \tag{3.6.5}$$

可见,有功功率反映了电路实际消耗的功率。在正弦交流电路中,有功功率就是电阻上消耗的功率。

根据电压、电流和阻抗之间的关系,有功功率还可以写成

$$P = UI\cos\varphi = |Z|^2 I^2 \cos\varphi = I^2 R \tag{3.6.6}$$

其中 $|Z|\cos\varphi$ 由阻抗三角形的关系可知等于阻抗的电阻分量 R,即阻抗的实部。

平均功率满足功率守恒定律,即无源二端网络吸收的平均功率等于其内部各电阻元件吸收的平均功率之和(电感和电容的平均功率为 0),即有

$$P = \sum P_R \tag{3.6.7}$$

3.6.3 无功功率

在由 R、L、C 组成的交流电路中,储能元件 L、C 虽然不消耗能量,但与外电路存在能量交换的过程,这种能量交换的速率可以用无功功率来衡量。无功功率用大写字母 Q 表示,定义为

$$Q = UI\sin\varphi \tag{3.6.8}$$

对于纯电阻元件,其上电压与电流同相,即 $\varphi = 0$,无功功率 Q 为

$$Q = UI\sin 0° = 0 \tag{3.6.9}$$

式(3.6.9)说明电阻不会和外界交换能量,只会消耗能量。

对于纯电感元件,其上电压超前电流 $90°$,即 $\varphi = 90°$,无功功率 Q 为

$$Q = UI\sin 90° = UI = X_L I^2 = \frac{U^2}{X_L} \tag{3.6.10}$$

式(3.6.10)说明电感的无功功率始终大于或等于零。

对于纯电容元件,其上电压滞后电流 $90°$,即 $\varphi = -90°$,无功功率 Q 为

$$Q = UI\sin(-90°) = -UI = -X_C I^2 = -\frac{U^2}{X_C} \tag{3.6.11}$$

式(3.6.11)说明电容的无功功率是小于或等于零的。

纯电感和纯电容元件的平均功率虽为零,但它们与外电路有能量交换,所以无功功率并不为零。

根据电压、电流和阻抗之间的关系,无功功率还可以写成

$$Q = UI\sin\varphi = |Z| I^2 \sin\varphi = I^2 X \tag{3.6.12}$$

其中,$|Z|\sin\varphi$ 由阻抗三角形的关系可知等于阻抗的电抗分量 X,即阻抗的虚部。

无功功率也满足功率守恒定律,由 R、L、C 组成的无源二端网络吸收的无功功率等于其内部各电感和电容元件吸收的无功功率之和,即

$$Q = Q_R + Q_L + Q_C = Q_L + Q_C \tag{3.6.13}$$

式(3.6.13)说明电路中有一部分能量在电感和电容之间自行交换,两者的差值则由外电路来提供。

3.6.4　视在功率

视在功率等于电压有效值和电流有效值的乘积,也可以用电流、阻抗的形式表示,用大写字母 S 表示,其单位为伏安(V·A)或千伏安(kV·A)。即

$$S = UI \tag{3.6.14}$$

电压、电流都取额定值时的视在功率称为额定视在功率,也称额定容量(简称容量),即 $S_N = U_N I_N$,可用来衡量发电机、变压器等电力设备可能提供的最大有功功率。

因为一般的用电设备都有其安全运行的额定电压、额定电流及额定功率的限制。对于像电灯泡、电烙铁这样的电阻性用电设备,它们的功率因数为1,因此可以根据其额定电压和额定电流确定其额定功率;但对于像发电机、变压器等电力设备,它们在运行时其功率因数是由外电路决定的。因此,在未指定其运行时功率因数的情况下,是无法标明其额定平均功率的。所以,通常将其额定视在功率作为该电力设备的额定容量。

正弦交流电路的平均功率、无功功率和视在功率之间的关系为

$$\begin{cases} P = UI\cos\varphi = S\cos\varphi \\ Q = UI\sin\varphi = S\sin\varphi \\ S = \sqrt{P^2 + Q^2} \end{cases} \tag{3.6.15}$$

由式(3.6.15)可以看出平均功率 P、无功功率 Q 和视在功率 S 之间的关系可以构成一个直角三角形,称为功率三角形,如图 3-35 所示。需要注意的是有功功率、无功功率和视在功率都不是正弦量,不能用相量表示。

同一电路的电压三角形、阻抗三角形、功率三角形是三个相似直角三角形。阻抗三角形的各边同乘以 I 得到电压三角形,电压三角形的各边(电压的有效值)同乘以 I 得到功率三角形,如图 3-36 所示。

电工技术基础

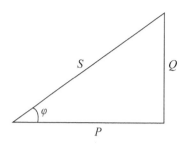

图 3-35　功率三角形

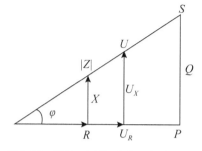

图 3-36　阻抗、电压、功率三角形

例 3.6.1 已知一阻抗 Z 上的电压、电流分别为 $\dot{U}=220\angle30°\text{V}$、$\dot{I}=5\angle-30°\text{A}$（电压和电流的参考方向一致），求 Z、$\cos\varphi$、P、Q、S。

解：

$$Z=\frac{\dot{U}}{\dot{I}}=\frac{220\angle30°}{5\angle-30°}\Omega=44\angle60°\Omega$$

$$\cos\varphi=\cos60°=\frac{1}{2}$$

$$P=UI\cos\varphi=(220\times5\times\frac{1}{2})\text{W}=550\text{W}$$

$$Q=UI\sin\varphi=(220\times5\times\sin60°)\text{var}=550\sqrt{3}\text{ var}$$

$$S=UI=(220\times5)\text{V}\cdot\text{A}=1100\text{V}\cdot\text{A}$$

例 3.6.2 正弦交流电路的相量模型如图 3-37 所示，已知端口电压 $U=100\text{V}$，试求该二端网络吸收的有功功率、无功功率、视在功率和功率因数。

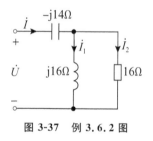

图 3-37　例 3.6.2 图

解：设 $\dot{U}=U\angle0°\text{V}$，即以 $\dot{U}$ 为参考相量，由阻抗的串并联关系可得总阻抗为：

$$Z=(-\text{j}14+\frac{\text{j}16\times16}{\text{j}16+16})\Omega=(8-\text{j}6)\Omega=10\angle-36.9°\Omega$$

故

$$\dot{I}=\frac{\dot{U}}{Z}=\frac{100\angle0°}{10\angle-36.9°}\text{A}=10\angle36.9°\text{A}$$

接下来利用分流公式求解支路电流 $\dot{I}_1$ 和 $\dot{I}_2$，若定义支路 $\dot{I}_1$ 的阻抗为 Z_1，支路 $\dot{I}_2$ 的阻抗为 Z_2，则有：

$$\dot{I}_1=\frac{Z_2}{Z_1+Z_2}\dot{I}=\frac{16}{16+\text{j}16}\times\dot{I}=(\frac{16\angle0°}{\sqrt{16^2+16^2}\angle45°}\times10\angle36.9°)\text{A}=5\sqrt{2}\angle-8.1°\text{A}$$

$$\dot{I}_2=\frac{Z_1}{Z_1+Z_2}\dot{I}=\frac{\text{j}16}{16+\text{j}16}\times\dot{I}=(\frac{16\angle90°}{\sqrt{16^2+16^2}\angle45°}\times10\angle36.9°)\text{A}=5\sqrt{2}\angle81.9°\text{A}$$

功率因数角即为阻抗角 $\varphi=-36.9°$，功率因数 $\cos(-36.9°)=0.8$。

求功率的方法不唯一。

方法 1：根据定义式求各功率。

$$P=UI\cos\varphi=[100\times10\times\cos(-36.9°)]\text{W}=800\text{W}$$

$$Q=UI\sin\varphi=[100\times10\times\sin(-36.9°)]\text{var}=-600\text{var}$$

$$S=UI=(100\times10)\text{V}\cdot\text{A}=1000\text{V}\cdot\text{A}$$

方法 2：根据各功率的物理意义求各功率。

$$P=I_2^2R=(5\sqrt{2})^2\times16\text{W}=800\text{W}$$

$$Q=Q_L+Q_C=X_LI_1^2-X_CI^2=[16\times(5\sqrt{2})^2-14\times(10)^2]\text{var}=-600\text{var}$$

$$S=\sqrt{P^2+Q^2}=\sqrt{800^2+(-600)^2}\text{V}\cdot\text{A}=1000\text{V}\cdot\text{A}$$

此题中的 $\cos\varphi$、$\sin\varphi$ 也可以由总阻抗的阻抗三角形求得。

例 3.6.3　用电压表、电流表和功率表测量一个电感线圈的参数 R、L(工程上称这种测量方法为三表法)，测量线路如图 3-38 所示。三个表的读数分别为 $U=100\text{V}$，$I=5\text{A}$，$P=400\text{W}$，电源频率 $f=50\text{Hz}$。求参数 R 和 L。

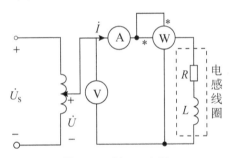

图 3-38　例 3.6.3 图

解：方法 1：根据平均功率的物理意义和阻抗的关系求解。

因为电感 L 吸收的平均功率为零，则电路消耗的平均功率 $P=RI^2$，所以

$$R=\frac{P}{I^2}=\frac{400}{5^2}\Omega=16\Omega$$

电感线圈阻抗的模为

$$|Z|=\frac{U}{I}=\frac{100}{5}\Omega=20\Omega$$

由图 3-21 所示的阻抗三角形知

$$X_L=\sqrt{|Z|^2-R^2}=12\Omega$$

故

$$L=\frac{X_L}{\omega}=\frac{X_L}{2\pi f}=\frac{12}{314}\text{H}=0.038\text{H}$$

方法 2：根据功率的定义式和阻抗的关系求解。

由 $P=UI\cos\varphi$ 得

$$\cos\varphi = \frac{P}{UI} = \frac{400}{100 \times 5} = 0.8$$

$$|Z| = \frac{U}{I} = \frac{100}{5}\Omega = 20\Omega$$

由图 3-21 所示的阻抗三角形知

$$R = |Z|\cos\varphi = (20 \times 0.8)\Omega = 16\Omega$$

$$X_L = |Z|\sin\varphi = (20 \times 0.6)\Omega = 12\Omega$$

$$L = \frac{X_L}{\omega} = \frac{X_L}{2\pi f} = \frac{12}{314}\text{H} = 0.038\text{H}$$

方法 3：根据各功率的物理意义求解。

$$S = UI = (100 \times 5)\text{V} \cdot \text{A} = 500\text{V} \cdot \text{A}$$

$$Q = \sqrt{S^2 - P^2} = \sqrt{500^2 - 400^2}\text{var} = 300\text{var}$$

$$P = I^2 R, Q = Q_L = I^2 X_L$$

$$R = \frac{P}{I^2} = \frac{400}{5^2}\Omega = 16\Omega$$

$$X_L = \frac{Q}{I^2} = \frac{300}{5^2}\Omega = 12\Omega$$

$$L = \frac{X_L}{\omega} = \frac{X_L}{2\pi f} = \frac{12}{314}\text{H} = 0.038\text{H}$$

3.6.5　电路功率因数的提高

1. 功率因数提高的意义

正弦交流电源的额定容量 S_N 是其额定电压的有效值 U_N 与额定电流的有效值 I_N 的乘积，即 $S_N = U_N I_N$，而电源实际所输出的有功功率 P 等于输出电压有效值 U 和电流有效值 I 及负载功率因数 λ（即 $\cos\varphi$）的乘积，即 $P = UI\cos\varphi$。因此，同容量的电源，究竟向电路提供多大的有功功率，取决于负载的功率因数 λ 的大小。对于纯电阻性负载 $\lambda = 1$，则 $P = S_N$；若负载的功率因数 $\lambda = 0.5$，则电源输出的有功功率 $P = 0.5S_N$，这就意味着电源设备的容量只有一半得到利用，而另一半要用在电源与负载之间的能量交换上。此外，又由 $P = UI\cos\varphi$ 可知，在电源电压和输送的有功功率 P 一定时，功率因数越低，电源需要供出的电流就越大。电流的增大，会使供电线路上的电能损耗与电压降增加。由此可见，功率因数低，一方面电源设备的容量得不到充分利用，另一方面又使电能的损耗与电压降增加。所以提高负载的功率因数具有重要的经济意义。这里所讲的提高功率因数，是指提高电源或电网的功率因数，而不是指提高某个电感性负载的功率因数。

2. 功率因数提高的方法

实际上，大多数的家用负载和工业负载都是感性负载，而感性负载本身需要一定的无功功率。要使负载正常工作，电源既要供给负载有功功率 P，又要提供与负载相互转换的无功

功率 Q。因此,功率通常较低,如日光灯电路的功率因数通常为 $0.45\sim0.6$,电冰箱的功率因数在 0.55 左右。因此提高功率因数,就是设法减少电源所负担的无功功率,而又使感性负载能取得所需的无功功率。

　　由前面的讨论可以知道,电感元件和电容元件都具有吸收和放出无功功率的特性,但它们的吸放时间是彼此错开的,它们之间可以相互交换无功功率,所以通常在感性负载两端并联适当的电容元件(该电容称为补偿电容),用电容元件的无功功率 Q_C 补偿感性负载所需要的无功功率 Q_L,从而减少电源供给感性负载的无功功率,这样就可以提高负载功率因数,电源就能够输出更多的有功功率。

　　图 3-39(a)为感性负载并联电容的电路相量模型,图中感性负载用电阻 R 和电感 L 串联来表示。并联电容前,端口输入电流 $\dot{I}$ 等于感性负载所在支路电流 $\dot{I}_L$,$\dot{I}$ 滞后于电压 $\dot{U}$,相位差为 φ_L,$\cos\varphi_L$ 即为电路原来的功率因数。并入电容后,由于感性负载参数没有改变,则其所在支路阻抗角 φ_L 不变,因此感性负载的功率因数 $\cos\varphi_L$ 未变。但输入电流 $\dot{I}=\dot{I}_L+\dot{I}_C$,由于电容的电流 $\dot{I}_C$ 超前电压 $\dot{U}$,故使得端口输入电流 $\dot{I}$ 逆时针旋转,如图 3-39(b)所示,端口电压 $\dot{U}$ 和端口输入电流 $\dot{I}$ 的相位差减小到 φ,$\cos\varphi$ 即为电路并联电容后的功率因数。如图 3-39(b)所示 $\varphi<\varphi_L$,所以 $\cos\varphi>\cos\varphi_L$。即原感性负载电路并联电容后,电路的功率因数提高了。

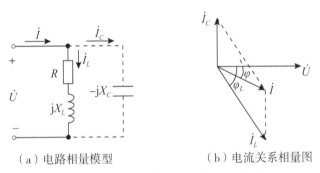

（a）电路相量模型　　　　　　　（b）电流关系相量图

图 3-39　感性负载并联电容提高功率因数

3. 补偿容量的确定

　　因为电容不消耗有功功率,所以并联电容前后整个电路的有功功率 P 不变,即

$$P=UI_L\cos\varphi_L=UI\cos\varphi$$

可知

$$I_L=\frac{P}{U\cos\varphi_L}\ ,\ I=\frac{P}{U\cos\varphi}$$

　　由图 3-39(b)可知

$$I_C=I_L\sin\varphi_L-I\sin\varphi=\frac{P}{U\cos\varphi_L}\sin\varphi_L-\frac{P}{U\cos\varphi}\sin\varphi=\frac{P}{U}(\tan\varphi_L-\tan\varphi)$$

又因

$$I_C=\frac{U}{X_C}=U\omega C$$

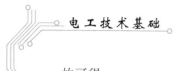

故可得

$$C = \frac{P}{\omega U^2}(\tan\varphi_L - \tan\varphi) \qquad (3.6.16)$$

补偿电容量的大小不同,会得到不同的功率因数,上述利用电容进行补偿的结果是使电路仍呈感性,即端口电压 $\dot{U}$ 和端口输入电流 $\dot{I}$ 的相位差角 $\varphi > 0$,$\cos\varphi < 1$,如图 3-39(b)所示,这种情况通常称为欠补偿。当电容增大,使得 $\varphi = 0$,$\cos\varphi = 1$,这种情况通常称为全补偿,如图 3-40(a)所示,此时电路呈阻性,一般情况下很难做到全补偿。电容量继续增大,会使 $\varphi < 0$,这种情况通常称为过补偿,如图 3-40(b)所示,此时电路呈容性,$\cos\varphi < 1$。过补偿(电路呈容性)和欠补偿(电路呈感性)时,功率因数的值都小于1,但是由于过补偿时,电容量的取值较大,容量大的电容体积也大,不利于集成,因此,从经济上考虑,交流电路一般工作在欠补偿(感性)状态。一般供电规则是:高压供电的企业平均功率因数不低于 0.95,其他单位不低于 0.9,对于功率因数不符合要求的用户将增收无功功率电费。

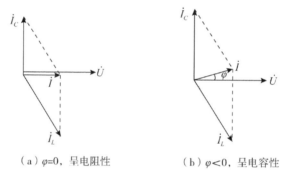

(a)$\varphi = 0$,呈电阻性   (b)$\varphi < 0$,呈电容性

图 3-40　全补偿和过补偿

综上不难看出,感性负载电路并联适当的补偿电容后:

(1)电路的总电流 I 和总无功功率 Q 都降低了,而总功率因数 $\lambda(\cos\varphi)$ 变大了,电源利用率得以提高。

(2)感性负载两端的电压不变,所以其上流过的电流 i_L 和 $\cos\varphi_L$ 不变。又因电容不产生有功功率,所以电路总有功功率 P 也不变。

例 3.6.4　已知图 3-41(a)中电源频率 $f = 50\mathrm{Hz}$,$U = 220\mathrm{V}$,所接负载为日光灯,其功率因数 $\cos\varphi_1 = 0.6$,电路总功率 $P = 6\mathrm{kW}$。

(1)要使线路功率因数提高到 0.9,应并联多大的电容?

(2)功率因数提高到 0.9 以后,负载电流是多少?

(3)此时电容器提供的无功功率为多少?

(4)若在负载两端并联一只 $C = 900\mu\mathrm{F}$ 的电容,电路的功率因数为多少?

解　并联电容后电路如图 3-41(b)所示。

(1)由 $\cos\varphi_1 = 0.6$ 得 $\varphi_1 = 53.1°$,由电路的总功率因数 $\cos\varphi_2 = 0.9$ 得 $\varphi_2 = 25.8°$。

$$C = \frac{P}{\omega U^2}(\tan\varphi_1 - \tan\varphi_2) = \left[\frac{6 \times 10^3}{314 \times 220^2}(\tan 53.1° - \tan 25.8°)\right]\mathrm{F} = 335\mu\mathrm{F}$$

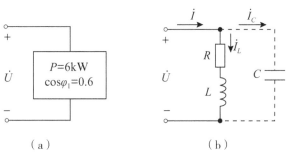

（a）　　　　　　　　　　（b）

图 3-41　例 3.6.4 图

（2）因电路并联电容后，有功功率不变，故负载电流为

$$I=\frac{P}{U\cos\varphi_2}=\frac{6\times10^3}{220\times0.9}\mathrm{A}=30.3\mathrm{A}$$

（3）并联电容后电路的无功功率为：

$$Q_2=P\tan\varphi_2=(6\times10^3\times\tan25.8°)\mathrm{var}=2.9\mathrm{kvar}$$

而未接电容时电路的无功功率和负载电流分别为：

$$Q_1=P\tan\varphi_1=(6\times10^3\times\tan53.1°)\mathrm{var}=8\mathrm{kvar}$$

$$I'=I_L=\frac{P}{U\cos\varphi_1}=\frac{6\times10^3}{220\times0.6}\mathrm{A}=45.5\mathrm{A}$$

由此可见，并联电容后，电源供给的电流和无功功率均减小了。

（4）并联电容前，$\dot{I}=\dot{I}_L$，并联电容后，$\dot{I}=\dot{I}_L+\dot{I}_C$。以电压为参考相量，当负载两端并联 $900\mu\mathrm{F}$ 的电容时，其相量图如图 3-42 所示。

电容上的电流有效值为：

$$I_C=\frac{U}{X_C}=\omega CU=(2\pi\times50\times900\times10^{-6}\times220)\mathrm{A}=62.2\mathrm{A}$$

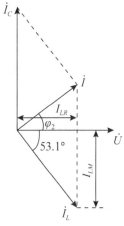

由图 3-42 可知：

$$I_{LM}=I_L\times\sin\varphi_1=(45.5\times\sin53.1°)\mathrm{A}=36.4\mathrm{A}$$

$$I_{LR}=I_L\times\cos\varphi_1=(90.9\times\cos53.1°)\mathrm{A}=27.3\mathrm{A}$$

由图 3-42 可知：

图 3-42　例 3.6.4 相量图

$$\tan\varphi_2=\frac{I_{LM}-I_C}{I_{LR}}=\frac{36.4-62.2}{27.3}=\frac{-25.8}{27.3}\Rightarrow\varphi_2=-43.4°$$

$$\cos\varphi_2=\cos(-43.4°)=0.73$$

由此可见，并不是并联电容值越大，功率因数越大，容量太大反而会使电路出现过补偿，不利于集成。

3.6 测试题

3.7 电路中的谐振

在物理学里,当策动力的频率和系统的固有频率相等时,系统受迫振动的振幅最大,这种现象叫共振。在电路中,当激励的频率等于电路的固有频率时,电路的电磁振荡的振幅也将达到峰值,这种现象在电路中称为谐振。在同时含有 L 和 C 的交流电路中,谐振发生时电路的总电压和总电流同相,此时电路与电源之间不再有能量的交换,电路的功率因数等于 1,电路呈电阻性。

谐振电路有两种类型,分别是串联谐振和并联谐振,顾名思义,当 L 与 C 串联时 u、i 同相,此时发生串联谐振;当 L 与 C 并联时 u、i 同相,此时发生并联谐振。

在电子和无线电工程中,经常要从许多电信号中选取我们所需要的电信号,而同时对我们不需要的电信号加以抑制或滤除,为此,就需要有一个选择电路,即谐振电路。在电力工程中,有可能由于电路中出现谐振而产生某些危害,例如过电压或过电流。所以,对谐振电路的研究,无论是从利用方面,还是从限制其危害方面,都有重要意义。

3.7.1 串联谐振

RLC 串联电路如图 3-43(a)所示,其中激励源是角频率为 ω 的正弦电压源,该电路的复阻抗为

串联谐振

$$Z = R + j(X_L - X_C) = R + j(\omega L - \frac{1}{\omega C}) = |Z| \angle \varphi$$

阻抗模 $|Z| = \sqrt{R^2 + (\omega L - \frac{1}{\omega C})^2}$,阻抗角 $\varphi = \arctan \dfrac{\omega L - \dfrac{1}{\omega C}}{R}$。

串联谐振

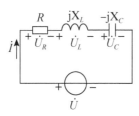

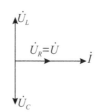

(a) RLC 串联谐振电路　　　　(b) 谐振相量图

图 3-43　RLC 串联谐振

可见,当感抗和容抗大小相等,即 $\omega L = \dfrac{1}{\omega C}$ 时,$Z = R$,阻抗角 $\varphi = 0°$,此时,电路的外加电压和电流同相位,电路对外呈电阻性,即发生了串联谐振。故串联谐振的条件就是:

$$\omega_0 L = \frac{1}{\omega_0 C} \tag{3.7.1}$$

此处为了区别于其他时刻的角频率,把谐振时的角频率记为 ω_0。

由式(3.7.1)和 $\omega = 2\pi f$,可以求得电路的谐振角频率及谐振频率

$$\omega_0 = \frac{1}{\sqrt{LC}} , \ f_0 = \frac{1}{2\pi \sqrt{LC}} \tag{3.7.2}$$

f_0 通常又称为电路的固有频率。电路发生串联谐振的条件是电源频率 f 与电路固有频率 f_0 相等。

根据公式(3.7.2)可知,使电路发生串联谐振的方法有:

(1)电源频率 f 一定时,调参数 L 或 C 使 $f_0=f$,通常是改变电容量 C;

(2)电路参数 LC 一定时,调电源频率 f,使 $f=f_0$。

f_0 是重要的二次参数,调节 L 或 C 使电路谐振的操作称为调谐。

串联谐振具有以下特征:

(1)阻抗模 $|Z|$ 达到最小,在输入电压一定时,电路电流 I 达到最大 I_0。即有

$$|Z_0|=|Z|_{\min}=\sqrt{R^2+(X_L-X_C)^2}=R \tag{3.7.3}$$

$$I=I_0=I_{\max}=\frac{U}{R} \tag{3.7.4}$$

由式(3.7.3)可见,当电阻值趋于 0 时,串联谐振电路的总阻抗也趋于 0,电路相当于短路,此时电流信号很大。故纯电感和纯电容串联谐振时,相当于短路,如图 3-44 所示。

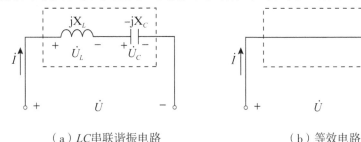

（a）LC串联谐振电路　　　　（b）等效电路

图 3-44　LC 串联谐振电路

(2)串联谐振时电源电压和电流同相,电路对外呈电阻性,即 $Z=R$,阻抗角 $\varphi=0°$。此时,外部电路供给电路的能量全部被电阻消耗,电路不与外部发生能量互换,能量的互换只发生在电感与电容之间。

(3)电感上电压与电容上电压大小相等,相位相反,电路的总电压就等于电阻上的电压,即有

$$\dot U_L=-\dot U_C,\dot U=\dot U_R+\dot U_L+\dot U_C=\dot U_R=R\dot I_0$$

各电压的相量图如图 3-43(b)所示。

(4)感抗和容抗可以远远大于电阻,而电感元件的电压 U_L 和电容元件上的电压 U_C 就可能超过电源电压 U 许多倍,因为

$$U_L=U_C=\omega_0LI_0=\omega_0L\frac{U}{R}=\frac{\omega_0L}{R}U$$

当 $\omega_0L=\dfrac{1}{\omega_0C}\gg R$ 时,U_L 和 U_C 都将远大于电源电压 U,因此串联谐振也称为电压谐振。

(5)将 U_L 或 U_C 与电源电压 U 之比称为串联谐振电路的品质因数,用大写字母 Q 表示,即

$$Q=\frac{U_L}{U}=\frac{U_C}{U}=\frac{\omega_0L}{R}=\frac{1}{\omega_0CR}=\frac{1}{R}\sqrt{\frac{L}{C}} \tag{3.7.5}$$

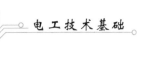

则

$$U_L = U_C = QU \tag{3.7.6}$$

由式(3.7.6)知,品质因数 Q 是由电路的 R、L、C 参数值决定的无量纲的量,它的意义在于表示谐振时电容或电感电压是电源电压的 Q 倍。在电感 L 和电容 C 值一定的情况下,电阻值越小,品质因数越大。

在电力工程中应避免串联谐振,以免电容或电感两端电压过高造成电气设备损坏;在无线电技术中常利用串联谐振,以获得比输入电压大许多倍的电压。

(6)电感的无功功率和电容的无功功率完全补偿,电路总的无功功率为零。

在 RLC 串联电路中,电流、电压及阻抗均随频率变化而变化,在电源电压一定时,电流的频率特性为

$$I(\omega) = \frac{U}{|Z(\omega)|} = \frac{U}{\sqrt{R^2 + \left(\omega L - \frac{1}{\omega C}\right)^2}}$$

图 3-45 绘出了电流随频率变化的曲线,称为电流谐振曲线。在频率为 f_0 时,电流值最大,频率偏离 f_0 时,电流值明显减小。这样当电路中有若干不同频率的信号作用时,则接近 f_0 的信号产生的电流较大,而偏离 f_0 的信号产生的电流较小,因此就可以把 f_0 附近的电流挑选出来。这种性能在无线电技术中称为选择性。收音机就是利用谐振电路(又称调谐电路)的选择性,从具有不同频率的各电台信号中选择所需电台的信号。

图 3-45 中给出了两条不同 Q 值下的谐振曲线。显然 Q 值越大,在谐振频率 f_0 附近曲线越尖锐,选择性越好;Q 值越小,曲线越平坦,选择性越差。

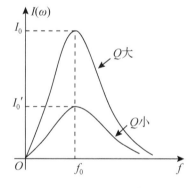

图 3-45 电流谐振曲线

例 3.7.1 图 3-46(a)是收音机的天线输入回路,图 3-46(b)是其等效电路。L_1 表示天线的线圈,已知线圈 L 的电阻 $R = 16\Omega$,$L = 0.3\text{mH}$,$f_1 = 640\text{kHz}$。

试求:(1)若要收听 e_1 节目,C 应配多大? (2)若知 $e_1 = 2\text{mV}$,则 e_1 信号在电路中产生的电流有多大? 在 C 上产生的电压和电路的品质因数是多少?

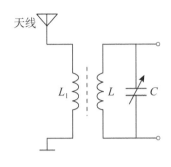
（a）天线输入回路

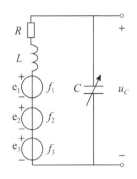
（b）等效电路

图 3-46　例 3.7.1 图

解：(1)由
$$f_0 = f_1 = \frac{1}{2\pi\sqrt{LC}}$$

得
$$C = \frac{1}{(2\pi f_1)^2 L} = \frac{1}{(2\times 3.14\times 640\times 10^3)^2\times 0.3\times 10^{-3}}\ \text{F} = 206\text{pF}$$

因此，当 C 调到 206pF 时，可收听到 e_1 的节目。

(2)电路在频率等于 f_1 时发生谐振，故有
$$I = \frac{E_1}{R} = \frac{2\times 10^{-3}}{16}\ \text{A} = 0.125\text{mA}$$

$$X_L = X_C = \omega L = 2\pi f_1 L = (2\times 3.14\times 640\times 0.3)\ \Omega = 1205.8\ \Omega$$

$$U_C = IX_C = (0.125\times 10^{-3}\times 1205.8)\ \text{V} = 150.7\text{mV}$$

$$Q = \frac{U_C}{E_1} = \frac{150.7}{2} = 75.4$$

3.7.2　并联谐振

串联谐振回路适用于信号源内阻等于零或很小的情况，如果信号源内阻很大，采用串联谐振回路将严重降低回路的品质因数（因为 $Q = \omega_0 L/R$，当信号源内阻增大时，回路的 R 增大，令 Q 减少），使串联谐振回路的选择性显著变坏（通频带过宽，因为通频带 $\Delta f = f_0/Q$）。在这种情况下，宜采用并联谐振回路。

并联谐振

实际的电感线圈总是存在电阻，因此用电阻和电感的串联来表示电感线圈，于是电感线圈与电容并联的电路如图 3-47(a)所示。

并联谐振

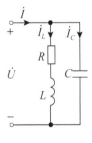
（a）电路图

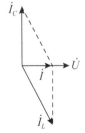
（b）并联谐振时的相量图

图 3-47　电感线圈与电容并联的电路

图 3-47(a)所示电路输入端口的等效导纳为

$$Y = \frac{1}{Z} = \frac{1}{R + jX_L} + \frac{1}{-jX_C} = \frac{1}{R + j\omega L} + j\omega C = \frac{R - j\omega L}{R^2 + (\omega L)^2} + j\omega C$$

$$= \frac{R}{R^2 + (\omega L)^2} + j\left[\omega C - \frac{\omega L}{R^2 + (\omega L)^2}\right] \qquad (3.7.7)$$

式(3.7.7)中,R 为线圈的电阻,通常很小,即有 $\omega L \gg R$,则式(3.7.7)可写为

$$Y = \frac{1}{Z} \approx \frac{R}{R^2 + (\omega L)^2} + j\left(\omega C - \frac{1}{\omega L}\right) \qquad (3.7.8)$$

如果 ω、L、C 满足一定的条件,使得导纳 Y 的虚部为零,电路呈电阻性,端口电压 $\dot{U}$ 与电流 $\dot{I}$ 同相,这种状态称为并联谐振。

显然,在电路参数 L、C 一定的情况下,发生并联谐振的条件是:

$$\mathrm{Im}\left[Y\right] = \omega C - \frac{1}{\omega L} = 0$$

即

$$\omega = \omega_0 = \frac{1}{\sqrt{LC}} \ , \ f = f_0 = \frac{1}{2\pi\sqrt{LC}} \qquad (3.7.9)$$

式中,ω_0 和 f_0 分别是并联谐振的角频率和频率。

并联谐振具有以下特征:

(1)并联谐振电路的阻抗 $|Z|$ 最大。

由公式(3.7.8)可知,并联谐振时电路的等效导纳 $|Y|$ 达到最小值,故此时阻抗 $|Z|$ 达到最大值,可表示为:

$$|Z_0| = |Z|_{\max} = \frac{R^2 + (\omega_0 L)^2}{R} \approx \frac{(\omega_0 L)^2}{R}$$

又因 $\omega_0 C = \frac{1}{\omega_0 L}$,即有 $C = \frac{1}{\omega_0^2 L}$,于是可得:

$$|Z_0| = |Z|_{\max} \approx \frac{(\omega_0 L)^2}{R} = \frac{L}{R \times \frac{1}{\omega_0^2 L}} = \frac{L}{RC} \qquad (3.7.10)$$

由式(3.7.10)可知,当 $R \to 0$ 时,$|Z_0| \to \infty$,即纯电感和纯电容并联谐振时,该处电路相当于断路。

(2)当激励源是电压源时,在电源电压不变的情况下,电路中的电流达到最小值,为 $I = I_0 = I_{\min} = \frac{U}{|Z_0|}$;当激励源是电流源时,在激励电流不变的情况下,端口电压值达到最大,为 $U_0 = U_{\max} = I_S|Z_0|$。

(3)并联谐振时总电压与总电流也是同相的,电路对外呈电阻性,功率因数为1,电源只对并联谐振电路提供有功功率,谐振电路中的无功功率只在电感 L 和电容 C 之间进行相互交换。并联谐振状态下电路中的各电流相量关系如图 3-47(b)所示。

(4)由图 3-47(a)可得:

$$I_L = \frac{U}{\sqrt{R^2 + (\omega_0 L)^2}}$$

$$I_C = \frac{U}{\dfrac{1}{\omega_0 C}} = U\omega_0 C$$

由 $\omega_0 L \gg R$，$I_L = \dfrac{U}{\sqrt{R^2 + (\omega_0 L)^2}} \approx \dfrac{U}{\omega_0 L}$，因为发生并联谐振时有 $\omega_0 C = \dfrac{1}{\omega_0 L}$，所以此时两条并联支路的电流大小近似相等。进一步比较支路电流和总电流 I_0 的大小：

$$\frac{I_C}{I_0} = \frac{U\omega_0 C}{U/|Z_0|} = \frac{U\omega_0 C}{U/\dfrac{L}{RC}} = \frac{\omega_0 L}{R} \tag{3.7.11}$$

可见，发生谐振时两条并联支路的电流比总电流大许多倍。因此，并联谐振也称为电流谐振。

(5)将 I_L 或 I_C 与电路总电流 I_0 之比称为并联谐振电路的品质因数，用大写字母 Q 表示，即

$$Q = \frac{I_L}{I_0} = \frac{I_C}{I_0} = \frac{\omega_0 L}{R} = \frac{1}{\omega_0 CR} = \frac{1}{R}\sqrt{\frac{L}{C}} \tag{3.7.12}$$

即在谐振时有 $I_L \approx I_C = QI_0$，电感和电容所在支路电流是电路总电流的 Q 倍，也就是谐振时电路的阻抗模为支路阻抗模的 Q 倍。

品质因数 Q 值愈大，谐振曲线也愈尖锐，如图 3-48 所示，选择性也愈强。

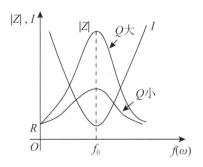

图 3-48　谐振曲线

并联谐振在无线电工程和工业电子技术领域应用广泛。例如，可以利用并联谐振时阻抗高的特点来选择信号或消除干扰。图 3-49 是利用 LC 并联谐振消除噪声的电路。图中信号 $\dot{E}_s$ 和噪声信号 $\dot{E}_N$ 同时作用于电路，让滤波器谐振时的固有频率 f_0 等于噪声频率 f_N，电路就会发生并联谐振，对于噪声信号，阻抗趋于无穷大，信号趋于 0，接收网络接收不到噪声信号，而信号 $\dot{E}_s$ 被接收。

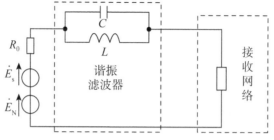

图 3-49 并联谐振滤除噪声电路

再如图 3-50(a)所示电路中,有不同频率的信号 $u_0(f_0)$、$u_1(f_1)$、$u_2(f_2)$ 同时作用,R_s 是除谐振电路之外其余部分的等效电阻,那么谐振时电路两端输出电压 u_0 的数值,应由电阻 R_s 和谐振阻抗 $|Z_0| = \dfrac{L}{RC}$(R 为电感线圈的内阻)构成的分压器来决定。若希望从中选出某一频率 f_0 的信号,只要调节谐振电路的参数,使电路在频率为 f_0 的信号激励下发生谐振,此时谐振电路相当于一个很大的电阻,使信号电压主要分配在该电阻上,并从端口引出,从而得到频率为 f_0 的较大的输出电压。这就是并联谐振电路的选频作用,其谐振时的等效电路如图 3-50(b)所示。

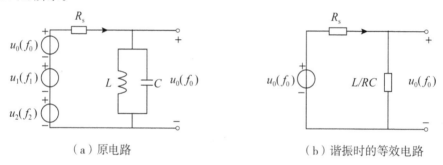

（a）原电路 （b）谐振时的等效电路

图 3-50 并联谐振时的选频作用

例 3.7.2 在图示 3-51 电路中,试问 C_1 和 C_2 为何值才能使电源频率为 100kHz 时电流不能流过负载 R_L,而在频率为 50kHz 时,流过 R_L 的电流最大。

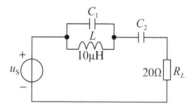

图 3-51 例 3.7.2 电路图

解:(1)要求频率为 100kHz 时负载上电流为 0,故此时应是纯电感 L(线圈电阻值趋于 0)和纯电容 C_1 并联电路产生谐振($|Z_0| \to \infty$),于是有:

$$\omega_1 C_1 = \frac{1}{\omega_1 L} \Rightarrow C_1 = \frac{1}{\omega_1^2 L} = \frac{1}{(2\pi \times 10^5)^2 \times 10 \times 10^{-6}}\text{F} = 0.253\mu\text{F}$$

(2)频率为 50 kHz 时,流过 R_L 的电流最大,故此时电路发生串联谐振($|Z_0| \to 0$),LC_1

并联电路的等效阻抗为：

$$Z_1 = \frac{\dfrac{1}{\mathrm{j}\omega_2 C_1} \times \mathrm{j}\omega_2 L}{\dfrac{1}{\mathrm{j}\omega_2 C_1} + \mathrm{j}\omega_2 L} = \mathrm{j}\,\frac{\omega_2 L}{1 - {\omega_2}^2 L C_1}$$

3.7 测试题

总阻抗：$Z = R_L - \mathrm{j}\dfrac{1}{\omega_2 C_2} + Z_1 = R_L + \mathrm{j}\left(\dfrac{\omega_2 L}{1 - \omega_2^2 L C_1} - \dfrac{1}{\omega_2 C_2}\right)$

串联谐振时，阻抗 Z 的虚部为 0，即有 $\dfrac{\omega_2 L}{1 - \omega_2^2 L C_1} - \dfrac{1}{\omega_2 C_2} = 0$，可得：

$$C_2 = \frac{1}{\omega_2^2 L} - C_1 = \left[\frac{1}{(2\pi \times 50 \times 10^3)^2 \times 10 \times 10^{-6}} \times 10^6 - 0.253\right]\mu\mathrm{F} = 0.761\,\mu\mathrm{F}$$

3.8　应用举例

3.8.1　日光灯电路

1. 日光灯的一般连接电路

日光灯大量用于家庭、办公室及公共场所等地方的照明，具有发光效率高、寿命长等优点。日光灯有多种形式，发光原理也略有不同。目前最普通的日光灯电路由灯管、镇流器和启辉器组成。图 3-52 为日光灯的一般连接电路。

日光灯管内壁上涂有一层匀薄的荧光粉，管内抽成真空，充入少量惰性气体并注入微量的液态水银，并允许有少量的水银蒸汽，管的两端各有一个灯丝串联在电路中，两端灯丝上涂有可发射电子的物质，灯头与管内灯丝相连。灯管的起辉电压为 400～500V，起辉后管压降约为 110V（40W 日光灯的管压降），所以日光灯不能直接在 220V 的电压上使用。镇流器是一个具有铁心的电感线圈。启辉器相当于一个自动开关，它的内部有一个充有氖气的氖泡，氖泡内有两个电极：一个是固定电极，另一个是由两片热膨胀系数相差较大的金属片碾压而成的可动电极。

当日光灯电路接入电源，因灯管尚未导通，故电源电压全部加在启辉器两端，使氖泡的两电极之间发生辉光放电，可动电极的双金属片因受热膨胀而与固定电极接触，于是电源、镇流器、灯丝和启辉器构成一个闭合回路，所通过的电流使灯丝得到预热而发射电子。由于启辉器两极闭合，两极间电压为零，辉光放电消失，管内温度降低。于是双金属片因降温后而收缩复位，使两极断开。断开的瞬间造成电路的电流突然消失，此时镇流器就会产生一个比电源电压高得多的感应电动势，连同电源电压一起加在灯管的两端，使灯管内的惰性气体电离而引起弧光放电。随着管内温度逐渐升高，水银蒸汽游离，并猛烈地碰撞惰性气体而放电。水银蒸汽弧光放电时，辐射出大量紫外线，涂在管壁上的荧光粉吸收紫外线后，辐射出可见光，日光灯就开始正常工作。

日光灯正常工作后，镇流器又起着分压和限流的作用。灯管两端电压也稳定在额定工作电压范围内。由于这个电压小于启辉器的电离电压，所以启辉器的两极是断开的。因此，日光灯电路可看成由日光灯管和镇流器串联的电路。其电路模型如图 3-53 所示，其中 R_1 为日光灯管电阻,R_2 串联 L 为镇流器的电路模型。

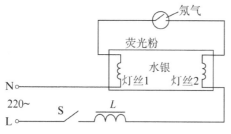

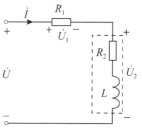

图 3-52　日光灯一般连接电路　　　图 3-53　日光灯电路模型

例 3.8.1　图 3-53 所示日光灯电路中,已知交流电源电压 $U=220$V,频率为 50Hz。现测得电流 $I=0.25$A,日光灯的端电压 $U_1=132.5$V,镇流器的端电压 $U_2=153$V,计算日光灯管的电阻 R_1、镇流器的电阻 R_2、电感 L 和电路的功率因数。

解:由欧姆定律可得 $R_1=U_1/I=(132.5/0.25)\Omega=530\Omega$。

镇流器的等效阻抗为 $Z_{镇}=R_2+\mathrm{j}\omega L$

$$|Z_{镇}|=\sqrt{R_2^2+(\omega L)^2}=\frac{U_2}{I}=\frac{153}{0.25}\Omega=612\Omega \qquad (3.8.1)$$

电路的总阻抗为 $Z=R_1+R_2+\mathrm{j}\omega L$

$$|Z|=\sqrt{(R_1+R_2)^2+(\omega L)^2}=\frac{U}{I}=\frac{220}{0.25}\Omega=880\Omega \qquad (3.8.2)$$

将方程(3.8.1)和(3.8.2)联立求解,得 $R_2=112\Omega$,$L=1.92$H。

于是总阻抗 $Z=R_1+R_2+\mathrm{j}\omega L=(530+112+\mathrm{j}2\pi\times50\times1.92)\Omega=(642+\mathrm{j}602.88)\Omega$。

电路的功率因数 $\lambda=\cos\varphi=642/880=0.73$。

2. 日光灯功率因数提高电路

普通日光灯由于采用电感镇流器,因此整个电路呈感性,功率因数很低,对供电系统很不利。如图 3-54 所示,在日光灯电路中并接电容器 C,可以显著提高电路的功率因数。

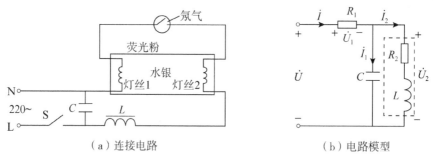

（a）连接电路　　　　　　　　　（b）电路模型

图 3-54　日光灯功率因数提高电路

例 3.8.2　在例 3.8.1 中,若在日光灯电路中并接 $C=4.7\mu$F 的电容器,如图 3-54 所示。电路参数 $R_1=530\Omega$,$R_2=112\Omega$,$L=1.92$H,交流电源电压 $U=220$V,频率为 50Hz,保持不变,则电路的功率因数是多少?

解:电路的容抗和感抗分别为

$$X_C=\frac{1}{\omega C}=\frac{1}{2\pi fC}=\frac{1}{2\pi\times50\times4.7\times10^{-6}}\Omega=678\Omega$$

$$X_L = \omega L = 2\pi f L = (2\pi \times 50 \times 1.92)\Omega = 603\Omega$$

电路的总阻抗为

$$Z = R_1 + \frac{-jX_C \times (R_2 + jX_L)}{-jX_C + (R_2 + jX_L)} = \left[530 + \frac{-j678 \times (112 + j603)}{-j678 + (112 + j603)}\right]\Omega$$

$$= (530 + 3084.8\angle 23.3°)\Omega = (3363.2 + j1220.2)\Omega$$

电路的功率因数为

$$\lambda = \cos\varphi = \frac{3363.2}{\sqrt{3363.2^2 + 1220.2^2}} = 0.94$$

可见,电路中并接电容器后,电路的功率因数得到了大大的提升。

3.8.2　移相电路

移相电路通常用于校正电路中不必要的相移或用于产生某种特定的效果,采用 RC 电路即可达到这一目的,因为该电路中的电容会使得电路电流超前于激励电压(L 电路或任意电抗性电路也可以用作移相电路)。两种常用的 RC 电路如图 3-55 所示。

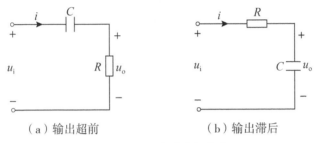

（a）输出超前　　　（b）输出滞后

图 3-55　*RC* 串联移相电路

图 3-55(a)所示电路,总阻抗 $Z = R - jX_C$,阻抗角小于零,电路呈容性,电流 i 超前于激励电压 u_i 相位角 φ(总阻抗角),$0 < \varphi < 90°$,φ 的大小取决于 R 和 C 的值。如果容抗 $X_C = \frac{1}{\omega C}$,则电路的相移为:

$$\varphi = \arctan\frac{X_C}{R} \tag{3.8.3}$$

式(3.8.3)表明,相移的大小取决于 R 和 C 的值以及工作频率。在图 3-55(a)所示电路中,由于电阻两端的输出电压 u_o 与电流 i 同相,而电流 i 超前于激励电压 u_i 相位角 φ(总阻抗角),所以输出电压 u_o 超前于激励电压 u_i 相位角 φ(正相移);在图 3-55(b)所示电路中,输出为电容两端的电压,电流 i 超前于激励电压 u_i 相位角 φ($0 < \varphi < 90°$),但是电容两端的输出电压 u_o 滞后于电流 i 90°,所以输出电压 u_o 滞后于激励电压 u_i 相位角 $90° - \varphi$,使输出和输入之间发生了负相移。

注意,图 3-55 所示的简单 RC 电路也可以用作分压电路。因为当相移趋近于 90°时,其输出电压 u_o 也趋近于 0,所以仅在所需的相移量很小时才使用这类简单的 RC 电路。如果要求相移量大于 60°,则可以将简单的 RC 电路级联起来,从而使得级联后的总相移量等于各个相移量之和。实际上,除非采用运算放大器将前后级隔离开,否则由于后级作为前级的负载,会导致各级的相移并不相等。

例 3.8.3 设计一个可以提供 $90°$ 超前相位的 RC 电路。

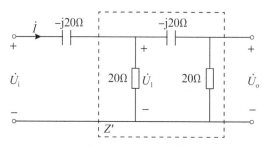

图 3-56 例 3.8.3 图

解:如果在某特定频率处,使得电路元件具有相等的欧姆值,例如 $R=X_C=20\Omega$,则由式 (3.8.3)可知,相移量正好为 $45°$。将图 3-55(a)所示的 RC 电路级联起来,就得到图 3-56 所示的电路,该电路可以提供 $90°$ 的超前相移(正相移)。

证明:利用阻抗的串并联方法,可以得到图 3-56 所示电路的阻抗 Z' 为

$$Z'=\frac{20\times(20-\mathrm{j}20)}{20+(20-\mathrm{j}20)}\Omega=(12-\mathrm{j}4)\Omega$$

由分压公式可得

$$\dot{U}_1=\frac{Z'}{Z'-\mathrm{j}20}\dot{U}_\mathrm{i}=\frac{12-\mathrm{j}4}{12-\mathrm{j}24}\dot{U}_\mathrm{i}=\frac{\sqrt{2}}{3}\angle45°\dot{U}_\mathrm{i} \tag{3.8.4}$$

$$\dot{U}_\mathrm{o}=\frac{20}{20-\mathrm{j}20}\dot{U}_1=\frac{\sqrt{2}}{2}\angle45°\dot{U}_1 \tag{3.8.5}$$

将式(3.8.4)代入式(3.8.5)可得

$$\dot{U}_\mathrm{o}=\frac{\sqrt{2}}{2}\angle45°\dot{U}_1=(\frac{\sqrt{2}}{2}\angle45°)\times(\frac{\sqrt{2}}{3}\angle45°\dot{U}_\mathrm{i})=\frac{1}{3}\angle90°\dot{U}_\mathrm{i}$$

因此,图 3-56 所示电路的输出超前输入 $90°$,但其幅值只是输入的 33%。

3.8.3 交流电桥

交流电桥是测量各种交流阻抗的基本仪器,如电容的电容量、电感的电感量等。此外还可利用交流电桥平衡条件与频率的相关性来测量与电容、电感有关的其他物理量,如互感、磁性材料的磁导率、电容的介质损耗、介电常数和电源频率等,其测量准确度和灵敏度都很高,在电磁测量中应用极为广泛。

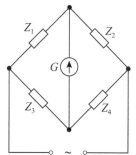

图 3-57 交流电桥电路

交流电桥电路如图 3-57 所示。四个桥臂由阻抗 Z_1、Z_2、Z_3 和 Z_4 组成,交流电源一般是低频信号发生器,指零仪器是交流检流计或耳机。

当电桥平衡时

$$Z_1Z_4=Z_2Z_3 \tag{3.8.6}$$

阻抗是复数,将阻抗写成指数形式,则为

$$|Z_1|\mathrm{e}^{\mathrm{j}\varphi_1}|Z_4|\mathrm{e}^{\mathrm{j}\varphi_4}=|Z_2|\mathrm{e}^{\mathrm{j}\varphi_2}|Z_3|\mathrm{e}^{\mathrm{j}\varphi_3}$$

或

$$|Z_1||Z_4|\mathrm{e}^{\mathrm{j}(\varphi_1+\varphi_4)}=|Z_2||Z_3|\mathrm{e}^{\mathrm{j}(\varphi_2+\varphi_3)}$$

由此可得电桥的两个平衡条件,即

$$|Z_1||Z_4| = |Z_2||Z_3| \tag{3.8.7}$$
$$\varphi_1 + \varphi_4 = \varphi_2 + \varphi_3 \tag{3.8.8}$$

式中 $|Z_i|$ 和 φ_i 为阻抗 $Z_i (i=1,2,3,4)$ 的模和阻抗角。

若将阻抗写成代数形式,则为

$$(R_1 + jX_1) \times (R_4 + jX_1) = (R_2 + jX_2) \times (R_3 + jX_3)$$

或

$$(R_1 R_4 - X_1 X_4) + j(R_1 X_4 + R_4 X_1) = (R_2 R_3 - X_2 X_3) + j(R_2 X_3 + R_3 X_2)$$

此时电桥的两个平衡条件为

$$R_1 R_4 - X_1 X_4 = R_2 R_3 - X_2 X_3 \tag{3.8.9}$$
$$R_1 X_4 + R_4 X_1 = R_2 X_3 + R_3 X_2 \tag{3.8.10}$$

式中 R_i 和 X_i 为阻抗 $Z_i(i=1,2,3,4)$ 的实部和虚部。

可见,在调节交流电桥使其平衡时,必须调节两个参数,在测量技术中,可以根据测量中的不同要求,针对待测阻抗的性质,利用上述的平衡条件,设计出多种类型的交流电桥。

为了使调节平衡容易些,通常将两个桥臂设计为纯电阻。

若设 $\varphi_2 = \varphi_4 = 0$,即 Z_2 和 Z_4 是纯电阻,则 $\varphi_1 = \varphi_3$,即 Z_1 和 Z_3 必须同为电感性或电容性的。

若设 $\varphi_2 = \varphi_3 = 0$,即 Z_2 和 Z_3 是纯电阻,则 $\varphi_1 = -\varphi_4$,即 Z_1 和 Z_4 中必有一个是电感性的,另一个是电容性的。

图 3-58 为交流电桥的两种实例。

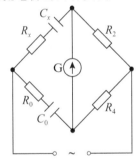

（a）测量电容的电桥电路

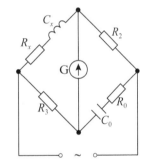

（b）测量电感的电桥电路

图 3-58 交流电桥实例电路

图 3-58(a)为可以测量电容的电桥电路,即可以用它来测量待测电容器的电容值 C_x 和电阻值 R_x(是电容器的介质损耗所反映出的一个等效电阻)。由式(3.8.6)可知,电桥平衡时有

$$(R_x - j\frac{1}{\omega C_x})R_4 = (R_0 - j\frac{1}{\omega C_0})R_2$$

式中,R_2、R_4、R_0 为标准电阻,C_0 为无损耗标准电容器。

由此得

$$R_x = \frac{R_2}{R_4}R_0$$

$$C_x = \frac{R_4}{R_2}C_0$$

为了同时满足以上两式的平衡关系,必须反复调节 R_2/R_4 和 R_0(或 C_0)直到平衡为止。

图 3-58(b)为可以测量电感的电桥电路,即可以用它来测量待测电感线圈的电感值 L_x 和电阻值 R_x。由式(3.8.6)可知,电桥平衡时有

$$R_2 R_3 = (R_x + j\omega L_x)(R_0 - j\frac{1}{\omega C_0})$$

式中,R_2、R_3、R_0为标准电阻,C_0为无损耗标准电容器。

由此得

$$R_x = \frac{R_2 R_3 R_0 (\omega C_0)^2}{1 + (\omega R_0 C_0)^2}$$

$$L_x = \frac{R_2 R_3 C_0}{1 + (\omega R_0 C_0)^2}$$

调节 R_2 和 R_0 使电桥平衡。

▤第3章拓展
练习-1

▤第3章拓展
练习-2

▤第3章拓展
练习-3

▤第3章拓展
练习-4

▤第3章拓展
练习-5

本章小结

1. 正弦量的三要素

以正弦电压为例,其数学表达式为:$u = U_m \sin(\omega t + \varphi_u)$。式中,振幅 U_m、角频率 ω 和初相位 φ_u 称为正弦量的三要素。具体相关概念如表3-1所示。

表3-1 正弦量的三要素及其相关概念

三要素	与三要素相关的概念及表示
振幅	**瞬时值**:用小写字母表示,如 u。 **振幅**:用带有下标 m 的大写字母表示,如 U_m。 **有效值**:用大写字母表示,如 U。 正弦量的振幅是有效值的 $\sqrt{2}$ 倍,如 $U_m = \sqrt{2}U$
角频率	**周期**:正弦量变化一个循环所需要的时间,记为 T,单位为秒(s)。 **频率**:正弦量每秒所完成的循环次数,记为 f,单位为赫兹(Hz)。 **角频率**:正弦量在单位时间内变化的弧度数,记为 ω,单位是弧度/秒(rad/s)。 三者关系:$\omega = 2\pi/T = 2\pi f$
初相位	**相位**:$\omega t + \varphi$。 **初相**:$t = 0$ 时刻的相位 φ,规定 $\|\varphi\| \leqslant 180°$。 **相位差**:两个同频率正弦量的初相之差。 如 $u = U_m \sin(\omega t + \varphi_u)$ V,$i = I_m \sin(\omega t + \varphi_i)$ A,则 u、i 的相位差为 $\varphi = \varphi_u - \varphi_i$。 当相位差 $\varphi > 0$ 时,称电压超前电流 φ 角; 当相位差 $\varphi < 0$ 时,称电压滞后电流 φ 角; 当相位差 $\varphi = 0$ 时,称电压 u 和电流 i 同相; 当相位差 $\varphi = \pm 180°$时,称电压 u 和电流 i 反相; 当相位差 $\varphi = \pm 90°$时,称电压 u 和电流 i 正交

2. 正弦量的相量表示

复数及其四则运算:

(1)代数形式:$A = a + jb$

(2)三角函数形式：$A = |A|(\cos\varphi + \mathrm{j}\sin\varphi)$

(3)指数形式：$A = |A|\mathrm{e}^{\mathrm{j}\varphi}$

(4)极坐标形式：$A = |A| \angle \varphi$

一般情况下，加法和减法采用代数形式；乘法和除法采用指数或极坐标形式。

复数四种形式间的换算：

(1)当已知复数的实部 a 和虚部 b 时，$|A| = \sqrt{a^2 + b^2}$，$\varphi = \arctan(b/a)$。

(2)当已知复数的模 $|A|$ 和辐角 φ 时，$a = |A|\cos\varphi$，$b = |A|\sin\varphi$。

相量表示：

(1)概念及表示：与正弦量相对应的复数，用大写字母上面加点"·"表示。

(2)相量的书写方式：

①有效值相量，记为 $\dot{I}$，即 $\dot{I} = I\mathrm{e}^{\mathrm{j}\varphi_i} = I \angle \varphi_i$。

②幅值相量，记为 $\dot{I}_\mathrm{m}$，即 $\dot{I}_\mathrm{m} = I_\mathrm{m}\mathrm{e}^{\mathrm{j}\varphi_i} = I_\mathrm{m} \angle \varphi_i = \sqrt{2}\,I \angle \varphi_i$。

如，正弦电压 $u = U_\mathrm{m}\sin(\omega t + \varphi_u)$ 的幅值相量和有效值相量分别为

$$\dot{U}_\mathrm{m} = U_\mathrm{m}\mathrm{e}^{\mathrm{j}\varphi_u} = U_\mathrm{m} \angle \varphi_u \ , \ \dot{U} = \frac{U_\mathrm{m}}{\sqrt{2}}\mathrm{e}^{\mathrm{j}\varphi_u} = \frac{U_\mathrm{m}}{\sqrt{2}} \angle \varphi_u$$

(3)相量图：在复平面上表示相量的矢量图。只有同频率的相量才能画在同一个复平面内。利用相量图还可以进行同频正弦量所对应相量的加、减运算。

(4)基尔霍夫定律的相量形式：

①KCL 的相量形式：$\sum \dot{I} = 0$。

②KVL 的相量形式：$\sum \dot{U} = 0$。

3. 单一参数的正弦交流电路的伏安关系（见表 3-2）

表 3-2　单一参数正弦交流电路的伏安关系

类别	数值关系	相位关系	相量关系	相量模型	相量图
纯电阻电路	瞬时值：$u = Ri$ 最大值：$U_\mathrm{m} = RI_\mathrm{m}$ 有效值：$U = RI$	电压和电流同相	$\dfrac{\dot{U}_\mathrm{m}}{\dot{I}_\mathrm{m}} = \dfrac{\dot{U}}{\dot{I}} = R$		
纯电感电路	瞬时值：$u = L\dfrac{\mathrm{d}i}{\mathrm{d}t}$ 最大值：$U_\mathrm{m} = X_L I_\mathrm{m}$ 有效值：$U = X_L I$ $X_L = \omega L = 2\pi f L$ 电感具有"通低频、阻高频"的特点	电压超前电流 $90°$	$\dfrac{\dot{U}_\mathrm{m}}{\dot{I}_\mathrm{m}} = \dfrac{\dot{U}}{\dot{I}} = \mathrm{j}X_L$		
纯电容电路	瞬时值：$i = C\dfrac{\mathrm{d}u}{\mathrm{d}t}$ 最大值：$U_\mathrm{m} = X_C I_\mathrm{m}$ 有效值：$U = X_C I$ $X_C = \dfrac{1}{\omega C} = \dfrac{1}{2\pi f C}$ 电容具有"通高频、阻低频"的特点	电流超前电压 $90°$	$\dfrac{\dot{U}_\mathrm{m}}{\dot{I}_\mathrm{m}} = \dfrac{\dot{U}}{\dot{I}} = -\mathrm{j}X_C$		

4. 阻抗与导纳

正弦交流电路中电压相量和电流相量的比值是一个复数,把它定义为复阻抗(简称阻抗),用符号 Z 表示,单位是欧姆(Ω)。即

$$Z = \frac{\dot{U}}{\dot{I}} = \frac{U\angle\varphi_u}{I\angle\varphi_i} = \frac{U}{I}\angle\varphi_u - \varphi_i = |Z|\angle\varphi$$

其中, $|Z|$ 称为阻抗模, φ 称为阻抗角。显然 $|Z| = \dfrac{U}{I}$, $\varphi = \varphi_u - \varphi_i$ 。

阻抗也可以用指数式、三角式、代数式来表示:

$$Z = |Z|\angle\varphi = |Z|e^{j\varphi} = |Z|\cos\varphi + j|Z|\sin\varphi = R + jX$$

显然, $|Z| = \sqrt{R^2 + X^2}$, $\varphi = \arctan\dfrac{X}{R}$, $R = |Z|\cos\varphi$, $X = |Z|\sin\varphi$ 。

阻抗模 $|Z|$ 、电阻分量 R 及电抗分量 X 可以构成一个直角三角形,称为阻抗三角形。

对不含受控源的无源二端网络来说, $R \geqslant 0$, X 可正可负,故 $|\varphi| \leqslant \dfrac{\pi}{2}$ 。

(1)如果 $X > 0$,则阻抗角 $\varphi > 0$,总电压超前电流,电路对外呈感性;

(2)如果 $X < 0$,则阻抗角 $\varphi < 0$,总电压滞后电流,电路对外呈容性;

(3)如果 $X = 0$,则阻抗角 $\varphi = 0$,总电压和电流同相,电路对外呈阻性。

在交流电路中,阻抗的串联、并联与直流电路中电阻的串联、并联类似,只是运算时直流电路电阻的串联、并联是实数运算,阻抗的串联与并联是复数运算。

导纳(Y)是阻抗的倒数,即有 $Y = \dfrac{1}{Z} = \dfrac{\dot{I}}{\dot{U}}$,单位是西门子(S)。

5. 正弦交流电路的相量法分析

运用相量法分析正弦交流电路的一般步骤如下:

(1)画出电路的相量模型。保持电路结构不变,将元件用阻抗表示,电压、电流用相量表示。

(2)将直流电阻电路中的电路定律、定理及各种分析方法推广到正弦交流电路中,根据相量模型列出相量形式的代数方程或画相量图,求出相量值。

(3)将相量变换为正弦量(或要求的形式)。

6. 正弦交流电路的功率及功率因数的提高

(1)平均功率也叫有功功率,用大写字母 P 表示, $P = UI\cos\varphi = |Z|I^2\cos\varphi = I^2R$ 。其中, φ 为电路电压和电流的相位差,对无源二端网络来说, φ 等于阻抗角。 $\cos\varphi$ 称为交流电路的功率因数,常用 λ 表示,即 $\lambda = \cos\varphi$ 。有功功率的单位为瓦特(W),简称瓦。一般电器所标功率即指有功功率。

(2)无功功率用大写字母 Q 表示, $Q = UI\sin\varphi = |Z|I^2\sin\varphi = I^2X$ 。

(3)视在功率用大写字母 S 表示, $S = UI$ 。

正弦交流电路的平均功率、无功功率和视在功率之间的关系为

$$\begin{cases} P = UI\cos\varphi = S\cos\varphi \\ Q = UI\sin\varphi = S\sin\varphi \\ S = \sqrt{P^2 + Q^2} \end{cases}$$

提高负载功率因数的常用方法是在感性负载两端并联适当的电容元件。

7. 谐振

在同时含有 L 和 C 的交流电路中,谐振发生时总有电路的总电压和总电流同相,此时电路与电源之间不再有能量的交换,电路呈电阻性。谐振有串联谐振和并联谐振两种类型,如表 3-3 所示。

表 3-3　*RLC* 串联谐振和 *RLC* 并联谐振

主要内容	串联谐振	并联谐振
谐振角频率	$\omega_0 = \dfrac{1}{\sqrt{LC}}$	$\omega_0 = \dfrac{1}{\sqrt{LC}}$
谐振时的阻抗(导纳)	$Z = R + j\left(\omega L - \dfrac{1}{\omega C}\right) = R$	$Y = \dfrac{1}{Z} \approx \dfrac{R}{R^2 + (\omega L)^2} + j\left(\omega C - \dfrac{1}{\omega L}\right) \approx \dfrac{R}{(\omega L)^2}$
品质因数	$Q = \dfrac{U_L}{U} = \dfrac{U_C}{U} = \dfrac{\omega_0 L}{R} = \dfrac{1}{\omega_0 CR} = \dfrac{1}{R}\sqrt{\dfrac{L}{C}}$	$Q = \dfrac{I_L}{I_0} = \dfrac{I_C}{I_0} = \dfrac{\omega_0 L}{R} = \dfrac{1}{\omega_0 CR} = \dfrac{1}{R}\sqrt{\dfrac{L}{C}}$
电路特点	电路的阻抗模 $\lvert Z\rvert$ 达到最小;电路电流 I 达到最大;电路对外呈电阻性;电感电压与电容电压大小相等,相位相反,为总电压的 Q 倍	电路的阻抗模 $\lvert Z\rvert$ 最大,等效导纳 $\lvert Y\rvert$ 最小;在电源电压不变的情况下,电路中的电流达到最小值;电路对外呈电阻性;电感电流和电容电流大小近似相等,为总电流的 Q 倍

习题 3

3.1　在某电路中 $u = 100\sqrt{2}\sin(314t + 10°)\text{V}$,$i = 2\sqrt{2}\sin(314t - 30°)\text{A}$。(1)试写出电压和电流的最大值、有效值、频率、角频率、初相位及相位差;(2)画出电压、电流的波形图和相量图,说出它们的超前滞后关系;(3)若电流 i 的参考方向选得相反,写出此时 i 的三角函数式,并画出波形图和相量图。

3.2　已知 $i_1 = 10\sqrt{2}\sin(200t + 60°)\text{A}$,$i_2 = 10\sin(100t + 30°)\text{A}$,$i_1$、$i_2$ 的相位差为 $30°$,对不对? 为什么?

3.3　已知某正弦电压在 $t = 0$ 时为 220V,其初相位为 $45°$,试问它的有效值等于多少?若正弦电压的频率为 50Hz,则其瞬时值表达式是什么?

3.4　已知复数 $A = 8 - j6$ 和 $B = 3 + j4$,试求 $A + B$,$A - B$,AB,A/B。

3.5　已知复数 $A = -j10$ 和 $B = 5 + j5$,$C = j10$,试求 AB,A/B,AC,A/C。

3.6　已知相量 $\dot{I}_1 = (2\sqrt{3} + j2)\text{A}$,$\dot{I}_2 = (-2\sqrt{3} + j2)\text{A}$,$\dot{I}_3 = (-2\sqrt{3} - j2)\text{A}$ 和 $\dot{I}_4 = (2\sqrt{3} - j2)\text{A}$,试把它们化为极坐标式,并写出正弦量 i_1、i_2、i_3 和 i_4。

电工技术基础

3.7 已知相量 $\dot{I}_1 = 5\angle37°\mathrm{A}$，$\dot{I}_2 = 5\angle143°\mathrm{A}$，$\dot{I}_3 = 5\angle-37°\mathrm{A}$ 和 $\dot{I}_4 = 5\angle-143°\mathrm{A}$，试把它们化为代数式。

3.8 写出下列正弦量的有效值相量。

(1) $u = 5\sqrt{2}\sin\omega t\ \mathrm{V}$ (2) $u = 5\sqrt{2}\sin(\omega t + 30°)\ \mathrm{V}$

(3) $u = 5\sqrt{2}\cos(\omega t - 210°)\ \mathrm{V}$ (4) $u = -5\sqrt{2}\sin(\omega t + 120°)\ \mathrm{V}$

3.9 判断下列表达式是否正确，并把错的改正。

(1) $i = 5\sqrt{2}\sin(\omega t + 10°) = 5\mathrm{e}^{\mathrm{j}10°}\mathrm{A}$ (2) $\dot{U} = 10\mathrm{e}^{60°}\mathrm{V}$

(3) $I = 5\sin\omega t\ \mathrm{A}$ (4) $\dot{I} = 3\angle30°\mathrm{A}$

(5) $I_\mathrm{m} = 2\angle15°\mathrm{A}$ (6) $\dot{I}_\mathrm{m} = 10\angle60°$

3.10 写出下列电压、电流相量所代表的正弦电压和电流，设频率为 50Hz。

(1) $\dot{U} = 10\mathrm{e}^{\mathrm{j}30°}\mathrm{V}$ (2) $\dot{U} = 10\angle-10°\mathrm{V}$ (3) $\dot{I} = (6 - \mathrm{j}8)\mathrm{A}$

(4) $\dot{U}_\mathrm{m} = -3 - \mathrm{j}4\mathrm{V}$ (5) $\dot{U} = -10\mathrm{V}$ (6) $\dot{I} = -\mathrm{j}8\mathrm{A}$

3.11 已知 $i_1 = 10\sqrt{2}\cos(\omega t + 45°)\mathrm{A}$，$i_2 = 10\sqrt{2}\sin\omega t\ \mathrm{A}$，$i = i_1 + i_2$，求 i，并绘出它们的相量图。

3.12 电路如题 3.12 图所示，$u_1 = 80\sqrt{2}\sin(\omega t + 120°)\mathrm{V}$，$u_2 = 60\sqrt{2}\sin(\omega t + 60°)\mathrm{V}$，$u_3 = 100\sqrt{2}\sin(\omega t - 30°)\mathrm{V}$。求总的电压 u，并绘出相量图。

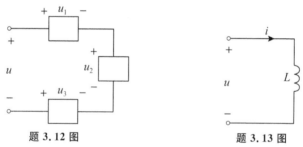

题 3.12 图   题 3.13 图

3.13 电路如题 3.13 图所示，已知 $L = 50\mathrm{mH}$，$i = 100\sqrt{2}\sin6280t\ \mathrm{mA}$，计算电感元件两端的电压 u。若用 $C = 2.2\mu\mathrm{F}$ 电容器替换电感元件，重复上述计算。

3.14 在题 3.14 图所示的正弦交流电路中，电压表 V_1、V_2、V_3 的读数分别为 80V、180V、120V，求电压表 V 的读数。

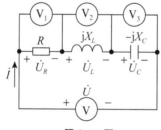   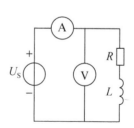

题 3.14 图   题 3.15 图

3.15 在题 3.15 图所示的电路中，正弦电源的频率为 50Hz 时，电压表和电流表的读数分别为 100V 和 15A；当频率为 100Hz 时，读数分别为 100V 和 10A。试求电阻 R 和电感 L。

134

3.16 指出下列各式是否正确。

(1) $X_C = \dfrac{U_C}{I_C}$; (2) $\dot{U}_L = \mathrm{j}\omega L I_L$; (3) $u_L = L\dfrac{\mathrm{d}i_L}{\mathrm{d}t}$; (4) $i_C = C\dfrac{\mathrm{d}u_C}{\mathrm{d}t}$; (5) $U = IZ$;

(6) $U_L = \omega L I_L$; (7) $\dfrac{\dot{U}_C}{\dot{I}_C} = -\mathrm{j}\omega C$; (8) $\dot{U}_C = \dfrac{\dot{I}_C}{\mathrm{j}\omega C}$; (9) $I_C = \dfrac{U_C}{\omega C}$; (10) $\dot{U} = \dot{I}Z$

3.17 题 3.17 图所示的各电路中,电流表和电压表的读数均为正弦量的有效值。试求电流表 A_0 和电压表 V_0 的读数。

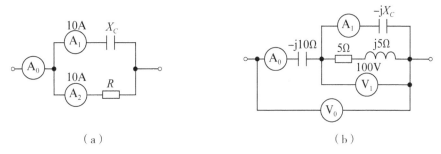

题 3.17 图

3.18 求题 3.18 图所示电路的等效阻抗,并说明阻抗性质。

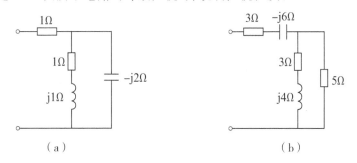

题 3.18 图

3.19 电路如题 3.19 图所示,已知安培计 A_1 和 A_2 的读数分别为 $I_1 = 3\text{A}$, $I_2 = 4\text{A}$ 。试求:(1)设 $Z_1 = R$, $Z_2 = -\mathrm{j}X_C$,则安培计 A_0 的读数为多少?

(2)设 $Z_1 = R$,问 Z_2 为何种参数才能使安培计 A_0 的读数最大? 此读数应为多少?

(3)设 $Z_1 = \mathrm{j}X_L$,问 Z_2 为何种参数才能使安培计 A_0 的读数最小? 此读数应为多少?

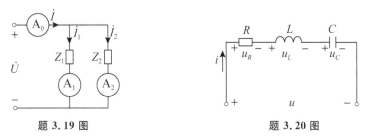

题 3.19 图　　　　题 3.20 图

3.20 RLC 串联电路如题 3.20 图所示,已知 $u = 10\sin 2t\text{V}$, $R = 2\Omega$, $L = 2\text{H}$, $C = 0.25$ F,用相量法求电路中的电流 i 及电路中各元件的电压 u_R 、u_L 、u_C ,并画出相量图。

3.21 RLC 并联电路如题 3.21 图所示,已知 $i_S = 3\sin 2t\,\text{A}, R=1\,\Omega, L=2\,\text{H}, C=0.5\,\text{F}$,试求电压 u,并画出相量图。

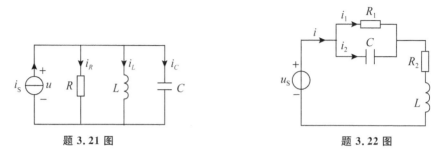

题 3.21 图   题 3.22 图

3.22 题 3.22 图所示正弦交流电路中,已知 $u_S = 100\sqrt{2}\sin 314t\,\text{V}, R_1=10\,\text{k}\Omega, R_2=10\,\Omega, L=500\,\text{mH}, C=10\,\mu\text{F}$,试求电流 i、i_1、i_2。

3.23 电路如题 3.23 图所示,已知 $I_1=I_2=10\,\text{A}, U=100\,\text{V}, u$、$i$ 同相,试求 I、R、X_C 及 X_L。

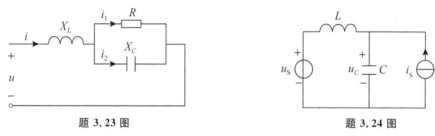

题 3.23 图   题 3.24 图

3.24 电路如题 3.24 图所示,已知 $u_S=50\sqrt{2}\sin t\,\text{V}, i_S=10\sqrt{2}\sin(t+30°)\,\text{A}, L=5\,\text{H}, C=\dfrac{1}{3}\,\text{F}$,试用叠加定理求电压 u_C。

3.25 电路如题 3.25 图所示,已知 $I_1=10\,\text{A}, I_2=10\sqrt{2}\,\text{A}, U=200\,\text{V}, R_1=5\,\Omega, R_2=X_L$,求 I_1, X_C, X_L, R_2。

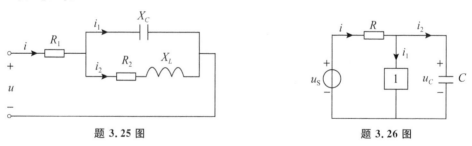

题 3.25 图   题 3.26 图

3.26 电路如题 3.26 图所示,已知 $u_S = 25\sqrt{2}\sin(10^6 t - 126.87°)\,\text{V}, R=3\,\Omega, C=0.2\,\mu\text{F}, u_C=20\sqrt{2}\sin(10^6 t-90°)\,\text{V}$,求:(1)各支路电流 i、i_1、i_2;(2)元件 1 若为无源元件,则可能是什么元件?

3.27 电路如题 3.27 图所示,已知 $\dot{U}=200\angle 0°\,\text{V}, \dot{I}_S=10\angle 90°\,\text{A}$,计算电路中的电流 $\dot{I}_1$ 与 $\dot{I}_2$。

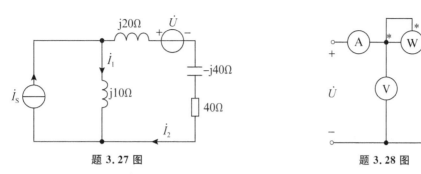

题 3.27 图　　　　　　　　　　　　　　　题 3.28 图

3.28　三表法测量线圈参数的电路如题 3.28 图所示,已知电压表、电流表、功率表读数分别为 50V、1A 和 30W,交流电的频率 $f=50$Hz,求线圈的等效电阻和等效电感。

3.29　RLC 串联电路中,已知正弦交流电源 $u_s = 220\sqrt{2}\sin 314t$V,$R=10\Omega$,$L=300$mH,$C=50\mu$F,求平均功率、无功功率及视在功率。

3.30　已知一台 2kW 的异步电动机,功率因数为 0.6(感性),接在 220V、50Hz 的电源上,如题 3.30 图所示。若要把电路的功率因数提高到 0.9,问需要并联多大的补偿电容? 并联前后电路总的电流各为多少?

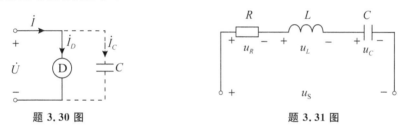

题 3.30 图　　　　　　　　　　　　　　　题 3.31 图

3.31　如题 3.31 图所示 RLC 串联电路中,$R=10\Omega$,$L=160\mu$H,$C=250$pF,电压 $U_s=1$mV,试求该电路的谐振频率 f_0,品质因数 Q 和谐振时的电压 U_R、U_L 和 U_C。

3.32　一半导体收音机的输入电路为 RLC 串联电路,其中输入信号电压的有效值 $U_s=100\mu$V,$R=10\Omega$,$L=300\mu$H。当收听频率 $f=540$kHz 的电台广播时,求可变电容 C 的值、电路的品质因数 Q 值、电路电流 I_0 和输出电压 U_{L0} 的值。

3.33　试求题 3.33 图所示电路的并联谐振角频率 ω_0。

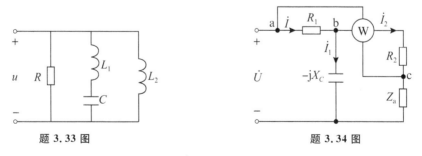

题 3.33 图　　　　　　　　　　　　　　　题 3.34 图

3.34　电路如题 3.34 图所示,已知 $\dot{U}=120\angle 0°$V,$R_1=10\Omega$,$R_2=20\Omega$,$Z_a=$j40Ω,$X_C=20\Omega$,求功率表的读数。

第 4 章 三相正弦交流电路

三相电路是由三相电源供电的电路。

三相电源是由频率相同、幅值相等、相位彼此互差 120°的三个单相交流电源,按一定的连接方式组合而成的。

与单相交流电路相比,三相电路有很多的优点:

(1)在发电方面,可提高功率 50%;

(2)在输电方面,可节省钢材 25%;

(3)在配电方面,三相变压器比单相变压器经济且便于接入负载;

(4)在运电设备方面,它结构简单、成本低、运行可靠、维护方便。

目前,世界上大多数国家的电力系统均采用三相制(三相系统),这表现在几乎所有的发电厂都在用三相交流发电机,绝大多数的输电线都是三相输电线,电气设备中大部分是三相交流电动机。

本章主要内容有:三相电源的特点,三相电源和三相负载的连接方式,负载星形连接和三角形连接的三相电路的分析,三相电路的功率计算,重点讨论对称三相电路的分析方法。

4.1 三相电路的三相电源

4.1.1 三相电源的产生

在电力工业中,三相电路中的三相电源通常是由三相发电机组产生的。图 4-1(a)为三相发电机的原理图,发电机主要由定子和转子两大部分构成。定子固定在机座上,3 个完全相同的绕组 A-X、B-Y、C-Z 对称嵌放在定子铁心槽中,即空间 120°平均分布。当转子铁心上的转子绕组通电时,转子铁心磁化,于是,当转子绕转轴以恒定的角速度 ω 旋转时,在 3 个定子绕组中便感应出频率相同、幅值相等、相位依次相差 120°的 3 个正弦电压。这样的 3 个正弦电压源便构成一组对称的三相电源。

三相电路
的三相电源

三相电路
的三相电源

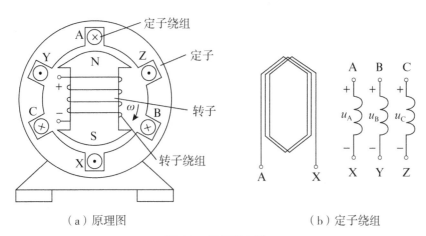

（a）原理图　　　　　　　　　　（b）定子绕组

图 4-1　三相发电机

发电机三相绕组首端一般命名为 A、B、C,尾端一般命名为 X、Y、Z,并设各项绕组电压的参考方向都是由首端指向尾端,如图 4-1(b)所示,它们的电压瞬时值表达式分别为

$$u_A=\sqrt{2}U\sin\omega t$$
$$u_B=\sqrt{2}U\sin(\omega t-120°) \qquad (4.1.1)$$
$$u_C=\sqrt{2}U\sin(\omega t+120°)$$

这三个正弦电压的相量形式分别为

$$\dot{U}_A=U\angle0°,\dot{U}_B=U\angle-120°,\dot{U}_C=U\angle120° \qquad (4.1.2)$$

对称三相电源的波形图如图 4-2(a)所示。

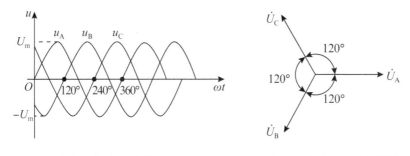

（a）三相电源的波形图　　　　　　（b）三相电源正序相量图

图 4-2　对称三相电源的图形表示

由式(4.1.1)可见,对称三相电源的电压瞬时值之和为零,即 $u_A+u_B+u_C=0$。故三个电压的相量之和也为零,即有 $\dot{U}_A+\dot{U}_B+\dot{U}_C=0$。这是对称三相电源的重要特点。

对称三相电源中的每一相电压经过同一值的先后次序称为相序。如上述对称三相电源,在 $\omega t=0°$ 时,A 相绕组的电压值达到最小;$\omega t=120°$ 时,B 相绕组的电压值达到最小;$\omega t=240°$ 时,C 相绕组的电压值达到最小。即 u_A 超前 $u_B120°$,u_B 超前 $u_C120°$,如图 4-2(b)所示,此时称它们的相序为正序或顺序。

若将 u_B 和 u_C 互换,此时 u_A 滞后 $u_B120°$,u_B 滞后 $u_C120°$,相量图如图 4-3 所示,则称它们的相序为负序或逆序。

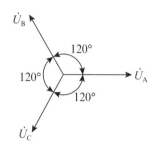

图 4-3　三相电源负序相量图

相序在电力工程中非常重要,例如三相发电机或三相变压器并联运行,以及三相电动机接入电源时都要考虑相序问题。如果想要电动机改变旋转方向,只需利用任意对调电动机三相绕组接入三相电源中的两条线来改变相序的方法就可实现。以后如果不加说明,就默认为是正序。

4.1.2　三相电源的连接

三相电源的连接形式有星形(Y形)连接和三角形(△形)连接两种。图 4-4 为三相电源的星形连接。它是把三相电源的尾端 X、Y、Z 连在一起,首端 A、B、C 向外引出的导线称为相线或者端线,俗称火线;尾端公共点称为中性点或中点,中点向外引出的导线称为中线,俗称零线。

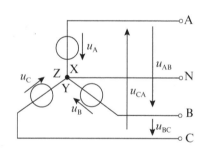

图 4-4　三相电源的星形连接

火线与零线之间的电压等于每相的电压,称为相电压,如 u_A、u_B、u_C,其相量表示为 $\dot{U}_A$、$\dot{U}_B$、$\dot{U}_C$,相电压的有效值用 U_P 表示;火线与火线之间的电压称为线电压,如 u_{AB}、u_{BC}、u_{CA},其相量表示为 $\dot{U}_{AB}$、$\dot{U}_{BC}$、$\dot{U}_{CA}$,线电压的有效值用 U_L 表示。通常下标"P"表示"相",下标"L"表示"线"。

下面讨论星形连接时线电压与相电压之间的关系。如图 4-4 所示,由 KVL 可得:

$$\begin{cases} u_{AB} = u_A - u_B \\ u_{BC} = u_B - u_C \\ u_{CA} = u_C - u_A \end{cases}$$

于是对应有如下相量关系:

$$\begin{cases} \dot{U}_{AB} = \dot{U}_A - \dot{U}_B = \dot{U}_A - \dot{U}_A \angle -120° = \sqrt{3}\dot{U}_A \angle 30° \\ \dot{U}_{BC} = \dot{U}_B - \dot{U}_C = \dot{U}_B - \dot{U}_B \angle -120° = \sqrt{3}\dot{U}_B \angle 30° \\ \dot{U}_{CA} = \dot{U}_C - \dot{U}_A = \dot{U}_C - \dot{U}_C \angle -120° = \sqrt{3}\dot{U}_C \angle 30° \end{cases} \tag{4.1.3}$$

由式(4.1.3)可得出线电压与相电压的大小和相位关系。当相电压对称时,线电压也是对称的。且线电压的大小为相电压的 $\sqrt{3}$ 倍,即 $U_L = \sqrt{3}U_P$;相位上线电压超前相应的相电压 $30°$,即 $\dot{U}_{AB}$、$\dot{U}_{BC}$、$\dot{U}_{CA}$ 分别超前 $\dot{U}_A$、$\dot{U}_B$、$\dot{U}_C 30°$。星形连接时线电压与相电压之间的关系,也可以由图 4-5 所示的相量图中各电压之间的几何关系得出。

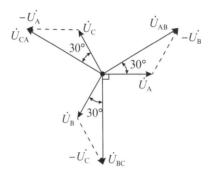

图 4-5　三相电源星形连接时线电压、相电压的相量图

三相电源作星形连接时,可以向负载提供两种电压,此种供电系统称为三相四线制系统。三相四线制系统对用户来说较为方便,例如星形连接电源相电压为 220V 时,则线电压为 $220\sqrt{3} = 380V$,这样就给用户提供了 220V 和 380V 两种电压。通常将 380V 电压供动力负载用,如三相电动机,而 220V 的电压供照明或其他负载用。

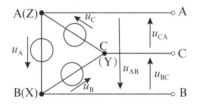

图 4-6　三相电源的三角形连接

图 4-6 为三相电源的三角形连接。它是把三相电源首尾依次相接,构成一个闭合回路,在电源的三个连接点处分别向外引出三根火线。电源三角形连接时的线电压、相电压的概念与星形连接相同,但三角形连接没有中线。从图 4-6 不难看出,三相电源三角形连接时,相电压等于两根火线之间的线电压,因此,三相电源作三角形连接时只能向负载提供一种电压。此种供电系统称为三相三线制系统。通常三相电源的连接方式为星形。

需要注意的是发电机三相绕组作三角形连接时,不允许首尾端接反!否则将在三角形环路中引起大电流而致使电源过热烧损。当三相电源如图 4-6 首尾顺次连接时,对称三相电源内部各段电压的相量和为 $\dot{U}_A + \dot{U}_B + \dot{U}_C = 0$,因此,电源内部不会产生环流。

图 4-7 的接法是错误的,三角形电源内部各段电压的相量和为

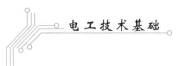
$$\dot{U}_A + \dot{U}_B - \dot{U}_C = U\angle 0° + U\angle -120° - U\angle 120° = -2\dot{U}_C$$

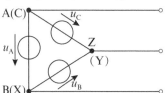

4.1 测试题

图 4-7　错误接法

图 4-7 的接法,电源内部将会产生很大的环路电流,而电源内阻很小,这是非常危险的。

要注意:工程上所说的三相电压是指三相电路的线电压。凡三相设备(包括电源和负载)铭牌上所标的额定电压都是指线电压,如三相电动机的额定电压是指三相线电压。

4.2　负载星形连接的三相电路

4.2.1　三相负载

负载星形连接的三相电路

由三相电源供电的负载称为三相负载。有些三相负载可以在三相电源中任意一相上工作,这样的负载称为单相负载,如电灯、电冰箱等家用电器;而三相电动机、三相变压器、三相工业电炉等负载必须接上三相电压才能正常工作,这样的负载称为三相负载。三相电路的三相负载中,如果每相负载的阻抗分别相等($Z_A = Z_B = Z_C$),则称为三相对称负载,否则称为三相不对称负载。由三组单相负载组合成的三相负载通常是不对称的,如照明电路;而像三相电动机、三相变压器等三相负载通常是对称性负载,如图 4-8 所示。

负载星形连接的三相电路

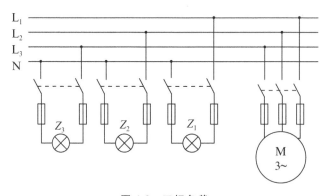

图 4-8　三相负载

三相负载也有星形(Y 形)和三角形(△形)两种连接方式,如图 4-9 所示。负载采用哪种连接方式,取决于每相负载额定电压与电源线电压之间的关系,当每相负载的额定电压等于电源线电压的 $1/\sqrt{3}$ 时,例如三相电路的电压为 380V/220V(表示线电压为 380V,相电压为 220V),则额定电压为 220V 的三相负载应作星形连接,而额定电压为 380V 的三相负载应作三角形连接。

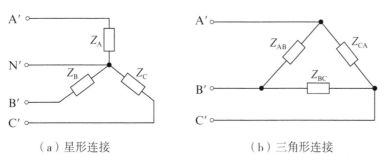

$$（a）星形连接 \qquad （b）三角形连接$$

图 4-9　三相负载的连接方式

4.2.2　负载星形连接

三相负载 Z_A、Z_B、Z_C 作星形连接时,将每相负载的一端接在一起作为 N' 点,另一端分别接到三相电源的三根火线 A、B、C 上,电源中点 N 与负载中点 N' 连接,使电路成为三相四线制电路,如图 4-10 所示。

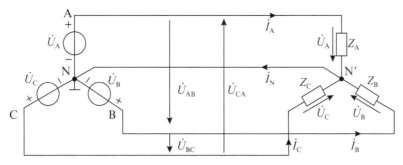

图 4-10　三相四线制电路

如图 4-10,每根火线中流过的电流 $\dot{I}_A$、$\dot{I}_B$、$\dot{I}_C$ 称为线电流,其有效值用 I_L 表示;流经每相负载或电压源的电流称为相电流,其有效值用 I_P 表示。显然三相负载星形连接时,线电流等于相应的相电流,其有效值关系为

$$I_L = I_P$$

流经中线 NN' 的电流 $\dot{I}_N$ 称为中线电流。由基尔霍夫电流定律,可得

$$\dot{I}_N = \dot{I}_A + \dot{I}_B + \dot{I}_C \tag{4.2.1}$$

由于中线的存在,在三相四线制电路中,负载的相电压等于电源的相电压,故有

$$\dot{I}_A = \frac{\dot{U}_A}{Z_A}, \quad \dot{I}_B = \frac{\dot{U}_B}{Z_B}, \quad \dot{I}_C = \frac{\dot{U}_C}{Z_C} \tag{4.2.2}$$

1. 对称三相负载星形连接

三相电压对称,故当负载对称($Z_A = Z_B = Z_C = Z = |Z| \angle \varphi$)时,三相电流也对称,则

$$\dot{I}_A = \frac{\dot{U}_A}{Z}, \quad \dot{I}_B = \dot{I}_A \angle -120°, \quad \dot{I}_C = \dot{I}_A \angle 120° \tag{4.2.3}$$

由于三相电流对称,故 $\dot{I}_N=\dot{I}_A+\dot{I}_B+\dot{I}_C=0$,即当三相负载对称时,三相四线制电路的中线电流为 0,中线可省(如三相交流电动机的星形连接)。

2.非对称三相负载星形连接

1)无中线的星形连接

如图 4-11 所示,把三相四线制电路的中线断开,此时,负载的线电压仍然等于电源的线电压,而负载的相电压不再等于电源的相电压,负载的相电压可以由基尔霍夫电压定律得到

$$\dot{U}_{A'}=\dot{U}_A-\dot{U}_{N'N}$$
$$\dot{U}_{B'}=\dot{U}_B-\dot{U}_{N'N} \quad\quad (4.2.4)$$
$$\dot{U}_{C'}=\dot{U}_C-\dot{U}_{N'N}$$

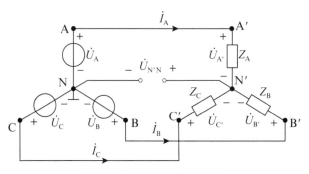

图 4-11 无中线的星形连接

由公式(4.2.4)中三相负载相电压、电源相电压及中性点 N 和 N′之间的电压关系,可以得到如图 4-12 所示的非对称负载无中线星形连接的相电压相量图。

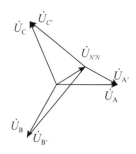

图 4-12 非对称负载无中线星形连接相电压相量图

图 4-11 中,因为中线断开,中线电流为 0,所以由基尔霍夫电流定律可得三相负载的电流之和为 0,即有

$$\dot{I}_A+\dot{I}_B+\dot{I}_C=0$$

其中,

$$\dot{I}_{A}=\frac{\dot{U}_{A'}}{Z_{A}}=\frac{\dot{U}_{A}-\dot{U}_{N'N}}{Z_{A}}$$

$$\dot{I}_{B}=\frac{\dot{U}_{B'}}{Z_{B}}=\frac{\dot{U}_{B}-\dot{U}_{N'N}}{Z_{B}}$$

$$\dot{I}_{C}=\frac{\dot{U}_{C'}}{Z_{C}}=\frac{\dot{U}_{C}-\dot{U}_{N'N}}{Z_{C}}$$

于是就有

$$\frac{\dot{U}_{A}-\dot{U}_{N'N}}{Z_{A}}+\frac{\dot{U}_{B}-\dot{U}_{N'N}}{Z_{B}}+\frac{\dot{U}_{C}-\dot{U}_{N'N}}{Z_{C}}=0 \tag{4.2.5}$$

通过计算可以得到中性点 N 和 N′ 之间的电压：

$$\dot{U}_{N'N}=\frac{\dfrac{\dot{U}_{A}}{Z_{A}}+\dfrac{\dot{U}_{B}}{Z_{B}}+\dfrac{\dot{U}_{C}}{Z_{C}}}{\dfrac{1}{Z_{A}}+\dfrac{1}{Z_{B}}+\dfrac{1}{Z_{C}}} \tag{4.2.6}$$

由式(4.2.6)可见，当三相负载不对称，且无中线时，虽然三相电源的相电压 $\dot{U}_{A}$、$\dot{U}_{B}$、$\dot{U}_{C}$ 对称，但两中性点间的电压 $\dot{U}_{N'N}$ 不等于零，这一现象称为中性点位移。

中性点位移会造成三相负载的相电压严重不对称。例如，图 4-12 所示的电压相量图上，B 相和 C 相负载的相电压均高于电源的相电压，而 A 相负载的相电压则低于电源的相电压，造成三相负载的相电压严重不对称，可能导致用电设备不能正常工作，甚至烧坏；还会造成各相负载的工作状况相互影响。某一相负载的变化将引起其他相负载电压的变化，若某相负载工作不正常，将引起其他相上的负载也不能正常工作。

2)有中线的星形连接

如图 4-10 所示，当非对称三相负载星形连接，且接有中线时，中线的作用强迫 N 和 N′ 的电位相等，即有 $\dot{U}_{N'N}=0$，故三相负载的线电压和相电压均等于电源的线电压和相电压，且保持对称。三相负载的相(线)电流分别为

$$\dot{I}_{A}=\frac{\dot{U}_{A'}}{Z_{A}}=\frac{\dot{U}_{A}}{Z_{A}}, \quad \dot{I}_{B}=\frac{\dot{U}_{B'}}{Z_{B}}=\frac{\dot{U}_{B}}{Z_{B}}, \quad \dot{I}_{C}=\frac{\dot{U}_{C'}}{Z_{C}}=\frac{\dot{U}_{C}}{Z_{C}}$$

由于三相负载不对称，所以虽然三相电压对称，但三相电流不对称，则中线电流不等于 0，即有 $\dot{I}_{N}=\dot{I}_{A}+\dot{I}_{B}+\dot{I}_{C}\neq0$。

可见，非对称三相负载星形连接电路的中线上有电流。因此，中线极为重要，必不可少；中线的作用是平衡三相负载的相电压，使负载的相电压对称，且等于电源的相电压。

例 4.2.1 图 4-13 中电源电压对称，线电压等于 380V，负载为电灯组，每相电灯(额定电压 220V)的电阻为 400Ω。试计算：(1) 负载相电压、相电流的大小；(2) 1 相断开时，其他两相负载相电压、相电流；(3) 1 短路时，其他两相负载相电压、相电流；(4) 如果采用了三相四线制，当 1 相断开、短路时其他两相负载相电压、相电流。

解：(1)负载对称时可以不接中线，负载的相电压与电源的相电压相等(在额定电压下工作)。

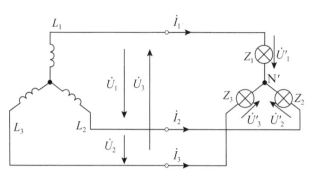

图 4-13　例 4.2.1 图

$$U'_1=U'_2=U'_3=\frac{380}{\sqrt{3}}\text{V}=220\text{V},I_1=I_2=I_3=\frac{220}{400}\text{A}=0.55\text{A}$$

（2）如图 4-14（a）所示，若一相断开，其他两相负载相电压、相电流为

$$I_1=0\text{A},U'_2=U'_3=\frac{380}{2}\text{V}=190\text{V},I_2=I_3=\frac{190}{400}\text{A}=0.475\text{A}$$

此时其他两相的电灯较暗。

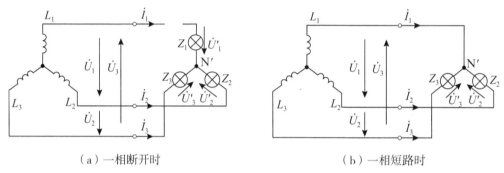

（a）一相断开时　　　　　　　　　　　　（b）一相短路时

图 4-14　一相断开或短路

（3）如图 4-14（b）所示，若一相短路，其他两相负载相电压、相电流为

$$U'_2=U'_3=380\text{V},I_2=I_3=\frac{380}{400}\text{A}=0.95\text{A}$$

此时，其他两相的电灯的端电压超过了额定电压，电灯将被损坏。

（4）如果采用三相四线制，当一相断开或者短路时，因为中线的存在，其余两相负载相电压、相电流不受影响，相电压仍为 220V，但短路的一相电流很大，会将熔断器熔断。

注意：在实际应用中，中线上不允许接开关或熔断器！

例 4.2.2　对称三相电路如图 4-15 所示,已知 $Z_L=(1+j2)\ \Omega$,$Z=(5+j6)\ \Omega$,线电压为 380V,试求各相负载的相电流。

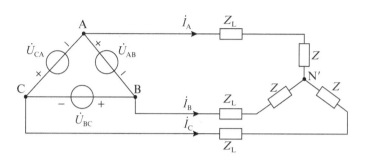

图 4-15　例 4.2.2 图

解:先将△形电源转换成等效的 Y 形电源,如图 4-16 所示。等效的条件是变换前后电源的线电压保持不变,因此利用 Y 形连接时线电压和相电压的关系,可得 $U_P=\dfrac{U_L}{\sqrt{3}}=220\text{V}$。

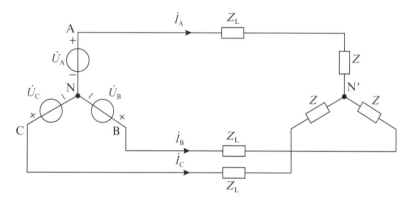

图 4-16　△形电源等效成 Y 形电源

设 $\dot{U}_A=220\angle 0°\text{V}$,则 A 相负载的线电流(Y 形连接相电流等于线电流)为

$$\dot{I}_A=\frac{\dot{U}_A}{Z_L+Z}=\frac{220\angle 0°}{6+j8}\text{A}=22\angle -53°\text{A}$$

三相电源电压对称,三相负载对称,故三相电流对称,由此可以写出其他两相电流:

$$\dot{I}_B=\dot{I}_A\angle -120°=22\angle -173°\text{A},\dot{I}_C=\dot{I}_A\angle 120°=22\angle 67°\text{A}$$

4.2 测试题

4.3　负载三角形连接的三相电路

负载三角形
连接的三相电路

三相负载 Z_A、Z_B、Z_C 依次相连,然后将三个端点与电源三根端线相接,这种连接形式称为三角形连接,此时相电压等于线电压,如图 4-17 所示。

负载三角形
连接的三相电路

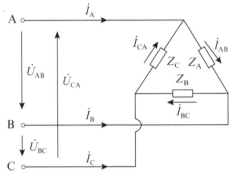

图 4-17　负载三角形连接

流过每相负载的电流 $\dot{I}_{AB}$、$\dot{I}_{BC}$、$\dot{I}_{CA}$ 称为三相负载的相电流。流过火线的电流 $\dot{I}_A$、$\dot{I}_B$、$\dot{I}_C$ 称为三相电路的线电流。

由图 4-17 可知,当三相负载三角形连接时,相电流和线电流的关系可由 KCL 得到:

$$\dot{I}_A = \dot{I}_{AB} - \dot{I}_{CA}$$
$$\dot{I}_B = \dot{I}_{BC} - \dot{I}_{AB} \tag{4.3.1}$$
$$\dot{I}_C = \dot{I}_{CA} - \dot{I}_{BC}$$

$$\dot{I}_{AB} = \frac{\dot{U}_{AB}}{Z_A}, \quad \dot{I}_{BC} = \frac{\dot{U}_{BC}}{Z_B}, \quad \dot{I}_{CA} = \frac{\dot{U}_{CA}}{Z_C} \tag{4.3.2}$$

(1)负载三角形连接时,线电压等于相电压,当三相负载对称(即 $Z_A = Z_B = Z_C$)时,三相电流对称。此时式(4.3.1)可表示为

$$\dot{I}_A = \dot{I}_{AB} - \dot{I}_{CA} = \dot{I}_{AB} - \dot{I}_{AB} \angle 120° = \sqrt{3}\,\dot{I}_{AB} \angle -30°$$
$$\dot{I}_B = \dot{I}_{BC} - \dot{I}_{AB} = \dot{I}_{BC} - \dot{I}_{BC} \angle 120° = \sqrt{3}\,\dot{I}_{BC} \angle -30°$$
$$\dot{I}_C = \dot{I}_{CA} - \dot{I}_{BC} = \dot{I}_{CA} - \dot{I}_{CA} \angle 120° = \sqrt{3}\,\dot{I}_{CA} \angle -30°$$

由此可知,对称三相负载作三角形连接时,线电流是相电流的 $\sqrt{3}$ 倍,即 $I_L = \sqrt{3}\,I_P$,且在相位上滞后相应的相电流30°,即 $\dot{I}_A$ 滞后 $\dot{I}_{AB}$30°,$\dot{I}_B$ 滞后 $\dot{I}_{BC}$30°,$\dot{I}_C$ 滞后 $\dot{I}_{CA}$30°。写成相量形式为 $\dot{I}_L = \sqrt{3}\,\dot{I}_P \angle -30°$。对称三角形连接时电流相量图如图 4-18 所示。

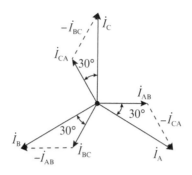

图 4-18　对称负载三角形连接电流相量图

(2)图 4-17 中,若三相负载不对称,而各相负载相电压等于线电压,仍然是对称的。此时线电流和相电流的关系仍然如式(4.3.1)所示,各相电流仍可利用式(4.3.2)求得。

但此时各线电流、相电流不再对称,且线电流不再是相电流的 $\sqrt{3}$ 倍。

例 4.3.1　电路如图 4-17 所示,已知 $Z_A = Z_B = Z_C = Z = 3 + j4\Omega$, $u_{AB} = 220\sqrt{2}\sin\omega t\,\text{V}$,求各相电流和线电流。

解:由题可知,线电压 $\dot{U}_{AB} = 220\angle 0°\text{V}$。

对称负载三角形连接时,相电压等于线电压,可得 A 相的相电流为

$$\dot{I}_{AB} = \frac{\dot{U}_{AB}}{Z} = \frac{220\angle 0°}{3 + j4}\text{A} = 44\angle -53.1°\text{A}$$

求出线电流 $\dot{I}_A = \sqrt{3}\dot{I}_{AB}\angle -30° = 76.2\angle -83.1°\text{A}$

根据对称性可得

$$\dot{I}_{BC} = \dot{I}_{AB}\angle -120° = 44\angle -173.1°\text{A}$$

$$\dot{I}_{CA} = \dot{I}_{AB}\angle 120° = 44\angle 126.9°\text{A}$$

$$\dot{I}_B = \dot{I}_A\angle -120° = 76.2\angle 156.9°\text{A}$$

$$\dot{I}_C = \dot{I}_A\angle 120° = 76.2\angle 36.9°\text{A}$$

例 4.3.2　380V/220V 的三相电源,接有两组对称三相负载:一组是三角形连接的电感性负载,每相阻抗 $Z_\triangle = 36.3\angle 37°\Omega$;另一组是星形连接的电阻性负载,每相电阻 $R = 10\Omega$,如图 4-19 所示。试求:(1)各组负载的相电流;(2)电路线电流。

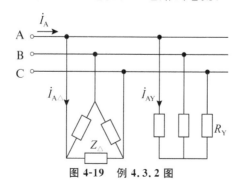

图 4-19　例 4.3.2 图

解：设三相电源线电压 $\dot{U}_{AB}=380\angle 0°\text{V}$，则三相电源相电压 $\dot{U}_A=220\angle -30°\text{V}$。

1. 各组负载的相电流

负载三角形连接时，负载的相电压等于三相电源的线电压，故其相电流为

$$\dot{I}_{AB\triangle}=\frac{\dot{U}_{AB}}{Z_\triangle}=\frac{380\angle 0°}{36.3\angle 37°}\text{A}=10.47\angle -37°\text{A}$$

根据对称关系：

$$\dot{I}_{BC\triangle}=\dot{I}_{AB\triangle}\angle -120°=10.47\angle -157°\text{A}$$

$$\dot{I}_{CA\triangle}=\dot{I}_{AB\triangle}\angle 120°=10.47\angle 83°\text{A}$$

负载星形连接时，线电流等于相电流，其相电流为：

$$\dot{I}_{AY}=\frac{\dot{U}_A}{R_Y}=\frac{220\angle -30°}{10}\text{A}=22\angle -30°\text{A}$$

由对称关系得：$\dot{I}_{BY}=\dot{I}_{AY}\angle -120°=22\angle -150°\text{A}$，$\dot{I}_{CY}=\dot{I}_{AY}\angle 120°=22\angle 90°\text{A}$。

2. 电路的线电流

负载三角形连接时 A 相的线电流为

$$\dot{I}_{A\triangle}=\sqrt{3}\,\dot{I}_{AB\triangle}\angle -30°=(10.47\sqrt{3}\angle -67°)\text{A}=18.13\angle -67°\text{A}$$

于是电路的线电流为

$$\dot{I}_A=\dot{I}_{A\triangle}+\dot{I}_{AY}=(18.13\angle -67°+22\angle -30°)\text{A}=38\angle -46.7°\text{A}$$

由对称关系得：

$$\dot{I}_B=\dot{I}_A\angle -120°=38\angle -166.7°\text{A}，\dot{I}_C=\dot{I}_A\angle 120°=38\angle 73.3°\text{A}$$

4.3测试题

4.4 三相电路的三相功率

三相电路的三相功率

4.4.1 有功功率

三相电路的三相功率

在三相电路中，三相负载吸收的有功功率等于各相有功功率之和，即

$$P=P_A+P_B+P_C=U_{PA}I_{PA}\cos\varphi_A+U_{PB}I_{PB}\cos\varphi_B+U_{PC}I_{PC}\cos\varphi_C \quad (4.4.1)$$

式中，φ_A、φ_B 和 φ_C 分别是 A 相、B 相和 C 相的相电压与相电流的相位差，即各相负载的阻抗角。

当三相负载对称时，无论负载是星形还是三角形接法，由于每一相负载的电压和电流都对称，所以各相有功功率必定相等，则式(4.4.1)表示为

$$P=3P_P=3U_PI_P\cos\varphi \quad (4.4.2)$$

式中，P_P、U_P、I_P、$\cos\varphi$ 分别表示一相的有功功率、相电压有效值、相电流有效值以及负载的功率因数。

其实，三相负载对称时，有功功率也可以表示为线电压和线电流的形式。

当对称负载星形连接时，$U_L=\sqrt{3}U_P$，$I_L=I_P$，代入式(4.4.2)可得此时三相有功功率的

计算公式为

$$P=3\times\frac{U_{\mathrm{L}}}{\sqrt{3}}\times I_{\mathrm{L}}\times\cos\varphi=\sqrt{3}\,U_{\mathrm{L}}I_{\mathrm{L}}\cos\varphi$$

当对称负载三角形连接时，$U_{\mathrm{L}}=U_{\mathrm{P}}$，$I_{\mathrm{L}}=\sqrt{3}\,I_{\mathrm{P}}$，代入式(4.4.2)可得此时三相有功功率的计算公式为

$$P=3\times U_{\mathrm{L}}\times\frac{I_{\mathrm{L}}}{\sqrt{3}}\times\cos\varphi=\sqrt{3}\,U_{\mathrm{L}}I_{\mathrm{L}}\cos\varphi$$

可见，对称三相负载不论是星形还是三角形连接，三相总有功率都可表示为

$$P=3P_{\mathrm{P}}=3U_{\mathrm{P}}I_{\mathrm{P}}\cos\varphi=\sqrt{3}\,U_{\mathrm{L}}I_{\mathrm{L}}\cos\varphi \tag{4.4.3}$$

注意：式(4.4.3)中的 φ 是相电压与相电流的相位差，也是负载的阻抗角。因此，三相负载对称时，一相电路的功率因数也就是三相电路的总功率因数。

三相电路中，测量线电压和线电流较为方便，因此在计算三相总功率时常用线电压和线电流的形式。

4.4.2　无功功率

在三相电路中，三相负载无功功率等于各相负载无功功率之和，即

$$Q=Q_{\mathrm{A}}+Q_{\mathrm{B}}+Q_{\mathrm{C}}=U_{\mathrm{PA}}I_{\mathrm{PA}}\sin\varphi_{\mathrm{A}}+U_{\mathrm{PB}}I_{\mathrm{PB}}\sin\varphi_{\mathrm{B}}+U_{\mathrm{PC}}I_{\mathrm{PC}}\sin\varphi_{\mathrm{C}} \tag{4.4.4}$$

在对称三相电路中，各相负载的无功功率相等，则式(4.4.4)可以表示为

$$Q=3Q_{\mathrm{P}}=3U_{\mathrm{P}}I_{\mathrm{P}}\sin\varphi=\sqrt{3}\,U_{\mathrm{L}}I_{\mathrm{L}}\sin\varphi \tag{4.4.5}$$

4.4.3　视在功率

三相电路的视在功率为

$$S=\sqrt{P^{2}+Q^{2}} \tag{4.4.6}$$

其中 P 为三相总有功功率，Q 为三相总无功功率。

在对称三相电路中，P，Q 可分别用式(4.4.3)和式(4.4.5)表示，故有

$$S=3U_{\mathrm{P}}I_{\mathrm{P}}=\sqrt{3}\,U_{\mathrm{L}}I_{\mathrm{L}} \tag{4.4.7}$$

需要强调的是：(1)三相负载对称时，功率因数也可以定义为 $\cos\varphi=P/S$；(2)三相负载不对称时，需按式(4.4.1)、式(4.4.4)和式(4.4.6)计算有功功率、无功功率和视在功率。

4.4.4　瞬时功率

对称三相电路中，设 $u_{\mathrm{A}}=\sqrt{2}\,U_{\mathrm{P}}\sin\omega t$，$i_{\mathrm{A}}=\sqrt{2}\,I_{\mathrm{P}}\sin(\omega t-\varphi)$，则各相瞬时功率可表示为

$$p_{\mathrm{A}}=u_{\mathrm{A}}i_{\mathrm{A}}=\sqrt{2}\,U_{\mathrm{P}}\sin\omega t\,\sqrt{2}\,I_{\mathrm{P}}\sin(\omega t-\varphi)=U_{\mathrm{P}}I_{\mathrm{P}}[\cos\varphi-\cos(2\omega t-\varphi)]$$

$$p_{\mathrm{B}}=u_{\mathrm{B}}i_{\mathrm{B}}=\sqrt{2}\,U_{\mathrm{P}}\sin(\omega t-120°)\sqrt{2}\,I_{\mathrm{P}}\sin(\omega t-120°-\varphi)=U_{\mathrm{P}}I_{\mathrm{P}}[\cos\varphi-\cos(2\omega t-240°-\varphi)]$$

$$p_{\mathrm{C}}=u_{\mathrm{C}}i_{\mathrm{C}}=\sqrt{2}\,U_{\mathrm{P}}\sin(\omega t+120°)\sqrt{2}\,I_{\mathrm{P}}\sin(\omega t+120°-\varphi)=U_{\mathrm{P}}I_{\mathrm{P}}[\cos\varphi-\cos(2\omega t+240°-\varphi)]$$

p_{A}、p_{B}、p_{C} 中都含有一个交变分量，它们的幅值相等，相位互差 120°，由三相对称正弦量和的特点可知，这三个交变分量相加等于零。所以有

$$p = p_A + p_B + p_C = 3U_P I_P \cos\varphi = 3P_P = P$$

可见,对称三相电路中,瞬时功率就等于三相的总平均功率,是恒定值,这种性质称为瞬时功率平衡。电动机的转矩与功率成正比,由于瞬时功率平衡,所以电动机工作时可以得到均衡的机械力矩,进而避免运转时的机械振动。

例 4.4.1   如图 4-20 所示,三相对称负载作三角形连接,$U_L = 220\text{V}$,当 S_1、S_2 均闭合时,各电流表读数均为 17.3A,三相功率 $P = 4.5\ \text{kW}$,试求:(1)每相负载的电阻和感抗;(2)S_1 闭合,S_2 断开时,各电流表读数和有功功率 P;(3)S_1 断开,S_2 闭合时,各电流表读数和有功功率 P。

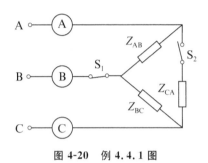

图 4-20   例 4.4.1 图

解:(1)由三相负载三角形连接可得:

$$I_L = \sqrt{3}\,I_P \Rightarrow I_P = \frac{I_L}{\sqrt{3}} = \frac{17.3}{\sqrt{3}}\text{A} = 10\text{A}$$

$$|Z| = \frac{U_P}{I_P} = \frac{220}{10}\Omega = 22\Omega$$

$$\cos\varphi = \frac{P}{\sqrt{3}\,U_L I_L} = 0.68$$

$$R = |Z|\cos\varphi = (22 \times 0.68)\Omega = 15\Omega$$

$$X_L = \sqrt{|Z|^2 - R^2} = \sqrt{22^2 - 15^2}\ \Omega = 16\Omega$$

(2)S_1 闭合,S_2 断开时:

流过电流表 A、C 的电流变为相电流 I_P,流过电流表 B 的电流仍为线电流 I_L,则
$$I_A = I_C = 10\text{A}, \quad I_B = 17.3\text{A}$$

开关 S_1、S_2 均闭合时,三相对称负载的每相有功功率为

$$P_{AB} = P_{BC} = P_{CA} = \frac{P_总}{3} = \frac{4.5}{3}\text{kW} = 1.5\text{kW}$$

当 S_1 闭合,S_2 断开时,Z_{AB}、Z_{BC} 的相电压和相电流不变,则 P_{AB}、P_{BC} 不变。

$$P = P_{AB} + P_{BC} = 3\text{kW}$$

(3)S_1 断开,S_2 闭合时:

$I_B = 0\text{A}$,此时的等效电路如图 4-21 所示。I_1 仍为相电流 I_P,I_2 变为 $\frac{1}{2}I_P$。

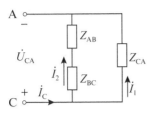

图 4-21 S_1 断开，S_2 闭合时的等效电路

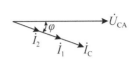

图 4-22 相量图

设 $\dot{U}_{CA}=U_P\angle0°V$，$Z_{AB}=Z_{BC}=Z_{CA}=|Z|\angle\varphi$，则有：

$$\dot{I}_A=\dot{I}_C=\dot{I}_1+\dot{I}_2=\frac{\dot{U}_{CA}}{Z}+\frac{\dot{U}_{CA}}{2Z}=\frac{U_P\angle0°}{|Z|\angle\varphi}+\frac{U_P\angle0°}{2|Z|\angle\varphi}=I_P\angle-\varphi+\frac{I_P}{2}\angle-\varphi$$

由相量图 4-22 可知

$$I_A=I_C=I_1+I_2=(10+5)A=15A$$

故电流表 A 和 C 的读数为 15A，电流表 B 的读数为 0。

因 I_2 变为 $I_P/2$，所以 AB、BC 相负载的功率变为原来的 1/4。

$$P=\frac{1}{4}P_{AB}+\frac{1}{4}P_{BC}+P_{CA}=(\frac{1}{4}\times1.5+\frac{1}{4}\times1.5+1.5)kW=2.25kW$$

例 4.4.2 在如图 4-23 所示三相电路中，已知 $Z_a=(3+j4)\Omega$，$Z_b=(8-j6)\Omega$，电源线电压为 380V，求电路的总有功功率、无功功率和视在功率以及从电源取用电流的大小。

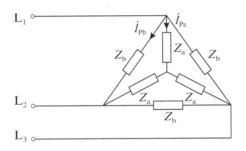

图 4-23 例 4.4.2 图

解：(1)当三个 Z_a 组成 Y 形连接的对称三相负载时：

$$U_L=\sqrt{3}U_P\Rightarrow U_{Pa}=\frac{380}{\sqrt{3}}V=220V$$

$$I_{Pa}=\frac{U_{Pa}}{|Z_a|}=\frac{220}{\sqrt{3^2+4^2}}A=44A$$

$$\cos\varphi_a=\frac{R_a}{|Z_a|}=\frac{3}{5}=0.6,\sin\varphi_a=\frac{X_a}{|Z_a|}=\frac{4}{5}=0.8（由阻抗三角形关系推得）$$

$$P_a=3U_{Pa}I_{Pa}\cos\varphi_a=(3\times220\times44\times0.6)W=17424W$$

$$Q_a=3U_{Pa}I_{Pa}\sin\varphi_a=(3\times220\times44\times0.8)var=23232var$$

(2)当三个 Z_b 组成 △ 形连接的对称三相负载时：

$$U_{Pb}=U_L=380V，I_{Pb}=\frac{U_{Pb}}{|Z_b|}=\frac{380}{\sqrt{8^2+6^2}}A=38A$$

153

$$\cos\varphi_b = \frac{R_b}{|Z_b|} = \frac{8}{10} = 0.8, \sin\varphi_b = \frac{X_b}{|Z_b|} = \frac{-6}{10} = -0.6$$

$$P_b = 3U_{Pb}I_{Pb}\cos\varphi_b = (3 \times 380 \times 38 \times 0.8)\text{W} = 34656\text{W}$$

$$Q_b = 3U_{Pb}I_{Pb}\sin\varphi_b = [3 \times 380 \times 38 \times (-0.6)]\text{var} = -25992\text{var}$$

$$P = P_a + P_b = (17424 + 34656)\text{W} = 52.08\text{kW}$$

$$Q = Q_a + Q_b = (23232 - 25992)\text{var} = -2.76\text{kvar}$$

$$S = \sqrt{P^2 + Q^2} = 52.15\text{kV} \cdot \text{A}$$

从电源取用的电流 $I_L = \dfrac{S}{\sqrt{3}U_L} = \dfrac{52150}{1.732 \times 380}\text{A} = 79.2\text{A}$

4.4.5 三相功率的测量

平均功率可以用瓦特计来测量,瓦特计也称为功率表。功率表内有两个线圈——电流线圈和电压线圈,使用时电流线圈需与负载串联,电压线圈需与负载并联,且电压线圈的 *(同名)端和电流线圈的 *(同名)端要连接在一起。这样的接法可理解为"被测的电压、电流为关联参考方向",功率表测量的是负载吸收的功率。

对于三相四线制电路,如果三相负载不对称,则需要用三个功率表分别测出各相负载的功率,然后求其总和,如图 4-24 所示。如果负载对称,则只需用一个功率表接入任何一相,其读数的 3 倍即为三相总功率。

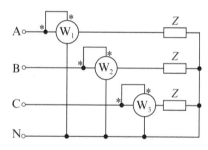

图 4-24 三个功率表测量功率

对于三相三线制电路,可以采用两个功率表来测量三相总功率,如图 4-25 所示。其连接方法是两个功率表的电流线圈分别串入任意两相中(图中分别是 A、B 两相),电压线圈的 *(同名)端分别与电流线圈的 *端接在一起,而电压线圈的非 *(同名)端共同接到第三根相线上(图中为 C 线)。可以证明,两个功率表读数的代数和等于被测的三相总功率。这种用两个功率表测量三相总功率的方法称二瓦计法。

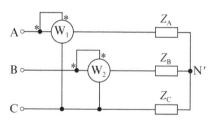

图 4-25 两个功率表测量三相总功率

下面证明二瓦计法:不论负载是星形连接还是三角形连接,总可以用△⇌Y的阻抗互换转换为星形负载,因此三相瞬时功率为

$$p = p_A + p_B + p_C = u_{AN'} i_A + u_{BN'} i_B + u_{CN'} i_C$$

对三相三线制,有 $i_A + i_B + i_C = 0$,所以 $i_C = -(i_A + i_B)$。

将上式代入 p 中,得

$$p = (u_{AN'} - u_{CN'}) i_A + (u_{BN'} - u_{CN'}) i_B = u_{AC} i_A + u_{BC} i_B$$

则三相平均功率可根据 $P = \dfrac{1}{T} \displaystyle\int_0^T p \mathrm{d}t$ 求得

$$P = U_{AC} I_A \cos\varphi_1 + U_{BC} I_B \cos\varphi_2$$

其中,φ_1 为线电压 $\dot{U}_{AC}$ 与线电流 $\dot{I}_A$ 之间的相位差,φ_2 为线电压 $\dot{U}_{BC}$ 与线电流 $\dot{I}_B$ 之间的相位差。上式中第一项就是图 4-25 中功率表 W_1 的读数 P_1,第二项是功率表 W_2 的读数 P_2,即 $P = P_1 + P_2$。

需要注意的是,在一定的条件下,两个功率表之一的读数可能为负,求代数和时该读数应取负值。一般来讲,单独一个功率表的读数是没有意义的。

当然二瓦计法还有其他两种接法,即可以把两个功率表的电流线圈分别串入 B、C 两根相线中,它们的电压线圈的非 *(同名)端共同接到 A 相线上;或者把两个功率表的电流线圈分别串入 C、A 两根相线中,它们的电压线圈的非 *(同名)端共同接到 B 相线上。只要是三相三线制,无论负载三角形连接还是星形连接,也无论负载是否对称都可以用二瓦计法测三相总功率。需特别说明的是,不对称的三相四线制不能用二瓦计法测量三相功率,因为它不满足 $i_A + i_B + i_C = 0$。

4.4 测试题

4.5 应用举例

4.5.1 相序指示器

工业中有一种仪器称为相序指示器,它的作用是可以帮助人们判断三相电源的相序,防止电机等负载出现转向事故。图 4-26 为相序指示器两种常见的电路,分别为电容式和电感式。对图 4-26(a)的电容式电路,假设两个灯泡型号相同,且电容的容抗 X_C 与灯泡的电阻 R 大致相当,即 $R = X_C$。则任选用户端的三相电源的一相为第 1 相(A 相),接在 Y 形负载的电容端,另外两相随意接入,此时接通三相电源,其中最亮的一定是第 2 相(B 相),最暗的是第 3 相(C 相)。对图 4-26(b)所示的电感式电路,同样地,假设两个灯泡型号相同,且电感的感抗 X_L 与灯泡的电阻 R 大致相当,即 $R = X_L$。则任选用户端的三相电源的一相为第 1 相(A 相),接在 Y 形负载的电感端,另外两相随意接入,此时接通三相电源,其中最暗的一定是第 2 相(B 相),最亮的是第 3 相(C 相)。

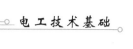

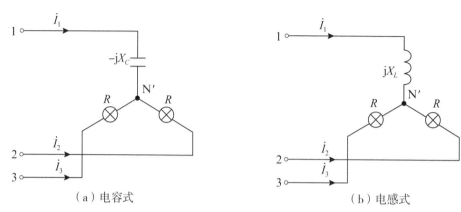

（a）电容式 　　　　　　　　　　　　　（b）电感式

图 4-26　相序指示器电路原理

下面以电容式电路为例，介绍相序指示器测定相序的原理。将 4-26（a）所示电路接入三相电得到图 4-27 所示电路，其中 $R＝X_C＝1/(\omega C)$。显然该电路是三相电压对称而负载不对称的三相电路，且无中线。

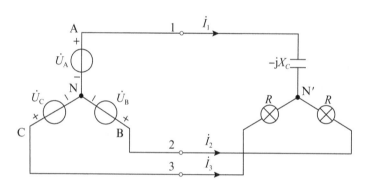

图 4-27　相序指示器工作电路原理

设对称三相电源 $\dot{U}_A＝U\angle 0°,\dot{U}_B＝U\angle -120°,\dot{U}_C＝U\angle 120°$，则由公式（4.2.6）可得负载中性点和电源中性点之间的电压：

$$\dot{U}_{N'N}=\frac{\dfrac{\dot{U}_A}{Z_A}+\dfrac{\dot{U}_B}{Z_B}+\dfrac{\dot{U}_C}{Z_C}}{\dfrac{1}{Z_A}+\dfrac{1}{Z_B}+\dfrac{1}{Z_C}}=\frac{\dfrac{\dot{U}_A}{-\mathrm{j}X_C}+\dfrac{\dot{U}_B}{R}+\dfrac{\dot{U}_C}{R}}{\dfrac{1}{-\mathrm{j}X_C}+\dfrac{1}{R}+\dfrac{1}{R}}=\frac{\mathrm{j}\omega C\dot{U}_A+\dfrac{\dot{U}_B}{1/(\omega C)}+\dfrac{\dot{U}_C}{1/(\omega C)}}{\mathrm{j}\omega C+\omega C+\omega C}$$

$$=\frac{\mathrm{j}\dot{U}_A+\dot{U}_B+\dot{U}_C}{\mathrm{j}+2}=\frac{(-1+\mathrm{j})\dot{U}_A}{2+\mathrm{j}}=0.632\angle 108.4°\dot{U}_A=0.632U\angle 108.4°$$

B 相和 C 相灯泡所承受的相电压为

$$\dot{U}_{BN'}=\dot{U}_{BN}-\dot{U}_{N'N}=\dot{U}_B-\dot{U}_{N'N}=U\angle -120°-0.632U\angle 108.4°=1.5U\angle -101.5°$$

$$\dot{U}_{CN'}=\dot{U}_{CN}-\dot{U}_{N'N}=\dot{U}_C-\dot{U}_{N'N}=U\angle 120°-0.632U\angle 108.4°=0.4U\angle 138.4°$$

根据上述计算结果可以看出：B 相的相电压远高于 C 相的相电压，故 B 相灯泡的亮度大于 C 相灯泡。即在指定了电容所在的那一相为 A 相（第 1 相）后，灯光较亮的为 B 相（第

2 相),较暗的为 C 相(第 3 相),由此可以确定三相电路的相序。对电感式相序测定电路的原理请读者自行分析。

4.5.2　实用电路分析

例 4.5.1　某大楼为日光灯和白炽灯混合照明,需装 60W 的白炽灯 90 盏(cosφ_1＝1),40W 的日光灯 210 盏(cosφ_2＝0.5),它们的额定电压都是 220V,由 380V/220V 的电网供电。(1)试分配其负载并指出应如何接入电网。(2)线路电流为多少?

分析:(1)一般来说,大楼的供电系统为三相四线制,所以尽量要把这些负载均匀分配到 A、B、C 三相上,并且保证负载均在额定电压下工作,故每一相接 70 盏日光灯和 30 盏白炽灯,而且它们都是并联连接在火线和零线之间,接线情况如图 4-28 所示。

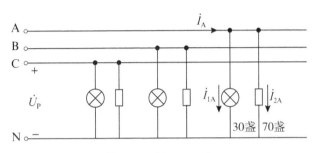

图 4-28　例 4.5.1 图

(2)计算线电流。

因为三相负载对称,故三相电流也对称,只需求一相线电流,其余两相大小与其相同,相位互差 120°。A 相线电流求解如下:

$$\dot{U}_P＝220\angle 0°V$$

cosφ_1＝1,白炽灯的电压 u 和电流 i 同相。

$$\dot{I}_{1A}＝(30\times\frac{60}{220\times 1}\angle 0°)A＝8.18\angle 0°A$$

cosφ_2＝0.5,φ_2＝60°,日光灯的电压 u 超前电流 i60°。

$$\dot{I}_{2A}＝(70\times\frac{40}{220\times 0.5}\angle -60°)A＝25.46\angle -60°A$$

$$\dot{I}_A＝\dot{I}_{1A}+\dot{I}_{2A}＝[8.18+25.46\cos(-60°)+j25.46\sin(60°)]A$$
$$＝(20.91-j22.05)A＝30.4\angle -46.5°A$$

例 4.5.2　某大楼电灯发生故障,第二层楼和第三层楼所有电灯都突然暗下来,而第一层楼电灯亮度不变,试问这是什么原因? 这楼的电灯是如何连接的? 同时发现,第三层楼的电灯比第二层楼的电灯还暗些,这又是什么原因?

分析:根据已知条件可以判断此大楼的供电系统为三相四线制,大楼的每一层电灯并联分别接到一相电源上,供电线路示意图如图 4-29 所示。

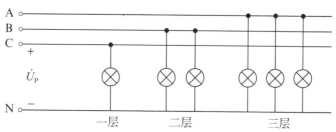

图 4-29　例 4.5.2 图

第一层楼电灯亮度不变,说明其相电压 U_P 不变,而第二层楼和第三层楼所有电灯都突然暗下来,说明它们的相电压 U_P 都变小了。据此可以判断,电路在 P 处断开,如图 4-30 所示。此时,二、三层楼的灯变为串联后接到 380V 的线电压上,串联分压,它们的相电压都小于 220V,所以二、三层楼的灯变暗,但一层楼的灯仍承受 220V 电压,所以亮度不变。

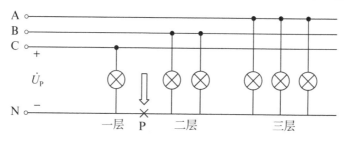

图 4-30　判断故障点

第三层楼的电灯比第二层楼的电灯还暗些,说明二、三层楼的灯串联后接到 380V 的线电压上,三楼的相电压小于二楼,也就是说三楼电灯的等效电阻小于二楼的等效电阻($R_3 < R_2$)。因为每一层楼的电灯都是并联连接的,并联的灯越多,等效电阻就越小,可见,此时三楼开的灯多于二楼(假设灯泡参数相同)。

通过这个实例,再一次说明了不对称三相电路中线的重要性。

囵第 4 章拓展　　囵第 4 章拓展　　囵第 4 章拓展　　囵第 4 章拓展
练习-1　　　　练习-2　　　　练习-3　　　　练习-4

本章小结

1. 三相电路的三相电源

对称三相正弦交流电源的特点是:频率相同,幅值相等,相位依次相差120°。即若以 A 相为基准相量,则有 $\dot{U}_A = U\angle 0°$,$\dot{U}_B = U\angle -120°$,$\dot{U}_C = U\angle 120°$。

对称三相正弦交流电源的瞬时值之和及相量之和均为零,即有

$$u_A + u_B + u_C = 0, \dot{U}_A + \dot{U}_B + \dot{U}_C = 0$$

三相电源的连接形式有星形(Y形)连接和三角形(△形)连接两种。

158

对称三相正弦交流电源 Y 形连接时：$\dot{U}_\text{L}=\sqrt{3}\dot{U}_\text{P}\angle 30°$。

对称三相正弦交流电源△形连接时：$\dot{U}_\text{L}=\dot{U}_\text{P}$。

2. 三相电路的负载连接(对称三相正弦交流电源)(见表 4-1)

表 4-1　三相电路的负载连接

负载连接形式	对称性负载	非对称性负载	
Y 形	$\dot{U}_\text{L}=\sqrt{3}\dot{U}_\text{P}\angle 30°$，$\dot{I}_\text{L}=\dot{I}_\text{P}$ 三相负载的线电压、相电压及线电流、相电流均对称。中线电流为 0	连接时必须有中线	有中线：(1)中线平衡三相负载的相电压，使负载的相电压对称，且等于电源的相电压；(2)三相电流不对称，各相负载工作相互独立，各相电路必须单独计算；(3)中线电流不等于 0
			无中线：造成负载中性点和电源中性点发生偏移，致使三相负载的相电压严重不对称。此时负载不能正常工作
△形	$\dot{U}_\text{L}=\dot{U}_\text{P}$，$\dot{I}_\text{L}=\sqrt{3}\dot{I}_\text{P}\angle -30°$ 三相负载线电压、相电压及线电流、相电流对称	(1)各相负载相电压等于线电压，保持对称；(2)各相电路必须单独计算，此时各线电流、相电流不再对称，且线电流不再是相电流的$\sqrt{3}$倍	

3. 三相电路的三相功率

1)对称三相电路(三相负载对称)

有功功率为 $P=3P_\text{P}=3U_\text{P}I_\text{P}\cos\varphi=\sqrt{3}U_\text{L}I_\text{L}\cos\varphi$。

无功功率为 $Q=3Q_\text{P}=3U_\text{P}I_\text{P}\sin\varphi=\sqrt{3}U_\text{L}I_\text{L}\sin\varphi$。

视在功率为 $S=3U_\text{P}I_\text{P}=\sqrt{3}U_\text{L}I_\text{L}$。

式中，P_P、U_P、I_P、$\cos\varphi$ 分别表示一相的有功功率、相电压有效值、相电流有效值以及负载的功率因数，U_L、I_L 分别表示线电压和线电流的有效值，φ 为相电压与相电流的相位差，也是负载的阻抗角。

2)不对称三相电路(三相负载不对称)

各相负载的功率需分别计算，再进行叠加。即

$$P=P_\text{A}+P_\text{B}+P_\text{C}，Q=Q_\text{A}+Q_\text{B}+Q_\text{C}，S=\sqrt{P^2+Q^2}$$

对称三相电路的三相瞬时功率之和等于三相的总平均功率，是恒定值，即瞬时功率平衡。这是三相制的优点之一。

4. 三相电路的功率测量

二瓦计法：适用于三相三相制电路，无论负载对称与否。

三表法：适用于三相四线制不对称电路。若负载对称，则只需要一个表。

习题 4

4.1　欲将发电机的三相绕组连成星形，如果误将 X、Y、C 连成一点(中性点)，是否也可以产生对称三相电压？

4.2　当发电机的三相绕组连成星形时，设线电压 $u_\text{AB}=380\sqrt{2}\sin(314t-15°)\text{V}$，试写出相电压 u_A 的三角函数式。

4.3 什么是三相负载、单相负载和单相负载的三相连接？三相交流电动机有三根电源线接到电源的 L_1、L_2、L_3 三端,称为三相负载,电灯有两根电源线,为什么不称为两相负载,而称单相负载?

4.4 有 220V/100W 的电灯 66 个,应如何接入线电压为 380V 的三相四线制电路?求负载在对称情况下的线电流。

4.5 为什么电灯开关一定要接在火线上?

4.6 已知对称三相电路,负载 Y 形连接,各相负载阻抗 $Z=(3+j4)\Omega$,线电压 $U_L=380V$,求各相电流、相电压及线电流,并画出各相电流、相电压的相量图。

4.7 已知对称三相电路线电压 $U_L=380V$,△形负载阻抗 $Z=(8+j6)\Omega$,求线电流和相电流。

4.8 三相四线制电路中,电源的线电压 $U_L=380V$,负载连接如题 4.8 图所示。各相负载阻抗为:$Z_A=(3+j4)\Omega$,$Z_B=20\Omega$,$Z_C=10\Omega$。求各相电流、线电流及中线电流。

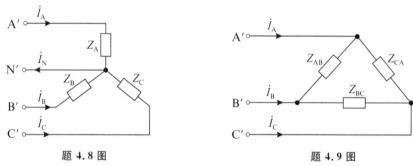

题 4.8 图　　　　　　　　　　　　题 4.9 图

4.9 电源对称而负载不对称的三相电路如题 4.9 图所示。已知线电压 $U_L=380V$,$Z_{AB}=(150+j75)\Omega$,$Z_{BC}=75\Omega$,$Z_{CA}=(45+j45)\Omega$。求各线电流 $\dot{I}_A$、$\dot{I}_B$、$\dot{I}_C$。

4.10 三相电路如题 4.10 图所示。对称电源线电压 $U_L=380V$,$Z_1=(50+j50)\Omega$,$Z_A=Z_B=Z_C=(50+j100)\Omega$。求下列两种情况下电源线电流 $\dot{I}_A$、$\dot{I}_B$、$\dot{I}_C$:(1)开关 S 打开;(2)开关 S 闭合。

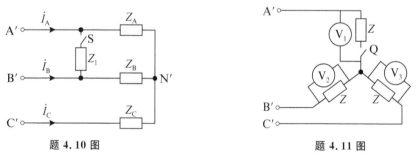

题 4.10 图　　　　　　　　　　　　题 4.11 图

4.11 三相电路如题 4.11 图所示。对称电源线电压 $U_L=380V$,求:(1)开关 Q 闭合时三个电压表的读数;(2)开关 Q 打开时三个电压表的读数。

4.12 在题 4.12 图所示的对称电源线电压 $U_L = 380V$ 的三相电路上,接有两组电阻性对称负载,试求线电流 I_A。

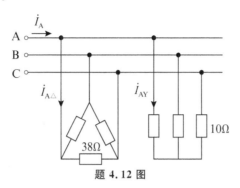

题 4.12 图

4.13 在题 4.13 图所示的三相电路中,三相四线制电源电压为 $380V/220V$,接有对称星形连接的白炽灯负载,其总功率为 $180W$。此外,在 C 相上接有额定电压为 $220V$,功率为 $40W$,功率因数 $\cos\varphi = 0.5$ 的日光灯一支。试求电流 $\dot{I}_A$、$\dot{I}_B$、$\dot{I}_C$ 及 $\dot{I}_N$。设 $\dot{U}_A = 220\angle 0°V$。

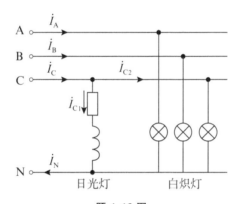

题 4.13 图

4.14 已知 Y 形连接负载的各相阻抗 $Z = (30+j40)\Omega$,所加对称线电压 $U_L = 380V$。试求此负载的功率因数和吸收的平均功率。

4.15 已知对称三相电路中,线电流 $\dot{I}_A = 5\angle 15°A$,线电压 $\dot{U}_{AB} = 380\angle 80°V$,试求此负载的功率因数和吸收的平均功率。

4.16 某对称负载的功率因数 $\lambda = 0.866$(感性),当接于线电压 $U_L = 380V$ 的对称三相电源时,其平均功率为 $40kW$。试计算负载为 Y 形连接时各相的等效阻抗。

4.17 在题 4.17 图所示的三相电路中,对称电源线电压 $U_L = 380\text{V}$。(1)如果图中各相负载的阻抗模都等于 10Ω,是否可以说负载是对称的?(2)试求各相电流,并用电压与电流的相量图计算中线电流。如果中线电流的参考方向选定同题 4.17 图中所示方向相反,则结果有何不同?(3)试求三相总有功功率 P。

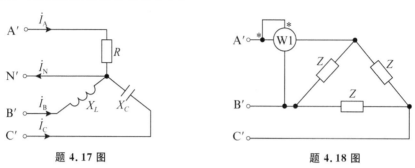

题 4.17 图　　　　　　　　题 4.18 图

4.18 对称三相电路如题 4.18 图所示,已知电源线电压 $U_L = 220\text{V}$, $Z = (20 + j20)\Omega$。

(1)求三相总有功功率 P。

(2)若用二瓦计法测三相总功率,其中一表已接好,画出另一功率表的接线图,并求其读数。

第 5 章　电路的暂态分析

前面各章介绍的是电路在直流稳态或正弦稳态工作时的性能。实际电路中有时会出现暂态过程，比如，加热一壶水，温度的升高需要一个过程；要使一台电动机的转动速度由零升到 1000r/min，这也需要一个过程。

本章主要介绍含储能元件电路在换路时遵循的换路定则及初始值的确定，电路的零输入响应、零状态响应和全响应的概念，分析一阶线性电路暂态过程的三要素法，并运用三要素法描述电路在暂态过程中各电量随时间变化的规律。

5.1　暂态过程与换路定则

直流稳态电路或正弦稳态电路中的电压、电流或是稳恒不变，或是周期性变动，处于稳定状态。但是在含有储能元件电容、电感的电路中，当电路的参数或结构发生变化时，由于储能元件储存的能量不能突变，电路就会发生暂态过程，即电路在某种原因下从一种稳定状态转变到另一种稳定状态中间所经历的过程。

电路中的暂态过程时间通常很短，但是对电路特性有很大的影响：一方面是由于在电子技术中常利用暂态过程来改善波形或产生特定的波形；另一方面是由于暂态过程也会使电路的某些部分呈现过高电压或过大电流的现象，从而导致电气设备或元器件受到损坏。因此对电路暂态过程的研究是利用和防范暂态过程的作用、影响的理论依据。

📖暂态过程
与换路定则

📖暂态过程
与换路定则

5.1.1　暂态过程

从能量角度看，电阻是耗能元件，由电流产生的电能总是立刻转化为其他形式的能量消耗掉。如果电路中含有电容或电感这样的储能元件，则电路中电压和电流的建立以及大小的改变，必然伴随着电容中电场能量和电感中磁场能量的改变。能量的变化只能是渐变，不可能发生跃变，否则意味着功率 $p = \dfrac{\mathrm{d}w}{\mathrm{d}t}$ 趋于无穷大，在实际中是不可能的。

对于电容元件 C，其电场储能为 $w_C = \dfrac{1}{2}Cu_C^2$，由于电路接通瞬间能量不能跃变，所以电压也不能跃变,否则会导致其中电流 $i_C = C\dfrac{\mathrm{d}u_C}{\mathrm{d}t}$ 趋于无穷大,这是不可能的。因此电流 i_C 只能是有限值,以有限的电流对电容充电,电荷及电压只能逐渐增大,不可能在某一时刻突然跃变。同样,电感 L 中储能 $w_L = \dfrac{1}{2}Li_L^2$,所以电路接通瞬间电流不能跃变。否则会导致其端电压 $u_L = L\dfrac{\mathrm{d}i_L}{\mathrm{d}t}$ 趋于无穷大,这也是不可能的。所以 u_L 只能是有限值,电感的磁链和电流只能逐渐增大,不可能在某一时刻突然跃变。

综上所述,电路产生暂态过程的原因有两个:一是内因,即电路中存在储能元件电感或电容;二是外因,即电路的结构或参数发生突然变化,如开关的接通或断开、元件的接入或拆除等,即电路发生换路。

5.1.2　换路定则

在换路瞬间,电容元件的电流有限时,其电压 u_C 不能跃变;电感元件的电压有限时,其电流 i_L 不能跃变。这一规律称为换路定则。设 $t=0$ 为换路瞬间,以 $t=0_-$ 为换路前的最后一瞬间,以 $t=0_+$ 为换路后的初始瞬间,则换路定则可表示为:

$$u_C(0_+) = u_C(0_-)$$
$$i_L(0_+) = i_L(0_-)$$

$(5.1.1)$

换路定则仅适用于换路瞬间,此外需要注意的是,换路定则仅仅指电容上的电压 u_C 和电感中的电流 i_L 不能跃变,而其他电压、电流(如电感上的电压、电容中的电流、电阻中的电压和电流)在换路瞬间均可跃变。因为它们的跃变不会引起电场和磁场能量的跃变,即不会出现无限大的功率。

5.1.3　初始值的确定

在换路后的开始瞬间 $t=0_+$ 时的电压、电流值称为初始值。初始值组成求解电路微分方程的初始条件,是分析暂态响应的重要条件。下面将详细说明如何确定电路中各初始值。

根据上述换路定则,由 $u_C(0_-)$、$i_L(0_-)$ 可以求得 $u_C(0_+)$ 和 $i_L(0_+)$,而电路中其他电压、电流响应的初始值,需要利用 $t=0_+$ 时的等效电路(也称为初始值等效电路)求得。计算步骤如下:

(1)确定换路前电路中 $u_C(0_-)$、$i_L(0_-)$,并由换路定则求得 $u_C(0_+)$ 和 $i_L(0_+)$。

(2)画出电路 $t=0_+$ 时刻等效电路。用电压等于 $u_C(0_+)$ 的电压源代替电容元件 C,用电流等于 $i_L(0_+)$ 的电流源代替电感元件 L,独立电源不变。这样原电路在 $t=0_+$ 时变成一个在直流电源作用下的电阻电路,称为 $t=0_+$ 时的等效电路。

(3)由 $t=0_+$ 时的等效电路求电路中各电压、电流的初始值。

例 5.1.1　图 5-1(a)电路中,已知 $U_s=15\text{V}$,$R_1=5\text{k}\Omega$,$R_2=6\text{k}\Omega$,开关 S 原来处于断开状态,开关 S 闭合前电容未储能,开关 S 在 $t=0$ 时闭合。求开关 S 闭合后 $t=0_+$ 时,各电流及电容电压的数值。

解:选定有关参考方向,如图 5-1(a)所示。

(1)由已知条件可知:$u_C(0_-)=0$;

（2）由换路定则可知：$u_C(0_+) = u_C(0_-) = 0$；

（3）画出 $t = 0_+$ 时的等效电路，如图 5-1（b）所示，求其他各电流、电压的初始值。

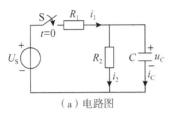
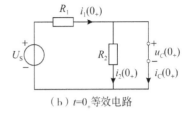

（a）电路图　　　　　　　　　　　　　（b）$t=0_+$等效电路

图 5-1　例 5.1.1 图

由于 $u_C(0_+) = 0$，所以在等效电路中电容相当于短路。故有：

$$i_2(0_+) = \frac{u_C(0_+)}{R_2} = \frac{0}{R_2} = 0（电阻 R_2 被短接）$$

$$i_1(0_+) = \frac{U_S}{R_1} = \frac{15}{5 \times 10^3}A = 3mA$$

由 KCL，有 $i_C(0_+) = i_1(0_+) - i_2(0_+) = (3-0)mA = 3mA$。

例 5.1.2　如图 5-2（a）所示电路，$U_S = 12V$，$R_1 = 8\Omega$，$R_2 = 4\Omega$，开关 S 原处于断开状态，开关 S 闭合前电感未储能，开关 S 在 $t=0$ 时闭合。求开关 S 闭合后 $t=0_+$ 时，各电流及电感电压 u_L 的数值。

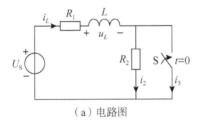
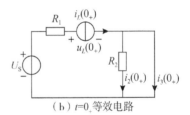

（a）电路图　　　　　　　　　　　　　（b）$t=0_+$等效电路

图 5-2　例 5.1.2 图

解：选定有关参考方向，如图 5-2（a）所示。

（1）求 $t = 0_-$ 时电感电流 $i_L(0_-)$。

由原电路已知条件得：

$$i_L(0_-) = i_2(0_-) = \frac{U_S}{R_1 + R_2} = \frac{12}{8+4}A = 1A$$

（2）求 $t = 0_+$ 时 $i_L(0_+)$。

由换路定则知：

$$i_L(0_+) = i_L(0_-) = 1A$$

（3）画出 $t = 0_+$ 时的等效电路，如图 5-2（b）所示。求其他各电压、电流的初始值。由于 S 闭合，R_2 被短路，则 R_2 两端电压为零，故 $i_2(0_+) = 0$。

由 KCL 有：　　　　$i_3(0_+) = i_L(0_+) - i_2(0_+) = i_L(0_+) = 1A$

由 KVL 有：　　　　$U_S = i_L(0_+)R_1 + u_L(0_+)$

所以　　　　　　$u_L(0_+) = U_S - i_L(0_+)R_1 = (12 - 1 \times 8)V = 4V$

例 5.1.3 如图 5-3(a)所示电路,已知 $U_S=12V$,$R_1=4\Omega$,$R_2=6\Omega$,$R_3=5\Omega$,$u_C(0_-)=0$,$i_L(0_-)=0$,当 $t=0$ 时开关 S 闭合。求开关 S 闭合后,各支路电流的初始值和电感上电压的初始值。

解: (1)由已知条件可知 $u_C(0_-)=0$,$i_L(0_-)=0$。

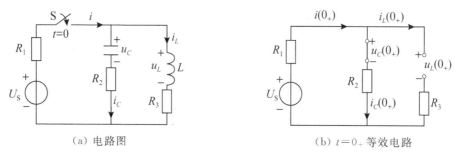

(a)电路图　　　　　　　(b)$t=0_+$等效电路

图 5-3　例 5.1.3 图

(2)求 $t=0_+$ 时,$u_C(0_+)$ 和 $i_L(0_+)$ 的值。

由换路定则知 $u_C(0_+)=u_C(0_-)=0$,$i_L(0_+)=i_L(0_-)=0$。

(3)画出 $t=0_+$ 时的等效电路,如图 5-3(b)所示。求其他各电压、电流的初始值。

$$i(0_+)=i_C(0_+)=\frac{U_S}{R_1+R_2}=\frac{12}{4+6}A=1.2A$$

$$u_L(0_+)=i_C(0_+)R_2=(1.2\times6)V=7.2V$$

5.1 测试题

5.2　一阶 RC 电路的暂态响应

当电路中只包含一个独立的储能元件(电容或电感),或经过变换可等效为一个储能元件,则描述电路的方程为一阶线性微分方程,这种电路就称为一阶线性电路。对于一阶线性电路暂态过程的分析,常采用经典法(或称为直接求解法)求解,即根据激励(电压或电流),通过求解电路的微分方程来得出电路的响应(电压和电流)。本书仅讨论一阶线性电路的暂态过程。

5.2.1　一阶 RC 电路的零输入响应

当电路发生换路时,如果动态元件含有初始储能,那么换路后即使电路中没有外加电源,动态元件也可以通过电路放电,从而在电路中产生电压和电流。把这种外加激励为零,仅由动态元件初始储能所产生的响应,称为一阶电路的零输入响应。

图 5-4(a)为一阶 RC 电路。

在 $t<0$ 时,开关 S 置于 1 的位置,电路处于稳定状态,电容 C 两端电压为 U_0,U_0 等于电源电压 U_S。$t=0$ 时将开关 S 拨至 2 的位置(假设开关动作瞬时完成),则已充电的电容 C 与电源脱开,并通过电阻放电,电路中形成放电电流 $i(t)$,如图 5-4(b)所示。随着时间 t 的增加,电容储能逐渐被电阻所消耗,电容电压和放电电流逐渐减小,最终趋于零。可见,在 $t\geqslant0$ 时,已没有外界能量输入,只靠电容中的储能在电路中产生

一阶 RC 电路的零输入响应

一阶 RC 电路的零输入响应

响应,所以这种响应称为零输入响应,零输入响应实际上就是电容元件的放电过程。

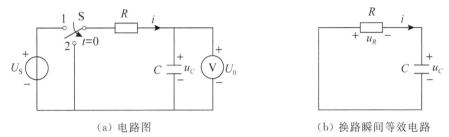

（a）电路图　　　　　　　　（b）换路瞬间等效电路

图 5-4　一阶 RC 电路的零输入响应

1. 电压、电流的变化规律

在 $t \geqslant 0$ 时,根据 KVL, $u_R + u_C = 0$,其中 $u_R = Ri$,而 $i = C\dfrac{\mathrm{d}u_C}{\mathrm{d}t}$ 。将 $i = C\dfrac{\mathrm{d}u_C}{\mathrm{d}t}$ 代入 $u_R = Ri$ 得:

$$RC\frac{\mathrm{d}u_C}{\mathrm{d}t} + u_C = 0 \tag{5.2.1}$$

式(5.2.1)为一阶常系数线性齐次微分方程,其通解为

$$u_C = A\mathrm{e}^{pt} \tag{5.2.2}$$

式中, A 为积分常数, p 为微分方程所对应的特征方程的根。

将式(5.2.2)代入式(5.2.1)有

$$RCpA\mathrm{e}^{pt} + A\mathrm{e}^{pt} = 0$$
$$RCp + 1 = 0 \tag{5.2.3}$$

式(5.2.3)是式(5.2.1)所对应的特征方程。于是解得特征方程的根 p 为

$$p = -\frac{1}{RC} \tag{5.2.4}$$

A 由初始条件确定。将 $u_C(0_+) = u_C(0_-) = U_0$ 代入式(5.2.2)得 $A = U_0$。由此可得满足初始值的微分方程的解为

$$u_C = U_0\mathrm{e}^{-\frac{t}{RC}} = U_0\mathrm{e}^{-\frac{t}{\tau}} \quad t \geqslant 0 \tag{5.2.5}$$

式中, $\tau = RC$ 称为 RC 电路的时间常数,当 C 以法拉(F)、R 用欧姆(Ω)为单位时,τ 的单位为秒(s)。

$$【\tau】 = 【RC】 = 【欧姆】【法拉】 = 【欧姆】【\frac{库仑}{伏特}】 = 【欧姆】【\frac{安培·秒}{伏特}】 = 【秒】$$

电路中的放电电流为

$$i = C\frac{\mathrm{d}u_C(t)}{\mathrm{d}t} = -\frac{U_0}{R}\mathrm{e}^{-\frac{t}{RC}} = -\frac{U_0}{R}\mathrm{e}^{-\frac{t}{\tau}} \quad t \geqslant 0 \tag{5.2.6}$$

u_C 和 i 的零输入响应变化曲线如图 5-5 所示。由图可见,RC 电路的零输入响应 u_C、i 都是随时间按指数规律衰减的,衰减速度取决于 RC 的值。当 $t \to \infty$ 时,u_C 和 i 衰减为零。注意:发生换路时,$i(0_-) = 0$,$i(0_+) = -\dfrac{U_0}{R}$,说明电容的电流在换路瞬间发生了跃变。

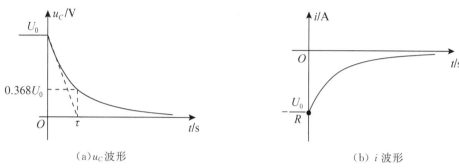

(a) u_C 波形　　　　　　　　　　　　(b) i 波形

图 5-5　一阶 RC 电路的零输入响应波形

2. 时间常数

时间常数 τ 是电容电压(或电流)衰减到初始值的 36.8% 所需要的时间。由数学定理可以证明,时间常数 τ 等于指数曲线上任意一点的次切距的长度,所以,以初始值点为例,在图 5-5(a)中

$$\left.\frac{\mathrm{d}u_C}{\mathrm{d}t}\right|_{t=0}=-\frac{U}{\tau}$$

即过初始值点的切线与横轴相交于 τ。

由表 5-1 可知,当 $t=5\tau$ 时,电容电压只有初始值的 0.7%,可以认为电压已基本衰减到 0。但从数学角度看,根据指数函数的特点,直到 $t\rightarrow\infty$,电压也只能无限接近 0,而不可能等于 0。

工程上一般认为,换路后时间经过 $3\tau\sim5\tau$,暂态过程就结束。由此可见,时间常数 τ 是描述暂态过程进行快慢的物理量,τ 越小,暂态过程进展越快。电压、电流衰减的快慢取决于时间常数 τ 的大小,RC 电路的零输入响应是由电容的初始电压和时间常数 τ 共同确定的。τ 对暂态过程的影响,见图 5-6 给出的 RC 电路在不同 τ 值下电压随时间变化的曲线。

时间常数 τ 仅由电路参数 R 和 C 决定。R 越大,电路中放电电流越小,放电时间越长;C 越大,电容所储存的电荷量越多,放电时间越长。所以 τ 只与 R 和 C 的乘积有关,与电路的初始状态和外加激励无关。

表 5-1　电容电压及电流随时间变化的规律

t	0	τ	2τ	3τ	4τ	5τ	⋯	∞
$e^{-\frac{t}{\tau}}$	$e^0=1$	$e^{-1}=0.368$	$e^{-2}=0.135$	$e^{-3}=0.05$	$e^{-4}=0.018$	$e^{-5}=0.007$	⋯	$e^{-\infty}$
u_C	U_0	$0.368U_0$	$0.135U_0$	$0.05U_0$	$0.018U_0$	$0.007U_0$	⋯	0
i	$\dfrac{U_0}{R}$	$0.368\dfrac{U_0}{R}$	$0.135\dfrac{U_0}{R}$	$0.05\dfrac{U_0}{R}$	$0.018\dfrac{U_0}{R}$	$0.007\dfrac{U_0}{R}$	⋯	0

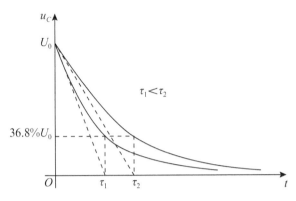

图 5-6　τ 值对放电曲线的影响

时间常数可用下列方法求得：

（1）直接按时间常数的定义，该方法中电阻是从储能元件两端看进去的等效电阻（同戴维南定理求等效电阻的方法）；

（2）根据零输入响应 u_C 的变化曲线，当电容电压衰减到初始值的 36.8% 时所对应的时间。

RC 电路的零输入响应的实质是电容释放能量的过程。在整个放电过程中电阻所消耗的能量为

$$W_R = \int_0^\infty Ri^2 \, \mathrm{d}t = \int_0^\infty R\left(-\frac{U_0}{R}\mathrm{e}^{-\frac{t}{\tau}}\right)^2 \mathrm{d}t = \frac{1}{2}CU_0^2 \tag{5.2.7}$$

可见，电阻所消耗的能量刚好等于电容的初始储能，符合能量守恒定律。它表明，电容存储的电场能量全部被电阻所消耗，转换成了热能。

例 5.2.1　如图 5-7 所示电路原已稳定，试求开关 S 断开后的电容电压 u_C。

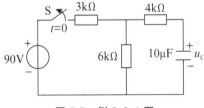

图 5-7　例 5.2.1 图

解：换路前电路已稳定，电容相当于开路，则有：

$$u_C(0_-) = \left(90 \times \frac{6}{6+3}\right)\mathrm{V} = 60\,\mathrm{V}$$

根据换路定则有：
$$u_C(0_+) = u_C(0_-) = 60\,\mathrm{V}$$

时间常数为：
$$\tau = RC = \left[(4+6) \times 10^3 \times 10 \times 10^{-6}\right]\mathrm{s} = 0.1\,\mathrm{s}$$

所以电容电压为：
$$u_C(t) = 60\mathrm{e}^{-\frac{t}{\tau}} = 60\mathrm{e}^{-10t}\,\mathrm{V}$$

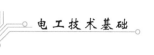

5.2.2　一阶 RC 电路的零状态响应

零状态响应是指在换路时储能元件初始储能为零,由激励而引起的响应。

一阶 RC 电路
的零状态响应

图 5-8 电路是 RC 串联电路。开关 S 闭合前,电容 C 上没有储能;$t=0$ 时刻将开关 S 闭合,RC 串联电路与外接激励 U_S 接通,电容 C 充电。RC 串联电路的零状态响应实质上就是电容 C 的充电过程。

一阶 RC 电路
的零状态响应

图 5-8　RC 电路的零状态响应

按照图 5-8 中给定的电压、电流方向,由 KVL 可得:

$$u_R + u_C = U_S \quad t \geqslant 0 \tag{5.2.8}$$

将各元件的伏安关系 $u_R = iR$ 和 $i = C\dfrac{\mathrm{d}u_C}{\mathrm{d}t}$ 代入上式,得:

$$RC\frac{\mathrm{d}u_C}{\mathrm{d}t} + u_C = U_S \quad t \geqslant 0 \tag{5.2.9}$$

此方程为一阶常系数线性非齐次微分方程。该方程的解由非齐次微分方程的特解 u_C' 和相应的齐次微分方程的通解 u_C'' 两部分组成,即

$$u_C = u_C' + u_C'' \tag{5.2.10}$$

特解为微分方程的任意一个解。为方便起见,把电路换路后达到稳态后的状态作为特解,即

$$u_C' = U_S \tag{5.2.11}$$

特解又称为电路的稳态分量或强制分量,它的变化规律和大小只与电源电压 U_S 有关。

微分方程(5.2.8)所对应的齐次微分方程 $RC\dfrac{\mathrm{d}u_C''}{\mathrm{d}t} + u_C'' = 0$,由上一节分析已知,通解为

$$u_C'' = Ae^{-\frac{t}{RC}} = Ae^{-\frac{t}{\tau}} \tag{5.2.12}$$

通解称为电路的暂态分量或自由分量,它是一个随时间衰减的指数函数,其变化规律与激励无关,是由电路结构和参数决定的,仅存在于暂态过程中。

将式(5.2.11)和(5.2.12)代入式(5.2.10),得:

$$u_C = u_C' + u_C'' = U_S + Ae^{-\frac{t}{\tau}} \tag{5.2.13}$$

常数 A 由初始条件确定。把初始值 $u_C(0_+) = u_C(0_-) = 0$ 代入式(5.2.13)

$$0 = U_S + Ae^{-\frac{0}{\tau}} = U_S + Ae^0 = U_S + A$$

得 $A = -U_S$。由此可得

$$u_C = U_S - U_S e^{-\frac{t}{\tau}} = U_S(1 - e^{-\frac{t}{\tau}}) = U_C(\infty)(1 - e^{-\frac{t}{\tau}}) \quad t \geqslant 0 \tag{5.2.14}$$

电路电流为

$$i = C\frac{\mathrm{d}u_C}{\mathrm{d}t} = C\frac{\mathrm{d}}{\mathrm{d}t}(U_\mathrm{s} - U_\mathrm{s}\mathrm{e}^{-\frac{t}{RC}}) = C\left[-\frac{1}{RC}(-U_\mathrm{s}\mathrm{e}^{-\frac{t}{RC}})\right] = \frac{U_\mathrm{s}}{R}\mathrm{e}^{-\frac{t}{\tau}} = I_0\mathrm{e}^{-\frac{t}{\tau}} \quad t \geqslant 0$$

此处,将换路瞬间电容电流的初始值 $i(0_+)$ 记为 I_0。

$$u_R = iR = U_\mathrm{s}\mathrm{e}^{-\frac{t}{\tau}} \quad t \geqslant 0$$

所以零状态响应也可以看成是稳态分量和暂态分量的叠加。实际上,零输入响应也是稳态分量和暂态分量的叠加,只不过它的稳态分量等于 0 而已。u_C 和 i 的零状态响应变化曲线如图 5-9 所示。

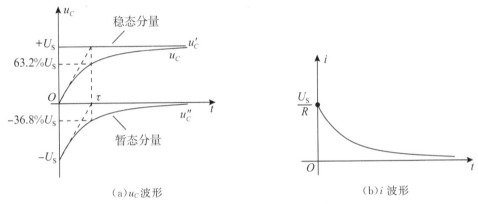

（a）u_C 波形　　　　　　　　　　　　　　（b）i 波形

图 5-9　一阶 *RC* 电路的零输入响应

由上述分析可知,电容元件与恒定的直流激励源接通后,电容的充电过程是:电容电压从零按指数规律增长,最后趋于直流激励源的电压 U_s;充电电流从零跃变到最大值 $\dfrac{U_\mathrm{s}}{R}$ 后按指数规律衰减到零;电阻电压与电流变化规律相同,从零跃变到最大值 U_s 后按指数规律衰减到零。电压、电流的增长或衰减的速度仍然由时间常数 τ 决定,τ 越大,u_C 增长越慢,暂态过程时间越长;反之,τ 越小,u_C 增长越快,暂态过程时间越短。

当 $t = \tau$ 时,$u_C(\tau) = (1 - \mathrm{e}^{-1})U_\mathrm{s} = 0.632U_\mathrm{s}$,电容电压增至稳态值的 0.632 倍;当 $t = 5\tau$ 时,$u_C = 0.997U_\mathrm{s}$,可以认为充电已经结束。电容充电过程中的能量关系为电源供给的能量一部分转换成电场能量储存在电容中,一部分被电阻消耗掉。在充电过程中,电阻所消耗的电能为:

$$W_R = \int_0^\infty Ri^2\,\mathrm{d}t = \int_0^\infty R\left(\frac{U_\mathrm{s}}{R}\mathrm{e}^{-\frac{t}{RC}}\right)^2\mathrm{d}t = \frac{1}{2}CU_\mathrm{s}^2 = W_C \tag{5.2.15}$$

可见,不论电容 C 和电阻 R 的数值为多少,充电过程中电源提供的能量只有一半转变为电场能量存储在电容中,故其充电效率只有 50%。

例 5.2.2　如图 5-10 所示电路,$t = 0$ 时开关 S 闭合。已知 $u_C(0_-) = 0$,求 $t \geqslant 0$ 时的 $u_C(t)$、$i_C(t)$ 及 $i_1(t)$。

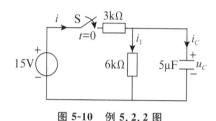

图 5-10 例 5.2.2 图

解:因为 $u_C(0_-)=0$,故换路后电路属于零状态响应。因为电路稳定后,电容相当于开路,有:

$$u_C(\infty)=\left(\frac{6}{3+6}\times 15\right)\text{V}=10\text{V}$$

$$\tau=RC=\left(\frac{3\times 6}{3+6}\times 10^3\times 5\times 10^{-6}\right)\text{s}=10\times 10^{-3}\text{s}$$

$$u_C(t)=10(1-\text{e}^{-100t})\text{V}$$

$$i_C(t)=C\frac{\mathrm{d}u_C(t)}{\mathrm{d}t}=5\text{e}^{-100t}\text{mA},\ i_1(t)=\frac{u_C(t)}{6\times 10^3}=\frac{5}{3}(1-\text{e}^{-100t})\text{mA}$$

5.2.3 一阶 *RC* 电路的全响应

全响应是由初始储能和外加激励共同作用所引起的响应。

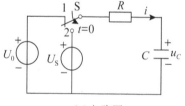

(a)电路图

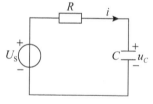

(b)换路瞬间等效电路

图 5-11 一阶 *RC* 电路的全响应

一阶 *RC* 电路
的全响应

一阶 *RC* 电路
的全响应

如图 5-11(a)所示电路,如果电路开关 S 在位置 1 时已处于稳态,即初始状态为 $u_C(0_+)$ $=u_C(0_-)=U_0$。在 $t=0$ 时刻开关由位置 1 拨到位置 2,电路如图 5-11(b)所示。因此换路后的电路响应由输入激励 U_s 和初始状态 U_0 共同作用产生,即为全响应。根据 KVL 列出方程

$$RC\frac{\mathrm{d}u_C}{\mathrm{d}t}+u_C=U_s \quad t\geqslant 0$$

此方程与上一节讨论的方程形式相同,唯一不同的是电容的初始值不一样,因此只是确定方程解的积分常数 A 的初始条件改变而已。

由上一节分析已知

$$u_C=u_C'+u_C''=U_s+A\text{e}^{-\frac{t}{\tau}}$$

其中 $\tau=RC$ 为电路的时间常数。

将初始值 $u_C(0_+)=u_C(0_-)=U_0$ 代入上式,可得

$$A=U_0-U_s$$

所以,电容上电压的表达式为:

$$u_C = U_s + (U_0 - U_s)e^{-\frac{t}{\tau}} \quad t \geqslant 0 \tag{5.2.16}$$

由式(5.2.16)可见,U_s 是由外加电源强制建立起来的,为电路的稳态分量(或称强制分量),$(U_0 - U_s)e^{-\frac{t}{\tau}}$ 是由电路本身的结构和参数决定的,仅存在于暂态过程中,为电路的暂态分量(或称自由分量),即

全响应＝稳态分量＋暂态分量

这种表达方式揭示了全响应随时间演变的进程和过渡过程的特点。

式(5.2.16)还可以改写成:

$$u_C = U_0 e^{-\frac{t}{\tau}} + U_s(1 - e^{-\frac{t}{\tau}}) \quad t \geqslant 0 \tag{5.2.17}$$

式(5.2.17)中的 $U_0 e^{-\frac{t}{\tau}}$ 是电容初始值电压为 U_0 时的零输入响应;$U_s(1 - e^{-\frac{t}{\tau}})$ 是电容初始电压为零时的零状态响应。

所以全响应也可以表示为

全响应＝零输入响应＋零状态响应

全响应有三种情况(见图 5-12):①$U_0 < U_s$;②$U_0 = U_s$;③$U_0 > U_s$。

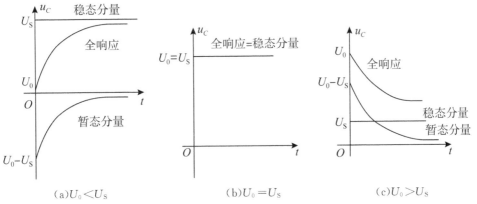

(a)$U_0 < U_s$ 　　　　　　 (b)$U_0 = U_s$ 　　　　　　 (c)$U_0 > U_s$

图 5-12　RC 电路全响应的变化规律

电路中的电流为

$$i = C\frac{du_C}{dt} = \frac{U_s - U_0}{R}e^{-\frac{t}{\tau}} \quad t \geqslant 0 \tag{5.2.18}$$

综上可见,全响应是线性电路叠加的结果。因为全响应是由初始值和输入激励共同产生的,所以全响应就等于初始值和输入激励分别作用产生的响应之和。推而广之,电路中的任意电压、电流的全响应都可以看成是零输入响应和零状态响应之和,而零输入响应和零状态响应都是全响应的一种特例。

例 5.2.3　如图 5-13(a)所示电路,已知电路中的 $U_s = 5\text{V}$,$I_s = 1\text{mA}$,$R_1 = 2\text{k}\Omega$,$R_2 = 6\text{k}\Omega$,$C = 2.5\mu\text{F}$,开关 S 长期位于位置 1,在 $t = 0$ 时刻开关 S 切换到位置 2,试求 $t \geqslant 0$ 时的电容电压 u_C。

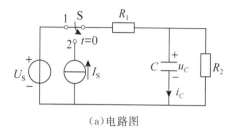
（a）电路图

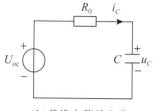
（b）戴维南等效电路

图 5-13　例 5.2.3 图

解：电路发生换路时，电容电压的初始值为

$$u_C(0_+)=u_C(0_-)=\frac{R_2U_s}{R_1+R_2}=\frac{2\times5}{2+6}V=1.25V$$

在 $t\geqslant0$ 时，电路可利用戴维南定理等效变换（或电源等效变换）为图 5-13
（b）所示电路，根据戴维南定理可以计算电路的开路电压 U_0 和开路端的等效
电阻 R_0：

$$U_{oc}=R_2I_s=(1\times10^{-3}\times6\times10^3)V=6V,R_0=R_2=6k\Omega$$

电路的时间常数 $\tau=R_0C=(6\times10^3\times2.5\times10^{-6})s=15ms$

由式（5.2.16）可得

$$u_C=U_{oc}+[u_C(0_+)-U_{oc}]e^{-\frac{t}{\tau}}=[6+(1.25-6)e^{-\frac{t}{15\times10^{-3}}}]V=(6-4.75e^{-67t})V$$

5.2 测试题

5.3　一阶 RL 电路的暂态响应

上节中对 RC 电路的暂态响应作了详细分析，RL 电路的暂态过程与 RC 电路相似：只含
有一个电感元件的 RL 电路，在直流激励作用下产生的暂态过程可用一阶微分方程说明。

5.3.1　一阶 RL 电路的零输入响应

图 5-14（a）所示电路在换路前已处于稳态，电感 L 中的电流 i_L 等于 I_0。在 $t=0$ 时刻开
关 S 闭合，它将 RL 串联电路短路，电源不再向电感提供能量，从 $t=0_+$ 开始，电感通过电阻
放电，随着 t 的增加，电感存储的磁场能量逐渐被电阻所消耗，最终趋于零。可见，电路中的
响应是由电感 L 的初始储能产生的，故 RL 串联电路发生零输入响应。

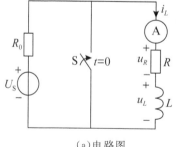
（a）电路图

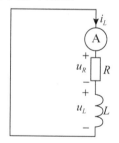
（b）换路瞬间等效电路

图 5-14　一阶 RL 电路的零输入响应

在 $t\geqslant0$ 时，电路如图 5-14（b）所示，在选定的参考方向下，由 KVL 可得

$$u_R + u_L = 0$$

其中，$u_R = i_L R$ ，$u_L = L \dfrac{\mathrm{d}i_L}{\mathrm{d}t}$ ，代入电路方程，有：

$$i_L R + L \frac{\mathrm{d}i_L}{\mathrm{d}t} = 0 \quad t \geqslant 0$$

进一步整理为

$$\frac{L}{R} \frac{\mathrm{d}i_L}{\mathrm{d}t} + i_L = 0$$

初始条件 $i_L(0_+) = i_L(0_-) = I_0 = \dfrac{U_s}{R_0 + R}$ ，解得

$$i_L = I_0 \mathrm{e}^{-\frac{t}{\tau}} \quad t \geqslant 0 \tag{5.3.1}$$

式中，$\tau = L/R$，为一阶 RL 电路的时间常数。当 L 以亨利（H）、R 用欧姆（Ω）为单位时，τ 的
单位为秒（s）。

$$【\tau】 = 【\frac{L}{R}】 = 【\frac{亨利}{欧姆}】 = 【\frac{韦伯}{安培·欧姆}】 = 【\frac{伏特·秒}{安培·欧姆}】 = 【秒】$$

$$u_L = L \frac{\mathrm{d}i_L}{\mathrm{d}t} = -I_0 R \mathrm{e}^{-\frac{t}{\tau}} \quad t \geqslant 0 \tag{5.3.2}$$

$$u_R = i_L R = I_0 R \mathrm{e}^{-\frac{t}{\tau}} \quad t \geqslant 0 \tag{5.3.3}$$

RL 电路的零输入响应衰减的速度同样可用时间常数 τ 表示。τ 与电路的 L 成正比，与
R 成反比。在相同的初始电流下，L 越大，储存的磁场能量越多，释放储能所需要的时间越
长，所以 τ 与 L 成正比。在相同 I_0 与 L 的情况下，R 越大，消耗能量越快，放电所需时间越
短，所以 τ 与 R 成反比。

电感电流 i_L、电压 u_L 随时间变化曲线如图 5-15 所示。

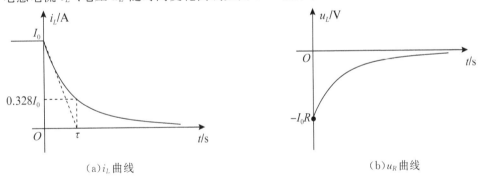

（a）i_L 曲线　　　　　　　　　　　　　　　（b）u_R 曲线

图 5-15　RL 电路零输入响应变化曲线

由上图可见：

（1）一阶电路的零输入响应都是按指数规律从初始值开始衰减到零的；

（2）零输入响应取决于电路的初始状态和电路的时间常数。

RL 电路的零输入响应实质上就是把电感中原来储存的磁场能量转换为电阻中热能的
过程，整个放电过程中电阻所消耗的能量为

$$W_R = \int_0^\infty R i^2 \mathrm{d}t = \int_0^\infty R (I_0 \mathrm{e}^{-\frac{t}{\tau}})^2 \mathrm{d}t = \frac{1}{2} L I_0^2 \tag{5.3.4}$$

例 5.3.1 电路如图 5-16 所示,已知 $U_s=15\text{V}$,$R_1=R_2=R_3=30\Omega$,$L=2\text{H}$,换路前电路已处于稳态,试求将开关 S 从位置 1 合到位置 2 上后($t\geqslant0$)的电流 i_L、i_2、i_3 及电压 u_L。

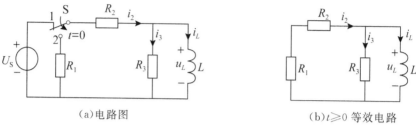

(a)电路图　　　　　　　　　　(b)$t\geqslant0$ 等效电路

图 5-16　例 5.3.1 图

解:开关换路前电路已处于稳态,此时电感在电路中相当于短路,故电路发生换路时,电感电流的初始值为

$$i_L(0_+)=i_L(0_-)=\frac{U_s}{R_2}=\frac{15}{30}\text{A}=0.5\text{A}$$

在 $t\geqslant0$ 时,等效电路如图 5-16(b)所示,其稳态值 $i_L(\infty)=0$,RL 串联电路发生零输入响应。

换路后从电感两端看进去的等效电阻 $R_0=(R_1+R_2)//R_3=\dfrac{60\times30}{60+30}\Omega=20\Omega$。

电路的时间常数 $\tau=\dfrac{L}{R_0}=\dfrac{2}{20}\text{s}=0.1\text{s}$。

由式(5.3.1)可得

$$i_L=I_0\text{e}^{-\frac{t}{\tau}}=i_L(0_+)\text{e}^{-\frac{t}{0.1}}=0.5\text{e}^{-10t}\text{A}\quad t\geqslant0$$

$$u_L=L\frac{\text{d}i_L}{\text{d}t}=[2\times(-10)\times0.5\text{e}^{-10t}]\text{V}=-10\text{e}^{-10t}\text{V}\quad t\geqslant0$$

$$i_3=\frac{u_L}{R_3}=-\frac{10}{30}\text{e}^{-10t}\text{A}=-\frac{1}{3}\text{e}^{-10t}\text{A}\quad t\geqslant0$$

$$i_2=i_3+i_L=\left(-\frac{1}{3}\text{e}^{-10t}+0.5\text{e}^{-10t}\right)\text{A}=\frac{1}{6}\text{e}^{-10t}\text{A}\quad t\geqslant0$$

5.3.2　一阶 RL 电路的零状态响应

在图 5-17 中,$t=0$ 时刻开关闭合,接入直流电压源 U_s。开关闭合前电感 L 无储能,电流 i_L 等于零,此时电路处于零状态。由 KVL 可得 $t\geqslant0$ 时的电路方程:

$$u_R+u_L=U_s$$

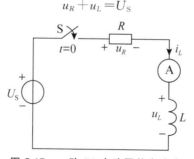

图 5-17　一阶 RL 电路零状态响应

根据元件的伏安关系得：

$$i_L R + L \frac{\mathrm{d}i_L}{\mathrm{d}t} = U_s \quad t \geqslant 0 \tag{5.3.5}$$

$$\frac{L}{R} \frac{\mathrm{d}i_L}{\mathrm{d}t} + i_L = \frac{U_s}{R}$$

由与前面类似的分析可知，该方程的解由非齐次微分方程的特解 i_L' 和相应的齐次微分方程的通解 i_L'' 两部分组成，即

$$i_L = i_L' + i_L''$$

把电路换路后达到稳态后的状态作为特解，即 $i_L' = \dfrac{U_s}{R}$。

微分方程(5.3.5)所对应的齐次微分方程 $i_L R + L \dfrac{\mathrm{d}i_L}{\mathrm{d}t} = 0$，由上一节分析已知，通解为

$$i_L'' = A\mathrm{e}^{-\frac{t}{\tau}}$$

于是有

$$i_L = i_L' + i_L'' = \frac{U_s}{R} + A\mathrm{e}^{-\frac{t}{\tau}} \tag{5.3.6}$$

常数 A 由初始条件确定。把初始值 $i_L(0_+) = i_L(0_-) = 0$ 代入式(5.3.6)

$$i_L(0_+) = 0 = \frac{U_s}{R} + A\mathrm{e}^{-\frac{0}{\tau}} = \frac{U_s}{R} + A\mathrm{e}^0 = \frac{U_s}{R} + A$$

得 $A = -\dfrac{U_s}{R}$，由此可得

$$i_L = \frac{U_s}{R} - \frac{U_s}{R}\mathrm{e}^{-\frac{t}{\tau}} = \frac{U_s}{R}(1 - \mathrm{e}^{-\frac{t}{\tau}}) = I_s(1 - \mathrm{e}^{-\frac{t}{\tau}}) \quad t \geqslant 0 \tag{5.3.7}$$

式中，$I_s = \dfrac{U_s}{R}$，$\tau = L/R$，为一阶 RL 电路的时间常数。

进一步求得电压为：

$$u_L = L \frac{\mathrm{d}i_L}{\mathrm{d}t} = L \frac{\mathrm{d}}{\mathrm{d}t}[I_s(1 - \mathrm{e}^{-\frac{t}{\tau}})] = U_s\mathrm{e}^{-\frac{t}{\tau}} \quad t \geqslant 0 \tag{5.3.8}$$

$$u_R = i_L R = RI_s(1 - \mathrm{e}^{-\frac{t}{\tau}}) = U_s(1 - \mathrm{e}^{-\frac{t}{\tau}}) \quad t \geqslant 0 \tag{5.3.9}$$

各响应的变化曲线如图 5-18 所示。电感电流由初始值随时间逐渐增长，最后趋于稳态值 $\dfrac{U_s}{R}$。电感电压方向与电流方向一致，电路接通瞬间最大，与电源电压相等，随后逐渐按指数规律衰减到零。达到新的稳态时，电感的磁场储能为 $\dfrac{1}{2}L\left(\dfrac{U_s}{R}\right)^2$。

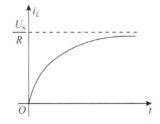 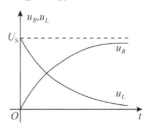

图 5-18　一阶 RL 电路零状态响应变化曲线

例 5.3.2 如图 5-19(a)所示电路,已知电路中的 $U_s=10\text{V}$,$R_1=R_3=6\Omega$,$R_2=2\Omega$,$L=10\text{H}$,在 $t=0$ 时刻开关 S 闭合,且开关闭合前电路已处于稳态,试求 $t\geqslant0$ 时的电流 i_L、i 及电压 u_L。

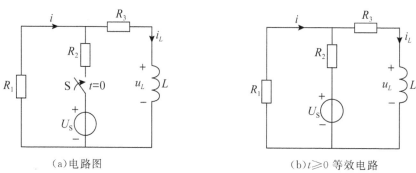

(a)电路图　　　　　　　　　　　　(b)$t\geqslant0$ 等效电路

图 5-19　例 5.3.2 图

解:开关闭合前电路已达到稳态,表明电感即便有初始能量也已经释放完毕,故 $i_L(0_-)=0$,由换路定则可得电路发生换路时,电感电流的初始值

$$i_L(0_+)=i_L(0_-)=0$$

在 $t\geqslant0$ 时,电路接入直流电压源,等效电路如图 5-19(b)所示,其稳态值

$$i_L(\infty)=\frac{R_1}{R_1+R_3}\times\frac{U_s}{R_2+R_1//R_3}=\left(\frac{6}{6+6}\times\frac{10}{2+6//6}\right)\text{A}=1\text{A}$$

换路后从电感两端看进去的等效电阻 $R_0=R_1//R_2+R_3=7.5\Omega$。

电路的时间常数 $\tau=\dfrac{L}{R_0}=\dfrac{10}{7.5}\text{s}=\dfrac{4}{3}\text{s}$。

由式(5.3.7)可得

$$i_L=i_L(\infty)(1-\text{e}^{-\frac{t}{\tau}})=(1-\text{e}^{-0.75t})\text{A}\qquad t\geqslant0$$

$$u_L=L\frac{\text{d}i_L}{\text{d}t}=7.5\text{e}^{-0.75t}\text{V}\qquad\qquad t\geqslant0$$

由 KVL 和欧姆定律可得

$$i=-\frac{R_3i_L+u_L}{R_1}=-\frac{6+1.5\text{e}^{-0.75t}}{6}\text{A}=-(1+0.25\text{e}^{-0.75t})\text{A}\qquad t\geqslant0$$

5.3.3　一阶 *RL* 电路的全响应

图 5-17 所示电路中,如果开关 S 闭合前电感就有初始储能 I_0,因此换路后的电路响应由输入激励 U_s 和初始状态 I_0 共同作用产生,即为全响应。根据 KVL 列出方程为

$$i_LR+L\frac{\text{d}i_L}{\text{d}t}=U_s\quad t\geqslant0 \qquad\qquad (5.3.10)$$

与前面类似的分析可知,$i_L=i_L'+i_L''$。

把电路换路后达到稳态后的状态作为特解,即 $i_L'=\dfrac{U_s}{R}$。

微分方程(5.3.5)所对应的齐次微分方程 $i_LR+L\dfrac{\text{d}i_L}{\text{d}t}=0$ 的通解为

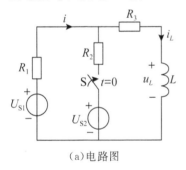
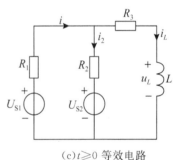

$$i''_L = Ae^{-\frac{t}{\tau}}$$

于是有

$$i_L = i'_L + i''_L = \frac{U_{\mathrm{s}}}{R} + Ae^{-\frac{t}{\tau}} \tag{5.3.11}$$

常数 A 由初始条件确定。把初始值 $i_L(0_+) = i_L(0_-) = I_0$ 代入式(5.3.6)

$$i_L(0_+) = I_0 = \frac{U_{\mathrm{s}}}{R} + Ae^{-\frac{0}{\tau}} = \frac{U_{\mathrm{s}}}{R} + Ae^0 = \frac{U_{\mathrm{s}}}{R} + A$$

得 $A = I_0 - \dfrac{U_{\mathrm{s}}}{R}$，由此可得

$$i_L = \frac{U_{\mathrm{s}}}{R} + \left(I_0 - \frac{U_{\mathrm{s}}}{R}\right)e^{-\frac{t}{\tau}} = I_0 e^{-\frac{t}{\tau}} + \frac{U_{\mathrm{s}}}{R}(1 - e^{-\frac{t}{\tau}}) = I_0 e^{-\frac{t}{\tau}} + I_{\mathrm{s}}(1 - e^{-\frac{t}{\tau}}) \quad t \geqslant 0 \tag{5.3.12}$$

式中，I_{s} 为电路换路后达到的稳态值；$\tau = L/R$，为一阶 RL 电路的时间常数。

$$u_L = L\frac{\mathrm{d}i_L}{\mathrm{d}t} = L\frac{\mathrm{d}}{\mathrm{d}t}[I_0 e^{-\frac{t}{\tau}} + I_{\mathrm{s}}(1 - e^{-\frac{t}{\tau}})] = (U_{\mathrm{s}} - U_0)e^{-\frac{t}{\tau}} \quad t \geqslant 0 \tag{5.3.13}$$

例 5.3.3　如图 5-20(a)所示电路，已知电路中的 $U_{\mathrm{S1}} = 24\mathrm{V}$，$U_{\mathrm{S2}} = 18\mathrm{V}$，$R_1 = 3\Omega$，$R_2 = 6\Omega$，$R_3 = 3\Omega$，$L = 10\mathrm{H}$，在 $t = 0$ 时刻开关 S 闭合，且开关闭合前电路已处于稳态，试求 $t \geqslant 0$ 时的电流 i_L、i 及电压 u_L。

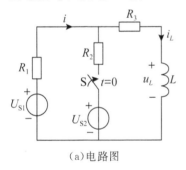 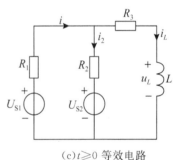

(a)电路图　　　　(b)$t = 0_-$ 等效电路　　　　(c)$t \geqslant 0$ 等效电路

图 5-20　例 5.3.3 图

解：开关闭合前电路已达到稳态，此时电感在电路中相当于短路，如图 5-20(b)所示，故电路发生换路时，电感电流的初始值为

$$I_0 = i_L(0_+) = i_L(0_-) = \frac{U_{\mathrm{S1}}}{R_1 + R_3} = \frac{24}{3+3}\mathrm{A} = 4\mathrm{A}$$

在 $t \geqslant 0$ 时，等效电路如图 5-20(c)所示，其稳态值

$$I_{\mathrm{s}} = i_L(\infty) = \frac{R_1 /\!/ R_2}{R_1 /\!/ R_2 + R_3} \times \left(\frac{U_{\mathrm{S1}}}{R_1} + \frac{U_{\mathrm{S2}}}{R_2}\right) = \left(\frac{2}{2+3} \times 11\right)\mathrm{A} = 4.4\mathrm{A}$$

换路后从电感两端看进去的等效电阻 $R_0 = R_1 /\!/ R_2 + R_3 = 5\Omega$。

电路的时间常数 $\tau = \dfrac{L}{R_0} = \dfrac{10}{5}\mathrm{s} = 2\mathrm{s}$。

由式(5.3.12)可得

$$i_L = I_0 e^{-\frac{t}{\tau}} + I_{\mathrm{s}}(1 - e^{-\frac{t}{\tau}}) = [4e^{-0.5t} + 4.4(1 - e^{-0.5t})]\mathrm{A} = (4.4 - 0.4e^{-0.5t})\mathrm{A}$$

求解电流 i，电流参考方向如图 5-20(c)所示，利用 KVL 和 KCL 列方程：

$$-U_{S1}+iR_1+(i-i_L)R_2+U_{S2}=0$$

于是 $i = \dfrac{U_{S1}-U_{S2}+i_LR_2}{R_1+R_2} = \dfrac{6+6(4.4-0.4e^{-0.5t})}{3+6}\text{A} = (3.6-0.27e^{-0.5t})\text{A}$

$$u_L = L\frac{\mathrm{d}i_L}{\mathrm{d}t} = \left[10\times\frac{\mathrm{d}}{\mathrm{d}t}(4.4-0.4e^{-0.5t})\right]\text{V} = 2e^{-0.5t}\text{V}$$

5.3.4 一阶电路暂态响应的一般形式

由一阶 RC、RL 电路的零输入响应可以看出：零输入响应都是由储能元件储存的初始能量通过电阻放电引起的。由于电阻是耗能元件，因此换路后，电路中的电压与电流都是按指数规律衰减。在两种电路中 τ 分别为 RC 和 $\dfrac{L}{R}$，称为电路的时间常数，决定了电路衰减的快慢。如果用 $f(t)$ 表示电路的响应，$f(0_+)$ 表示初始值，则一阶电路的零输入响应的一般形式为：

$$f(t) = f(0_+)e^{-\frac{t}{\tau}} \quad (t\geqslant 0) \tag{5.3.14}$$

也可以看做稳态分量和暂态分量的叠加：稳态分量为零，暂态分量为 $f(0_+)e^{-\frac{t}{\tau}}$。

而对于一阶 RC、RL 电路的零状态响应，电容电压 u_C、电感电流 i_L 都是由零初始值逐渐上升到新的稳态值；而电容电流 i_C、电感电压 u_L 都是按指数规律衰减的。如果用 $f(\infty)$ 表示电路的新稳态值，τ 表示时间常数，则一阶电路的零状态响应可以表示成一般形式：

$$f(t) = f(\infty)(1-e^{-\frac{t}{\tau}}) \quad (t\geqslant 0) \tag{5.3.15}$$

5.3测试题

也可以看做稳态分量和暂态分量的叠加：稳态分量 $f(\infty)$，暂态分量 $f(\infty)e^{-\frac{t}{\tau}}$。

5.4 一阶电路的三要素法

以 RC 串联电路的全响应公式为例进一步分析全响应的一般形式

$$u_C = U_S + (U_0-U_S)e^{-\frac{t}{\tau}}$$

式中，U_0 是电路在换路瞬间电容电压的初始值，可记做 $u_C(0_+)$；U_S 是电路在换路后重新达到稳态的稳态值，可记做 $u_C(\infty)$；τ 是时间常数，于是上式可重新写为：

一阶电路
的三要素法

一阶电路
的三要素法

$$u_C(t) = u_C(\infty) + [u_C(0_+)-u_C(\infty)]e^{-\frac{t}{\tau}}$$

可见，只要求出电容电压的初始值 $u_C(0_+)$、稳态值 $u_C(\infty)$ 和时间常数 τ，即可求得 u_C 的全响应。稳态值、初始值和时间常数，称为一阶线性电路的三要素，由三要素直接写出一阶电路过渡过程的解，称为三要素法。

于是全响应的一般形式可以表示为

$$f(t) = f(\infty) + [f(0_+)-f(\infty)]e^{-\frac{t}{\tau}} \tag{5.4.1}$$

式中，$f(t)$ 表示电路的响应，即需要求解的电压或电流；$f(0_+)$ 表示电压或电流的初始值；$f(\infty)$ 表示电压或电流的新稳态值，τ 表示电路的时间常数。

公式(5.4.1)也是直流激励下一阶电路任一响应的公式。

三要素法是对一阶线性电路的求解法及其响应形式进行归纳总结后得出的一个非常有用的通用法则。三要素法不仅适用于计算全响应,还可以用来计算零输入响应和零状态响应。在直流激励下,一阶电路的任一响应都是从初始值 $f(0_+)$ 开始,按指数规律逐渐衰减或逐渐增长到稳态值 $f(\infty)$ 的。由于三要素法不需要列写电路的微分方程进行求解,因此它是分析电路的一种快速有效的方法,如表 5-2 所示。

表 5-2　经典法与三要素法求解一阶电路比较

名称	微分方程之解	三要素表示法
RC 电路的零输入响应	$u_C = U_0 \mathrm{e}^{-\frac{t}{\tau}}$ $(\tau = RC)$ $i_C = -\dfrac{U_0}{R}\mathrm{e}^{-\frac{t}{\tau}}$	$f(t) = f(0_+)\mathrm{e}^{-\frac{t}{\tau}}$
RL 电路的零输入响应	$i_L = I_0 \mathrm{e}^{-\frac{t}{\tau}}$ $(\tau = L/R)$ $u_L = -I_0 R \mathrm{e}^{-\frac{t}{\tau}}$	
RC 电路的零状态响应	$u_C = U_S(1 - \mathrm{e}^{-\frac{t}{\tau}})$ $i_C = \dfrac{U_S}{R}\mathrm{e}^{-\frac{t}{\tau}} = I_0 \mathrm{e}^{-\frac{t}{\tau}}$	$f(t) = f(\infty)(1 - \mathrm{e}^{-\frac{t}{\tau}})$ $f(t) = f(0_+)\mathrm{e}^{-\frac{t}{\tau}}$
RL 电路的零状态响应	$i_L = I_S(1 - \mathrm{e}^{-\frac{t}{\tau}})$ $u_L = U_S \mathrm{e}^{-\frac{t}{\tau}}$	
RC 电路的全响应	$u_C = U_S + (U_0 - U_S)\mathrm{e}^{-\frac{t}{\tau}}$ $i_C = \dfrac{U_S - U_0}{R}\mathrm{e}^{-\frac{t}{\tau}}$	$f(t) = f(\infty) + [f(0_+) - f(\infty)]\mathrm{e}^{-\frac{t}{\tau}}$ $f(t) = f(0_+)\mathrm{e}^{-\frac{t}{\tau}}$
RL 电路的全响应	$i_L = I_0 \mathrm{e}^{-\frac{t}{\tau}} + I_S(1 - \mathrm{e}^{-\frac{t}{\tau}})$ $u_L = (U_S - U_0)\mathrm{e}^{-\frac{t}{\tau}}$	

　　下面归纳出用三要素法解题的一般步骤:

　　(1)求初始值 $f(0_+)$。画出换路前($t = 0_-$)的等效电路(电容用开路代替,电感用短路代替),求出电容电压 $u_C(0_-)$ 或电感电流 $i_L(0_-)$。根据换路定则 $u_C(0_+) = u_C(0_-)$,$i_L(0_+) = i_L(0_-)$,画出换路瞬间 $t = 0_+$ 时的等效电路(将电容用电压源 $u_C(0_+)$ 代替,电感用电流源 $i_L(0_+)$ 代替),求出响应电流或电压的初始值 $i(0_+)$ 或 $u(0_+)$,即 $f(0_+)$。初始值的具体求解过程在 5.1 节中已详细讨论过。

　　(2)求稳态值 $f(\infty)$。画出 $t = \infty$ 时的稳态等效电路(稳态时电容相当于开路,电感相当于短路),求出电流或电压的稳态值 $i(\infty)$ 或 $u(\infty)$,即 $f(\infty)$。

　　(3)求电路的时间常数 τ。对 RC 电路,$\tau = R_0 C$;对 RL 电路,$\tau = L/R_0$。其中 R_0 值是换路后断开储能元件 C 或 L,从储能元件两端看进去,用戴维南等效电路求得的等效内阻(独立源要置零)。注意,同一个一阶电路中所有的电压或电流具有相同的时间常数。

　　(4)将所求得的三要素,代入式(5.4.1)即可得响应电流或电压的动态过程表达式。

　　需要指出,一般情况下电容电压 u_C 和电感电流 i_L 的初始值相对其他初始值要容易确定,因此也可应用戴维南定理或诺顿定理对储能元件以外的端口网络进行等效变换,利用公式(5.4.1)求出 u_C 和 i_L,再由原电路求出其他电压和电流的响应。实际应用时,要视电路的具体情况选择不同的方法。

例 5.4.1 如图 5-21(a)所示电路,已知 $R_1 = 100\Omega$,$R_2 = 400\Omega$,$C = 125\mu F$,$U_s = 200V$,在换路前电容有电压 $u_C(0_-) = 50V$。求 S 闭合后电容电压和电流的变化规律。

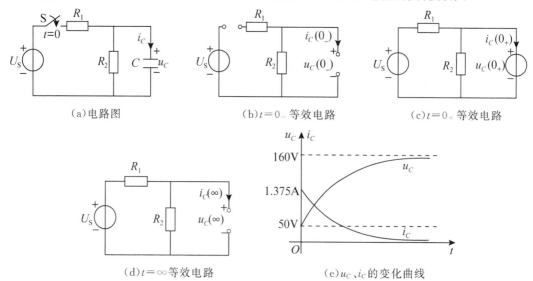

(a)电路图　　　　　　　(b)$t=0_-$ 等效电路　　　　　　　(c)$t=0_+$ 等效电路

(d)$t=\infty$ 等效电路　　　　　　　(e)u_C、i_C 的变化曲线

图 5-21　例 5.4.1 图

解:用三要素法求解。

(1)画 $t = 0_-$ 时的等效电路,如图 5-21(b)所示。由题意已知 $u_C(0_-) = 50V$。

(2)画 $t = 0_+$ 时的等效电路,如图 5-21(c)所示。由换路定则可得 $u_C(0_+) = u_C(0_-) = 50V$。

(3)画 $t = \infty$ 时的等效电路,如图 5-21(d)所示。

$$u_C(\infty) = \frac{U_s}{R_1 + R_2} \times R_2 = \left(\frac{200}{100 + 400} \times 400\right)V = 160V$$

(4)求电路时间常数 τ。

$$R_0 = R_1 // R_2 = 80\Omega,\ \tau = R_0 C = (80 \times 125 \times 10^{-6})s = 0.01s$$

(5)由式(5.4.1)得

$$u_C(t) = u_C(\infty) + [u_C(0_+) - u_C(\infty)]e^{-\frac{t}{\tau}}$$

$$= [160 + (50 - 160)e^{-\frac{t}{0.01}}]V = (160 - 110e^{-100t})V$$

$$i_C(t) = C\frac{du_C(t)}{dt} = 1.375e^{-100t}A$$

(6)画出 u_C、i_C 的变化曲线,如图 5-21(e)所示。

例 **5.4.2**　电路如图 5-22(a)所示,已知 $R_1=R_3=1\Omega$,$R_2=2\Omega$,$L=3\mathrm{H}$,$t=0$ 时开关由 1 拨向 2,试求 i_L 和 i_1 的表达式,并绘出变化曲线。(假定换路前电路已处于稳态。)

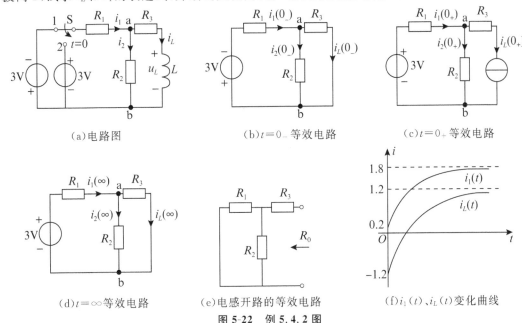

(a)电路图　　　　　　　(b)$t=0_-$ 等效电路　　　　　(c)$t=0_+$ 等效电路

(d)$t=\infty$ 等效电路　　　(e)电感开路的等效电路　　　(f)$i_1(t)$、$i_L(t)$ 变化曲线

图 5-22　例 5.4.2 图

解:(1)画出 $t=0_-$ 时的等效电路,如图 5-22(b)所示。因换路前电路已处于稳态,故电感 L 相当于短路,于是:

$$i_L(0_-)=\frac{U_{\mathrm{ab}}}{R_3}\ ,\ U_{\mathrm{ab}}=(-3)\times\frac{R_2//R_3}{R_1+R_2//R_3}=\left[(-3)\times\frac{\dfrac{1\times2}{1+2}}{1+\dfrac{1\times2}{1+2}}\right]\mathrm{V}=-1.2\mathrm{V}$$

$$i_L(0_-)=\frac{U_{\mathrm{ab}}}{R_3}=-1.2\mathrm{A}$$

(2)由换路定则可得:$i_L(0_+)=i_L(0_-)=-1.2\mathrm{A}$。

(3)画出 $t=0_+$ 时的等效电路,如图 5-22(c)所示,求 $i_1(0_+)$。对 3V 电源、R_1、R_2 回路利用 KVL 有:

$$R_1i_1(0_+)+R_2i_2(0_+)-3=0$$

对节点 a 有:

$$i_1(0_+)=i_2(0_+)+i_L(0_+)$$

将上式代入回路方程,得:

$$R_1i_1(0_+)+R_2[i_1(0_+)-i_L(0_+)]-3=1\times i_1(0_+)+2\times\left[i_1(0_+)+\frac{6}{5})\right]-3=0$$

可得 $i_1(0_+)=0.2\mathrm{A}$。

(4)画出 $t=\infty$ 时的等效电路,如图 5-22(d)所示,求 $i_L(\infty)$,$i_1(\infty)$。

$$i_1(\infty)=\frac{3}{R_1+R_2//R_3}=\frac{3}{1+\dfrac{1\times2}{1+2}}\mathrm{A}=1.8\mathrm{A}$$

$$i_L(\infty)=\frac{R_2}{R_2+R_3}\times i_1(\infty)=\left(\frac{2}{1+2}\times1.8\right)\mathrm{A}=1.2\mathrm{A}$$

（5）换路后从电感端看进去的戴维南等效电路如图 5-22(e)所示。于是有：

$$R_0 = R_1 // R_2 + R_3 = (\frac{1 \times 2}{1 + 2} + 1)\Omega = \frac{5}{3}\Omega , \ \tau = \frac{L}{R_0} = \frac{3}{5/3}s = \frac{9}{5}s = 1.8s$$

（6）代入三要素法表达式，得：

$$i_1(t) = i_1(\infty) + [i_1(0_+) - i_1(\infty)]e^{-\frac{t}{\tau}} = [1.8 + (0.2 - 1.8)e^{-\frac{t}{1.8}}]A = (1.8 - 1.6e^{-\frac{t}{1.8}})A$$

$$i_L(t) = i_L(\infty) + [i_L(0_+) - i_L(\infty)]e^{-\frac{t}{\tau}} = [1.2 + (-1.2 - 1.2)e^{-\frac{t}{1.8}}]A = (1.2 - 2.4e^{-\frac{t}{1.8}})A$$

画出 $i_1(t)$、$i_L(t)$ 的变化曲线，如图 5-22(f)所示。

由上述例题可见，三要素法是求解一阶电路全响应的一种普遍适用的方法。根据式(5.4.1)求电路的某一响应，只需求出该响应的初始值、稳态值和时间常数。零输入响应和零状态响应是全响应的特例，应用公式(5.4.1)也可以直接确定其变化规律。

5.4 测试题

5.5 应用举例

5.5.1 积分电路和微分电路

在电子技术中，常用一阶 RC 电路组成微分电路和积分电路，实现脉冲波形的变换。RC 微分电路和积分电路都是利用电容元件 C 充放电的瞬变过程，使输出电压波形与输入电压波形之间存在近似微分或积分的关系。

1. 微分电路

图 5-23(a)所示是 RC 微分电路（设电路处于零状态）。输入的是如图 5-23(b)所示的矩形脉冲电压 u_i，输出电压 u_o 取自电阻 R。假设 RC 电路的时间常数 $\tau \ll t_p$。

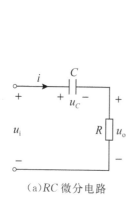

（a）RC 微分电路

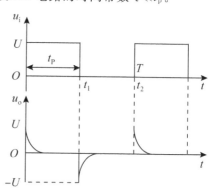

（b）矩形脉冲电压

图 5-23　微分电路

在 $t=0$ 时，u_i 从 0 突然上升到 U，开始对电容元件充电，因为电容两端的电压不能突变，所以 $u_C(0)=0$（电容相当于短路），故此时 $u_o=U$。由于 $\tau \ll t_p$，所以电容充电很快，电容两端的电压迅速上升至 U，使得 u_o 快速衰减到 0，这样在电阻两端（输出端）产生一个正的尖脉冲。

在 $t=t_1$ 时，u_i 突然降为 0（此时输入端相当于短路），同样，电容电压不能突变，仍为 U，所

以在此瞬间 $u_o = -u_C = -U$,极性与前相反。然后电容元件经电阻很快放电,使得 u_o 快速衰减到 0,这样在输出端产生一个负的尖脉冲。如果输入的是周期性矩形脉冲,则输出的是周期性正、负尖脉冲,如图 5-23(b)所示。这种输出尖脉冲反映了输入矩形脉冲的跃变部分。可以证明,此电路的输出电压和输入电压近似为微分关系。在脉冲数字电路中,经常把微分电路变换得到的尖脉冲电压作为触发信号。

2.积分电路

微分和积分在数学上是矛盾的两个方面,同样,微分电路和积分电路也是矛盾的两个方面。虽然它们都是 RC 串联电路,但是,当条件不同时,所得结果也就相反。如上面所述,微分电路必须具备的两个条件是:(1)$\tau \ll t_p$;(2)从电阻端输出。而如果条件变为:(1)$\tau \gg t_p$;(2)从电容器两端输出。这样,电路就转化为积分电路,如图 5-24(a)所示。

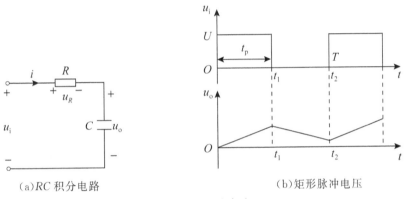

(a)RC 积分电路　　　　　　　　　　(b)矩形脉冲电压

图 5-24　积分电路

输入的是如图 5-24(b)所示的矩形脉冲电压 u_i,输出电压 u_o 取自电容 C。假设 RC 电路的时间常数 $\tau \gg t_p$。

当 $0 < t < t_1$ 时,$u_i = U$,电容器充电,电容电压 $u_C = U(1 - e^{-\frac{t}{\tau}})$(零状态响应)。由于 $\tau \gg t_p$,电容器缓慢充电,其上的电压(输出电压)在整个脉冲持续时间内缓慢增长,当还未增长到趋近稳态值时,脉冲已告终止($t = t_1$),故此时电容电压远小于 U。当 $t > t_1$ 时,因为 $u_i = 0$(此时输入端相当于短路),电容通过电阻缓慢放电,电容器上的电压也缓慢衰减。在输出端输出一个锯齿波电压,如图 5-24(b)所示。可以证明,此电路的输出电压和输入电压近似为积分关系。时间常数 τ 越大,电容充放电越缓慢,所得锯齿波电压的线性度会越好。在电子设备中(如示波器),经常把积分电路变换得到的锯齿波电压作为扫描信号。

5.5.2　汽车用电容式闪光器

在转向或危急报警信号系统中,用于控制信号灯闪光的装置称为闪光器,汽车用闪光器有电容式、电热式、电子式等类型。下面以汽车用电容式闪光器为例,介绍其工作原理。

电容式闪光器主要由继电器、电容器、开关、信号灯及指示灯等组成。在继电器的铁心上绕有串联线圈和并联线圈,电容器采用大容量的电解电容(约 1500uF)。图 5-25 为电容式闪光器的原理图。

电工技术基础

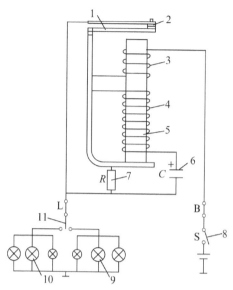

1—弹簧片；2—触点；3—串联线圈；4—并联线圈；5—铁心；6—电解电容；7—灭弧电阻；
8—电源开关；9—右转向信号灯和指示灯；10—左转向信号灯和指示灯；11—转向灯开关。

图 5-25　电容式闪光器原理图

电容式闪光器的工作原理如下：

（1）当汽车向左转弯接通转向灯开关 11 时，电流便从由蓄电池正极→电源开关 8→接线柱 B→线圈 3→常闭触点 2→接线柱 L→转向灯开关 11→左转向信号灯和指示灯 10→搭铁→蓄电池负极构成回路。此时线圈 4、电容器 6 及灭弧电阻 7 被触点 2 短路,而电流通过线圈 3 产生的电磁吸力大于弹簧片 1 的作用力,触点 2 迅速被打开,转向灯处于暗的状态（转向灯尚未来得及亮）。

（2）触点 2 打开后,蓄电池向电容器 6 充电,其充电电流由蓄电池正极→电源开关 8→接线柱 B→线圈 3→线圈 4→电容器 6→接线柱 L→转向灯开关 11→左转向信号灯和指示灯 10→搭铁→蓄电池负极构成回路。由于线圈 4 电阻较大,充电电流很小,不足以使转向信号灯亮,故转向灯仍处于暗的状态。同时由于充电电流通过线圈 3、4 产生的电磁吸力方向相同,所以触点 2 在电磁吸力的作用下继续打开,随着电容器两端电压的逐渐升高,其充电电流逐渐减小,线圈 3、4 的电磁吸力减小,使触点 2 重新闭合。

（3）触点 2 闭合后,转向灯处于亮的状态。由于此时电容器 6 通过线圈 4 和触点 2 放电,其放电电流通过线圈 4 产生的磁场方向与线圈 3 的相反,电磁吸力减小,故触点 2 仍保持闭合,转向灯继续点亮。随着电容器的放电,电容器两端电压逐渐下降,其放电电流减小,则线圈 3 的电磁吸力增强,触点 2 重新又打开,转向灯变暗。如此反复,触点不断开闭,使转向灯发出闪光。

第5章拓展
练习-1

第5章拓展
练习-2

第5章拓展
练习-3

本章小结

1. 换路定则

在换路瞬间,电容元件的电流有限时,其端电压不能跃变;电感元件的电压有限时,其电流不能跃变。即:$u_C(0_+) = u_C(0_-)$,$i_L(0_+) = i_L(0_-)$。

2. 初始值计算

初始值 $u_C(0_+)$ 和 $i_L(0_+)$ 按换路定则确定;其他初始值根据换路后 0_+ 时刻的等效电路进行计算。

3. 一阶电路

仅含一个储能元件或可等效为一个储能元件的线性电路,其暂态过程可用一阶微分方程描述,这样的电路称为一阶线性电路。

4. 暂态响应

零输入响应:仅由储能元件初始储能引起的响应。

零状态响应:仅由外接激励引起的响应。

全响应:储能元件的初始储能和外接激励共同作用产生的响应。

$$零输入响应 = 稳态分量 + 暂态分量 = 0 + f(0_+)e^{-\frac{t}{\tau}}$$

$$零状态响应 = 稳态分量 + 暂态分量 = f(\infty) - f(\infty)e^{-\frac{t}{\tau}}$$

$$全响应 = 零输入响应 + 零状态响应 = 稳态分量 + 暂态分量$$

5. 时间常数(τ)

决定响应变化快慢的物理量。对 RC 电路,$\tau = R_0 C$;对 RL 电路,$\tau = L/R_0$。其中 R_0 值是换路后断开储能元件 C 或 L,由储能元件两端看进去的等效内阻(独立源要置零)。

6. 一阶电路全响应的三要素法

求出电路的初始值 $f(0_+)$、稳态值 $f(\infty)$ 和电路换路后的时间常数 τ 三个要素,将它们代入 $f(t) = f(\infty) + [f(0_+) - f(\infty)]e^{-\frac{t}{\tau}}$ 中,即可直接写出电压或电流的通解。

习题 5

5.1　电路如题 5.1 图所示。开关 S 在 $t = 0$ 时闭合,开关闭合前储能元件均无储能。试求:(1)开关闭合后瞬间 $i_L(0_+)$、$i(0_+)$;(2)换路后电路达到稳态时的 $i(\infty)$、$i_L(\infty)$ 和 $u_L(\infty)$。

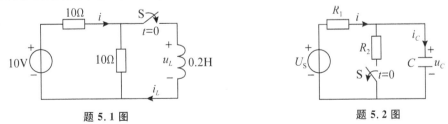

题 5.1 图　　　　　　　　　题 5.2 图

5.2　电路如题 5.2 图所示,已知 $U_S = 50\text{V}$,$R_1 = 20\Omega$,$R_2 = 30\Omega$,$C = 50\mu\text{F}$,换路前电路已处于稳态,试求:(1)开关 S 断开后瞬间 $u_C(0_+)$、$i_C(0_+)$ 和 $i(0_+)$;(2)换路后电路达到稳态时的 $i(\infty)$、$i_C(\infty)$ 和 $u_C(\infty)$。

5.3 电路如题 5.3 图所示,电路原来处于稳态,$t=0$ 时发生换路。求换路后瞬间电路中所标出的电流、电压的初始值。

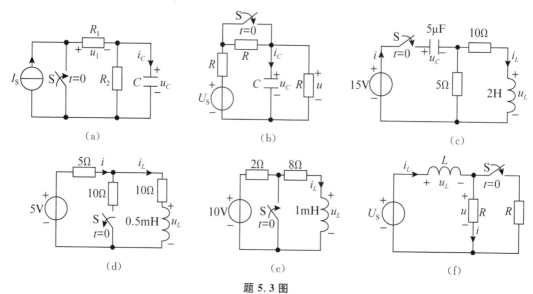

题 5.3 图

5.4 电路如题 5.4 图所示,已知 $t=0_-$ 时电路中的储能元件均无储能,试求:(1)在开关 S 闭合瞬间($t=0_+$)各元件的电压、电流值;(2)当电路达到稳态时,各元件的电压、电流值。

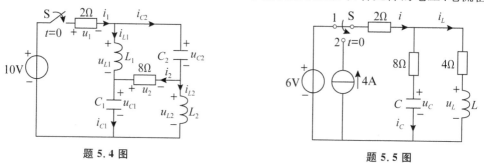

题 5.4 图   题 5.5 图

5.5 如题 5.5 图所示,$t=0$ 时开关 S 由位置 1 拨向位置 2,换路前电路已经处于稳态。试求开关闭合后 u_C、i_C、i_L、u_L 及 i 的初始值和稳态值。

5.6 题 5.6 图所示电路原已处于稳态,在 $t=0$ 时,开关 S 由位置 1 拨向位置 2,试求 $t \geqslant 0$ 时的 i_C 和 i 的表达式,并绘出变化曲线。

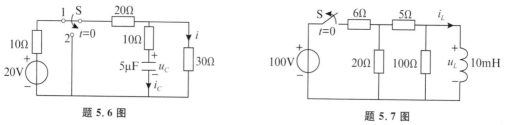

题 5.6 图   题 5.7 图

5.7 如题 5.7 图所示,电路原已处于稳态,$t=0$ 时开关 S 打开,求 $t \geqslant 0$ 时的 i_L 和 u_L 的表达式,并画出曲线。

5.8 电路如题 5.8 图所示,电路原处于稳态,在 $t=0$ 时开关 S 闭合,试求 $t \geqslant 0$ 时的 i_L 和 u_L 的表达式,并绘出变化曲线。

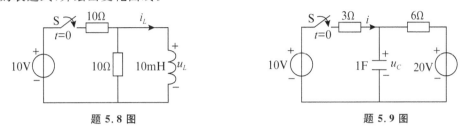

题 5.8 图　　　　　　　　　　题 5.9 图

5.9 电路如题 5.9 图所示,电路原处于稳态,在 $t=0$ 时开关 S 闭合,试求 $t \geqslant 0$ 时的 i 和 u_C 的表达式,并绘出变化曲线。

5.10 电路如题 5.10 图所示,已知开关闭合前电路已处于稳态,在 $t=0$ 时开关 S 闭合,求 $t \geqslant 0$ 时的 i_L 和 u_L。

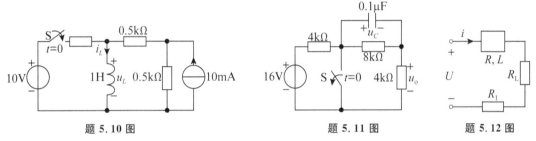

题 5.10 图　　　　　　题 5.11 图　　　　　题 5.12 图

5.11 电路如题 5.11 图所示,已知 $u_C(0_-)=0$,开关 S 在 $t=0$ 时断开,在 $t=0.6\mu$s 时再次闭合,试求输出电压 u_o,并绘出变化曲线。

5.12 如题 5.12 图所示,当具有电阻 $R=1\Omega$ 及电感 $L=0.2$H 的电磁继电器线圈中的电流 $i=30$A 时,继电器立即动作而将电源切断。设负载电阻和线路电阻分别为 $R_L=20\Omega$ 和 $R_1=1\Omega$,直流电源电压 $U=220$V,试问当负载被短路后,需要经过多长时间继电器才能将电源切断?

第6章 磁路和变压器

电路和磁路往往是相互关联的,例如电力系统中广泛应用的变压器、电机、电磁铁及电工测量仪表等中,不仅有电路问题,同时还有磁路问题。本章首先介绍磁路基本知识、交流铁心线圈电路的分析,然后介绍变压器的结构、工作原理,最后简单介绍自耦变压器、仪用互感器与电磁铁。

6.1 磁 路

6.1.1 磁路的基本概念

磁场是由电流产生的。如图 6-1(a)所示,一个没有铁心的载流线圈所产生的磁通量是弥散在整个空间的。为了用较小的电流产生较强的磁场,并且把磁场聚集在一定的空间范围内,常把线圈绕制在用铁磁材料做成的铁心上。

磁路的基本概念

磁路的基本概念

如图 6-1(b)中,同样的线圈绕在闭合的铁心上时,由于铁心的磁导率 μ 比周围空气和其他物质的磁导率高得多,因此,铁心线圈中电流产生的磁通绝大部分经过铁心而闭合。这种人为造成的磁通的闭合路径,称为磁路。磁路问题实质上就是局限在一定路径内的磁场问题。

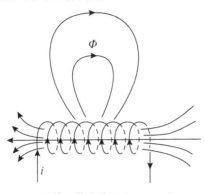

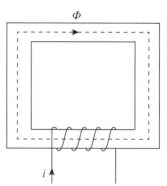

(a)无铁心载流线圈产生的磁场　　　　　　(b)有铁心载流线圈产生的主磁场

图 6-1　磁场的比较

190

6.1.2　磁路的基本物理量

磁路问题也是一定路径内的磁场问题,对于磁场的表示有很多基本物理量,磁场中的各个基本物理量亦都适用于磁路分析。

1. 磁感应强度 B

磁感应强度是表示磁场内某点的磁场强弱和方向的物理量。它是一个矢量,它与产生磁场的电流之间的方向关系可用右手螺旋定则来确定,其大小等于垂直于磁场方向,单位长度内流过单位电流的通电导体在该点所受的力,即有

$$B = \frac{F}{Il} \tag{6.1.1}$$

在均匀磁场中,磁感应强度是通过垂直于磁场方向的单位面积的磁通量,即

$$B = \frac{\Phi}{S} \tag{6.1.2}$$

式中,Φ 称为磁通。由式(6.1.2)可见,磁感应强度在数值上可以看成与磁场方向相垂直的单位面积所通过的磁通,所以又称为磁通密度,均匀磁场中 B 的大小和方向都相同,也就是磁通密度是常数。

在国际单位制(SI)中,磁感应强度的单位是特[斯拉](T),特[斯拉]也就是韦[伯]每平方米(Wb/m^2)。

2. 磁通 Φ

磁通的大小用磁感应强度 B 与垂直于磁场方向的面积 S 的乘积来表示,大多数磁场都不是均匀磁场,一般以 B 在该面积上的平均值来表示。即

$$\Phi = BS \tag{6.1.3}$$

根据电磁感应定律公式

$$e = -N \frac{\mathrm{d}\Phi}{\mathrm{d}t}$$

可知,磁通的单位是伏·秒($V \cdot s$),通常称为韦[伯](Wb)。

3. 磁场强度 H

磁场强度是为了实现电与磁定量的互通而引入的物理量,表示磁场中某一点磁场强度大小和方向,它也是矢量。安培环路定律确立了通过它来确定磁场与电流之间的关系,即

$$\oint H \mathrm{d}l = \sum I \tag{6.1.4}$$

式(6.1.4)是计算磁路的基本公式,即磁场强度矢量 H 沿任意闭合回路(常取磁通作为闭合回路)l 的线积分,与穿过该闭合回线所围面积的电流的代数和相等。电流的正负号为:与闭合回路绕行方向符合右手螺旋定则的电流为正,反之为负。式中回路所通过电流的代数和 $\sum I$ 称为磁通势,用字母 F 代表,即

$$F = NI \tag{6.1.5}$$

磁通由磁通势产生。磁通势的单位是安［培］（A）。

在均匀磁场中

$$Hl = IN \quad 或 \quad H = \frac{IN}{l} \tag{6.1.6}$$

可见，磁场内某一点的磁场强度 H 只与电流大小、线圈匝数，以及该点的几何位置有关，而与磁场媒质的磁导率 μ 无关。

磁场强度的单位是安［培］每米（A/m）。

4. 磁导率 μ

磁导率是一个用来表示磁场介质磁性强弱的物理量。它与磁场强度的乘积就等于磁感应强度，即

$$B = \mu H \tag{6.1.7}$$

在国际单位制中，磁导率的单位是亨［利］每米（H/m）。

由式（6.1.7）可知，磁感应强度 B 是与磁场介质的磁性有关的。如果线圈介质的磁导率 μ 不同，即使在同样电流值下，同一点的磁感应强度的大小就不同，线圈内的磁通也就不同。

由实验测得，真空磁导率 μ_0 为一常数，即

$$\mu_0 = 4\pi \times 10^{-7} \, \text{H/m}$$

其他材料的磁导率一般用与真空磁导率的比值来表示，称为该物质的相对磁导率 μ_r，即

6.1 测试题

$$\mu_r = \frac{\mu}{\mu_0}$$

6.2　磁性材料的磁性能

自然界中的所有物质按磁导率的大小分类，基本可分成磁性材料和非磁性材料两大类。对非磁性材料而言，$\mu_r \approx 1$，这些物质的导磁能力很差，如空气、塑料、铜、铝、橡胶等。而对于磁性材料，$\mu_r \gg 1$，这些物质的导磁能力非常强，如铁、镍、钴、钢及其合金等。所分析的磁路都应用良好的导磁能力的材料构成。磁性材料具有下列磁性能。

1. 高导磁性

磁性材料的磁导率 μ 值很高，磁性材料的相对磁导率 μ_r 可达数百至数万，即在外磁场的作用下很容易被磁化。

磁性物质能够被强烈磁化是由磁性材料的特性决定的。物质中由于存在核外电子围绕原子核的公转及围绕自己的自转运动，电子的这两种运动都会产生磁性。由于大多数物质中电子运动的方向杂乱无章，磁效应相互抵消，因此这些物质并不呈现磁性。但是铁、钴、镍或铁氧体等铁磁类物质有所不同，它们内部的电子自转可以在小范围内自发地排列起来，形成一个自发磁化区，这种自发磁化区就叫磁畴。磁畴是铁磁体材料在自发磁化的过程中，为

降低静磁能而产生分化的方向各异的小型磁化区域,每个区域内部包含大量原子,这些原子的磁矩都像一个个小磁铁那样整齐排列,但相邻的不同区域之间原子磁矩排列的方向不同,磁矩相互抵消,矢量和为零,因此宏观上铁磁物质并不显示磁性,如图 6-2(a)所示。但铁磁类物质在外部磁场作用下,内部的磁畴逐渐沿外磁场方向排列起来,随着外部磁场的增强,排列的磁畴增多,由此磁性物质在整体上对外呈现磁性,如图 6-2(b)所示。

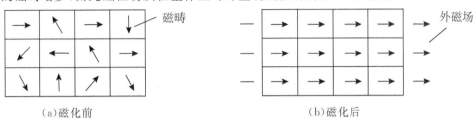

图 6-2　磁性材料的磁场特性

　　磁性材料在磁化过程中,其磁感应强度 B、磁导率 μ 和磁场强度 H 之间存在一定的对应关系,如图 6-3 所示。

　　通常把 B 随 H 变化的关系曲线称为磁化曲线,又称 B-H 曲线,某些磁性材料的磁化曲线可由实验测出。该曲线可分为四段,其中 Oa 部分是初始磁化阶段,特征是磁感应强度单调增加;ab 部分是磁性变化急剧阶段,这是因为磁畴在外磁场的作用下,迅速顺着外磁场的方向排列,因而磁性物质内的磁感应强度增加很快,这就是说磁性物质被强烈地磁化了。非磁性材料没有磁畴的结构,所以不具有磁化的特性;bc 部分是磁性变化缓慢阶段,因为大部分的磁畴已转到外磁场方向,所以随着 H 的增大,磁感应强度值的增强已渐缓慢;最后的 cd 阶段为磁化渐饱和阶段,因为这时磁畴几乎已全部转到外磁场方向或接近外磁场方向,所以磁化进入饱和阶段。b 点为拐点,必须指出,在额定工作状态时通常电磁设备的磁感应强度都设计在磁饱和的拐点附近,如果此时再使磁通稍增加,磁化就会进入饱和状态,其所需励磁电流将急剧增大,而导致设备损坏。

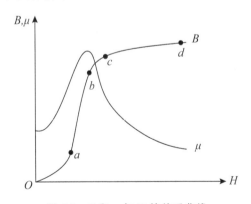

图 6-3　B 和 μ 与 H 的关系曲线

　　在实际的如电机、变压器等设备中都有线圈,而线圈中都有铁心。这种具有高导磁性的铁心在线圈中通入不大的励磁电流,便可产生足够大的磁通和磁感应强度。

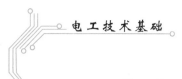

2. 磁饱和性

磁性物质虽然在磁场作用下会被磁化而产生磁化磁场,而且随着外部磁场的增强其磁化磁场也会逐渐增强,但是磁化磁场不会随着外磁场的增强而无限地增强,最终磁化磁场的强度会达到一个定值。产生这种现象的原因是当外磁场增大到一定程度时,已经把全部磁畴的磁场方向都转向与外磁场的方向一致。磁化磁场的磁感应强度 B 即达到饱和值,如图 6-3 所示 cd 段及之后的变化,外部磁场继续增加,但 B 增加得很少,达到磁饱和性。

综上,在外磁场作用下如果磁场中有磁性物质存在,B 与 H 不成正比,由式(6.1.7)可知,磁性物质的磁导率 μ 不是常数,随 H 而改变,μ 与 H 的关系也如图 6-3 所示。由于磁通 Φ 与 B 成正比,产生磁通的励磁电流 I 与 H 成正比,因此在存在磁性物质的情况下,Φ 与 I 也不成正比。

3. 磁滞性

当铁心线圈中通有交变电流(大小和方向都变化)时,铁心就受到交变磁化。在电流变化一次时,磁感应强度 B 随磁场强度 H 而变化的关系如图 6-4 所示。由图可见,当 H 从零开始增加到 H_s 时,B 相应从零增加到 B_s;以后逐渐减小磁场强度 H,B 值将沿曲线 ab 下降,当 H 已减到零值时,B 并未回到零值,而等于 B_r。这种磁感应强度滞后于磁场强度变化的性质称为磁性物质的磁滞性。图 6-4 所示的曲线也就称为磁滞回线。

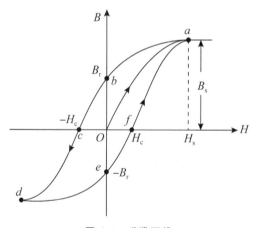

图 6-4　磁滞回线

在磁滞回线上需注意以下几点。

(1)b 点,随着 H 减小到 0,B 并不等于 0。这表明磁性材料仍保留了一定的磁性,故称 B_r 值为剩磁。永久磁铁的磁性就是由剩磁产生的。但对剩磁也要一分为二,有时它是有害的。例如,当工件在平面磨床上加工完毕后,由于吸盘有剩磁,还将工件吸住。为此,要通入反向去磁电流,去掉剩磁,才能将件取下。再如,有些工件(如轴承)在平面磨床上加工后得到的剩磁也必须去掉。

(2)c 点,为了消除剩磁,即让 $B=0$,通常改变线圈中励磁电流的方向,也就是给磁性材料加上相反方向的磁场强度为 H_c 的磁场,故称 H_c 为矫顽磁力,它表示该种磁性材料反抗退磁能力的大小。

(3) d 点是磁场强度继续反方向增加,从而使材料反向磁化所达到的饱和点。

(4) e 点,磁场反方向减小到 0 而出现的反向剩磁 B_r。

(5) f 点,要让反向剩磁消失而必须施加的正向矫顽力 H_c。

磁滞现象是磁性材料的重要特征,它使得磁性材料本身的磁化现象更加复杂。例如, $H=0$ 时, B 可能出现三种状态, $B=0$, $B=B_r$, $B=-B_r$, 即 B 对 H 的依赖关系不仅不是线性的,而且也不具有单值性,且不同材料的磁滞回线也不相同(由实验得出)。

磁性物质不同,其磁滞回线和磁化曲线也不同(可由实验得出)。图 6-5 给出了几种常见磁性物质的磁化曲线。

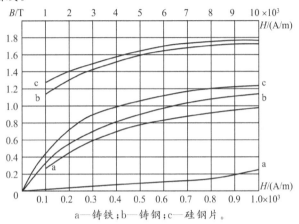

a—铸铁;b—铸钢;c—硅钢片。

图 6-5　不同磁性材料的磁化曲线

按磁性物质的磁性能,磁性材料可以分为软磁材料、永磁材料、矩磁材料三类。它们各自的磁滞回线的形状如图 6-6 所示。图 6-6(a)是软磁材料,它具有较小的矫顽磁力,磁滞回线较窄。一般用来制造电机、电器及变压器等的铁心及计算机的磁心等。常用的有铸铁、硅钢、坡莫合金及铁氧体等铁合金材料;图 6-6(b)是永磁材料,它具有较大的矫顽磁力,磁滞回线较宽。一般用来制造永久磁铁。常用的有碳钢及铁镍铝钴合金等,近年来稀土永磁材料发展很快,像稀土钴、稀土钕铁硼等,其矫顽磁力更大;图 6-6(c)是矩磁材料,它具有较小的矫顽磁力和较大的剩磁,磁滞回线接近矩形,稳定性也良好。在计算机和控制系统中可用作记忆元件、开关元件和逻辑元件。常用的有镁锰铁氧体和锂锰铁氧体及 1J51 型铁镍合金等。

6.2测试题

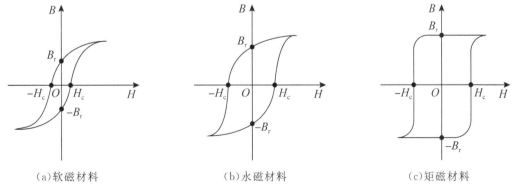

(a)软磁材料　　　　　(b)永磁材料　　　　　(c)矩磁材料

图 6-6　软磁、永磁、矩磁材料的磁滞回线

6.3 磁路及其分析方法

磁路及
其分析方法

磁路和电路往往是相关联的,因此我们也要研究磁路和电路的关系以及磁和电的关系。

在电机、变压器及各种铁磁元件中常用磁性材料做成一定形状的铁心,以使较小的励磁电流产生足够大的磁通(或磁感应强度)。由于铁心的磁导率比周围空气或其他物质的磁导率高得多,可以保证磁通的绝大部分经过铁心而形成一个闭合通路。磁通经过铁心(磁路的主要部分)和空气隙(有的磁路中没有空气隙)而闭合。

磁路及
其分析方法

6.3.1 磁路欧姆定律

磁路中磁通的大小除与磁动势 $F(NI)$ 有关系外,还与铁心材料的磁导率 μ、铁心磁路的长度 l 及磁路各段的横截面积 S 有关,它们之间的关系是

$$\Phi = BS = H\mu S = NI\frac{\mu S}{l} = \frac{F}{R_m} \tag{6.3.1}$$

式中,F 为磁通势,由其产生磁通;$R_m\left(R_m = \frac{l}{\mu S}\right)$ 称为磁阻,其单位为 $\mathrm{H^{-1}}$,$1\mathrm{H^{-1}} = 1\mathrm{A/Wb}$。与电阻的作用相似,磁阻表示磁路对磁通具有阻碍作用的物理量。

式(6.3.1)与电路的欧姆定律在形式上相似,所以称为磁路的欧姆定律。

6.3.2 磁路的分析方法

在计算电机、电器等电磁器件的磁路时,一般需要已知铁心中的磁通(磁感应强度),而后根据磁路中磁阻的大小求产生预定磁通所需的磁通势 $F = NI$,即所需励磁电流的代数和。

首先利用安培环路定则可得磁路中各段的磁压降:

$$NI = H_1 l_1 + H_2 l_2 + \cdots = \sum(Hl) \tag{6.3.2}$$

如果是均匀磁路则各段磁压降相同。

由于磁路中的磁通是同一磁通 Φ,根据 $\Phi = BS$,计算各段对应的磁感应强度 B_1,B_2,$\cdots$,由于各段磁路的截面积不同,但其中又通过同一磁通,因此各段磁路的磁感应强度也就不同。

根据各段磁路材料的磁化曲线 $B = f(H)$,找出与上述 B_1,B_2,$\cdots$ 相对应的磁场强度 H_1,H_2,$\cdots$,计算磁路各段的磁压降 Hl。B 不同导致各段磁路的 H 也不同。

最后利用式(6.3.2)求出磁通势 IN。

计算空气隙或其他非磁性材料的磁场强度 H_0 时,可直接应用下式

$$H_0 = \frac{B_0}{\mu_0} = \frac{B_0}{4\pi \times 10^{-7}} (\mathrm{A/m})$$

式中,B_0 是用特[斯拉]计量的,如果以高斯为单位,则

$$H_0 = \frac{B_0}{4\pi \times 10^{-3}} = 80B_0(\mathrm{A/m}) = 0.8B_0(\mathrm{A/cm})$$

例 6.3.1　一空心环形螺旋线圈,其平均长度为 400cm,横截面积为 10cm^2,匝数等于 1000,线圈中的电流为 12A,求线圈的磁阻、磁动势及磁通。

解:磁阻为:

$$R_{\text{m}} = \frac{l}{\mu_0 S} = \frac{4}{4\pi \times 10^{-7} \times 10 \times 10^{-4}}\text{H}^{-1} \approx 3.18 \times 10^9 \text{H}^{-1}$$

磁动势:$F = NI = (10^3 \times 12)\text{A} = 12 \times 10^3 \text{A}$

磁通为:$\Phi = \dfrac{F}{R_{\text{m}}} = \dfrac{12000}{3.18 \times 10^9}\text{Wb} \approx 3.77 \times 10^{-6}\text{Wb}$

例 6.3.2　将例 6.3.1 中的线圈改为铸钢绕制成的铁心线圈,通以同样大小的电流,求磁通。

解:磁动势不变

$$H = \frac{F}{l} = \frac{12 \times 10^3}{4}\text{A/m} = 3000\text{A/m}$$

查磁化曲线可得,$H = 3000\text{A/m}$ 时,$B = 1.42\text{T}$。

则磁通为:$\Phi = BS = (1.42 \times 10 \times 10^{-4})\text{Wb} = 1.42 \times 10^{-3}\text{Wb}$

6.3 测试题

由例题 6.3.1 和 6.3.2 可以得出:同样的磁动势,采用磁导率高的铁心材料,可以得到更高的磁通。

6.4　交流铁心线圈电路

铁心线圈分为直流铁心线圈与交流铁心线圈两种。直流铁心线圈励磁电流是直流电流,例如直流电机的励磁线圈、电磁吸盘与各种直流电器的线圈。因为励磁电流是直流,所以直流铁心线圈产生的磁通是不变的,在线圈和铁心中不会产生感应电动势,线圈中的电流及有功功率损耗(I^2R)都是定值,铁心无磁滞损耗与涡流损耗。交流铁心线圈励磁电流是交流电流,因此,在电磁关系、电压电流关系及功率损耗等方面都比直流铁心线圈复杂。

交流铁心线圈电路

交流铁心线圈电路

6.4.1　电磁关系

以图 6-7 具有铁心的交流线圈为例,首先讨论其中的电磁关系。磁通势 Ni 产生的磁通分成两部分,其中绝大部分沿铁心磁路闭合,称为主磁通或工作磁通 Φ;另有很少的一部分磁通主要经过空气或其他非导磁媒质而闭合,这部分磁通称为漏磁通 Φ_σ。由于空气的导磁率比铁心的导磁率 μ 小得多,故有 $\Phi \gg \Phi_\sigma$,这两个磁通在线圈中产生两个感应电动势:主磁电动势 e 和漏磁电动势 e_σ。其电磁关系表示如下:

$$u \to i(Ni) \to \begin{cases} \Phi \to e = -N\dfrac{\mathrm{d}\Phi}{\mathrm{d}t} \\[2mm] \Phi_\sigma \to e_\sigma = -N\dfrac{\mathrm{d}\Phi_\sigma}{\mathrm{d}t} = -L_\sigma\dfrac{\mathrm{d}i}{\mathrm{d}t} \end{cases}$$

由于漏磁通主要通过空气闭合,因此可以认为励磁电流 i 与 Φ_σ 呈线性关系,铁心线圈的

漏磁电感 L_σ（简称漏感）为

$$L_\sigma i = N\Phi_\sigma \Rightarrow L_\sigma = \frac{N\Phi_\sigma}{i} = 常数$$

但主磁通通过铁心，所以 i 与 Φ 之间的关系是非线性的，如图 6-8 所示。铁心线圈的主磁电感 L 不是一个常数，它随励磁电流而变化的关系与磁导率 μ 随磁场强度而变化的关系相似。因此，铁心线圈是一个非线性电感元件。

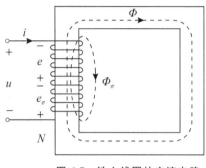

图 6-7　铁心线圈的交流电路

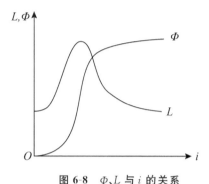

图 6-8　Φ、L 与 i 的关系

6.4.2　电压电流关系

铁心线圈交流电路的电压和电流之间的关系也可由基尔霍夫电压定律得出，即

$$u = Ri - e - e_\sigma = Ri - e + L_\sigma \frac{\mathrm{d}i}{\mathrm{d}t} \tag{6.4.1}$$

式中，R 为铁心线圈的等效电阻，e 为主磁感应电动势，e_σ 为漏磁感应电动势。

当 u 是正弦电压时，式中各量可视作正弦量，于是上式可用相量表示为

$$\dot{U} = R\dot{I} + (-\dot{E}) + (-\dot{E}_\sigma) = R\dot{I} + (-\dot{E}) + \mathrm{j}X_\sigma\dot{I} \tag{6.4.2}$$

式中，$\dot{E}_\sigma = -\mathrm{j}X_\sigma\dot{I}$，$X_\sigma = 2\pi f L_\sigma$ 称为漏磁感抗，单位为欧姆（Ω），它是一个常数，由漏磁通 Φ_σ 引起。而主磁通产生的感应电动势，由于主磁电感或相应的主磁感抗不是常数，应按以下方法计算。

设主磁通 $\Phi = \Phi_m\sin\omega t$，则

$$e = -N\frac{\mathrm{d}\Phi}{\mathrm{d}t} = -N\frac{\mathrm{d}(\Phi_m\sin\omega t)}{\mathrm{d}t} = -N\omega\Phi_m\cos\omega t$$

$$= 2\pi f N\Phi_m\sin(\omega t - 90°) = E_m\sin(\omega t - 90°) \tag{6.4.3}$$

式中，$E_m = 2\pi f N\Phi_m$，是主磁电动势 e 的幅值，其有效值为

$$E = \frac{E_m}{\sqrt{2}} = \frac{2\pi f N\Phi_m}{\sqrt{2}} = 4.44fN\Phi_m \tag{6.4.4}$$

在式（6.4.2）中，由于线圈的电阻 R 和漏磁感抗 X_σ（或漏磁通 Φ_σ）较小，因而它们的电压降也较小，与主磁电动势比较起来，可以忽略不计。于是有

$$\dot{U} \approx -\dot{E}$$

$$U \approx E = 4.44fN\Phi_m = 4.44fNB_mS(\mathrm{V}) \tag{6.4.5}$$

式中，B_m是铁心中磁感应强度的最大值，单位用特（T）；S是铁心截面积，单位用 m²。若 B_m 单位用高［斯］（G），S 单位用 cm²，则上式为

$$U \approx E = 4.44 f N B_m S \times 10^{-8} (\text{V}) \tag{6.4.6}$$

6.4.3 功率损耗

交流铁心线圈中的损耗包括铜损和铁损两部分。铜损是线圈等效电阻 R 上的功率损耗，用 ΔP_{Cu} 表示。铁损是当铁心线圈通交流电时，线圈在交变磁场作用下铁心中产生的功率损耗，用 ΔP_{Fe} 表示。因此线圈通直流电时只有铜损，但是通交流电时既有铜损也有铁损，交流线圈中的铁损是由磁滞和涡流产生的。

由磁滞产生的铁损称为磁滞损耗 ΔP_h。主要是线圈在交流电作用下会产生交变的磁场，导致磁畴排列方向也要按磁场的方向交替变化，磁场在旋转变化的过程中，磁畴相互碰撞摩擦，就产生了损耗，这就是磁滞损耗。磁滞损耗会引起铁心发热。为了减小磁滞损耗，应选用磁滞回线窄小的软磁材料制造铁心。在变压器和电机中常采用硅钢作为铁心材料，就是因为其磁滞损耗较小。

由涡流产生的铁损称为涡流损耗 ΔP_e，产生该损耗主要是由于铁心在交变磁通的作用下也要产生感应电动势和感应电流，这种感应电流称为涡流，它在垂直于磁通方向的平面内环流。涡流损耗也会引起铁心发热。减小的方法包括减小涡流环流的截面或增加铁心材料的电阻率。把整体的铁心分散成薄钢片并将其叠加，钢片之间彼此绝缘，可以有效减小涡流流通的截面。一般由彼此绝缘的 0.35mm 或 0.5mm 厚的硅钢片叠成。此外，采用电阻率较大的硅钢片作为铁心材料，也可以使涡流减小。

涡流有有害的一面，但在某些场合也有有利的一面。对其有害的一面应尽可能地加以限制，而对其有利的一面则应充分加以利用。例如，利用涡流的热效应来冶炼金属，利用涡流和磁场相互作用产生电磁力的原理来制造感应式仪器、涡流测距器及滑差电机等。

由上述可见，交流铁心线圈的功率损耗可表示为

$$\Delta P = UI\cos\varphi = \Delta P_{Cu} + \Delta P_{Fe} = RI^2 + \Delta P_h + \Delta P_e \tag{6.4.7}$$

例 6.4.1 将一个匝数为 100 的铁心线圈接到电压 $U=220$V 的工频正弦电压源上，测得线圈的电流 $I=4$A，功率 $P=100$W。若不计漏磁通及线圈电阻上的电压降，试求：(1)主磁通的最大值 Φ_m；(2)铁心线圈的功率因数 $\cos\varphi$；(3)铁心线圈的等效电阻 R_0 和感抗 X_0。

解：(1)根据式(6.4.5)，主磁通最大值为

$$\Phi_m = \frac{U}{4.44 f N} = \frac{220}{4.44 \times 50 \times 100} \text{Wb} = 9.91 \times 10^{-3} \text{Wb}$$

(2)功率因数为 $\cos\varphi = \dfrac{P}{UI} = \dfrac{100}{220 \times 4} = 0.114$

(3)等效阻抗为 $|Z_0| \approx \dfrac{U}{I} = \dfrac{220}{4}\Omega = 55\Omega$

(4)等效电阻为 $R_0 \approx \dfrac{P}{I^2} = \dfrac{100}{4^2}\Omega = 6.25\Omega$

(5)等效感抗为 $X_0 = \sqrt{|Z_0|^2 - R_0^2} = \sqrt{55^2 - 6.25^2}\Omega = 54.6\Omega$

6.4 测试题

6.5　变压器及电磁铁

叠加变压器
及电磁铁

变压器是一种常用的电气设备,主要用于电力系统和电子线路中。它是根据电磁感应的原理,将某一等级的交流电压和电流转换成同频率的另一等级电压和电流的设备。其主要作用包括变换交流电压、交换交流电流和变换阻抗。

变压器的分类方式很多,按供电电压的相数分为单相变压器和三相变压器。两种变压器主要构件都包括初级线圈、次级线圈和铁心。

图解变压器
及电磁铁

按照用途主要分为电力变压器、仪用变压器、试验变压器及特种变压器。电力变压器包括升压和降压变压器,主要实现高压输电及低压的分配等功能。仪用变压器如电压互感器、电流互感器主要用于测量仪表和继电保护装置,试验变压器主要对电气设备进行高压试验,特种变压器如电炉变压器、整流变压器、调整变压器等主要给负载提供合适的电压和电流。

各类变压器,虽然它们的功能各不同,但是它们的基本构造和工作原理是相同的。

6.5.1　变压器的工作原理

单相变压器的一般结构如图 6-9 所示,它由闭合铁心和一次绕组、二次绕组等几个主要部分构成。铁心的形式有心式和壳式两种,铁心的作用是构成一次与二次绕组之间的磁路,与电源相连的一侧绕组为一次绕组(或称为初级绕组、原边等),与负载相连的一侧绕组为二次绕组(或称为次级绕组、副边等)。大容量的变压器有三相变压器,大容量的变压器还需冷却系统、保护装置、绝缘套等。

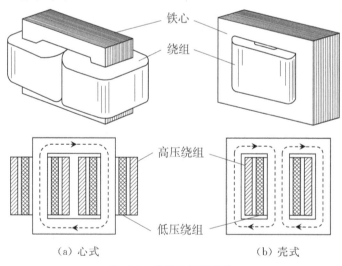

图 6-9　单相变压器结构

变压器是典型的利用电磁感应原理传输电能或信号的器件,利用一次与二次绕组之间匝数比的不同实现不同的电压或电流比,达到提升或降低交流电压、电流,变换阻抗及信号耦合或隔离等作用。

图 6-10 是变压器的原理。设一次绕组和二次绕组的匝数分别为 N_1 和 N_2。当一次绕组外接交流电压 u_1 时,一次绕组中产生励磁电流 i_1。该励磁电流的磁通势 $N_1 i_1$ 产生的磁通通过铁心在二次绕组上感应出电动势。如果二次绕组接负载,那么二次绕组中就有电流 i_2 通过。二次绕组的磁通势 $N_2 i_2$ 也产生磁通通过铁心而闭合。因此,铁心中的主磁通 Φ 是一个由一次、二次绕组的磁通势共同产生的合成磁通。主磁通穿过一次绕组和二次绕组而在其中感应出的电动势分别为 e_1 和 e_2。此外,一次和二次绕组上的磁通势还分别产生漏磁通 $\Phi_{\sigma 1}$、$\Phi_{\sigma 2}$（仅与本绕组相连）,$\Phi_{\sigma 1}$ 和 $\Phi_{\sigma 2}$ 又在各自的绕组中产生漏磁电动势 $e_{\sigma 1}$ 和 $e_{\sigma 2}$。

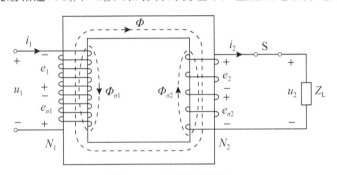

图 6-10　变压器的原理

其电磁关系表示如下:

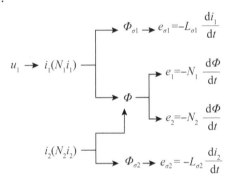

6.5.2　变压器的作用

变压器在交流电路中的主要作用包括电压变换、电流变换及阻抗变换。

1. 电压变换

根据基尔霍夫电压定律,对一次绕组电路可列出与式(6.4.2)相同的电压方程,即

$$\dot{U}_1 = R_1 \dot{I}_1 + (-\dot{E}_1) + (-\dot{E}_{\sigma 1}) = R_1 \dot{I}_1 + (-\dot{E}_1) + \mathrm{j} X_{\sigma 1} \dot{I}_1 \qquad (6.5.1)$$

式中,R_1 及 $X_{\sigma 1}$ 分别为一次绕组的电阻和漏磁感抗(由漏磁通 $\Phi_{\sigma 1}$ 产生),由于一次绕组的电阻 R_1 和感抗 $X_{\sigma 1}$ 较小,因而它们两端的电压降亦较小,与主磁电动势 e_1 比,可以忽略不计。于是

$$\dot{U}_1 \approx - \dot{E}_1$$

根据式(6.4.5),e_1 的有效值为

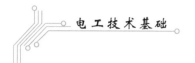

$$E_1 = 4.44 f N_1 \Phi_{\mathrm{m}} \approx U_1 \tag{6.5.2}$$

对照一次绕组,对二次绕组电路可列出

$$\dot{U}_2 + R_2 \dot{I}_2 + (-\dot{E}_2) + (-\dot{E}_{\sigma 2}) = 0$$

或

$$\dot{E}_2 = \dot{U}_2 + R_2 \dot{I}_2 + jX_{\sigma 2} \dot{I}_2 \tag{6.5.3}$$

式中,R_2 及 $X_{\sigma 2}$ 分别为二次绕组的电阻和漏磁感抗(由漏磁通 $\Phi_{\sigma 2}$ 产生);$\dot{U}_2$ 为二次绕组的端电压。

由于 $e_1 = -N_1 \dfrac{\mathrm{d}\Phi}{\mathrm{d}t}, e_2 = -N_2 \dfrac{\mathrm{d}\Phi}{\mathrm{d}t}$,故由式(6.5.2)可知感应电动势 e_2 的有效值为

$$E_2 = 4.44 f N_2 \Phi_{\mathrm{m}} \tag{6.5.4}$$

当二次绕组开路(变压器空载)时

$$I_2 = 0, E_2 = U_{20} = 4.44 f N_2 \Phi_{\mathrm{m}}$$

式中,U_{20} 是变压器空载时二次绕组的端电压。

由式(6.5.2)和式(6.5.4)可见,一次、二次绕组的电压之比为:

$$\frac{U_1}{U_{20}} \approx \frac{E_1}{E_2} = \frac{N_1}{N_2} = K \tag{6.5.5}$$

式中,K 为变压器的变比,即一次与二次绕组的匝数比。

如图 6-9 所示,开关 S 闭合时,变压器负载运行。二次绕组连接负载,其电流 i_2 不为零;此时,$U_2 < U_{20}$,稍有下降。这是因为变压器连接了负载,电流 i_1、i_2 较空载时大,一次、二次绕组内部电压降都比空载运行时大,造成电压 U_2 比 U_{20} 小一些。但是,一般变压器内部电压降小于额定电压的 10%,因此,变压器在负载运行状态与空载运行状态下的电压比值相差不多,可以认为负载运行时变压器一次、二次绕组电压比仍然近似等于一次、二次绕组匝数比,即

$$\frac{U_1}{U_2} \approx \frac{N_1}{N_2} = K \tag{6.5.6}$$

可见,只要改变 K,就可以把一定值的交流电压 U_1 转换成与其同频的交流电压 U_2,通过改变匝数,使 $K > 1$ 或 $K < 1$ 就可以实现降压或升压的变换,这就是变压器的电压变换作用。

对于三相电压的变换则采用三相变压器,一次、二次绕组各有三个,对于一次、二次绕组根据连接方式不同可分星形连接和三角形连接,根据不同的连接方式可得到不同的电压比。

2. 电流变换

由 $U_1 \approx E_1 = 4.44 f N_1 \Phi_{\mathrm{m}}$ 可见,当电源电压 U_1 和频率 f 不变时,E_1 和 Φ_{m} 也都近于常数。即铁心中主磁通的最大值 Φ_{m} 在变压器空载或有载运行时基本保持不变。因此,变压器有载运行时产生主磁通的一次、二次绕组的合成磁通势 $N_1 i_1 + N_2 i_2$,应该与空载时产生主磁通的一次绕组的磁通势 $i_{10} N_1$ 基本相等。即

$$N_1 i_1 + N_2 i_2 = N_1 i_{10}$$

式中,i_{10} 是变压器空载时一次绕组的励磁电流,也称变压器的空载电流。

式(6.5.7)的相量表达式为

$$N_1 \dot{I}_1 + N_2 \dot{I}_2 \approx N_1 \dot{I}_{10} \tag{6.5.7}$$

由于铁心的磁导率高,空载电流很小,它的有效值 I_{10} 一般只在额定电流 I_{1N} 的 10% 以内。因此 $N_1 i_{10}$ 与 $N_1 i_1$ 相比可忽略。于是式(6.5.7)可写成

$$N_1 \dot{I}_1 \approx - N_2 \dot{I}_2 \tag{6.5.8}$$

由上式可知,一次、二次绕组的电流有效值关系为

$$\frac{I_1}{I_2} \approx \frac{N_2}{N_1} = \frac{1}{K} \tag{6.5.9}$$

上式表明变压器一次、二次绕组的电流之比近似与它们的匝数反比相等。可见,二次绕组上的输出电流虽然由负载决定,但是一次与二次绕组中电流的比值是基本不变的。因为当负载增加时,I_2 和 $N_2 I_2$ 增大,而 I_1 和 $N_1 I_1$ 也必然相应增大,以抵偿二次绕组的电流和磁通势对主磁通的影响,从而维持主磁通的最大值基本不变。

通过式(6.5.6)和式(6.5.9)可知,输入的功率 $U_1 I_1$ 和 $U_2 I_2$ 的值近似相等,即输入功率和输出功率基本相等。从能量角度可以说明变压器能够把一次绕组上的输入电能通过铁心转换为磁场能量,再通过二次绕组转换为电能进行输出,实现能量的传递。

3. 阻抗变换

变压器除了能起变换电压和变换电流的作用外,它还有变换负载阻抗的作用,以实现"匹配"。对图 6-11 所示电路,根据式(6.5.6)和式(6.5.9)可知

$$|Z_{eq}| = \frac{U_1}{I_1} = \frac{\dfrac{N_1}{N_2}U_2}{\dfrac{N_2}{N_1}I_2} = \left(\frac{N_1}{N_2}\right)^2 \frac{U_2}{I_2} = \left(\frac{N_1}{N_2}\right)^2 |Z_L| = K^2 |Z_L| \tag{6.5.10}$$

式中,$|Z_L| = U_2/I_2$ 为变压器二次绕组连接的负载阻抗的模;图 6-11(a)中虚线框部分可以用一个阻抗 Z_{eq} 来等效代替。所谓等效,就是输入电路的电压、电流和功率不变。通常称 Z_{eq} 为负载阻抗 Z_L 折算到变压器一次绕组的等效阻抗,而 $|Z_{eq}| = U_1/I_1$ 是等效阻抗的模。

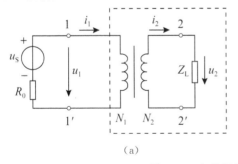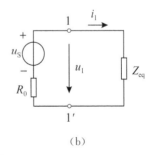

图 6-11　负载阻抗的等效变换

变压器的匝数比不同,负载阻抗模 $|Z_L|$ 折算到(反映到)一次绕组上的等效阻抗模 $|Z_{eq}|$ 也不同。可以采用不同的匝数比,把负载阻抗模变换为所需要的、比较合适的数值,这种做法通常称为阻抗匹配。

在电子线路中，为了使负载能从信号源获取最大功率，要求阻抗匹配，即要求负载的阻抗与信号源内阻抗相等。而在实际电路中两者往往不相等，这时可利用变压器的阻抗变换功能使之匹配，从而使负载获得最大功率。

例 6.5.1 一单相变压器中，一次绕组上电压 U_1 为 1000V，一次、二次绕组匝数 $N_1 = 2000$，$N_2 = 400$，二次绕组上接负载 $R_2 = 20\Omega$，求：（1）二次绕组输出电压 U_2；（2）一次、二次绕组电流 I_1、I_2；（3）一次侧的等效电阻 R_{eq}。

解：（1）二次绕组上输出电压 U_2 为

$$\frac{U_1}{U_2} = \frac{N_1}{N_2} = K = \frac{2000}{400} = 5$$

$$U_2 = \frac{U_1}{K} = \frac{1000}{5}\text{V} = 200\text{V}$$

（2）负载为电阻，功率因数 $\cos\varphi = 1$，二次绕组上电流 I_2 为

$$I_2 = \frac{U_2}{R_2} = \frac{200}{20}\text{A} = 10\text{A}$$

$$I_1 = \frac{I_2}{K} = \frac{10}{5}\text{A} = 2\text{A}$$

（3）一次侧的等效电阻 R_{eq} 为：

$$|Z_{eq}| = K^2|Z_2| \quad (\text{由式 6.5.10 得})$$

$$R_{eq} = K^2 R_2 = (5^2 \times 20)\Omega = 500\Omega$$

或

$$R_{eq} = \frac{U_1}{I_1} = \frac{1000}{2}\Omega = 500\Omega$$

例 6.5.2 设交流信号源电压 $U = 100\text{V}$，内阻 $R_0 = 800\Omega$，负载 $R_L = 8\Omega$。

（1）将负载直接接至信号源，如图 6-12（a）所示，负载获得多大功率？

（2）在信号源与负载之间接入变压器，如图 6-12（b）所示，负载获得的最大功率是多少？此时变压器变比是多少？

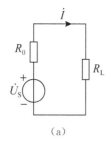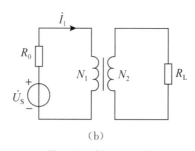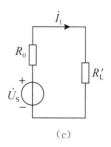

（a）　　　　　　　　　（b）　　　　　　　　　（c）

图 6-12　例 6.5.2 图

解：负载直接与信号源相接时，负载上获得的功率为：

$$P_L = I^2 R_L = \left[\left(\frac{100}{800+8}\right)^2 \times 8\right]\text{W} \approx 0.123\text{W}$$

阻抗匹配时，如图 6-12（c）所示，负载折算到一次绕组的等效阻抗 R_L' 应等于信号源内阻抗 R_0。此时负载上获得的最大功率为：

$$P_{\text{Lmax}} = \left[\left(\frac{100}{800+800} \right)^2 \times 800 \right]\text{W} = 3.125\,\text{W}$$

变压器的变比为：

$$K = \frac{N_1}{N_2} = \sqrt{\frac{|Z_{\text{eq}}|}{|Z_{\text{L}}|}} = \sqrt{\frac{R'_{\text{L}}}{R_{\text{L}}}} = \sqrt{\frac{800}{8}} = 10$$

以上计算表明：同一负载 R_{L}，经变压器阻抗变换后，信号源输出的功率大于负载与信号源直接相接时的输出功率。

6.5.3　变压器绕组的极性

由于变压器所加的是正弦交流电，所以铁心中产生的是交变主磁通，它在一次、二次绕组中产生的感应电势也是交变电动势，因此它没有固定的极性。这里所说的极性是指变压器绕组的极性，是指一次、二次绕组两个线圈的相对极性，假如在某一时刻当一次绕组的某一端的瞬时电位为正时，二次绕组也一定在同一个瞬间有一个电位为正的对应端，此时把这两个对应端就叫做变压器绕组的同极性端，或者叫做同名端，用符号"·"或"＊"标记。不是同名端的两端称为异名端。

在实际应用中，有时需要把变压器绕组串联起来提高电压，有时需要把变压器绕组并联起来增大电流。正确连接绕组时必须认清绕组的同极性端，否则不仅达不到预期目的，反而可能烧坏变压器。

在变压器中绕组在铁心上的绕制方向决定变压器绕组的极性，当改变绕组的绕向时，绕组的极性也会反向。以图 6-13 所示变压器为例，为了方便，把一次、二次绕组画在同一个铁心柱上，分别标明 A、X 与 a、x。当主磁通 Φ 穿过两绕组时便在绕组两端产生感应电动势。对于图 6-13(a)，两绕组在铁心柱上绕制方向相同，因此，A 端与 a 端的瞬时电位极性必然相同，称 A 与 a 为同极性端。当然 X 与 x 也为同极性端。如果要将两个线圈串联，就应该将 X 和 a 相连，A 和 x 接外部电源；如果要将两个线圈并联，就应该将 A 和 a 相连，X 和 x 相连后再共同接外部电源。对于图 6-13(b)，两绕组在铁心柱上绕制方向相反，于是 A 与 x、X 与 a 便成为同极性端。同理对于图(b)，如果要将两个线圈串联，就应该将 X 和 x 相连，A 和 a 接外部电源；如果要将两个线圈并联，就应该将 A 和 x 相连，X 和 a 相连后再共同接外部电源。如果接反会造成两线圈中感应电动势相反而相互抵消，变压器线圈中电流过大而烧掉。因此，其绕组间的相对极性即同名端应事先了解，使用变压器时必须注意铭牌上的标志。

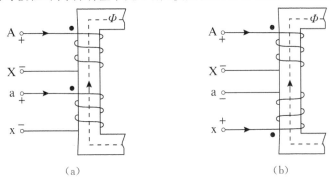

(a)　　　　　　　　　　　　　(b)

图 6-13　变压器绕组极性与绕组绕向的关系

当遇到变压器铭牌标志不清或旧变压器时,可以通过测试加以判别。判断同名端的方法有直流法和交流法两种。

1. 直流法

如图 6-14 所示,在一次绕组一侧接一节干电池,然后在二次绕组接直流毫安表。当合上开关 S 的一瞬间,若毫安表正偏,则 A、a 为同名端;若毫安表反偏,则 A、x 为同名端。

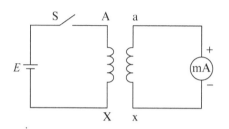

图 6-14　直流法判别绕组极性的电路

2. 交流法

如图 6-15 所示,u_1 为电源电压,u_2 为开路电压,u 为一次、二次绕组间的电压。分别测量图示电压的有效值 U、U_1 和 U_2。若电压表的读数 $U = |U_1 - U_2|$,可确定相接的两点为同名端,如图 6-15(a)所示;若读数 $U = |U_1 + U_2|$,可确定相接的两点为异名端,如图 6-15(b)所示。

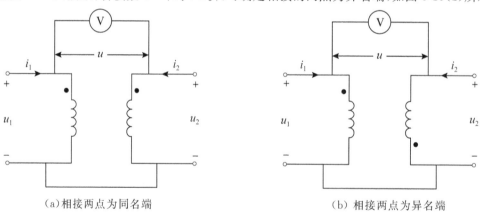

（a）相接两点为同名端　　　　　　（b）相接两点为异名端

图 6-15　交流法判别绕组极性的电路

6.5.4　变压器的使用

1. 变压器的外特性

变压器的外特性是指二次侧输出电压 U_2 和 I_2 的变化关系,在电源电压 U_1 和负载功率因数 $\cos\varphi_2$ 一定的情况下,通常用 $U_2 = f(I_2)$ 外特性曲线来表示,如图 6-16 所示,对于电阻性和电感性负载来说,电压 U_2 随着 I_2 的增大而

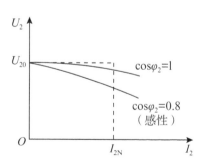

图 6-16　变压器的外特性曲线

减小。同时输出电压 U_2 的下降还与负载的功率因素 $\cos\varphi_2$ 有关,随着负载功率因数的降低,外特性曲线向下倾斜的程度增大,U_2 随着 I_2 增加下降的程度也将增大。变压器从空载到额定负载$(I_{20}=I_{2N})$,二次绕组电压的变化程度用电压变化率 ΔU 来表示,即

$$\Delta U = \frac{U_{20}-U_2}{U_{20}} \times 100\% \tag{6.5.11}$$

电压变化率是电力变压器的主要性能指标之一,这个数字越小,说明变压器的负载性能越强。一般变压器的电压变化率约在 $\pm 5\%$ 以内。如果超过上述范围,应利用变压器分接头进行调整,使其达到规定范围,否则电压质量不符合要求。

2. 变压器的损耗与效率

变压器的功率损耗同交流铁心线圈一样,包括铁耗 ΔP_{Fe} 和铜耗 ΔP_{Cu} 两部分。其中铁损耗是指铁心中的磁滞损耗和涡流损耗,大小与铁心中的磁感应强度最大值 B_m 和频率 f 有关,而与负载电流大小无关。由于变压器处于正常工作状态时,电源电压 U_1 和频率 f 都基本不变,主磁通的幅值大小不变,故铁损耗也基本不变,将这部分损耗称为不变损耗。铜损耗是指一、二次绕组有电流流过时在一、二次绕组的电阻上产生的损耗之和,即有

$$\Delta P_{Cu} = \Delta P_{Cu1} + \Delta P_{Cu2} = I_1^2 R_1 + I_2^2 R_2$$

负载改变时,I_1、I_2 变化,ΔP_{Cu} 也变化,故称铜损耗为可变损耗。

变压器的效率 η 是指输出功率 P_2 与输入功率 P_1 之比,由于

$$P_1 = P_2 + \Delta P_{Fe} + \Delta P_{Cu}$$

故

$$\eta = \frac{P_2}{P_1} \times 100\% = \frac{P_2}{P_2 + \Delta P_{Fe} + \Delta P_{Cu}} \times 100\% \tag{6.5.12}$$

变压器没有旋转部分,因此效率比较高。控制装置中的小型电源变压器的效率通常在 80% 以上,电力变压器的效率一般可达 95% 以上。

需注意,变压器在运行中并非运行在额定负载时效率最高。实践证明,变压器所带负载为额定负载的 $50\% \sim 75\%$ 时,效率达到最大值。因此,应根据负载情况采用最好的运行方式。譬如,控制变压器运行台数,投入适当容量的变压器等,以使变压器能够在高效率情况下运行。

3. 变压器的额定参数

变压器的额定参数就是变压器在规定的使用环境和运行条件下的技术参数,主要的技术参数一般都标注在变压器的铭牌上,主要包括额定容量、额定电压及其分接、额定频率、绕组联结组以及额定性能数据(阻抗电压、空载电流、空载损耗和负载损耗)和总重。

1)额定电压 U_{1N}、U_{2N}

一次侧额定电压 U_{1N} 是根据绝缘强度,使变压器长时间正常运行时应加的工作电压。二次侧额定电压 U_{2N} 是指一次侧加额定电压、二次侧处于空载状态时的电压。三相变压器的额定电压一律指线电压。

2)额定电流 I_{1N}、I_{2N}

额定电流是指按规定工作方式(长时连续工作或短时工作或间歇工作)运行时一次、二

次绕组允许通过的最大电流,它们是根据绝缘材料允许的温度确定的。三相变压器的额定电流一律指线电流。

3)额定容量 S_N

额定容量是指变压器在额定状态下二次侧额定电压和额定电流的乘积,即 $S_N = U_{2N}I_{2N}$。对三相变压器,额定容量是三相容量之和。需指出的是,变压器的额定容量是视在功率,与输出功率不同。输出功率的大小还与负载的大小和性质有关。

4)联结组标号

联结组标号表示变压器各个相绕组的连接法和相量关系的符号。大写字母表示一次侧(或原边)的接线方式,小写字母表示二次侧(或副边)的接线方式。Y(或 y)为星形接线,D(或 d)为三角形接线。数字采用时钟表示法,用来表示一、二次侧线电压的相位关系,一次侧线电压相量作为分针,固定指在时钟 12 点的位置,二次侧的线电压相量作为时针。例如"Yn,d11",其中 11 就是表示当一次侧线电压相量作为分针指在时钟 12 点的位置时,二次侧的线电压相量在时钟的 11 点位置。也就是,二次侧的线电压相量超前一次侧线电压相量30 度。

5)阻抗压降百分比

阻抗压降百分比表示变压器通入额定电流时的阻抗压降与额定电压的百分比。

6)温升与冷却

温升是变压器指定部位(一般指上层油温)的温度和变压器周围空气温度之差。油浸式变压器上层油温升的限值,仅是为保证变压器油长期使用而不致迅速老化变质所规定的值,不可直接作为运行中变压器负载能力的依据。油浸式变压器绕组温升限值为 65K,油面温升为 55K。冷却方式也有多种,如油浸自冷、强迫风冷、水冷、管式、片式等。

6.5.5 特殊变压器

变压器的分类方法很多,这里介绍两种在实际中应用较多的特殊变压器。

1. 自耦变压器

自耦变压器的特点是铁心中只有一个线圈,一次和二次绕组共用。因此,自耦变压器的一次绕组与二次绕组之间不仅有磁的耦合,而且电路还互相连通。自耦变压器主要用于均匀、平滑地调整电压,为此把铁心做成圆形,副边抽头经过电刷可以自由滑动,其工作原理和双绕组变压器相同。自耦变压器的电路结构如图 6-17 所示。

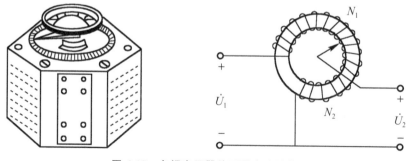

图 6-17 自耦变压器外形及电路结构

由变压器一次、二次侧电压和匝数间的关系可知

$$U_2 = \frac{N_2}{N_1}U_1$$

若 N_1、U_1 保持不变，N_2 变化，U_2 随之正比变化，则可实现输出电压连续可调。

在同样容量的前提下，自耦变压器所用材料要比普通变压器少、体积小、质量轻，效率也要高一些，从而可以降低成本，提高经济效益。但是由于自耦变压器一次侧与二次侧的电路直接相连，高压侧的电气故障会波及低压侧。

需要注意的是，原、副边千万不能对调使用，否则变压器会损坏，原因是当 N 变小时，磁通增大，电流会迅速增加。

2. 仪用互感器

在高电压、大电流的系统和装置中，为了测量的方便和安全，需要使用仪用互感器。根据用途不同，仪用互感器分为电压互感器和电流互感器。它们的工作原理同变压器的原理一样。它们的主要作用是扩大测量交流电压、电流的量程，实现用小量程的电压表、电流表测量大容量电气设备中的交流电压、电流值。

电压互感器是一个降压变压器。其一次绕组匝数较大，与被测电压并联，二次绕组匝数较少，与电压表相连，如图 6-18(a) 所示。通常二次绕组额定电压为 100V，采用统一的 100V 标准交流电压表。若变压比 K 已知，测量时只要把电压表读数乘以该变压比所得结果即为待测的高电压。

使用时，电压互感器的二次绕组不能短路，以防产生过大的电流烧坏绕组。为了预防出现短路，在一次、二次绕组中都要接熔断器。另外为了安全起见，电压互感器的铁心、金属外壳及二次绕组的一端都必须接地，以防在一次绕组的绝缘损坏时在二次侧出现高压。

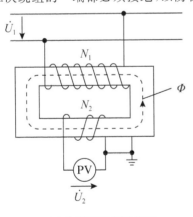　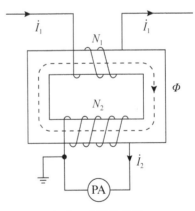

（a）电压互感器接线图　　　　　　（b）电流互感器接线图

图 6-18　仪用互感器接线图

电流互感器是将大电流变换为小电流。所以电流互感器的一次绕组匝数很少，使用时与被测电流串联，二次绕组匝数较多，与电流表相连，如图 6-18(b) 所示。通常电流互感器二次绕组额定电流为 5A，采用统一的 5A 标准交流电流表。测量时只要把电流表读数乘以电流互感器的变流比，所得结果即为待测的大电流。

使用时,电流互感器的二次绕组不允许开路。因其一次绕组的电流是由被测电路决定的,而与二次绕组电流无关。正常运行时二次侧相当于短路,具有强烈的去磁作用,所以铁心中工作主磁通所需的励磁电流相应很小。若二次绕组开路,一次绕组的电流全部成为励磁电流而导致铁心中工作磁通剧增,致铁心严重饱和过热而烧损,同时因二次绕组匝数很大,又会感应出危险的高电压,危及操作人员和测量设备的安全。因此,在电流互感器工作中若需要拆换电流表,则必须首先把互感器二次绕组短接,然后才能拆换电流表。

6.5.6 电磁铁

电磁铁是利用通电的铁心线圈吸引衔铁或保持某种机械零件、工件于固定位置的一种电器。当电源断开时电磁铁的磁性消失,衔铁或其他零件即被释放。电磁铁衔铁的动作可使其他机械装置发生联动。

电磁铁由线圈、铁心及衔铁三部分组成。其结构形式通常有图 6-19 所示几种。铁心要用软铁或硅钢制作,而不能用钢制作。这样的电磁铁在通电时有磁性,断电后就随之消失。如果用钢制作铁心,而钢容易被磁化,一旦被磁化后,将长期保持磁性而不能退磁,则其磁性的强弱就不能用电流的大小来控制,从而失去电磁铁应有的优点。

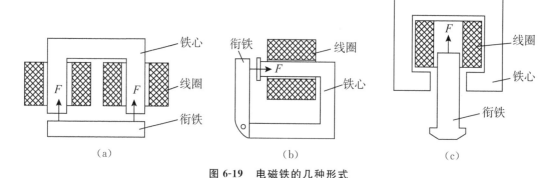

图 6-19　电磁铁的几种形式

由于电磁铁磁性的有无,可以用通、断电流来控制;磁性的大小可以用电流的强弱或线圈的匝数来控制。因此,电磁铁在机械工业中有广泛的应用,在机床中常用电磁铁操纵气动机构的阀门和控制变速机构。电磁吸盘和电磁离合器也都是电磁铁的具体应用。在现代物流业的集装流程中,也使用电磁铁进行起重提放钢材等。不论是机床、起重机,还是物流装卸的电磁继电器和接触器,电磁铁的任务是开闭电路,起到开关的作用。

电磁吸力 F 是衡量电磁铁性能的主要参数,它的计算公式为

$$F = \frac{10^7}{8\pi}B_0^2 S_0 = \frac{B_0^2 S_0}{2\mu_0} = \frac{\Phi^2}{2\mu_0 S_0} \tag{6.5.13}$$

式中,B_0 为气隙的磁感应强度,单位是 T;S_0 为气隙的横截面积,单位是 m²;真空磁导率 $\mu_0 = 4\pi\times10^{-7}$ H/m;空气隙中磁通 $\Phi = B_0 S_0$,单位是 Wb;F 的单位是 N。

根据所加励磁电流不同,电磁铁可分为直流电磁铁和交流电磁铁。直流电磁铁励磁线圈施加直流电压 U 后,励磁电流 I 的大小仅由线圈电阻 R 确定($I=U/R$),励磁磁动势 NI 也是恒定的,但是随着衔铁在吸力 F 作用下吸合,空气隙变小,磁路磁阻显著减小,根据磁路欧姆定律可知,磁路中磁通 Φ 将增大。可见,衔铁吸合后的磁通、吸力要比衔铁吸合前的磁

通、吸力大得多。

交流电磁铁因为励磁电流是交流变化的,因此气隙的磁感应强度 B_0 和电磁吸力也是随时间而变化的。假设 $B_0 = B_m \sin\omega t$,则瞬时电磁吸力为

$$f = \frac{10^7}{8\pi}(B_m \sin\omega t)^2 S_0 = \frac{10^7}{8\pi}B_m^2 S_0 \frac{1-\cos2\omega t}{2} = F_m \frac{1-\cos2\omega t}{2} \qquad (6.5.14)$$

式中,$F_m = \dfrac{10^7}{8\pi}B_m^2 S_0$ 是吸力的最大值。由式(6.5.14)可知,交流电磁铁吸力在零值与最大值之间脉动(见图 6-20),其在一个周期内的平均值为

$$F = \frac{1}{T}\int_0^T f\,\mathrm{d}t = \frac{1}{T}\int_0^T F_m\left(\frac{1}{2}-\frac{1}{2}\cos2\omega t\right)\mathrm{d}t = \frac{1}{2}F_m = \frac{10^7}{16\pi}B_m^2 S_0 \qquad (6.5.15)$$

由式(6.5.15)可见,交流电磁铁平均吸力只有最大值的一半,电磁铁吸力在零与最大值之间以两倍的电源频率脉动。对于电气控制装置在交流电作用下,当电流过零点时,由于线圈电磁吸力接近于零,如此静铁心与衔铁间会发生振动,发出噪声。实际中消除振动及噪声的办法是设置分磁环(短路环),如图 6-21 所示。交流电磁铁的分磁环是嵌在铁心上的,包围铁心的 1/3 或少部分。分磁环在交流电产生的交变磁通下产生感应电流,这个电流阻止分磁环包围中铁心的磁通变化,使分磁环内的磁通 Φ_1 与环外磁通 Φ_2 在时间上错开。电磁铁使用这个原理可杜绝磁通在交变时的过零现象,减少吸附时的振动,也可以防止磁通过零时吸引力减小造成事故。

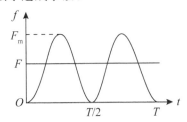

图 6-20　交流电磁铁的吸力

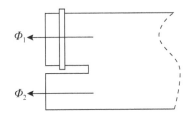

图 6-21　分磁环

交流电磁铁中,为了减少铁损,铁心由硅钢片叠成;直流电磁铁的磁通不变,无铁损,铁心用整块软铁制成。

需要注意的是:在交流电磁铁中,线圈电流不仅与线圈电阻有关,主要还与线圈感抗有关。在其吸合过程中,随着磁路气隙的减小,线圈感抗增大,电流减小。如果衔铁被卡住,通电后衔铁吸合不上,线圈感抗一直很小,电流较大,将使线圈严重发热甚至烧毁。

6.5 测试题

6.6　应用举例

变压器是电子电路中不可缺少的无源设备,在众多高效设备中,变压器的效率一般为 95%,但是也可以达到 99%。变压器的应用非常广泛,例如在电力传输与分配中,利用变压器实现电压和电流的升高或降低;或者作为隔离装置,将电路的一部分与另一部分隔离(即在没有任何电气连接的情况下传输功率);或者用作阻抗匹配设备,以实现最大功率传输等。

本节主要介绍变压器作为隔离设备的应用。

当两个设备之间没有实际的电连接时,称这两个设备之间是电气隔离的。变压器的一次电路与二次电路之间无电气连接,能量是通过磁耦合传输的,所以变压器是电气隔离的。下面介绍利用变压器电气隔离特性的三种实际应用。

图 6-22 所示电路中,整流器是将交流电转换为直流电的装置,而交流电源是通过变压器耦合到整流器中的。此处的变压器不仅起到降压的作用,还将交流电源与整流器隔开,从而降低处理电路时被电击的危险。

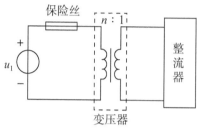
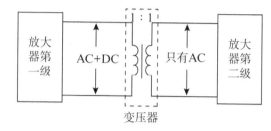

图 6-22　隔离交流电源与整流器的变压器　　图 6-23　两级放大电路之间的隔离变压器

如图 6-23 所示电路中,变压器作为多级放大器的级间耦合器件,此处变压器只起到电气隔离的作用。放大电路的每一级都有其在特定模式下工作所需的直流偏置电压,如果没有变压器,那么每一级放大电路可能因为直流偏置的相互影响而不能正常工作。变压器可以有效地隔离直流信号,从而防止前一级的直流电压影响下一级的直流偏置,而交流信号仍可以通过变压器耦合到下一级。在无线电接收机或电视接收机中,变压器通常用于高频放大器各级之间的耦合。当变压器仅用于电气隔离时,应将其匝数比制作为 1∶1,即隔离变压器的变比 $K=1$。

图 6-24 所示电路,是变压器应用于高压测量的电路,此处变压器起到降压及电气隔离的作用。图 6-24 所示电路需要测量的高压为 13.2kV,显然将电压表直接接到这种高压电力线路中是非常不安全的。此时采用变压器既可以起到隔离电力线与电压表的作用,又可以将电压降低到安全电压范围之内。只要利用电压表测量变压器的二次侧电压,就可根据变压器的变比 K 确定其一次侧的高压值。

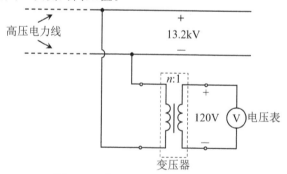

图 6-24　高压测量电路中的变压器

第 6 章拓展
练习

本章小结

1. 磁路的基本物理量

磁路的基本物理量有磁感应强度 B、磁通 Φ、磁场强度 H、磁导率 μ。

2. 磁材料的磁性能

铁磁材料具有高导磁性、磁饱和性、磁滞性,按磁性物质的磁性能,磁性材料可以分为软磁材料、永磁材料、矩磁材料三类。

3. 磁路欧姆定律

$$\Phi = BS = H\mu S = NI\frac{\mu S}{l} = \frac{F}{R_{\mathrm{m}}}$$

式中,F 为磁通势,由其产生磁通;R_{m}($R_{\mathrm{m}} = \dfrac{l}{\mu S}$)称为磁阻,与电阻的作用相似,磁阻是表示磁路对磁通具有阻碍作用的物理量。

4. 交流铁心线圈

(1)电磁关系:

$$u \to i(Ni) \to \begin{cases} \Phi \to e = -N\dfrac{\mathrm{d}\Phi}{\mathrm{d}t} \\[3mm] \Phi_\sigma \to e_\sigma = -N\dfrac{\mathrm{d}\Phi_\sigma}{\mathrm{d}t} = -L_\sigma\dfrac{\mathrm{d}i}{\mathrm{d}t} \end{cases}$$

(2)电压电流关系:$u = Ri - e - e_\sigma = Ri - e + L\dfrac{\mathrm{d}i}{\mathrm{d}t}$,$U \approx E = 4.44 fN\Phi_{\mathrm{m}}$。

(3)功率损耗由磁滞损耗和涡流损耗组成:$\Delta P = \Delta P_{\mathrm{Cu}} + \Delta P_{\mathrm{Fe}} = RI^2 + \Delta P_{\mathrm{h}} + \Delta P_{\mathrm{e}}$。

5. 变压器

变压器是根据电磁感应的原理,将某一等级的交流电压和电流转换成同频率的另一等级电压和电流的设备。它由闭合铁心、初级线圈(原绕组)及次级线圈(副绕组)组成。其主要作用包括变换交流电压、交换交流电流和变换阻抗。

电压变换:$\dfrac{U_1}{U_2} \approx \dfrac{N_1}{N_2} = K$。

电流变换:$\dfrac{I_1}{I_2} \approx \dfrac{N_2}{N_1} = \dfrac{1}{K}$。

阻抗变换:$|Z_{\mathrm{eq}}| = \left(\dfrac{N_1}{N_2}\right)^2 |Z_{\mathrm{L}}| = K^2 |Z_{\mathrm{L}}|$

6. 电磁铁

电磁铁是利用通电的铁心线圈吸引衔铁或保持某种机械零件、工件于固定位置的一种电器。电磁铁由线圈、铁心及衔铁三部分组成。

(1)直流电磁铁的电磁吸力 $F = \dfrac{10^7}{8\pi}B_0^2 S_0 = \dfrac{B_0^2 S_0}{2u_0} = \dfrac{\Phi^2}{2u_0 S_0}$,直流电磁铁在吸合过程中,励磁电流不变,吸力随空气隙变小而增大;

(2)交流电磁铁的电磁吸力 $f = \frac{10^7}{8\pi}(B_m \sin\omega t)^2 S_0 = F_m \frac{1-\cos 2\omega t}{2}$，交流电磁铁在吸合过程中，平均吸力不变，电流随空气隙变小而减小。

习题 6

6.1 将一个空心线圈先后接到直流电源和交流电源上，然后在这个线圈中插入铁心，再接到上述的直流电源和交流电源上。如果交流电源电压的有效值和直流电源电压相等，在上述四种情况下，试比较通过线圈的电流和功率的大小，并说明其理由。

6.2 铁心线圈中通过直流电流，是否有铁损耗？

6.3 为什么变压器的铁心要用硅钢片叠成？用整块的铁心行不行？

6.4 有一台电压为 220V/110V 的变压器，$N_1 = 2000$，$N_2 = 1000$，有人想省些铜线，将匝数减为 400 和 200，是否可以？

6.5 将变压器一次绕组上接入相同电压的直流电源，二次绕组上将会产生什么后果？分析其原因。

6.6 用测流钳测量单相电流时，如把两根线同时钳入，测流钳上的电流表有何读数？

6.7 用测流钳测量三相对称电流(有效值为 5A)，当钳入一根线、两根线及三根线时，试问电流表的读数分别为多少？

6.8 为了求出铁心线圈的铁损耗，先将它接在直流电源上，从而测得线圈的电阻为 1.5Ω；然后接在交流电源上，测得电压 $U = 120V$，功率 $P = 70W$，电流 $I = 2A$，试求铁损耗和线圈的功率因数。

6.9 将一铁心线圈，接在频率 $f = 50Hz$、电压 $U = 110V$ 的正弦交流电源上，其电流 $I_1 = 5A$，$\cos\varphi_1 = 0.65$。若将此线圈中的铁心抽出，再接于上述电源上，则线圈中的电流 $I_2 = 10A$，$\cos\varphi_2 = 0.05$。试求此线圈在具有铁心时的铜损耗和铁损耗。

6.10 有一单相照明变压器，容量为 $10kV \cdot A$，电压为 3150/220V。欲在二次绕组接上 60W/220V 的白炽灯，若要变压器在额定情况下运行，可以接多少个这样的电灯？并求一次、二次绕组的额定电流。

6.11 已知某单相变压器的匝数比为 $N_1 : N_2 = 20 : 1$，负载为 20V、20W 的电炉，求：

(1)当负载工作在额定状态时，一次绕组上的工作电压和工作电流。

(2)当 5 个电炉串联时，一次绕组上的工作电压和工作电流。

(3)当 5 个电炉并联时，一次绕组上的工作电压和工作电流。

6.12 变压器变比为 $N_1 : N_2 = 5 : 1$，一次绕组上所加电源电压为 200V，二次绕组上接灯泡，$R = 10\Omega$，求：

(1)该灯泡折合到一次绕组上的等效电阻及灯泡上的工作电流。

(2)当一次绕组接电压为 200V、内阻为 250Ω 电源时，灯泡的输出功率。

第7章 异步电动机

电动机的作用是将电能转换为机械能。现代各种生产机械都广泛应用电动机来驱动。

有的生产机械只装配一台电动机,如单轴钻床;有的需要好几台电动机,如某些机床的主轴、刀架、横梁以及润滑油泵和冷却油泵等都是由单独的电动机来驱动的。常见的桥式起重机上就有三台电动机。

预备知识

生产机械由电动机驱动有很多优点:简化生产机械的结构;提高生产率和产品质量;能实现自动控制和远距离操纵;减轻繁重的体力劳动。

电动机可分为交流电动机和直流电动机两大类。交流电动机又分为异步电动机(或称感应电动机)和同步电动机。直流电动机按照励磁方式的不同分为他励、并励、串励和复励四种。

预备知识

在生产上使用的主要是交流电动机,特别是三相异步电动机。在各种电动机中应用最广,需要量最大。工业生产、农业机械化、交通运输、国防工业等电力拖动装置中,有85%采用三相异步电动机。仅在需要均匀调速的生产机械上,如龙门刨床、轧钢机及某些重型机床的主传动机构,以及在某些电力牵引和起重设备中才采用直流电动机。同步电动机主要应用于功率较大、不需调速、长期工作的各种生产机械,如压缩机、水泵、通风机等。单相异步电动机常用于功率不大的电动工具和某些家用电器中。除上述动力用电动机外,在自动控制系统和计算装置中还用到各种控制电机。

本章主要介绍三相异步电动机,对单相异步电动机仅作简单介绍。

对于各种电动机应该了解下列几个方面的问题:①基本构造;②工作原理;③表示转速与转矩之间关系的机械特性;④启动、反转、调速及制动的基本原理和基本方法;⑤应用场合和如何正确接用。

7.1 三相异步电动机的构造

三相异步电动机主要由固定不动的定子和旋转的转子两个部分组成,其间有一定的气隙。此外,还有端盖、轴承、风扇等部件,如图 7-1 所示。

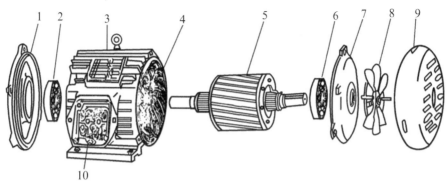

1—端盖；2—轴承；3—机座；4—定子绕组；5—转子；6—轴承；7—端盖；8—风扇；9—风罩；10—接线盒。

图 7-1　三相异步电动机结构

三相异步电动机的定子由定子铁心、定子绕组和机座三部分组成。

1.定子铁心

定子铁心是磁路的一部分，它一般由 0.5mm 厚的硅钢片冲制、叠压而成，片与片之间是绝缘的，以减少涡流损耗。定子铁心硅钢片的内圆冲有均匀分布的槽，槽中安放线圈。硅钢片铁心在叠压后成为一个整体，固定于机座上。

2.定子绕组

定子绕组是电动机的电路部分。它分为三个部分，在空间互隔120°对称地分布在定子铁心上，称为三相对称绕组，其作用是使电流流过和产生旋转磁场。三相绕组的六个引出端分别连接到机座外部接线盒中，三个绕组的首端接头分别用 U_1、V_1、W_1（或 A、B、C）表示，其对应的尾端接头分别用 U_2、V_2、W_2（或 X、Y、Z）表示。根据电源电压和电动机的额定电压，三相定子绕组可以连接成星形（Y）或者三角形（△），如图 7-2 所示。

回三相异步电动机的构造

回三相异步电动机的构造

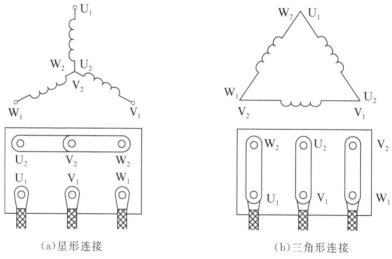

（a）星形连接　　　　　　　　（b）三角形连接

图 7-2　三相定子绕组的连接

3.机座

机座主要用于固定和支撑定子铁心、定子绕组及固定电动机。中小型异步电动机一般采用铸铁机座,大型电动机用钢板焊接而成。根据不同的冷却方式采用不同的机座形式。

三相异步电动机的转子由转子铁心、转子绕组和转轴组成。

1. 转子铁心

转子铁心也是电动机磁路的一部分,一般由 0.5mm 厚的硅钢片叠压而成。中小型电动机的转子铁心装在转轴上,大型的电动机则固定在转子支架上。在转子铁心外圆周上冲有许多均匀分布的槽,以供嵌放或者浇铸转子绕组。转子铁心、气隙与定子铁心构成电动机的完整磁路,异步电动机的气隙一般为 0.2~2.5mm。

2. 转子绕组

三相异步电动机的转子绕组构成转子电路,其作用是流过电流和产生电磁转矩。按构造,转子绕组分为笼型和绕线型两种,对应就有笼型异步电动机和绕线型异步电动机。

笼型转子在转子铁心外圆周表面的每个槽中有一根导条,在铁心两端用短路环把所有的导条连接起来,形成一个多相对称短路绕组,一个槽就是一相。如去掉转子铁心,整个绕组犹如一个“笼子”,由此得名,如图 7-3 所示。

大型电动机多用铜导条和铜端环组成;中、小型电动机采用铸铝导条,连同端环、冷却用的风叶一次浇铸成型。

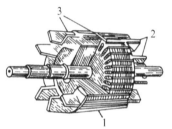

(a)采用铜条的鼠笼式转子　　　　　　(b)采用铸铝的鼠笼式转子

1—转子铁心;2—风叶;3—铸铝条。

图 7-3　笼型异步电动机转子

绕线型转子绕组与定子绕组相似,在转子铁心槽内放置对称三相绕组,一般采用星形连接。每相绕组首端分别接到装在转轴上的三相互相绝缘的铜制滑环上,通过电刷的滑动接触与外加三相变阻器串联。转子回路串电阻,可以改善电动机的启动性能或实现电动机调速,如图 7-4 所示。

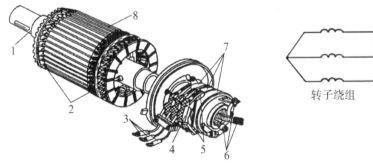

(a)绕线型转子结构　　　　　　(b)绕线型转子绕组接线图

1—转轴;2—转子绕组;3—电刷引线;4—刷架;5—电风扇;

6—转子绕组出线头;7—滑环;8—转子铁心。

图 7-4　绕线型异步电动机转子

電工技术基础

笼型电动机结构简单,价格低廉,工作可靠,使用方便,故应用广泛,但其机械特性不能人为改变。绕线型电动机结构复杂,价格较高,维护工作量大,可通过转子外加电阻人为改变其机械特性,一般用于对启动和调速性能有较高要求的场合,例如起重机。

7.1 测试题

笼型和绕线型两种电动机的转子构造虽然不同,但工作原理是一致的。

7.2 三相异步电动机的旋转磁场

三相异步电动机的旋转磁场

7.2.1 旋转磁场的产生

为了方便分析,假设定子绕组的每一相均由一个线圈组成,如图 7-5(a)所示,三相线圈在 360°空间对称分布。三相对称绕组分别用 U_1—U_2、V_1—V_2、W_1—W_2 标记,其中下标 1 表示绕组的首,下标 2 表示绕组的尾。各相定子绕组的首尾空间位置相差 180°,三相绕组的空间位置互差 120°。当定子绕组与三相电源接通时,在定子绕组中便有对称的三相交流电流 i_1、i_2、i_3 流过。假定电流的正方向为首端流入,尾端流出,则电流值为正;假定电流的负方向为尾端流入,首端流出,则电流值为负,并用"×"表示电流是流入端口的,用"·"表示电流是流出端口的。

三相异步电动机的旋转磁场

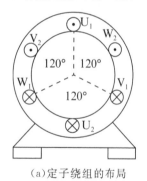
(a)定子绕组的布局

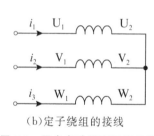
(b)定子绕组的接线

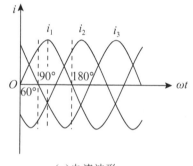
(c)电流波形

图 7-5 异步电动机定子绕组的布局与接线

以三相定子绕组星形连接为例,如图 7-5(b)所示,相序为 U_1—V_1—W_1—U_1,即以 U_1 相为基准,于是三相对称电流可以表示为

$$i_1 = I_m\sin\omega t, i_2 = I_m\sin(\omega t - 120°), i_3 = I_m\sin(\omega t + 120°)$$

其波形如图 7-5(c)所示。

由于电流随时间变化,因此电流产生的磁场也随着时间而改变,即在定子和转子的空气隙中产生一个旋转磁场(见图 7-6),现分析几个瞬间定子绕组通电时产生的磁场。

当 $\omega t = 0°$ 时,$i_1 = 0$,i_2 为负值,即电流 i_2 从末端 V_2 流入,从首端 V_1 流出;i_3 为正值,即电流 i_3 从首端 W_1 流入,从末端 W_2 流出。利用右手螺旋定则,四指为电流环绕方向,大拇指为三相电流所产生的合成磁场方向,如图 7-6(a)所示,合成磁场上方为 N 极,下方为 S 极,磁场方向由 N 极指向 S 极,为一对磁极,即磁极对数 $p=1$。

218

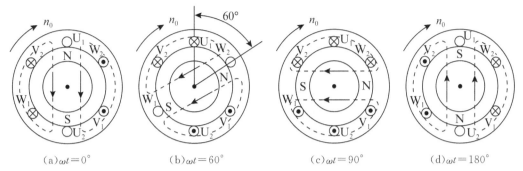

图 7-6 异步电动机旋转磁场的形成

当 $\omega t = 60°$ 时，$i_3 = 0$，i_2 为负值，即电流 i_2 从末端 V_2 流入，从首端 V_1 流出；i_1 为正值，即电流 i_1 从首端 U_1 流入，从末端 U_2 流出。产生的合成磁场方向如图 7-6(b)所示，磁场方向顺时针转过了 $60°$ 角。

当 $\omega t = 90°$ 时，i_1 为正值，即电流 i_1 从首端 U_1 流入，从末端 U_2 流出；i_2 为负值，即电流 i_2 从末端 V_2 流入，从首端 V_1 流出；i_3 为负值，即电流从末端 W_2 流入，从首端 W_1 流出。产生的合成磁场方向如图 7-6(c)所示，磁场方向顺时针转过了 $90°$ 角。

当 $\omega t = 180°$ 时，同理可推出此时产生的合成磁场方向顺时针转过了 $180°$ 角，如图7-6(d)所示。

以此类推，可见当定子三相对称绕组通入三相对称交流电后，电流变化一个周期，产生的合成磁场会旋转一周($360°$)，即在定子与转子的空气隙间产生了旋转磁场。并且由图 7-6 可见，旋转磁场的旋转方向与三相电流的相序一致。

现在把 V_1 和 W_1 接三相电源的两根相线对调一下，即相序变为 $U_1—W_1—V_1—U_1$，同理可以判断出此时的合成磁场是逆时针旋转的，如图 7-7 所示。其实只要任意对调接三相电源的两根相线就会得到同样的结论。

综上分析可见，旋转磁场的旋转方向由三相电流的相序决定，改变流入三相绕组的电流相序(即将连接三相电源的三根导线中的任两根对调)，就能改变旋转磁场的转向；改变了旋转磁场的转向，也就改变了三相异步电动机的旋转方向，这就是三相异步电动机反转的原理。

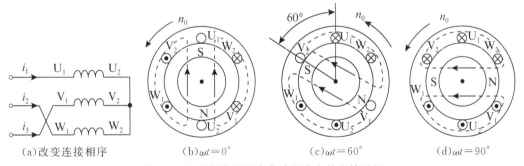

图 7-7 改变相序后异步电动机产生的旋转磁场

7.2.2 旋转磁场的极对数和转速

旋转磁场的转速称为同步转速，记作 n_0。当三相定子绕组按图 7-5 排列时，磁极对数 $p=1$，电流变化一个周期，磁场在转子所在空间旋转一圈。若设交流电流的频率为 f_1，则旋转磁场的同步转速为 $n_0=60f_1$，转速的单位是转每分（r/min）。

若将定子绕组按图 7-8(a) 接线，即每相定子绕组由两个串联线圈组成，每相线圈的始端在空间互差 60° 安置在定子槽内，同上分析可知：三相定子绕组在这种排列下产生两对磁极（$p=2$）的旋转磁场，如图 7-8(b) 和 (c) 所示。此时当电流变化一个周期时，旋转磁场在空间转过半圈。

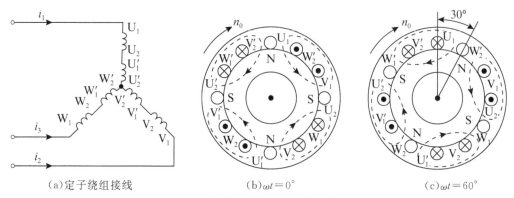

(a)定子绕组接线   (b)$\omega t=0°$ (c)$\omega t=60°$

图 7-8 三相电流产生 $p=2$ 的旋转磁场

同理可以推出：要产生三对磁极，即 $p=3$ 的旋转磁场，则每相定子绕组必须有三个线圈串联在空间均匀排列安置在定子槽内，每相线圈的始端在空间上互差 40°（即为 $120°/p$），此时当电流变化一个周期，旋转磁场在空间转过 1/3 圈。以此类推，当旋转磁场具有 p 对磁极时，电流随时间变化一个周期，旋转磁场在空间转过 $1/p$ 圈。因此，旋转磁场的同步转速可表示为

$$n_0 = \frac{60f_1}{p} \tag{7.2.1}$$

式中，n_0 为旋转磁场同步转速，单位为 r/min；f_1 为三相交流电流的频率，单位为 Hz；p 为旋转磁场的磁极对数。

在我国，频率 $f_1=50\text{Hz}$，由式 (7.2.1) 可得出不同磁极对数 p 的旋转磁场的同步转速，如表 7-1 所示。

表 7-1 不同磁极对数 p 的旋转磁场同步转速

p	1	2	3	4	5	…
$n_0/(\text{r/min})$	3000	1500	1000	750	600	…

综上所述，得出：

(1) 三相交流电流通入对称三相定子绕组便在空间产生旋转磁场；

(2) 旋转磁场的转向与三相交流电流的相序一致；

(3) 旋转磁场的同步转速与三相电源的频率成正比，与磁极对数成反比。

7.2测试题

7.3　三相异步电动机的转动原理和电路分析

三相异步
电动机的转
动原理和电
路分析

7.3.1　三相异步电动机的转动原理

图 7-9 为三相异步电动机转子转动的原理,图中 N、S 表示两级旋转磁场,为了方便分析转子转动原理,可将笼型转子简化为由上下两根导条(铜或铝)构成的闭合回路。假设旋转磁场逆时针方向旋转,则由于旋转磁场与转子导条的相对运动,转子导条相当于顺时针方向切割磁力线,转子导条中感应出电动势,在电动势的作用下,闭合的导条中就有电流。利用右手定则可以判定出转子导条中产生的感应电流的方向,如图 7-9 所示,上导条感应电流的方向是垂直纸面向里($\times$),下导条感应电流的方向是垂直纸面向外($\cdot$)。转子导条中的感应电流在磁场中会受到电磁力的作用,用左手定则可以判定电磁力 F 的方向。由电磁力产生电磁转矩,驱动转子也逆时针方向转动起来。

三相异步
电动机的转
动原理和电
路分析

由于转子绕组中的电流是由电磁感应产生的,转子并未接电源,故异步电动机又称感应电动机。

旋转磁场的转速为 n_0,电动机的转速为 n,电动机的转子转动方向与旋转磁场的转向一致。那电动机转速 n 和旋转磁场同步转速 n_0 大小又有什么关系呢? 在图 7-9 中:

(1)若 $n < n_0$,则闭合线圈中感应电动势、感应电流、电磁力和电磁转矩的方向均与图中所示方向相同。转子会以小于 n_0 的转速转动。

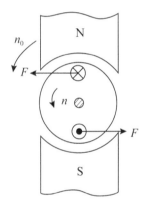

图 7-9　转子转动原理

(2)若 $n = n_0$,则转子线圈与旋转磁场间没有相对运动,磁通不切割转子导条。转子线圈中不产生感应电动势和感应电流,无电磁转矩驱动转子转动。在摩擦、空气等阻力矩的作用下,转子会减速使得 $n < n_0$。

(3)若 $n > n_0$,则转子线圈中产生的感应电动势和感应电流的方向与 $n < n_0$ 时相反。电磁转矩的方向与转子的转动方向相反,此时电磁转矩不再是驱动力矩而是阻力矩。在阻转矩的作用下,转子减速,最终 $n < n_0$。

综上可见,三相异步电动机转子的转速小于旋转磁场的同步转速。这就是"异步"电动机名称的由来。

转子转速 n 与旋转磁场转速 n_0 的差值称为转差,$\Delta n = n_0 - n$。转差 Δn 与同步转速 n_0 的比值,称为异步电动机的转差率。即有

$$s = \frac{\Delta n}{n_0} = \frac{n_0 - n}{n_0} \tag{7.3.1}$$

转差率是三相异步电动机的一个重要的物理量,它能反映异步电机的各种运行状况。

电动机启动瞬间,电动机转速 $n = 0$,转差率 $s = 1$;电动机转速最高时,转速 $n \approx n_0$,转差率 s

≈ 0；电动机运行过程中，转速 $0 < n < n_0$，转差率 $0 < s < 1$；一般在额定负载时，s 为 $0.01 \sim 0.09$，即三相异步电动机的额定转速与同步转速接近。异步电动机的转速可表示为 $n = (1-s)n_0$。

例 7.3.1 一台三相异步电动机，其额定转速 $n_N = 975 \text{r/min}$，电源频率 $f_1 = 50 \text{Hz}$，空载转差率 $s_0 = 0.003$。试求电动机的磁极对数、空载转速和额定负载下的转差率。

解：由于三相异步电动机的额定转速与同步转速接近（一般在额定负载时 s 为 $0.01 \sim 0.09$），电动机的额定转速 $n_N = 975 \text{r/min}$，旋转磁场同步转速 $n_0 = \dfrac{60 f_1}{p}$，其中 p 是磁极对数，为整数，由表 7-1 可知同步转速 $n_0 = 1000 \text{r/min}$ 时，大于且最接近电动机的额定转速。此时磁极对数 $p = 3$。

空载转速 $n = (1-s_0)n_0 = [(1-0.003) \times 1000] \text{r/min} = 997 \text{r/min}$。

额定转差率 $s_N = \dfrac{n_0 - n_N}{n_0} \times 100\% = \dfrac{1000 - 975}{1000} \times 100\% = 2.5\%$。

7.3.2 三相异步电动机的电路分析

三相异步电动机是利用电磁关系工作的，图 7-10 是三相异步电动机的每相电路图。

三相异步电动机的电磁关系与变压器的联系是：变压器原、副绕组是与同一主磁通 Φ 的相交链，异步电动机中定子和转子绕组也是与同一旋转磁通 Φ 的相交链。因此异步电动机中定子和转子绕组相当于变压器的原、副绕组。

三相异步电动机的电磁关系与变压器的区别是：变压器产生的磁场在空间上是静止的，而异步电动机的磁场是旋转的；变压器的磁路是无气隙的，而异步电动机中的定子和转子之间是有较小的气隙的；变压器中原、副绕组的感应电动势是同频率的，而异步电动机中转子感应电动势的频率是随转子转速改变的。

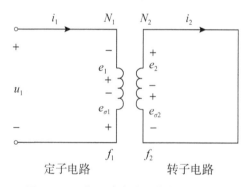

图 7-10 三相异步电动机的每相电路图

若定子绕组接上相电压为 u_1 的三相电源电压，则有三相电流（相电流为 i_1）通过，定子三相电流产生旋转磁场，其磁通通过定子和转子铁心而闭合。该磁场不仅在转子每相绕组中要感应出电动势 e_2（由此产生电流 i_2），而且在定子每相绕组中也要感应出电动势 e_1。也就是说，实际上三相异步电动机中的旋转磁场是由定子电流和转子电流共同产生的。此外，漏磁通在定子绕组和转子绕组中产生漏磁电动势 $e_{\sigma 1}$ 和 $e_{\sigma 2}$，定子和转子每相绕组的匝数分别为 N_1 和 N_2。

1. 定子电路

因为异步电动机中定子和转子绕组相当于变压器的原、副绕组,故定子每相电路的电压方程和变压器一次绕组电路的一样,即

$$u_1 = R_1 i_1 + (-e_{\sigma 1}) + (-e_1) = R_1 i_1 + L_{\sigma 1}\frac{\mathrm{d}i_1}{\mathrm{d}t} + (-e_1) \tag{7.3.2}$$

如用相量表示,则为

$$\dot{U}_1 = R_1 \dot{I}_1 + (-\dot{E}_{\sigma 1}) + (-\dot{E}_1) = R_1 \dot{I}_1 + \mathrm{j}X_1 \dot{I}_1 + (-\dot{E}_1) \tag{7.3.3}$$

式中,R_1 和 X_1 分别为定子每相绕组的电阻和感抗(漏磁感抗)。

和变压器一样,也可以得出

$$\dot{U}_1 \approx -\dot{E}_1, E_1 = 4.44 f_1 N_1 \Phi \approx U_1 \tag{7.3.4}$$

式中,Φ 是通过每相绕组的磁通最大值,在数值上它等于旋转磁场的每级磁通;f_1 是定子感应电动势 e_1 的频率。由于旋转磁场与定子导体间的相对速度为 n_0,故由公式(7.2.1)可得

$$f_1 = \frac{pn_0}{60} \tag{7.3.5}$$

即等于电源或定子电流的频率。

2. 转子电路

转子每相电路的电压方程为

$$e_2 = R_2 i_2 + (-e_{\sigma 2}) = R_2 i_2 + L_{\sigma 2}\frac{\mathrm{d}i_2}{\mathrm{d}t} \tag{7.3.6}$$

如用相量表示,则为

$$\dot{E}_2 = R_2 \dot{I}_2 + (-\dot{E}_{\sigma 2}) = R_2 \dot{I}_2 + \mathrm{j}X_2 \dot{I}_2 \tag{7.3.7}$$

式中,R_2 和 X_2 分别为转子每相绕组的电阻和感抗(漏磁感抗)。

转子电路的各个物理量对电动机的性能都有影响,现分别介绍如下。

1)转子感应电动势的频率 f_2

转子的转动和定子磁转磁场同方向,由于存在相对运动,转子线圈中产生感应电动势和感应电流,若旋转磁场和转子间的相对速度为 $n_0 - n$,则转子电流频率 f_2 可表示为

$$f_2 = \frac{p(n_0 - n)}{60}$$

上式也可以写成

$$f_2 = \frac{n_0 - n}{n_0}\frac{pn_0}{60} = sf_1 \tag{7.3.8}$$

可见转子电流频率 f_2 与转差率 s 有关,即与转子转速 n 有关。

在 $n=0, s=1$(电动机启动初始瞬间)时,转子与旋转磁场间的相对转速最大,转子导条被旋转磁通切割得最快,所以此时 $f_2 = f_1$,达到最高。异步电动机在额定负载时,s 为 0.01~0.09,则 f_2 为 0.5~4.5 Hz($f_1 = 50$ Hz)。

2)转子感应电动势 E_2

转子感应电动势 E_2 为

$$E_2 = 4.44 f_2 N_2 \Phi = 4.44 s f_1 N_2 \Phi \qquad (7.3.9)$$

当转速 $n=0$，$s=1$ 时，f_2 最高，故转子感应电动势最大，此时表示为

$$E_{20} = 4.44 f_1 N_2 \Phi \qquad (7.3.10)$$

由公式(7.3.9)和公式(7.3.10)可以得出

$$E_2 = s E_{20} \qquad (7.3.11)$$

可见转子感应电动势 E_2 与转差率 s 有关。

3)转子感抗 X_2

感抗等于 $2\pi f L$，故转子感抗 X_2 可以表示为

$$X_2 = 2\pi f_2 L_{\sigma 2} = 2\pi s f_1 L_{\sigma 2} \qquad (7.3.12)$$

当转速 $n=0$，$s=1$ 时，f_2 最高，故转子感抗最大，此时转子感抗表示为

$$X_{20} = 2\pi f_1 L_{\sigma 2} \qquad (7.3.13)$$

由公式(7.3.12)和公式(7.3.13)可以得出

$$X_2 = s X_{20} \qquad (7.3.14)$$

可见转子感抗 X_2 与转差率 s 有关。

4)转子电流 I_2

由公式(7.3.7)可见

$$\dot{I}_2 = \frac{\dot{E}_2}{R_2 + jX_2}$$

所以可以得到转子电流 I_2 的大小为

$$I_2 = \frac{E_2}{\sqrt{R_2^2 + X_2^2}} = \frac{s E_{20}}{\sqrt{R_2^2 + (s X_{20})^2}} \qquad (7.3.15)$$

可见，转子电流 I_2 也与转差率 s 有关。当 s 增大，即转速 n 降低时，转子与旋转磁场之间的相对转速 $n_0 - n$ 增加，转子导体切割磁通的速度增大，于是 E_2 增加，I_2 也增加。I_2 随 s 变化的关系可用图 7-11 所示的曲线表示。当 $s=0$，即 $n_0 - n = 0$ 时，$I_2 = 0$；当 s 很小时，$R_2 \gg s X_{20}$，$I_2 \approx \frac{s E_{20}}{R_2}$，此时转子电流 I_2 与转差率 s 近似成正比；当 s 接近 1 时，$s X_{20} \gg R_2$，$I_2 \approx \frac{E_{20}}{X_{20}} =$ 常数。

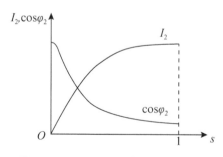

图 7-11　I_2 和 $\cos\varphi_2$ 与转差率 s 的关系

224

5）转子电路的功率因数 $\cos\varphi_2$

由公式（7.3.7）可知

$$\frac{\dot{E}_2}{\dot{I}_2}=R_2+jX_2=\sqrt{R_2{}^2+X_2{}^2}\angle\varphi_2 \tag{7.3.16}$$

因为功率因数角就是阻抗角，故由阻抗三角形可得转子功率因数为

$$\cos\varphi_2=\frac{R_2}{\sqrt{R_2{}^2+X_2{}^2}}=\frac{R_2}{\sqrt{R_2{}^2+(sX_{20})^2}} \tag{7.3.17}$$

可见，转子电路的功率因数 $\cos\varphi_2$ 也与转差率 s 有关。当 s 增大，即转子转速 n 降低时，X_2 增大，$\cos\varphi_2$ 减小。$\cos\varphi_2$ 随 s 变化的关系也表示在图 7-11 中。当 s 很小时，$R_2 \gg sX_{20}$，$\cos\varphi_2\approx1$；当 s 接近 1 时，$sX_{20} \gg R_2$，$\cos\varphi_2\approx\dfrac{R_2}{sX_{20}}$，此时，$\cos\varphi_2$ 正比于 $1/s$。

综上可见，转子转动时，转子电路中的各个物理量，如电动势、电流、频率、感抗及功率因数等均与转差率 s 有关，即与转速 n 有关。

7.3 测试题

7.4　三相异步电动机的转矩与机械特性

7.4.1　三相异步电动机的转矩

三相异步电动机的转矩与机械特性

电磁转矩 T（以下简称转矩），是分析三相异步电动机必须掌握的重要的物理量之一。机械特性是它的主要特性。三相异步电动机的转矩是由旋转磁场的每极磁通 Φ 与转子电流 I_2 相互作用而产生的，由于转子绕组是电感性的，由式（7.3.16）可知，转子电流在相位上滞后于感应电动势 φ_2 角。转矩是衡量电动机做功的能力，因此，只有转子电流的有功分量 $I_2\cos\varphi_2$ 与旋转磁场的每极磁通 Φ 相互作用产生转矩，其公式为

$$T=K_m\Phi I_2\cos\varphi_2 \tag{7.4.1}$$

式中，K_m 是常数，它与电动机的结构有关。

三相异步电动机的转矩与机械特性

再由式（7.3.4）、式（7.3.10）、式（7.3.15）及式（7.3.17）可知

$$\Phi=\frac{E_1}{4.44f_1N_1}\approx\frac{U_1}{4.44f_1N_1}$$

$$I_2=\frac{s\dot{E}_{20}}{\sqrt{R_2{}^2+X_2{}^2}}=\frac{s(4.44f_1N_2\Phi)}{\sqrt{R_2{}^2+(sX_{20})^2}}$$

$$\cos\varphi_2=\frac{R_2}{\sqrt{R_2{}^2+(sX_{20})^2}}$$

将 Φ、I_2、$\cos\varphi_2$ 的表达式代入式（7.4.1）中，可得转矩的另一种表示形式：

$$T=K\frac{sR_2U_1^2}{R_2{}^2+(sX_{20})^2} \tag{7.4.2}$$

式中，K 是与电动机结构参数、电源频率有关的一个常数；U_1 是定子绕组相电压，即电源电压；R_2 是转子每相绕组的电阻；X_{20} 是电动机不动，即 $n=0$，$s=1$ 时转子每相绕组的感抗。R_2

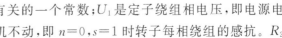

和 X_{20} 通常是常数。

由式(7.4.2)可见转矩 T 与转差率 s 有关,也与定子每相电压 U_1 的平方成正比,当电源电压有所变动时,会对电动机转矩 T 及其运行产生很大的影响。此外,转矩 T 还受到转子电阻 R_2 的影响,绕线型异步电动机可外接电阻来改变转子电阻 R_2,从而改变转矩。

7.4.2 三相异步电动机的机械特性

在电源电压和转子电路参数为常数的条件下,电动机的转矩 T 与转差率 s 的关系 $T=f(s)$ 通常叫做 T-s 曲线。

当 s 很小时,$R_2 \gg sX_{20}$,$T \approx K\dfrac{sU_1^2}{R_2}$,此时,$s$ 增大,T 增大;当 s 接近 1 时,$sX_{20} \gg R_2$,$T = K\dfrac{R_2U_1^2}{s(X_{20})^2}$,此时,$s$ 增大,T 反而减小。所以三相异步电动机的 T-s 曲线有两个工作区域,如图 7-12(a)所示。在异步电动机中,转速 $n=(1-s)n_0$,为了符合习惯画法,可将 T-s 曲线转换成转速与转矩之间的关系 n-T 曲线,即电动机转速和转矩之间的关系曲线称为异步电动机的机械特性曲线。根据转差率和转速的关系,可以先把 T-s 曲线变成图 7-12(b)所示的样子,再将其顺时针转过 $90°$,就可得到 n-T 曲线,如图 7-13 所示。

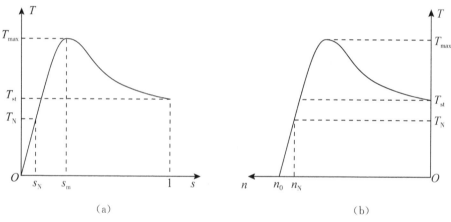

(a)	(b)

图 7-12 三相异步电动机的 $T=f(s)$ 曲线

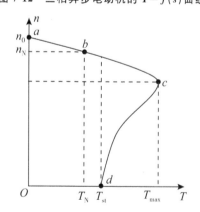

图 7-13 三相异步电动机的 $n=f(T)$ 曲线

研究机械特性的目的是分析电动机的运行性能。机械特性曲线有两个区域。如图 7-13 所示,曲线 ac 段是电动机的稳定运行区,异步电动机一般工作在这个区域。假设电动机工作在 b 点。若有扰动使负载转矩增加(比如车床切削时吃刀量加大,起重机的起重量加大),则电动机转速下降,转差率增大,电磁转矩会增加,直到电磁转矩和负载转矩达到新的平衡,电动机以比原来稍低的转速稳定运行。在此过程中,电动机的转速降低,转差率 s 增大,转子感应电动势 E_2 增大,转子电流 I_2 增大,导致定子电流 I_1 增大,进而电源提供的功率自动增加。可见,电动机工作在 ac 段时,电磁转矩可以随负载的变化而自动调整,这种能力称为自适应负载的能力。自适应负载能力是电动机区别于其他动力机械的重要特点,如柴油机,当负载增加时,必须由操作者加大油门,才能带动新的负载。

异步电动机特性曲线的 ac 段比较平坦,负载在空载与额定值之间变化,电动机的转速变化不大,一般仅为 $2\%\sim8\%$,这样的机械特性称为硬机械特性。这种硬特性适用于金属切削机床等加工场合,因为车削时吃刀量增大不希望电机的转速有较大变化。

曲线 cd 段是电动机的不稳定运行区。负载转矩增加,会导致电动机转速减小,由图 7-13 所示特性曲线可见,此时电磁转矩 T 也减小。这样转速会进一步下降,直到 $n=0$,此时转差率 s 达到最大,从而使转子和定子绕组电流急剧增大而烧毁电机;负载转矩减小,会导致电动机转速增大,从特性曲线上可以看到此时电磁转矩 T 也增大,最后会进入稳定运行区。所以特性曲线 cd 段是电动机的不稳定运行区。

下面再讨论机械特性曲线上的三个重要转矩。

1. 额定转矩 T_N

电动机在等速转动时,电动机的转矩 T 必须与阻转矩 T_c 相平衡,即
$$T=T_c$$
阻转矩主要是机械负载转矩 T_2,此外,还包括空载损耗转矩(主要是机械损耗转矩)T_0,由于 T_0 很小,常可忽略,所以
$$T=T_2+T_0\approx T_2 \tag{7.4.3}$$
由于电动机轴上输出的机械功率 $P_2=\omega T_2$,$\omega=2\pi n/60$,于是可以求得
$$T\approx T_2=\frac{P_2}{\omega}=\frac{60}{2\pi}\frac{P_2}{n}$$
式中,转矩的单位是牛·米(N·m);功率的单位是瓦(W);转速的单位是转每分(r/min)。功率若以千瓦(kW)为单位,则转矩 T 可以表示为
$$T=9550\frac{P_2}{n} \tag{7.4.4}$$
额定转矩是电动机在额定电压下,以额定转速 n_N 运行,输出额定功率 P_N 时,电机转轴上输出的转矩记为 T_N。故有
$$T_N=9550\frac{P_N}{n_N} \tag{7.4.5}$$
为了保证电动机安全可靠运行,应使电动机的带负载能力留有一定的余量,所以额定转矩一般为最大转矩的一半左右。

2. 最大转矩 $T_{\max}$

从机械特性曲线上看,转矩有一个最大值,称为最大转矩或临界转矩,它表明电动机带动最大负载的能力。

对应于最大转矩的转差率称为临界转差率。将式(7.4.2)对转差率 s 求导,并令 $\dfrac{\mathrm{d}T}{\mathrm{d}s}=0$,求出

$$s_{\mathrm{m}}=\frac{R_2}{X_{20}} \tag{7.4.6}$$

再将 s_{m} 代入式(7.4.2)得到

$$T_{\max}=K\frac{U_1^2}{2X_{20}} \tag{7.4.7}$$

由式(7.4.6)和式(7.4.7)可知,$T_{\max}$ 与 U_1^2 成正比,与转子绕组 R_2 无关;s_{m} 与 R_2 有关,R_2 越大,s_{m} 也越大。如图 7-14 和图 7-15 所示。

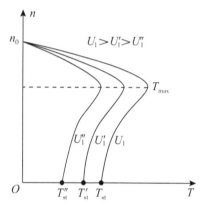

图 7-14 改变电源电压 U_1 的 $n=f(T)$ 曲线(R_2＝常数)

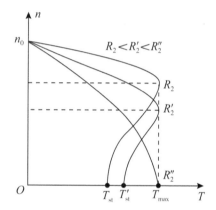

图 7-15 改变转子电阻 R_2 的 $n=f(T)$ 曲线(U_1＝常数)

最大转矩是电动机运行稳定与不稳定区的分界点,电动机运行中的机械负载不可以超过最大转矩,否则电动机将会因带不动负载而停转,如果没有及时断开电动机,则会发生堵转现象,此时电动机的电流会升高六七倍,使电动机过热甚至烧毁。通常用最大转矩与额定转矩的比值来描述电动机的过载情况,称为过载系数 λ,即

$$\lambda=\frac{T_{\max}}{T_{\mathrm{N}}} \tag{7.4.8}$$

在电动机技术数据资料中可以查到三相异步电动机的过载系数 λ,一般为 $1.8\sim2.2$。

在选用电动机时,必须考虑可能出现的最大负载转矩,而后根据所选电动机的过载系数算出电动机的最大转矩,它必须大于最大负载转矩。否则,就要重选电动机。

3. 启动转矩 T_{st}

电动机启动($n=0,s=1$)时的输出转矩称为启动转矩,将 $s=1$ 代入式(7.4.2)可得到

$$T_{\mathrm{st}}=K\frac{R_2U_1^2}{R_2^2+X_{20}^2} \tag{7.4.9}$$

由上式可见，T_{st} 与 U_1^2 及 R_2 有关。降低电源电压 U_1，启动转矩会减小；增大转子电阻 R_2，可增大启动转矩。由式(7.4.6)、式(7.4.7)及式(7.4.9)可以推出：当 $R_2 = X_{20}$ 时，$T_{st} = T_{max}$，$s_m = 1$。以上关系表示如图 7-14 和图 7-15 所示。

启动转矩反映了异步电动机带负载启动的能力，若启动转矩小于负载转矩，电动机将不能启动，会出现堵转现象，使电机严重过热甚至烧毁。为保证正常启动，电动机的启动转矩必须大于负载转矩。通常用启动转矩与额定转矩的比值来表示电动机启动的能力，称为启动系数 λ_{st}。即有

$$\lambda_{st} = \frac{T_{st}}{T_N} \tag{7.4.10}$$

启动系数 λ_{st} 一般可从异步电动机的技术数据资料中查到，三相笼型异步电动机启动系数 λ_{st} 约为 $1.0 \sim 2.0$，绕线型异步电动机通过滑环使转子外接电阻提高启动能力。

例 7.4.1　某异步电动机技术数据如下：$P_N = 7.5\text{kW}$，$U_N = 380\text{V}$，三角形连接，磁极对数 $p = 2$，$s_N = 0.04$，$\eta_N = 0.87$，$f_1 = 50\text{Hz}$，$\cos\varphi_N = 0.88$，$T_{st}/T_N = 2$，$T_{max}/T_N = 2.2$，$I_{st}/I_N = 7$。求：(1)额定转速；(2)输入功率；(3)额定电流、额定转矩；(4)直接启动时的启动电流、启动转矩；(5)最大转矩。

解：(1) $n_N = (1-s)\dfrac{60f_1}{p} = \left[(1-0.04)\dfrac{60 \times 50}{2}\right]\text{r/min} = 1440\text{r/min}$。

(2)输入功率：$P_1 = \dfrac{P_N}{\eta_N} = \dfrac{7.5}{0.87}\text{kW} = 8.6\text{kW}$。

(3)额定电流：$I_N = \dfrac{P_N}{\sqrt{3}U_N\eta_N\cos\varphi_N} = \dfrac{7.5 \times 1000}{\sqrt{3} \times 380 \times 0.87 \times 0.88}\text{A} = 14.9\text{A}$。

额定转矩：$T_N = 9550\dfrac{P_N}{n_N} = \left(9550 \times \dfrac{7.5}{1440}\right)\text{N·m} = 49.7\text{N·m}$。

(4)启动电流：$I_{st} = 7I_N = (7 \times 14.9)\text{A} = 104.3\text{A}$。

启动转矩：$T_{st} = 2T_N = (2 \times 49.7)\text{N·m} = 99.4\text{N·m}$。

(5)最大转矩：$T_{max} = 2.2T_N = (2.2 \times 49.7)\text{N·m} = 109.3\text{N·m}$。

7.4 测试题

7.5　三相异步电动机的使用

7.5.1　三相异步电动机铭牌与技术数据

每台电动机的外壳上都附有一块铭牌，上面的基本数据称为这台电动机的铭牌数据，这些数据是电动机制造厂按照国家标准，根据电动机的设计和试验数据而规定的每台电动机的正常运行状态和条件，它们是正确使用和选用电动机的依据。现以 Y132S-6 型电动机为例，来说明铭牌上各个数据的意义。

三相异步电动机的使用

三相异步电动机的使用

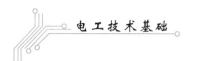

三相异步电动机						
型号	Y132S-6	电流	7.2 A	功率因数	0.76	温升	65℃
功率	3kW	转速	960r/min	接法	△/Y	重量	66公斤
电压	380V	频率	50Hz	绝缘等级	B	效率(%)	83
年　月　编号				电机厂×××		

1. 型号

为了适应不同用途和不同工作环境的需要,将电动机制成不同系列,每种系列用各自的型号表示。

例如:

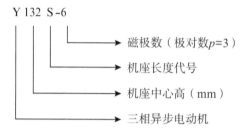

异步电动机的产品名称和代号及其汉字意义摘录于表 7-2 中。

表 7-2　异步电动机产品名称和代号及其汉字意义

产品名称	新代号	汉字意义	老代号
异步电动机	Y、Y2、Y3	异	J、JO
绕线型异步电动机	YR	异绕	JR、JRO
防爆型异步电动机	YB	异爆	JB、JBO
高启动转矩异步电动机	YQ	异起	JQ、JQO

小型 Y、Y-L 系列笼型异步电动机是 20 世纪 80 年代取代 JO 系列的新产品,封闭自扇冷式。Y 系列定子绕组为铜线,Y-L 系列为铝线。电动机功率是 0.55～90kW。同样功率的电动机,Y 系列比 JO 系列体积小,重量轻,效率高。

Y2 和 Y3 系列三相异步电动机分别是第 2 次和第 3 次更新产品,比 Y 系列节能、效率高、启动转矩大,并提高了绝缘等级(F 级绝缘)。

2. 转速

转速指电动机定子绕组加额定频率的额定电压,且轴上输出额定功率时转子的转速 n_N,单位是 r/min,额定转差率是 $s_N = \dfrac{n_0 - n_N}{n_0}$。

如果额定转速等于 960r/min,可以判定:电动机的同步转速 $n_0 = 1000 r/min$,额定转差率为 0.04。

3. 接法

接法是指电动机在额定电压下三相定子绕组应该采用的连接方式,如图 7-2 所示,电动机的定子三相绕组有星形连接和三角形连接两种接法。通常三相异步电动机 3kW 以下者,连接成星形;4kW 以上者,连接成三角形。

4. 电压

铭牌上所标的电压值是指电动机额定运行时定子绕组在指定接法下应加的线电压值,即额定电压。Y 系列三相异步电动机的额定电压统一为 380V。有的电动机标有电压 380V/220V,这是对应定子绕组采用星形或三角形两种接法时应加的线电压值,即指线电压为 380V 时采用 Y 连接;线电压为 220V 时采用三角形连接,即该类电动机定子绕组的相电压都是 220V。

一般规定,电动机的运行电压不能高于或低于额定值的 5%。

当电压高于额定值时,磁通将增大(因为 $U_1 \approx 4.44 f_1 N_1 \Phi$),因此定子感应电流会增大。若所加电压比额定电压高出较多,将会使定子感应电流大于额定电流,使绕组过热。同时,由于磁通的增大,铁损耗(与磁通平方成正比)也会增大,使定子铁心过热。

当电压低于额定值时,由异步电动机的机械特性曲线可知,转速会下降,进而转差率会增大,转子感应电动势、感应电流增大,主磁通增大,则定子感应电流增大。因此,电源电压高于或者低于额定值过多都会使绕组中的电流过高,导致电机烧毁。

还要注意的是,电动机在低于额定电压下运行时,与电压平方成正比的最大转矩 $T_{\max}$ 会显著降低,这对电动机的运行也是不利的。

5. 电流

铭牌上所标的电流值是指电动机额定运行时定子绕组在指定接法下的线电流值。例如,△/Y,11.2A/6.48A 是指三角形接法下,电动机的线电流为 11.2A,星形接法时线电流为 6.48A,即该类电动机定子绕组的相电流值均为 6.48A。

6. 功率与效率

铭牌上所标的功率值是指电动机在额定运行时转轴上输出的功率(P_2),它不等于电动机从电源吸收的功率(输入功率 P_1),两者差值等于电动机本身的损耗功率,包括铜损耗、铁损耗及机械损耗等。所谓效率 η 就是输出功率与输入功率的比值,即有

$$P_2 = P_1 \eta$$

其中,$P_1 = \sqrt{3} U_N I_N \cos\varphi$。

例如 Y132S-6 型电动机:

输入功率 $P_1 = \sqrt{3} U_N I_N \cos\varphi = \sqrt{3} \times 380 \times 7.2 \times 0.76\text{W} = 3.6\text{kW}$。

输出功率 $P_2 = 3\text{kW}$。

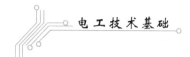

效率 $\eta = \dfrac{P_2}{P_1} = \dfrac{3}{3.6} \times 100\% = 83\%$。

笼型三相异步电动机在额定运行时的效率一般约为 $72\% \sim 93\%$。

7. 功率因数 $\cos\varphi$

因为电动机是电感性负载，定子相电流比相电压滞后一个 φ 角，$\cos\varphi$ 就是电动机的功率因数。

三相异步电动机的功率因数较低，在额定负载时一般为 $0.7 \sim 0.9$，而在轻载和空载时更低，空载时只有 $0.2 \sim 0.3$。额定负载时，功率因数最大。需要强调的是，实际应用中应选择合适容量的电机，防止"大马"拉"小车"的现象。

8. 绝缘等级

绝缘等级是根据电动机绕组所用的绝缘材料在使用时允许的最高温度划分的等级，分为 A、E、B、F、H 级，如表 7-3 所示。一般电动机多采用 E、B 级绝缘。

表 7-3　绝缘等级与温升关系

单位：℃

绝缘材料等级	A	E	B	F	H
允许最高温度	105	120	130	155	180
允许最高温升（环境温度 40℃）	60	75	85	110	135

9. 温升

温升是指电动机工作时其绕组温度与周围环境温度的最大温差。我国规定周围环境温度以 40℃ 为标准。电动机的允许温升与其所用绝缘材料有关（见表 7-3），其中允许最高温升是考虑到定子绕组最热点温度与平均温度差 5℃ 而取的低值。

7.5.2　三相异步电动机的启动

电动机的启动是指定子绕组接通三相电源后，电动机由静止状态加速到稳定运行状态的过程。三相异步电动机在启动开始瞬间，转子转速 $n = 0$，旋转磁场的转速是 n_0，转差率 $s = 1$，转子导条切割磁力线速度很快，转子电流达到最大值，和变压器的原理一样，定子电流也相应达到最大值。一般中小型笼型电动机的定子启动电流（指线电流）为额定电流的 $5 \sim 7$ 倍。

启动电流大造成的主要危害有：

（1）频繁启动造成热量积累，烧毁电动机。

启动电流虽大，但由于启动时间一般很短（小型电动机只有 $1 \sim 3s$），且一旦启动，转速很快升高，电流便会很快减小，故若电动机不是频繁启动，则发热并不严重。当启动频繁时热量积累会使电动机过热。因此，在实际操作时应尽可能不让电动机频繁启动。例如，在切削加工时,一般只是用摩擦离合器或电磁离合器将主轴与电动机轴脱开,而不将电动机停下来。

(2)大电流使电网电压降低,影响同一电网中其他负载工作。

过大的启动电流会在线路上造成较大的电压降落,而使负载端的电压降低,影响同一电网中其他负载的正常工作。例如,对同一电网中其他的异步电动机,电压的降低不仅会使它们的转速下降,电流增大,甚至可能使它们的最大转矩 T_{max} 降到小于负载转矩,进而导致电动机停下来。

在刚启动时,虽然转子电流较大,但转子的功率因数 $\cos\varphi_2$ 很小。故由式(7.4.1)可知,启动转矩 T_{st} 实际上并不大,它与额定转矩之比约为 1.0~2.3。

当启动转矩过小时,电动机就不能在满载下启动,应设法提高;而当启动转矩过大时,会使传动机构(譬如齿轮)受到冲击而损坏,应适当减小。一般机床的主电动机都是空载启动,启动后再切削,故对启动转矩没有什么要求。但对移动床鞍、横梁以及起重用的电动机启动转矩则应大些。

综上,必须采取适当的启动方法限制异步电动机过大的启动电流,同时又获得合适的启动转矩。

1. 笼型三相异步电动机的启动

笼型异步电动机的启动方法有直接启动和降压启动两种。

1)直接启动

直接启动也称全压启动,启动时利用闸刀开关或接触器将电动机的定子绕组直接接到具有额定电压的三相电源上。这种启动方法设备简单(无需附加启动设备),操作简单、可靠,启动过程短。但启动电流较大,通常情况下,由于启动时间短,对电动机本身的正常工作不会造成不良影响,但过大的启动电流会使线路电压降落,影响同一电网中其他负载的正常工作。

一台电动机能否直接启动,有一定的规定。在有独立变压器的场合,若电动机启动频繁,异步电动机的容量不超过变压器容量的 20％才允许直接启动;若电动机不经常启动,它的容量不超过变压器容量的 30％时才允许直接启动。在没有独立变压器(与照明共用)的场合,则允许直接启动的电动机容量是以它启动时线路电压降不超过额定电压的 5％为依据。

一般 20~30kW 以下的异步电动机都可以采用直接启动,通常能否直接启动可按下面的经验公式判断:

$$\frac{启动电流\ I_{st}}{额定电流\ I_N} \leqslant \frac{3}{4} + \frac{电源总容量(kV \cdot A)}{4 \times 电动机功率(kW)}$$

直接启动不适合时,可以在启动时降低电动机定子绕组上的电压(减小启动电流),待转速升高到接近稳定值时再把电压恢复到额定值,转入正常运行,这种方法称为降压启动。

2)降压启动

三相笼型异步电动机常用的降压启动方法有两种:Y-△换接启动与自耦降压启动。

(1)Y-△换接启动。

Y-△换接启动只适用于正常运行时三相定子绕组连接成三角形的情况,其接线图如图 7-16(a)所示。启动时定子绕组连接成星形,即将开关 Q_2 向下合向 Y 一侧。待电动机转速上升接近额定值时再把定子绕组换接成三角形,即将开关 Q_2 向上合向△一侧。这样,在启动时就把定子每相绕组上的电压降到正常工作电压的 $\dfrac{1}{\sqrt{3}}$。

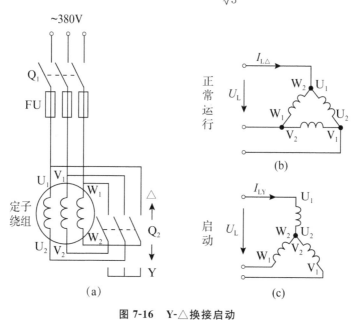

图 7-16 Y-△换接启动

图 7-16(b)和(c)是定子绕组的两种接法,若设定子每相绕组的阻抗为 $|Z|$,电源线电压为 U_L,Y 连接启动时线电流为 I_{LY}(相电流为 I_{PY}),△连接工作时线电流为 $I_{L\triangle}$(相电流为 $I_{P\triangle}$),则有

$$I_{LY}=I_{PY}=\frac{\dfrac{U_L}{\sqrt{3}}}{|Z|}=\frac{1}{\sqrt{3}}\times\frac{U_L}{|Z|}$$

$$I_{L\triangle}=\sqrt{3}\,I_{P\triangle}=\sqrt{3}\times\frac{U_L}{|Z|}$$

比较上列两式可得

$$\frac{I_{LY}}{I_{L\triangle}}=\frac{1}{3}$$

即 Y-△降压启动时的电流为正常工作时电流的 1/3。

由于转矩和定子每相绕组电压的平方成正比,而启动时定子每相绕组上的电压为正常工作电压的 $1/\sqrt{3}$,所以启动转矩减小到正常工作时的 1/3。因此,Y-△换接启动只适合于空载或轻载时的启动。

(2)自耦降压启动。

自耦降压启动就是利用三相自耦变压器将电动机在启动过程中的端电压降低,其接线图如图 7-17(a)所示。启动时,先把开关 Q_2 向下合到"启动"位置,使三相交流电源接入自耦变压器原边,电动机定子绕组接到自耦变压器的副边,因此电动机的电压低于电源电压,降低了启动电流。待电动机转速上升接近额定值时,将开关 Q_2 向上合到"工作"位置,使电动机定子绕组直接与三相电源连接,转入正常运行,自耦变压器脱离电源。

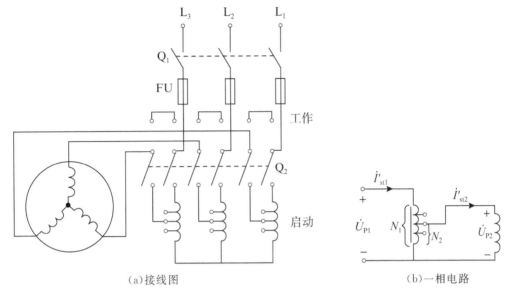

(a)接线图　　　　　　　　　　　　(b)一相电路

图 7-17　自耦降压启动

自耦变压器专用设备有特制的六刀双掷转换开关,它控制三相自耦变压器接入或脱离三相电源。自耦变压器通常有 2～3 个抽头,可输出不同的电压。二抽头的输出电压分别为电源电压的 73%、64% 和 55%;三抽头的输出电压分别为电源电压的 80%、60% 和 40%。用户可根据启动转矩的要求选用。

自耦降压启动每相电路如图 7-17(b)所示,图中:

①U_{P1} 是电源相电压,即为直接启动(正常工作)时加在电动机定子绕组上的相电压,U_{P2} 是降压启动时加在电动机定子绕组上的相电压,两者关系是

$$\frac{U_{P1}}{U_{P2}} = \frac{N_1}{N_2} = K$$

②I'_{st2} 是降压启动时电动机每相定子绕组的启动电流,即自耦变压器二次侧电流,若设直接启动(全压启动)时每相定子绕组的启动电流为 I_{st}(开关向上合到"工作"侧时的线路电流),则有

$$\frac{U_{P1}}{I_{st}} = \frac{U_{P2}}{I'_{st2}} \Rightarrow \frac{I'_{st2}}{I_{st}} = \frac{U_{P2}}{U_{P1}} \Rightarrow \frac{1}{K}$$

③I'_{st1} 是降压启动时线路的启动电流,即自耦变压器一次侧电流,它与 I'_{st2} 的关系是

$$\frac{I'_{st1}}{I'_{st2}} = \frac{1}{K}$$

于是可以得出线路启动电流为

$$I'_{st1} = \frac{I_{st}}{K^2}$$

因转矩与电压平方成正比,故降压启动时的启动转矩为

$$T'_{st1} = \frac{T_{st}}{K^2}$$

式中,T_{st}为直接启动时的启动转矩。

可见,自耦降压启动能同时使启动电流和启动转矩减小($K=\frac{N_1}{N_2}>1$)。

自耦降压启动适用于容量较大,或者正常运行时采用星形连接而不能采用 Y-△ 连接启动器的笼型异步电动机。但自耦变压器体积大,价格高,维修不便,不允许频繁启动,有逐步淘汰的趋势。

2. 绕线型三相异步电动机的启动

绕线型三相异步电动机的启动,是在转子电路中串入大小适当的启动电阻 R_{st},如图 7-18 所示,待电动机转速上升接近额定值时,将再 R_{st} 短路。若 R_{st} 选得适当,转子电路串电阻启动既可以降低启动电流,又可以增大启动转矩。

所以,转子电路串电阻启动可以带载启动。常用于要求启动转矩较大的生产机械上,例如卷扬机、锻压机、起重机及转炉等。

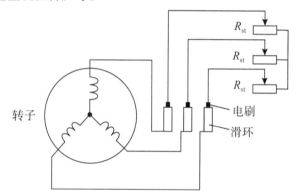

图 7-18　绕线型异步电动机转子电路串电阻启动时的接线图

7.5.3　三相异步电动机的制动

三相异步电动机切除电源后由于惯性还要转动一段时间(或距离)才能停下来,为了缩短辅助工时,提高生产机械的生产率,同时也为了安全起见,往往要求电动机能够迅速停车和反转。例如,生产中起重机的吊钩或卷扬机的吊篮要求准确定位,万能铣床的主轴要求能迅速停下来,升降机在突然停电后需要安全保护和准确定位控制等,这些都需要对电动机进行制动。所谓制动,就是给电动机一个与转动方向相反的转矩使它迅速停转(或限制其转速)。电动机制动常采用的方法有:机械制动——电磁抱闸;电气制动——能耗制动、反接制动、发电反馈制动。

1. 机械制动

利用机械装置使电动机断开电源后迅速停转的方法叫机械制动。常用的方法是电磁抱闸制动。

1）电磁抱闸的结构

电磁抱闸主要由制动电磁铁和闸瓦制动器两部分组成。制动电磁铁由铁心、衔铁和线圈三部分组成。闸瓦制动器包括闸轮、闸瓦、弹簧和杠杆,闸轮与电动机装在同一根转轴上,如图 7-19 所示。电磁抱闸制动又可分为断电制动型和通电制动型两种。

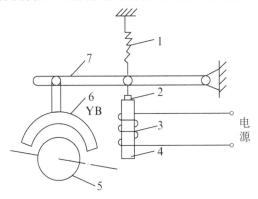

1—弹簧;2—衔铁;3—线圈;4—铁心;5—闸轮;6—闸瓦;7—杠杆。

图 7-19　通电制动型电磁抱闸

2）工作原理

以通电制动型抱闸为例,电动机接通电源,电磁抱闸线圈通电,衔铁吸合,使杠杆受向下的力,弹簧拉伸,闸轮被闸瓦紧紧抱住,与之同轴的电动机则不能转动;电磁抱闸线圈断电,弹簧复位,杠杆受向上的力,则闸瓦与闸轮松开,电动机正常运转。断电制动型的工作原理则与之相反,是断电制动通电运转。

电磁抱闸制动的优点是制动力强,广泛应用在起重设备上。它安全可靠,不会因突然断电而发生事故。缺点是体积较大,制动器磨损严重,快速制动时会产生振动。

2. 电气制动

1）反接制动

反接制动是改变异步电动机定子旋转磁场的方向使其与转子的旋转方向相反来制动的,故其接线方式如图 7-20 所示。在电动机停车时,将接入电动机的三相电源线中的任意两根对调,使旋转磁场反向旋转,而转子由于惯性仍按原方向转动。这时转矩的方向与电动机的转动方向相反,因而起制动的作用。当转速接近零时,利用某种控制电器再将电源自动切断,否则电动机将会反转。

反接制动时,由于旋转磁场与转子的旋转方向相反,故两者的相对转速 $n_0 + n$ 很大,因而电流较大。为了限制电流,对功率较大的电动机进行制动时必须在定子电路(笼型异步电动机)或转子电路(绕线型异步电动机)中接入电阻。

反接制动的优点是制动力强,制动迅速,效果较好。缺点是制动过程中冲击强烈,易损坏传动零件,制动能量消耗大,不宜经常制动。因此,反接制动一般适用于制动要求迅速、系统惯性较大、不经常启动与制动的场合,如中型车床和铣床等主轴的制动。

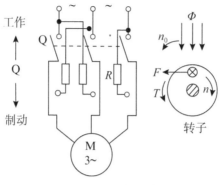

图 7-20   反接制动

2)能耗制动

能耗制动是通过消耗转子的动能(转换为电能)来制动的,其接线方式如图 7-21 所示。在电动机停车时,定子绕组切断三相电源,同时给其中的任意两相接通直流电源(开关 Q 向下扳到"制动"侧),使直流电流通入定子绕组。直流电流产生的磁场是固定不动的,而转子由于惯性继续在原方向转动。假定直流电源产生的固定磁场方向向下,转子顺时针旋转,则此时因转子绕组切割了固定磁场而产生感应电动势,用右手定则可以判断产生的感应电流的方向,之后再用左手定则来判断感应电流产生的磁场力的方向,可以判断产生的电磁力和电磁转矩与转子的转动方向相反,因此起到制动的作用。

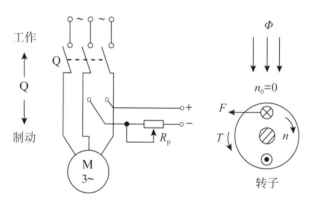

图 7-21   能耗制动

制动转矩的大小与直流电流的大小有关。直流电流的大小一般为电动机额定电流的 $0.5\sim1$ 倍,可用电阻 R_P 进行调节。

能耗制动的优点是能量消耗小,制动平稳,停车准确可靠,对交流电网没有冲击,电动机不会反转;缺点是需要另外加直流电源。能耗制动适用于某些金属切削机床。

3)发电反馈制动

异步电动机在电动状态运行时,若由于某种原因,电动机的转速 n 超过了同步转速 n_0(转向不变),则电动机处于发电反馈制动状态。发电反馈制动用于限制电动机的转速而不是停转。如当起重机快速下放重物时,重物拖动转子,电动机转速超过旋转磁场转速,即 $n>n_0$。如图 7-22 所示,电动机的转矩与转子旋转方向相反,所以是制动转矩。此时电动机转入发电机运行状态,将重物的位能转换为电能送入电网,故称为发电反馈制动。这样可以稳定地下放重物。

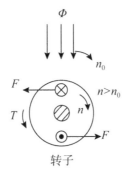

图 7-22　能耗制动

另外,将多速电动机从高速调到低速的过程中,也会自然发生这种制动。因为刚将磁极对数 p 加倍时,磁场转速立即减半($n_0 = \dfrac{60f}{p}$),但由于惯性,转子转速只能逐渐下降,因此出现 $n > n_0$ 的情况。

7.5.4　三相异步电动机的调速

所谓调速就是指在一定负载下,人为地调节电动机的转速,以满足生产过程的需求。例如,为了获得最高生产率和保证零件加工质量,各种切削机床的主轴转速,会因工件与刀具的材料、工件直径、加工工艺的要求及走刀量的大小等因素的不同而有所不同。同时,采用电气调速可以大大简化机械变速机构。

由转速公式

$$n = (1-s)n_0 = (1-s)\frac{60f_1}{p}$$

可见,可以调节三个变量来改变三相异步电动机的速度,即改变电源的频率 f_1、磁极对数 p 及转差率 s。前两者是笼型电动机的调速方法,后者是绕线型电动机的调速方法。现分别讨论如下。

1. 变频调速

这种方法通过改变电动机供电电源的频率 f_1,来改变异步电动机的同步转速 n_0,进而实现对异步电动机转子的转速 n 的调节。近年来变频调速技术发展很快,目前主要采用如图 7-23 所示的变频调速装置,它主要由整流器和逆变器两大部分组成。整流器先将频率 f 为 50 Hz 的三相交流电变换为直流电,再由逆变器变换为频率 f_1 可调,电压有效值 U_1 也可调的三相交流电,供给三相笼型电动机。变频调速可实现电动机的无级调速,频率调节范围一般为 $0.5 \sim 320$ Hz,并具有硬机械特性。

$f=50\text{Hz}$

整流器

逆变器

f_1、U_1 可调

M 3~

图 7-23　变频调速装置

变频调速方式通常有以下两种：

(1) $f_1 < f_{1N}$（电源频率低于额定值），由于转速的大小正比于频率，所以是低于额定转速的调速。此时，应保持 $\dfrac{U_1}{f_1}$ 的比值近似不变，也就是两者要成比例同时调节。由 $U_1 \approx 4.44 f_1 N_1 \Phi$ 可知，电动机磁通 Φ 近似不变，又因为电磁转矩 $T = K_m \Phi I_2 \cos\varphi_2$，可见，转矩 T 也近似不变，所以此时是恒转矩调速。

如果把转速调低时 $U_1 = U_{1N}$，保持不变，在减小 f_1 时磁通 Φ 则将增加。这就会使磁路饱和（电动机磁通一般设计在接近铁心磁饱和点），从而增加励磁电流和铁损耗，导致电动机过热，这是不允许的。

(2) $f_1 > f_{1N}$（电源频率大于额定值），即是高于额定转速的调速。此时，应保持 $U_1 \approx U_{1N}$，由 $U_1 \approx 4.44 f_1 N_1 \Phi$ 可知，在增大 f_1 的同时电动机磁通 Φ 减小。又由于电磁转矩 $T = K_m \Phi I_2 \cos\varphi_2$，可见，转矩 T 也减小，而转速增大，因此功率基本不变，此时是恒功率调速。

如果转速调高时，保持 $\dfrac{U_1}{f_1}$ 的比值不变，则在增加 f_1 的同时 U_1 也要增加。而 U_1 超过额定电压是不允许的。

由于变频调速具有无级调速和硬机械特性等突出优点，当前在国际上已成为大型动力设备中笼型电动机调速的主要方式。变频调速在家用电器中也有广泛应用，例如变频空调器、变频电冰箱和变频洗衣机等。变频调速是一种高效、节能的调速方式，是电动机调速的发展方向。

2. 变极调速

由异步电动机旋转磁场同步转速 $n_0 = \dfrac{60 f_1}{p}$ 可知，旋转磁场同步转速 n_0 与磁极对数 p 成反比，当电源频率 f_1 不变时，若磁极对数减小一半，则旋转磁场同步转速 n_0 增加一倍，转子转速 n（即电动机转速）也几乎增加一倍。因此改变 p 可以实现转速的调节。

图 7-24 是定子绕组的两种接法。图中以一相绕组为例，例如，把 U 相绕组分成两半：线圈 $U_{11} U_{21}$ 和 $U_{12} U_{22}$。图 7-24(a) 中的两个线圈串联，通电后会产生两对磁极的旋转磁场（即 $p=2$），此时磁场转速 n_0 为 1500r/min；图 7-24(b) 中的两个线圈反并联（头尾相连），通电后会产生一对磁极的旋转磁场（即 $p=1$），此时磁场转速 n_0 为 3000r/min。在换极时，一个线圈中的电流方向不变，而另一个线圈中的电流必须改变方向。这种电动机称为双速电动机。也可以在定子上安置几套三相绕组，每套绕组采用适当的连接方式，就可以得到三速或四速的电动机。

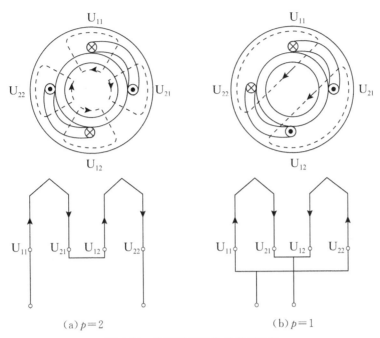

（a）$p=2$　　　　　　　　　（b）$p=1$

图 7-24　改变磁极对数的调速方法

变极调速时,转速几乎成倍变化,所以属于有级调速,调速的平滑性差,但在每个转速等级运转时,具有较硬的机械特性,稳定性好。因此在不需要无级调速的生产机械中,如某些磨床、铣床、镗床、水泵等设备中得到了普遍应用。

3. 变转差率调速

变转差率调速的方法是在绕线型异步电动机的转子电路中串入一个调速电阻（和启动电阻一样接入,如图 7-18 所示）,改变电阻的大小,就可得到平滑调速。比如增大调速电阻时,转差率 s 上升,转速 n 下降。

变转差率调速的优点是调速平滑、设备简单、投资少,其缺点是能量损耗较大。该方法广泛应用于各种提升、起重设备中。

例 7.5.1　已知 Y280M-4 型笼型异步电动机部分技术数据如下：$P_N = 90 \text{kW}$,$U_N = 380 \text{V}$,额定转速 $n_N = 1480 \text{r/min}$,$\eta_N = 0.935$,$f_1 = 50 \text{Hz}$,$\cos\varphi_N = 0.89$,$T_{st}/T_N = 1.9$,$I_{st}/I_N = 7$。问：(1)如果负载转矩为 $710.2 \text{N} \cdot \text{m}$,在 $U = U_N$ 和 $U' = 0.8U_N$ 两种情况下电动机能否启动？ (2)采用 Y-△换接启动,电动机的启动电流和启动转矩是多少？ 又当负载转矩为额定转矩 T_N 的 70% 和 50% 时,电动机能否启动？

解：(1)$U = U_N$ 时,该台电动机的额定转矩和直接启动转矩分别为

$$T_N = 9550 \frac{P_N}{n_N} = \left(9550 \times \frac{90}{1480}\right) \text{N} \cdot \text{m} = 580.7 \text{N} \cdot \text{m}$$

$$T_{st} = 1.9 T_N = (1.9 \times 580.7) \text{N} \cdot \text{m} = 1103.3 \text{N} \cdot \text{m} > 710.2 \text{N} \cdot \text{m}$$

所以 $U = U_N$ 时,电动机能启动。

在 $U' = 0.8U_N$ 时,$T'_{st} = (0.8)^2 T_{st} = [(0.8)^2 \times 1103.3] \text{N} \cdot \text{m} = 706.1 \text{N} \cdot \text{m} < 710.2 \text{N} \cdot \text{m}$。

所以 $U'=0.8U_N$ 时，电动机不能启动。

(2)计算采用 Y-△换接启动时的启动电流和启动转矩。

额定电流：$I_N=\dfrac{P_N}{\sqrt{3}U_N\eta_N\cos\varphi_N}=\dfrac{90\times1000}{\sqrt{3}\times380\times0.935\times0.89}A=164.3$A。

Y-△换接启动的启动电流：$I_{stY}=\dfrac{1}{3}\times7I_N=(\dfrac{1}{3}\times7\times164.3)A=383.4$A。

Y-△换接的启动转矩 $T_{stY}=\dfrac{1}{3}T_{st}=(\dfrac{1}{3}\times1103.3)$N·m$=367.7$N·m。

当负载转矩为额定转矩 T_N 的70%时：

$\quad T_{stY}=367.7$N·m$<0.7T_N=(0.7\times580.7)$N·m$=406.49$N·m，故不能启动。

当负载转矩为额定转矩 T_N 的50%时：

$\quad T_{stY}=367.7$N·m$>0.5T_N=(0.5\times580.7)$N·m$=290.35$N·m，故可以启动。

例 7.5.2　对例 7.5.1 中的电动机，当负载转矩为 310N·m 时,如果用具有 40%、60%、80%三个抽头的启动补偿器进行自耦降压启动,应选用哪个抽头为宜?

解:自耦降压启动时电动机定子电压降为额定电压的 $1/K$(K 为变压比),定子电流(变压器副边电流)也降为直接启动时的 $1/K$,而变压器原边的电流则要降为直接启动的 $1/K^2$,启动转矩与外加电压的平方成正比,故启动转矩也降低为直接启动时的 $1/K^2$。

当用 40%、60%、80%三个抽头降压启动时的启动转矩分别为

$T_{st1}=(0.4)^2\times T_{st}=[(0.4)^2\times1103.3]$N·m$=176.5$N·m$<310$N·m

$T_{st2}=(0.6)^2\times T_{st}=[(0.6)^2\times1103.3]$N·m$=397.2$N·m$>310$N·m

$T_{st3}=(0.8)^2\times T_{st}=[(0.8)^2\times1103.3]$N·m$=706.1$N·m$>310$N·m

7.5 测试题

可见,不能采用 40%抽头,应采用 60%抽头为宜。采用 80%抽头能启动,但启动电流要比采用 60%抽头时大。

7.6　三相异步电动机的选择

在工农业生产中,三相异步电动机使用最广泛,正确地选择其功率、种类、结构形式、转速,以及正确地选择相应的保护电器和控制电器,是极为重要的。本节讨论电动机的选择问题。

7.6.1　功率的选择

要为某一生产机械选配一台电动机,首先要考虑电动机需要多大的功率,合理选择电动机的功率具有重大的经济意义。

电动机的功率要根据负载的情况合理确定。若电动机的功率选大了,虽然能保证正常运行,但是不经济。因为这不仅使设备投资增加,而且使电动机不能被充分利用,即电动机经常不在满载下运行,它的效率和功率因数都会不高;若电动机的功率选小了,就不能保证电动机和生产机械的正常运行,不能充分发挥生产机械的效能,并使电动机由于过载而过早地损坏。

目前选择电动机功率的方法有三种:计算法、实验法和类比法。计算法适用于电动机拖

动的负载变化较小的情况;实验法是用一台同类型或相近类型的生产机械进行实验,测出它所需的功率;类比法适用于电动机拖动负载经常变化的情况,该方法首先调查研究各国同类型先进的生产机械所选用的电动机功率,之后进行类比和统计分析,找出电动机功率和生产机械主要参数之间的关系。以机床为例:

车床　　　　　$P = 36.5D^{1.54}$(kW),D 为工件最大直径(m);

摇臂钻床　　$P = 0.0646D^{1.19}$(kW),D 为最大钻孔直径(mm);

卧式镗床　　$P = 0.004D^{1.7}$(kW),D 为镗杆直径(mm)。

例如,我国生产的 C660 车床,其加工工件的最大直径为 1250mm,按统计分析法计算,主轴电动机的功率应为

$$P = 36.5D^{1.54} = (36.5 \times 1.25^{1.54}) \text{kW} = 51 \text{kW}$$

故实际选用额定功率为 55kW 的电动机。

下面介绍计算法,这种方法根据电动机工作制的不同采用不同的计算方法。

1. 连续运行电动机功率的选择

算出生产机械的功率,使选用电动机的额定功率等于或稍大于生产机械的功率即可。例如,车床的切削功率为

$$P_1 = \frac{Fv}{1000 \times 60} \text{ (kW)}$$

式中,F 为切削力(N),它与切削速度、走刀量、吃刀量、工件及刀具的材料有关,可从切削用量手册中查取或经过计算得出;v 为切削速度(m/min)。

电动机的输出功率则为

$$P = \frac{P_1}{\eta_1} = \frac{Fv}{1000 \times 60 \times \eta_1} \text{ (kW)} \tag{7.6.1}$$

式中,η_1 为传动机构的效率。

所选用电动机的额定功率 P_N 要等于或稍大于上式计算出的功率 P,即有

$$P_N \geqslant P$$

又如拖动水泵的电动机的功率为

$$P = \frac{\rho QH}{102\eta_1\eta_2} \text{ (kW)} \tag{7.6.2}$$

式中,ρ 为液体的密度(kg/m³);Q 为流量(m³/s);H 为扬程,即液体被压送的高度(m);η_1 为传动机构的效率(若水泵与电动机直接相连,取 $\eta_1 = 1$);η_2 为水泵的效率。

2. 短时运行电动机功率的选择

闸门电动机、机床中的夹紧电动机、尾座和横梁移动电动机以及刀架快速移动电动机等都是短时运行电动机。如果没有合适的专为短时运行设计的电动机,可选用连续运行的电动机。由于发热惯性,在短时运行时可以容许过载。工作时间愈短,则过载可以愈大,但电动机的过载是受到限制的。因此,通常根据过载系数 λ_m 来选择短时运行电动机的功率。电动机的额定功率可以是生产机械所要求的功率的 $1/\lambda_m$。

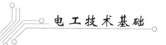

例如,满足刀架快速移动所要求的电动机功率表示为

$$P = \frac{G\mu v}{102 \times 60 \times \eta_1}(\text{kW})$$

式中,G 为被移动元件的质量(kg);μ 为摩擦系数,一般取 0.1~0.2;v 为移动速度(m/min);η_1 为传动机构的效率,一般约为 0.1~0.2。

则实际所选电动机的额定功率应满足

$$P_N \geq \frac{P}{\lambda} = \frac{G\mu v}{102 \times 60 \times \eta_1 \times \lambda}(\text{kW})$$

式中,λ 为电动机的过载系数,$\lambda = T_{\max}/T_N$。

7.6.2 种类和形式的选择

1. 种类的选择

选择电动机的种类是从交流或直流、机械特性、调速与启动性能、维护及价格等方面来考虑的。

因为在工农业生产中所用的电动机通常是三相交流电源,所以若没有特殊要求,一般都应采用交流电动机。

在交流电动机中,三相笼型异步电动机的优点在于结构简单、坚固耐用、工作可靠、价格低廉、维护方便;其主要缺点是调速困难,功率因数较低,启动性能较差。因此,要求机械特性较硬,且无特殊调速要求的一般生产机械的拖动应尽可能采用笼型电动机。在功率不大的水泵和通风机、运输机、传送带中,在机床的辅助运动机构(如刀架快速移动、横梁升降和夹紧等)上一般都采用笼型电动机。一些小型机床上也采用它作为主轴电动机。

绕线型异步电动机的基本性能与笼型相同。其特点是启动性能较好,并可在较小范围内平滑调速。但是其结构复杂,价格较笼型电动机高,使用和维护较不方便。因此,对启动、制动较频繁,要求有较大的启动、制动转矩,有一定的调速要求的,或者某些不能采用笼型电动机的场合,才选用绕线型异步电动机,例如某些起重机、矿井提升机、卷扬机、空气压缩机、锻压机及重型机床的横梁移动等。

2. 结构形式的选择

电动机的结构形式的选择要依据生产场所的工作环境,或者对电动机结构形式的要求等方面来考虑。如果电动机在潮湿或含有酸性气体的环境中工作,则绕组的绝缘会很快受到侵蚀。如果在灰尘很多的环境中工作,则电动机很容易脏污,致使散热条件恶化。因此,电动机的结构形式要保证其在不同的工作环境中能安全可靠地运行,同时又要经济节约。

按照上述要求,电动机的结构形式主要有以下几种。

1)开启式

开启式电动机除必要的支承结构外,对于转动及带电部分没有特殊防护装置。价格低,散热条件好,由于转子和绕组暴露在空气中,只能用于干燥、灰尘很少又无腐蚀性和爆炸性气体的环境。

2）防护式

按其通风口防护结构的不同可分为网罩式、防滴式、防溅式三种。网罩式在机壳或端盖下面有通风罩，以防止铁屑等杂物掉入。防滴式和防溅式将外壳做成挡板状，以防止在一定角度内固体或液体进入其中。防滴式能防止垂直下落的固体或液体进入电动机内部，而防溅式能防止与垂线成 100 度角范围内任何方向的液体或固体进入电动机内部。

防护式电动机通风散热条件也较好，可防止水滴、铁屑等外界杂物落入电动机内部，只适用于较干燥且灰尘不多又无腐蚀性和爆炸性气体的环境。

3）封闭式

封闭式电动机的外壳严密封闭。电动机靠自身风扇或外部风扇冷却，并外壳有散热片。适用于潮湿、多尘、易受风雨侵蚀，有腐蚀性气体等较恶劣的工作环境，应用普遍。

4）防爆式

防爆式电动机整个电机严密封闭，用于有爆炸性气体的场所，例如矿井。

此外，根据安装要求电动机的常见的三种安装结构形式如下：

B_3：机座带底脚，端盖无凸缘（卧式）；

B_5：机座不带底脚，端盖有凸缘（立卧两用式）；

B_{35}：机座带底脚，端盖有凸缘（立式）。

7.6.3　电压和转速的选择

1. 电压的选择

电动机电压等级的选择，要根据电动机类型、功率以及使用地点的电源电压来决定。Y系列笼型电动机的额定电压只有 380V 一个等级。只有大功率异步电动机才采用 3000V 和 6000V。

2. 转速的选择

额定功率相同的电动机，其额定转速越高，则电动机的体积越小，重量越轻，造价越低，而且电动机的飞轮矩 GD^2 也越小。但生产机械的转速一定，电动机的额定转速越高，拖动系统传动机构的速比越大，传动机构越复杂。所以，电动机额定转速的选择，应根据生产机械的具体情况，综合考虑各个因素来确定。但是，通常转速不低于 500r/min。

异步电动机通常采用四个极的，即旋转磁场同步转速 $n_0 = 1500$r/min 的类型。

7.6 测试题

7.7　单相异步电动机

单相异步电动机的功率小，主要为小型电动机，其定子绕组由单相交流电源供电，使用方便，噪声小，对无线电系统干扰小。应用非常广泛，如应用于家用电器、电动工具、医用器械和自动化仪表等。

单相异步电动机

7.7.1 单相异步电动机的工作原理

在结构上,单相异步电动机与三相异步电动机相仿,主要由定子铁心、定子绕组、转子绕组及转子铁心构成。转子多为笼型转子,只是定子只有一个单相工作绕组。设定子绕组中电流的参考方向如图 7-25 所示,定子绕组右边导条中的电流垂直纸面向里,左边的导条中的电流垂直纸面向外,该电流所产生磁场的方向可用右手螺旋定则确定为向上。当单相异步电动机的定子绕组中通入单相正弦交流时,在转子所在的空间产生随时间按正弦规律变化的脉动磁场。

图单相相异步电动机

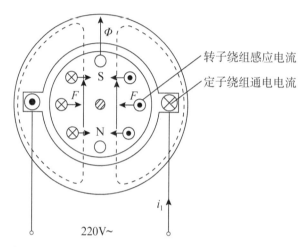

图 7-25 单相异步电动机的脉动磁场

在单相异步电动机启动时,假设磁通增加,则转子绕组中产生感应电动势和感应电流阻止磁通的变化。用右手螺旋定则可以判定转子绕组导条中感应电流的方向如图 7-25 所示。右边导条中的电流垂直纸面向外,左边的导条中的电流垂直纸面向里。转子绕组在脉动磁场中受力的方向可用左手定则判定,如图 7-25 中 F 所示。可见转子绕组左右部分的导条受力大小相等方向相反,因此,单相异步电动机没有启动转矩。

进一步根据磁场理论可知,一个脉动磁场可以分解为两个幅值相等(各等于脉动磁场磁通振幅的一半)、转速相等(均为同步转速),但转向相反的两个旋转磁场:正转磁场(与电动机转向相同)与反转磁场。这两个旋转磁场均切割转子导体,分别在导体中产生感应电动势和电流,产生两个电磁转矩,即正转转矩 T_+ 与反转转矩 T_-,分别企图使转子正转与反转,T_+ 与 T_- 均与三相异步电动机的转矩特性相似,转矩和电压的关系可以由三相异步电动机的关系公式(7.4.2)表示为:

$$T_+ = T_- = K\frac{sR_2U_1^2}{R_2^2+(sX_{20})^2}$$

根据转矩特性的公式,可以画出正转磁场产生的电磁转矩特性曲线 T_+ 和反转磁场产生的电磁转矩特性曲线 T_-,其中,$s_+=s_-=1$ 这个点是转速 $n=0$ 的点。两者的合成转矩 T 便是单相异步电动机的转矩特性曲线,如图 7-26 所示。该机械特性曲线表明,单相异步电动机在启动时的启动转矩为 $0(T_{st}=0)$,如果不采取其他措施,则电动机不能启动。但是从该特性曲线发现,若在启动时借助外力让电动机正转或者反转,那么外力去除后电磁转矩会使电动机仍然按照原来的方向继续转动到接近同步转速。

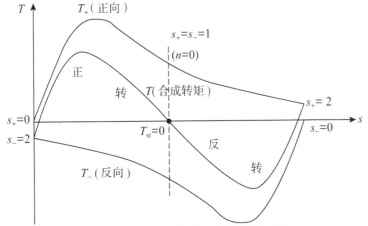

图 7-26　单相异步电动机的转矩特性曲线

单相异步电动机无启动转矩,这是它的特点与缺点,但是,一旦启动,单相异步电动机便可达到某一稳定转速工作,电动机转动方向则由电动机启动时的转向确定。

为了使单相异步电动机能够产生启动转矩,必须采用某些特殊启动装置,常用的有电容分相式和罩极式单相异步电动机两种。

1)电容分相式单相异步电动机

电容分相式单相异步电动机是在定子上嵌放空间位置相差 90°的两个定子绕组:工作绕组 W 和启动绕组 S,如图 7-27 所示。启动绕组中串联一个大电容 C 和一个离心开关 Q_2,与工作绕组并联在单相电源上。

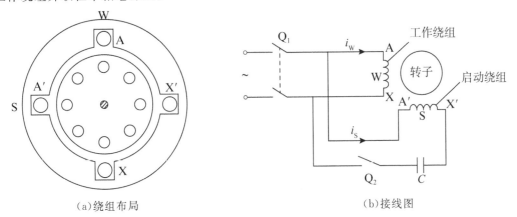

(a)绕组布局　　　　　　　　　　　(b)接线图

图 7-27　电容分相式单相异步电动机

启动绕组中串联电容,它的电流在相位上就比线路电压超前。选择合适的电容,可以使两个绕组中的电流在相位上相差 90°,即单相电流变为两相电流。将两相相位差为 90°的电流,通入空间位置相差 90°的工作绕组 W(绕组 AX)和启动绕组 S(绕组 A′X′)。设电流 $i_w = I_m \sin\omega t$, $i_S = I_m \sin(\omega t + 90°)$,采用与图 7-6 相同的分析方法可以证明,这两相电流产生一个旋转磁场,如图 7-28 所示。

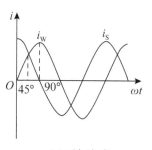

（a）两相电流

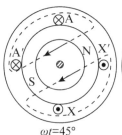

$\omega t=0°$　　　$\omega t=45°$　　　$\omega t=90°$

（b）旋转磁场

图 7-28　两相电流产生的旋转磁场

旋转磁场可以产生启动转矩，使单相电动机的转子顺着旋转磁场转向转动。通常启动绕组按短时运行设计，为了避免其因长期工作而过热，当转速达到额定转速的 70%～80% 时，离心开关断开，切断启动绕组，完成启动。也有运行时不断开电容（或仅切除部分电容）以提高功率因数和增大转矩的情况。

另外，由图 7-28 可知，旋转磁场的转向由两相绕组中电流的相位决定。当 i_{S} 超前于 $i_{\mathrm{W}}90°$ 时，旋转磁场便按从绕组 A' 端向绕组 A 端的方向（顺时针方向）旋转。如果把电容 C 改接到绕组 AX 电路中，则电流 i_{W} 便超前电流 $i_{\mathrm{S}}90°$，于是旋转磁场将按从绕组 A 端向绕组 A' 端方向（逆时针方向）旋转。也就是说，只要调换电容 C 与某一绕组串联就可以改变旋转磁场方向，也就改变了电动机转向。

图 7-29 是洗衣机的正反转控制原理，Q_2 为定时器中的自动转换开关。当开关 Q_2 扳到位置 1 时，电容 C 与启动绕组串联，电动机正转；当开关 Q_2 扳到位置 2 时，电容 C 与工作绕组串联，电动机反转。

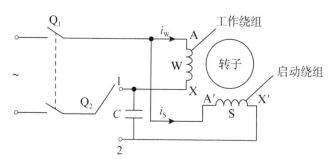

图 7-29　洗衣机的正反转控制原理

2. 罩极式单相异步电动机

罩极式单相异步电动机的结构如图 7-30 所示。其特点是定子通常制成凸极式，磁极上绕有励磁绕组，磁极表面约 1/3 处开有一个凹槽，槽内嵌放短路铜环，将磁极的一部分罩起来，故称为罩极式电动机。

由于短路铜环的存在，定子绕组通入单相交流电产生的交变磁通分为两部分。穿过短路环的磁通，在短路环内产生感应电动势和感应电流，由于感应电流阻止磁通的变化，致使这部分磁通在相位上滞后于不穿过短路环的磁通。同时，这两部分磁通的中心位置也相隔一定角度，这样的两个在空间上相隔一定角度，在相位上存在一定相位差的交变磁通便可以合成一个旋转磁场,在此磁场的作用下,笼型转子便会产生感应电动势和电流,形成电磁转矩而驱动转子转动,转子由磁极未罩短路环部分向罩短路环部分的方向转动。在图 7-30 中,转子的转向为顺时针方向。

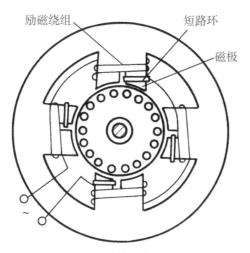

图 7-30　罩极式单相异步电动机结构

　　罩极式单相异步电动机结构简单、造价低廉、使用可靠,但启动转矩小、反转困难,多用于轻载启动的设备,如电吹风、电风扇、电唱机、小型鼓风机中。

　　三相异步电动机接到电源的三根线中由于某种原因断开了一根线,就成为单相电动机运行。如果在启动时就断了一根线,则和单相异步电动机一样不能启动,只能听到嗡嗡声。这时电流很大,时间长了,电动机就会烧坏;如果在运行中断了一根线,则电动机仍将继续运行。但若负载不变,三相供电变为单相供电,电流将变大,时间一长,会导致电机过热烧坏。这种情况往往不易察觉,在使用三相异步电动机时要特别注意。

7.7 测试题

第 7 章拓展
练习-1

第 7 章拓展
练习-2

本章小结

　　电动机的作用是将电能转换为机械能。三相异步电动机主要由固定不动的定子和旋转的转子两部分组成。

1. 三相异步电动机的旋转磁场

　　(1)将对称三相交流电流通入对称三相定子绕组便在空间产生旋转磁场。

　　(2)旋转磁场的转向与三相交流电流的相序一致,改变流入三相绕组的电流相序(即将连接三相电源的三根导线中的任两根对调),就能改变旋转磁场的转向,也就改变了三相异步电动机的旋转方向。

（3）旋转磁场的同步转速与三相电源的频率成正比，与磁极对数成反比，即有 $n_0=60f_1/p$。

2. 三相异步电动机的转动原理和电路分析

（1）旋转磁场与转子绕组产生相对运动，转子绕组切割旋转磁场，使转子绕组内产生感应电动势和感应电流。

（2）旋转磁场与转子内感应电流相互作用，产生电磁转矩，使转子带动生产机械旋转。

（3）同步转速 n_0、电动机转速 n 与转差率 s 的关系为 $s=(n_0-n)/n_0$。一般在额定负载时 s_N 为 0.01～0.09，异步电动机的转速可表示为 $n=(1-s)n_0$。

（4）转子绕组电流频率 f_2 与三相电源频率 f_1 的关系为 $f_2=sf_1$。

（5）转子转动时的感应电动势 E_2 和静止时感应电动势 E_{20} 满足 $E_2=sE_{20}$。

（6）转子转动时的感抗 X_2 和转子静止时的感抗 X_{20} 的关系为 $X_2=sX_{20}$。

3. 三相异步电动机的电磁转矩

$$T=K_m\Phi I_2\cos\varphi_2$$

或表示为

$$T=K\frac{sR_2U_1^2}{R_2^2+(sX_{20})^2}$$

4. 三相异步电动机的机械特性

$$n=f(T)$$

三个重要转矩分别为：

（1）额定转矩，是指电动机在额定电压下，以额定转速 n_N(r/min) 运行，输出额定功率 P_N(kW) 时，电机转轴上输出的转矩(N·m)，记为 $T_N=9550\frac{P_N}{n_N}$。

（2）最大转矩 $T_{max}=\lambda_m T_N$，过载系数 λ_m 约为 1.8～2.2，反映电动机的过载能力。$T_{max}=K\frac{U_1^2}{2X_{20}}$，$T_{max}$ 与 U_1^2 成正比，与转子绕组 R_2 无关。

（3）启动转矩 $T_{st}=\lambda_{st}T_N$，启动系数 λ_{st} 约为 1.0～2.0，反映电动机的启动性能。$T_{st}=K\frac{R_2U_1^2}{R_2^2+X_{20}^2}$，$T_{st}$ 与 U_1^2 及 R_2 有关。

5. 三相异步电动机的启动

（1）启动特点：启动电流大，$I_{st}=(5～7)I_N$。

（2）启动方法：一般小容量的笼型异步电动机采用直接启动方法；大容量笼型异步电动机常采用 Y-△换接启动与自耦降压启动。Y-△换接启动适用于正常运行时三相定子绕组连接成三角形的情况；自耦降压启动适用于容量较大，或者正常运行时采用星形连接而不能采用 Y-△连接启动器的笼型异步电动机。绕线型三相异步电动机采用转子电路串电阻启动的方法，转子电路串电阻启动既可以降低启动电流，又可以增加启动转矩，常用于要求启动转矩较大的生产机械上。

6. 三相异步电动机的制动

常采用的方法有：机械制动——电磁抱闸；电气制动——能耗制动、反接制动、发电反馈制动。

7. 三相异步电动机的调速

可以通过改变电源的频率 f_1、磁极对数 p 及转差率 s 进行调速。前两者是笼型电动机的调速方法,后者是绕线型电动机的调速方法。

8. 单相异步电动机

在单相异步电动机的单相绕组中通入单相正弦交流电流,产生脉动磁场,无启动转矩。但是,一旦启动,单相异步电动机便可达到某一稳定转速工作,电动机转动方向则由电动机启动时的转向确定。为了产生旋转磁场和启动转矩,必须采用某些特殊启动装置,常用的有电容分相式和罩极式单相异步电动机两种。

习题 7

7.1 什么是三相电源的相序? 就三相异步电动机本身而言,有无相序?

7.2 有的三相异步电动机有 380V/220V 两种额定电压,定子绕组可以接成星形或者三角形,试问何时采用星形接法? 何时采用三角形接法?

7.3 有一台六极三相绕线式异步电动机,在 $f=50\text{Hz}$ 的电源上带动额定负载运行,其转差率为 0.02,求定子旋转磁场的同步转速和频率、转子磁场的频率和转速。

7.4 检修三相异步电动机时,若将转子抽掉,而在定子绕组上加三相额定电压,则会出现什么情况?

7.5 频率为 60Hz 的三相异步电动机,能否接在 50Hz 的电源上使用?

7.6 三相异步电动机能否在最大转矩 $T_{\max}$ 处或接近最大转矩处运行?

7.7 某三相异步电动机的额定转速为 1440r/min。当负载转矩为额定转矩的一半时,电动机稳定运行的转速约为多少?

7.8 一台 Y180L-4 型电动机,额定功率 $P=22\text{kW}$,额定转差率 $s_N=0.02$,电源频率 $f=50\text{H}$,计算电动机的同步转速 n_0、额定转速 n 及额定转矩 T_N。

7.9 一台型号为 Y132-4 型电动机,额定技术数据如下:$P_N=5.5\text{kW}$,$U_N=380\text{V}$,$\eta_N=0.85$,$\cos\varphi_N=0.84$,$n_N=1440\text{ r/min}$。电动机采用三角形连接,计算电动机的线电流、相电流、额定转矩与转差率。

7.10 一台三相异步电动机,技术数据如表 7-4 所示。

表 7-4 技术数据

变量	P_N/kW	$n_N/(\text{r/min})$	U_N/V	$\eta_N/\%$	接法	$\cos\varphi_N$	I_{st}/I_N	T_{st}/T_N	$T_{\max}/T_N$
数据	10.0	1460	380	88.0	△	0.85	7	2.0	2.0

计算:(1)电动机的磁极对数、额定转差率、额定转矩、最大转矩;

(2)电动机直接启动时的启动电流和启动转矩;

(3)电动机在 Y-△ 换接启动时的启动电流和启动转矩;

(4)当负载转矩为电动机额定转矩的 70% 和 30% 时,能否采用 Y-△ 换接启动?

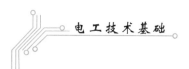

7.11 一台 Y112M-4 型三相异步电动机的技术数据如表 7-5 所示。

表 7-5 技术数据

变量	P_N/kW	$n_N/(r/min)$	U_N/V	$\eta_N/\%$	接法	$\cos\varphi_N$	I_{st}/I_N	T_{st}/T_N	T_{max}/T_N
数据	4	1440	380/220	84.5	Y/△	0.82	7	1.4	2.0

计算:(1)电动机的磁极对数和额定转差率;

(2)电动机的额定转矩和额定电流;

(3)当电源电压降到额定电压的 0.9 时,电动机能否带载启动?为什么?

(4)若负载转矩 $T_c = 0.5T_N$,电动机能否采用 Y-△换接启动?为什么?

(5)若电动机运行在额定状态下,当电源电压降低时,电动机的转速与转子电流将如何变化?

7.12 某四级三相异步电动机的额定功率为 30kW,额定电压为 380V,额定电流为 57.5A,转差率为 0.02,效率为 90%,采用三角形接法,频率为 50Hz,$T_{st}/T_N = 1.2$,$I_{st}/I_N = 7$,试求:(1)电动机的额定转速、额定转矩及额定功率因数;(2)如果采用自耦变压器降压启动,而使电动机的启动转矩为额定转矩的 85%,则自耦变压器的变比及电动机的启动电流和线路上的启动电流分别为多少?

第 8 章　继电-接触器控制

现代机床与生产机械的运动部件大多用电动机拖动。通过对电动机的启动、停止、正反转、调速与制动的自动控制,可使生产机械各部件按顺序动作,保证生产过程与加工工艺达到预定要求。

继电-接触器控制由闸刀、按钮、继电器与接触器等控制电器组成,这些电器实现对电动机等用电设备的自动控制。继电-接触器控制具有线路简单、安装与调整方便、便于掌握等优点,因此,在各种生产机械电气控制中,多年来一直获得广泛应用。

任何复杂的控制线路,都是由一些元器件和单元电路组成的。因此,本章先介绍一些常用控制电器和基本控制线路,而后讨论应用实例。

8.1　几种常用控制电器

控制电器主要用来实现对电气设备的控制和保护。电器种类繁多,本节主要介绍继电-接触器控制中常用的几种低压电器。低压电器是指工作在交流 1200V、直流 1500V 及以下的电路中,实现对电路或非电对象的控制、检测、保护、变换、调节等作用的电器。常用低压电器的分类方法也有多种。按动作性质可分为:手动电器,如刀开关、组合开关、按钮等;自动电器,如继电器、接触器、断路器等。按职能可分为:控制电器,如按钮、接触器等;保护电器,如熔断器、热继电器、低压断路器等。

8.1.1　手动控制电器

1. 刀开关

刀开关又称闸刀开关,它是低压配电电器中结构最简单、应用最广泛的电器,主要用在低压成套配电装置中,用于不频繁地手动接通和切断交直流电路,或作隔离开关用;也可以用于不频繁地接通与切断额定电流以下的负载,如小型电动机等。

刀开关由绝缘底板、静插座、手柄、触刀和铰链支座等组成。按极数不同,可把刀开关分为单极(刀)、双极(刀),其结构、图形及文字符号如图 8-1 所示。

手动控制电器

手动控制电器

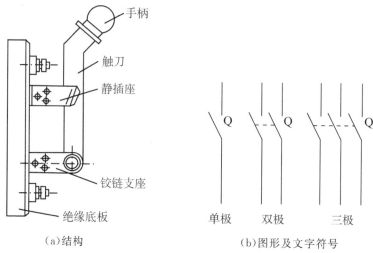

手柄

触刀

静插座

铰链支座

绝缘底板

（a）结构

Q   Q   Q

单极   双极   三极

（b）图形及文字符号

图 8-1　刀开关

为了使用方便和减小体积，往往在刀开关上安装熔丝或熔断器，组成兼有通断电路和保护作用的开关电器，如开启式负荷刀开关、封闭式负荷刀开关、熔断器式刀开关等。

（1）开启式负荷刀开关，又称胶盖闸刀开关，如图 8-2 所示。它是由刀开关和熔体组合而成的一种电器，刀开关用于手动不频繁地接通和分断电路，熔体用于短路和严重过载保护。

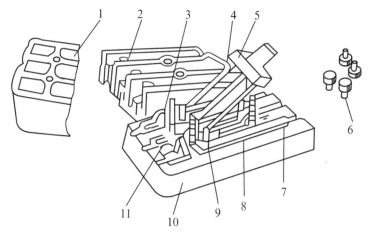

1—上胶盖；2—下胶盖；3—静插座；4—触刀；5—瓷质手柄；6—胶盖紧固螺帽；7—出线端子；
8—熔丝；9—触刀铰链；10—瓷底座；11—进线端子。

图 8-2　开启式负荷刀开关

使用开启式负荷刀开关的注意事项如下：

①安装时，手柄要向上，不得倒装或平装，以免因重力自由下落而引起误动作和合闸。

②接线时，电源进线应接在静插座一边的进线端（进线座应在上方），用电设备应接在触刀和熔丝一边的出线端。这样安装，当断开电源时，触刀不带电，否则在更换熔断丝时会发生触电事故。

③排除熔丝熔断故障后，应特别注意观察绝缘瓷底和胶盖内壁表面是否附有一层金属

粒粒,这些金属粉粒会造成绝缘部分的绝缘性能下降,在重新合闸送电的瞬间,可能造成开关本体相间短路。因此,应将内壁的金属粉粒清除后,再更换熔丝。

常用型号有 HK1、HK2 系列。

(2)封闭式负荷刀开关,又称铁壳开关,如图 8-3 所示。它是在闸刀开关基础上改进设计的一种开关。它是由刀开关、熔断器、速断弹簧等组成的,并装在金属壳内。

该刀开关采用侧面手柄操作,并设有机械锁装置,使箱盖打开时不能合闸,刀开关合闸时,箱盖不能打开,保证用电安全。手柄与底座间的速断弹簧使开关通断动作迅速,灭弧性能好。

常用型号有 HH3 和 HH4 等系列。

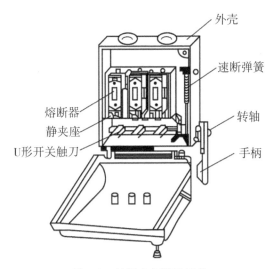

外壳
速断弹簧
转轴
手柄
熔断器
静夹座
U形开关触刀

图 8-3　封闭式负荷刀开关

(3)熔断器式刀开关,是以熔丝或带有熔丝的载熔件为动触点的一种隔离开关。熔断器式刀开关用于具有高短路电流的配电电路和电动机电路中,起电源开关、隔离开关、应急开关及电路保护作用,但一般不能直接开关单台电动机。熔断器式刀开关是用来代替各种低压配电装置刀开关和熔断器的组合电器,可以简化配电装置的结构,目前广泛用于低压动力配电屏中。

常用型号有 HR5、HR11 等系列。

2. 组合开关

组合开关又称转换开关。它的刀片是转动式的,比较轻巧,它的动触片和静触片装在封装的绝缘件内,采用叠装式结构,其层数由动触片数量决定,动触片装在操作手柄的转轴上,随转轴旋转而改变各对触头的通断状态。组合开关有单极、双极、三极和四极结构。以三极较为常见,其外形、结构、符号及接线图如图 8-4 所示。

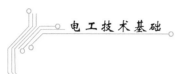

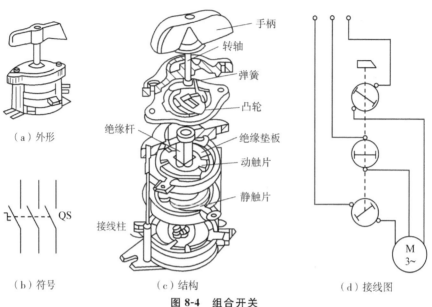

（a）外形   （b）符号   （c）结构   （d）接线图

图 8-4   组合开关

组合开关的开关转轴上装有扭簧储能机构,使开关能快速接通与断开,其结构紧凑,安装面积小,操作方便。多用在机床电气控制线路中,作为电源的引入开关,也可用于不频繁地接通和断开电路、换接电源和负载,以及控制 5kW 以下的小容量电动机的正反转和 Y-△启动等。需要注意的是:组合开关用于控制电动机正反转时,在从正转切换到反转的过程中,必须先经过停止位置,待停止后,再切换到反转位置。组合开关本身不带过载和短路保护装置。

3. 按钮

按钮用来接通或断开控制电路,其结构如图 8-5 所示。按钮由触头、按钮帽及弹簧等几个部分组成。按钮的触头有常闭触头(动断触头)和常开触头(动合触头)两种。当按下按钮时,常闭触点先断开,然后常开触点闭合;松开后,复位弹簧使常开触点先复位(断开),常闭触点后复位(闭合)。按钮有单式按钮、复合按钮等。按钮的额定电流通常不超过 5A。按钮符号如图 8-6 所示。

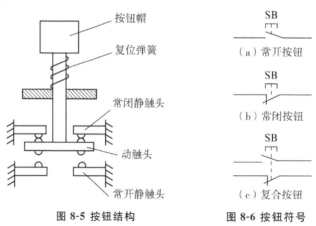

图 8-5 按钮结构   **图 8-6 按钮符号**

8.1.2　自动控制电器

1. 接触器

交流接触器

交流接触器

接触器是一种依靠电磁力作用使触头闭合或分离,从而接通或断开电动机或其他用电设备电路的自动电器。它具有低压释放保护功能,可进行频繁操作,实现远距离控制,是电力拖动自动控制线路中使用最广泛的电器元件。因它不具备短路保护作用,常和熔断器、热继电器等保护电器配合使用。图8-7是交流接触器的外形和结构,图8-8是交流接触器的图形和文字符号。

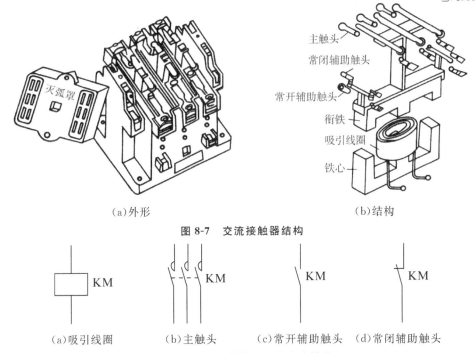

（a）外形　　　　　　　　　　　　　　　（b）结构

图 8-7　交流接触器结构

（a）吸引线圈　　（b）主触头　　（c）常开辅助触头　　（d）常闭辅助触头

图 8-8　交流接触器图形和文字符号

由图 8-7 可见,接触器主要由电磁系统和触头组成。电磁系统包括吸引线圈、铁心、衔铁,触头由静触头和动触头组成。动触头与电磁机构的衔铁相连,当吸引线圈通电后,产生电磁吸力吸引衔铁向下移动,衔铁带动动触头动作,使接触器的常闭辅助触头断开,常开辅助触头闭合,主触头闭合。当吸引线圈失电后,电磁吸力消失,在复位弹簧作用下,衔铁和各触头恢复原位。

根据用途的不同,接触器的触头分主触头和辅助触头两种。主触头的接触面较大,允许通过较大的电流,接在电动机的主电路中。辅助触头的接触面较小,只能通过较小的电流,常接在电动机的控制电路中。例如,CJ10-20 型交流接触器有三个常开主触头、两个常闭辅助触头和两个常开辅助触头。

当一个较大电流的电路突然断电时,若触头间的电压超过一定数值,触头间空气在强电场的作用下会产生电离放电现象,在触头间隙产生大量带电粒子,形成炽热的电子流,被称为电弧。电弧伴随高温、高热和强光，可能造成电路不能正常切断，烧毁触头，引起火灾等其他事故。因此，为了防止通过较大电流的主触头断开时产生电弧烧坏触头，并使切断时间拉长，必须采取灭弧措施。通常交流接触器的触头都做成桥式，具有两个断点，以降低当触头断开时加在断点上的电压，使电弧容易熄灭，并且相间加绝缘隔板，以免短路。

为了减小铁损，交流接触器的铁心用硅钢片叠成。并为了消除铁心的颤动和产生的噪声，在铁心端面的一部分套短路环。

交流接触器线圈的工作电压应为其额定电压的 $85\% \sim 105\%$，这样才能保证接触器可靠吸合。例如，电压过高，交流接触器磁路趋于饱和，线圈电流将显著增大，有烧毁线圈的危险；反之，电压过低，电磁吸力不足，动铁心吸合不上，接触器线圈电路电抗值小，电流达到额定电流的十几倍，线圈可能过热烧毁。

接触器本身的电磁机构可以实现欠电压保护和失电压保护。当电源电压由于某种原因而严重下降或电压消失时，接触器电磁吸力急剧下降或消失，衔铁自行释放，各触点复位，触点电路断开，电路的驱动对象（电动机等）停止工作。当电源电压恢复正常时，接触器线圈不能自动通电，驱动对象不会自行工作，只有在操作人员再次发出启动指令时才会重新工作，从而避免事故的发生。

交流接触器铭牌上的额定电压和额定电流均指的是主触头的额定电压和额定电流，应使之与用电设备的额定值相符。线圈的额定电压和额定电流一般标注在线圈上，选择时应使之与控制电路的电源相符，同时还应注意触头种类、数量等。

2. 继电器

继电器是一种根据某种物理量（电流、电压、时间、速度、温度、压力等）的变化，使其自身的执行机构动作的电器。它由输入电路（又称感应元件）和输出电路（又称执行元件）组成，执行元件触点通常接在控制电路中。当感应元件中的输入量（如电流、电压、温度、压力等）变化到某一定值时继电器动作，执行元件便接通或断开控制电路，以达到控制或保护的目的。

继电器的种类很多，主要按以下方法分类。

（1）按用途可分为：控制继电器、保护继电器。

（2）按动作原理可分为：电磁式继电器、感应式继电器、热继电器、机械式继电器、电动式继电器和电子式继电器等。

（3）按动作信号可分为：电流继电器、电压继电器、时间继电器、速度继电器、温度继电器、压力继电器等。

（4）按动作时间可分为：瞬时继电器和延时继电器。

在电力系统中，用得最多的是电磁式继电器。本节主要讲述控制电器中的电磁式电流继电器、电压继电器、中间继电器。

电磁式继电器是以电磁力为驱动的继电器，其结构和工作原理与接触器相似，由电磁机构和触头机构组成。但是，继电器可以对各种输入量作出反应，而接触器只有在一定的电压信号下动作；继电器用于切换小电流的控制电路，而接触器则用来控制大电流电路，因此继电器触头容量较小（不大于5A），且无灭弧装置。

1）电流继电器

电流继电器的检测对象是电路或主要电器部件电流的变化情况,当电流超过(或低于)某一整定值时,继电器动作,完成继电器控制及保护作用。电流继电器的触点动作与流过线圈的电流大小有关,电流继电器的线圈串联在电路中,反映电路电流的变化,线圈匝数少,导线粗,线圈阻抗小。电流继电器常作为启动元件用于发电机、变压器和输电线的过负荷和短路保护装置中,是一种用较小的电流控制较大电流的"自动开关"。在电路中起着自动调节、安全保护、转换电路等作用。

电流继电器按用途可分为过电流继电器和欠电流继电器。过电流继电器、欠电流继电器的图形符号和文字符号如图 8-9 所示。

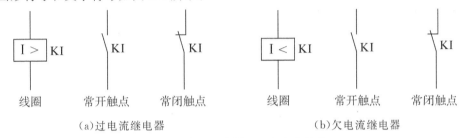

(a)过电流继电器　　　　　　　　　(b)欠电流继电器

图 8-9　电流继电器图形和文字符号

当线圈电流高于整定值时执行机构动作的继电器称为过电流继电器。电路正常工作时,电磁吸力不足以克服反力弹簧的作用,过电流继电器不动作,衔铁处于释放状态。当过电流继电器线圈流过的电流超过某一整定值时,衔铁吸合,触头动作,对电路实现过电流保护。整定范围一般为:交流过电流继电器是额定电流的 110%～350%,直流过流继电器是额定电流的 70%～300%。欠电流继电器在电流处于正常值时衔铁吸合,当电流降低到额定电流的 10%～20%时,衔铁释放,于是常开触点断开,常闭触点闭合,欠电流继电器一般是自动复位的。

2）电压继电器

反映输入量为电压的继电器叫电压继电器。这种继电器线圈导线较细,匝数较多,并联在被测电路中,其触头的动作与线圈两端电压的大小直接相关,在控制系统中起电压保护和控制作用。包括过电压继电器、欠电压继电器和零电压继电器。过电压继电器在额定电压下不吸合;当线圈电压达到额定电压的 105%～120%以上时,衔铁才吸合;欠电压继电器在额定电压下吸合,当线圈电压降低到额定电压的 40%～70%时释放;零电压继电器在额定电压下也吸合,当线圈电压达到额定电压的 5%～25%时释放。

过电压继电器、欠电压(或零电压)继电器的图形和文字符号如图 8-10 所示。

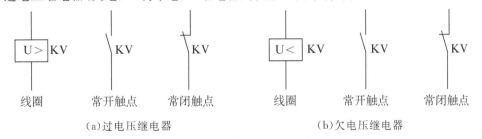

(a)过电压继电器　　　　　　　　　(b)欠电压继电器

图 8-10　电压继电器图形和文字符号

3)中间继电器

中间继电器的作用是将一个输入信号变成多个输出信号或将信号放大(即增大触头容量)的继电器。其实质为电压继电器,但它的触头数量较多(可达 8 对),触头容量较大(5～10A),动作灵敏。中间继电器的结构、图形和文字符号如图 8-11 所示。

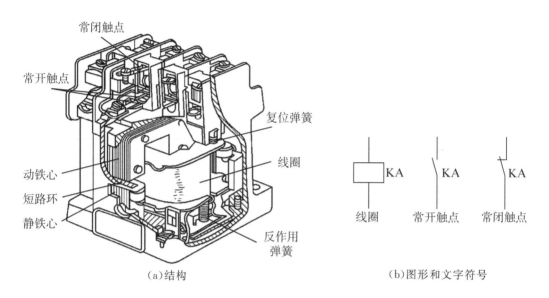

(a)结构　　　　　　　　　　　　　(b)图形和文字符号

图 8-11　中间继电器

其种类有:JZ 系列,适用于在交流电压 500V(频率 50Hz 或 60Hz)、直流电压 220V 以下的控制电路中控制各种电磁线圈(如 JZC4、JZC1、JZ7);DZ 系列,主要用于各种继电保护线路中,以增加主保护继电器的触点数量或容量,该系列中间继电器的线圈只用在直流操作的继电保护回路中。

8.1.3　保护电器

1.熔断器

保护电器

保护电器

熔断器是一种结构简单、使用方便、价格低廉的保护电器,广泛用于供电电路和电气设备的短路和严重过载保护。熔断器主要由熔体(俗称保险丝)和安装熔体的熔管(或熔座)两部分组成。熔体由易熔金属材料(铅铜)及其合金制成,通常做成丝状或片状。在低压小电流电路中,一般使用低熔点的铅锡合金或锌制成,在大电流电路中,用截面很小的铜或银导体制成。熔管用来装熔体,由陶瓷、绝缘钢纸或玻璃纤维制成,在熔体熔断时兼有灭弧作用。

熔断器的熔体串联在被保护电路中。当电路正常工作时,熔体允许通过一定大小的电流而长期不熔断;当电路严重过载时,熔体能在较短时间内熔断;而当电路发生短路故障时,熔体能在瞬间熔断。

图 8-12 是常用的三种熔断器的结构、图形和文字符号。

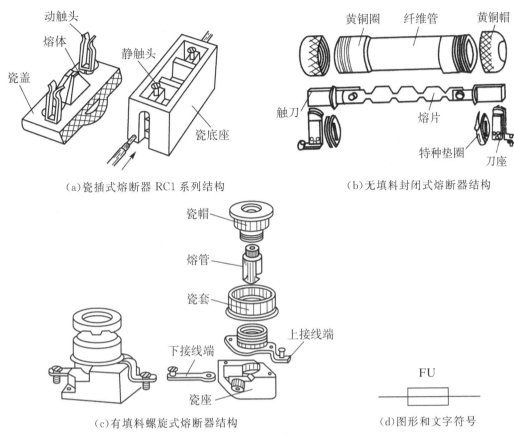

（a）瓷插式熔断器 RC1 系列结构 　　　　　（b）无填料封闭式熔断器结构

（c）有填料螺旋式熔断器结构 　　　　　（d）图形和文字符号

图 8-12　熔断器

熔断器的主要技术参数有：

（1）额定电压：是指熔断器长期工作时和熔断后所能承受的电压。一般要求大于或等于电网的额定电压。

（2）额定电流：是指熔断器长期工作时各部件温升不超过极限允许温升所能承载的电流值。习惯上，把熔管的额定电流简称为熔断器额定电流。需要特别注意的是，同一种电流规格的熔管内可以装几种不同电流规格的熔体。

（3）极限分断能力：是指熔断器在规定的使用条件下，能可靠分断的最大短路电流值。

熔断器的选择主要是对熔体额定电流的选择，主要需要注意以下几点：

（1）电路上、下（供电干线、支线）两级都装熔断器时，为了防止越级熔断，扩大停电事故范围，各级熔断器间应良好协调配合，使下一级熔断器比上一级的先熔断，从而满足选择性保护要求。上、下两极熔体额定电流的比值要不小于 1.6：1。例如，下级熔断器额定电流为 100A，上级熔断器的额定电流最小也要为 160A。若比值大于 1.6：1，则会更可靠地达到选择性保护目的，但值得注意的是，这样将会牺牲保护的快速性，因此实际应用中应综合来考虑。

（2）对于照明线路或电阻炉等没有冲击性电流的负载：熔体的额定电流≥被保护设备的额定电流。

（3）保护一台电动机时，熔体的额定电流既要满足正常工作电流的需要，又要考虑启动时产生的瞬间电流冲击。熔体的额定电流按下式计算：

$$I_{\text{FU}} \geqslant (1.5 \sim 3) I_{\text{N}}$$

式中，I_{FU}为熔断器熔体的额定电流；I_N为电动机的额定电流。

电动机频繁启动时，一般取 2.5～3 倍；不频繁启动时，一般取 1.5～2.5 倍。例如 Yll2M-4 型三相异步电动机，额定电流是 8.8A，轻载不频繁启动，熔断器熔体的额定电流约为 8.8×1.5＝13.2A。可以选取 RL1-15 熔断器，额定电流是 15A，配用 15A 的熔体。

（4）保护多台异步电动机时，若各台电动机不同时启动，则应按下式计算：

$$I_{FU} \geqslant (1.5\sim2.5)I_{Nmax} + \sum I_N$$

式中，I_{Nmax}为容量最大的一台电动机的额定电流；$\sum I_N$为其余电动机额定电流的总和。

2. 热继电器

过载保护与短路保护不同。短路保护是电源或电动机发生短路事故，瞬间出现过大电流，使熔断器的熔体立即烧断。电动机的过载保护则是机械负载的功率超过其额定功率，出现"小马拉大车"的情况；或是电动机的三条电源线中断掉一条，单相运行。以上情况都会使电动机的定子绕组电流超过额定电流，但又不易被察觉。同时，根据熔断器熔体的保护特性，当电流超过额定电流不多时，熔体能够长时间工作，不被烧断，即熔断器对于过载现象不起作用。如果电动机过载时间较短，一般还是允许的。但是如果过载时间持续过长，就会使电动机温升过高，绝缘老化，降低使用寿命，甚至烧坏电动机。

热继电器是一种保护电器，专门用来对过载及电源断相进行保护，以防止电动机因上述故障导致过热而损坏。

热继电器具有结构简单、体积小、成本低等特点，选择适当的热元件可得到良好的反时限特性。所谓反时限特性，是指热继电器动作时间随电流的增大而减小的性能。

热继电器的结构主要由三大部分组成：加热元件（热继电器的加热元件有直接加热式、复合加热式、间接加热式和电流互感器加热式四种）、动作机构（大多采用弓簧式、压簧式或拉簧跳跃式机构）、复位机构（有手动复位及自动复位两种形式，可根据使用要求自由调整）。动作系统常设温度补偿装置，以保证在一定的温度范围内，热继电器的动作特性基本不变。其结构、图形和文字符号如图 8-13 所示。

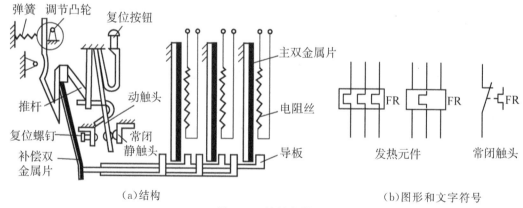

（a）结构　　　　　　　　　　　　　（b）图形和文字符号

图 8-13　热继电器

主双金属片与电阻丝串接在接触器负载（电动机电源端）的主回路中，当电动机过载时，热积累使主双金属片受热膨胀并弯曲，由于两个金属片的膨胀系数不同，所以就弯向膨胀系数较小的一侧；金属片的弯曲，推动导板移动，带动补偿双金属片与推杆将动触头和常闭静触头（即串接在接触器线圈回路的热继电器动断触点）分开，使接触器的线圈失电，切断电路保护电动机。调节凸轮是一个偏心轮,改变它的半径即可改变补偿双金属片与导板间的接触距离,进而达到调节整定动作电流值的目的。此外,调节复位螺钉可改变动合静触头的位置使热继电器能工作在自动复位或手动复位两种状态。调成手动复位时,在排除故障后要按下复位按钮,才能使动触头恢复至与常闭静触头相接触的位置。

由于双金属片存在热惯性,它随着温度升高而产生热膨胀需要一定的时间,因此它不会因电动机过载而立即动作。这样既可发挥电动机的短时过载能力,又能保护电动机不致因过载时间长而出现过热现象。同样地,当发热元件通过较大电流,甚至为短路电流时,热继电器也不会立即动作。因此,热继电器只能用作过载保护,不能用作短路保护。

热继电器的常闭触头常串入控制回路,常开触头可接入信号回路。当三相电动机的一相接线松开或一相熔丝熔断时,电动机缺相运行是三相异步电动机烧坏的主要原因之一。断相后,绕组中的电流会增大使电动机烧毁。需要缺相保护可选用带断相保护的热继电器。

常用的热继电器有 JR20、JRS1、JR16 等系列。

热继电器的主要技术数据是整定电流。整定电流是指发热元件中通过的电流超过此值的 20% 时,热继电器应当在 20min 内动作。选用热继电器时,通常使发热元件的整定电流与电动机的额定电流基本一致。

热继电器的额定电流等级不多,但其发热元件编号很多,每一种编号都有一定的电流整定范围。在使用时应使发热元件的电流整定范围中间值与保护电动机的额定电流值相等,再根据电动机运行情况通过调节凸轮来调节整定值。

3. 低压断路器

低压断路器又称自动空气断路器或自动空气开关,是一种既能实现手动开关作用又能自动进行欠电压、失电压、过载或短路保护的电器,可用于电源电路、照明电路、电动机主电路的分断及保护等。

低压断路器的种类繁多,按其结构特点和性能,可分为框架式断路器、塑料外壳式断路器和漏电保护式断路器三类。下面以塑料外壳式断路器为例介绍断路器的结构和工作原理。图 8-14(a) 为 DZ5-20 系列低压断路器的外形,图 8-14(b) 为低压断路器的图形和文字符号。

低压断路器主要由触点系统、灭弧装置、操作机构、保护装置(各种脱扣器)及外壳等部分组成。图 8-15 为低压断路器的工作原理。

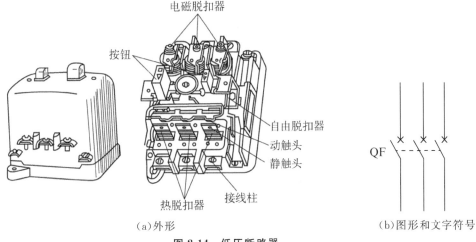

图 8-14　低压断路器

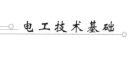

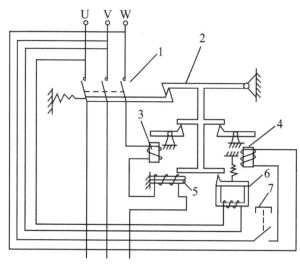

1—主触头；2—自由脱扣器；3—过电流脱扣器；4—分励脱扣器；5—热脱扣器；6—欠电压脱扣器；7—按钮。

图 8-15　低压断路器工作原理

开关主触点依靠操作机构或电动合闸。主触点闭合后，自由脱扣机构将主触点锁在合闸位置上。过电流脱扣器的线圈和热脱扣器的热元件与主电路串联，欠电压脱扣器的线圈与电源并联。当电路发生短路或严重过载时，过电流脱扣器的衔铁吸合，使自由脱扣机构动作，主触点断开主电路。当电路过载时，热脱扣器的热元件受热，使双金属片弯曲变形，顶动自由脱扣器的衔铁释放，也使自由脱扣机构动作。当电路欠电压时，欠电压脱扣器的衔铁释放，也使自由脱扣机构动作。分励脱扣器则用作远距离分断电路，正常工作时，其线圈断电，在需要远方操作时，使线圈通电，电磁铁带动操作机构动作，使开关跳闸。

选用低压断路器通常需要考虑以下几个方面：

(1)断路器的额定电压和额定电流应大于或等于线路、设备的正常工作电压和电流；

(2)断路器的分断能力应大于或等于电路的最大三相短路电流；

(3)欠电压脱扣器的额定电压应等于线路的额定电压；

(4)过电流脱扣器的整定电流应大于或等于线路的最大负载电流。对于电动机负载来说，通常按起启动电流的 1.7 倍整定。

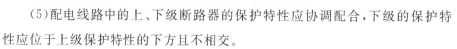

8.1测试题

(5)配电线路中的上、下级断路器的保护特性应协调配合，下级的保护特性应位于上级保护特性的下方且不相交。

8.2　继电-接触器控制线路的绘制与阅读

电动机或其他电气设备的电气控制系统由多种电器组成，主要由接触器、继电器及按钮等组成的控制系统叫继电-接触器控制系统。为了分析该系统中各种电器的工作情况和控制原理，需要电路按规定的图形和文字符号表示出来，这种图形叫电气图。

继电-接触器控制电气图可以绘制成两种不同形式：安装图与原理图。安装图是按照电器与设备的实际布置位置绘制的，将属于同一个电器或设备的全部部件都按其实际位置画在一起。利用安装图可便于安装与检修控制线路。原理图不是按照电器实际布置位置绘制,而是按照电路功能绘制的,利用原理图分析控制线路的工作原理十分方便。本节讨论原理图绘制规则与阅读步骤。

通常把原理图的整个电路分为主电路和控制电路两部分。主电路是电源进线到电动机的大电流连接电路,例如有刀开关、接触器主触头、电动机等;控制电路是对主电路中各电器部件的工作情况进行控制、保护、监测等的小电流电路,包括接触器和继电器(直接串联于控制电路的电流继电器除外)的线圈及辅助触头、按钮等有关控制电器。

1. 原理图绘制规则

原理图绘制规则主要有以下几点:

(1)主电路一般绘制于原理图的左侧或上方,控制电路一般绘制于原理图的右侧或下方。

(2)原理图中电器等均用其图形符号和文字符号表示。图形符号和文字符号应符合国家标准(GB/T 4728—2005~2008《电气简图用图形符号》、GB/T 5094—2003~2005《工业系统、装置与设备以及工业产品结构原则与参照代号》)。常用的电动机、电器的图形和文字符号如表 8-1 所示。

(3)同一个电器的不同部件根据其在电路中的不同作用分别将其画在原理图的不同电路中,但要用同一种文字符号标明,表明这些部件属于同一个电器。如接触器的主动合触头常画在主电路中,而线圈和辅助触头通常画在控制电路中,它们都用 KM 表示。

(4)多个同种电器要用相同字母表示,但在字母后面加上数码或其他字母下标以示区别。

(5)原理图中全部触头都按常态画出,对接触器和各种继电器而言,常态是指其线圈未通电时的状态。对按钮、行程开关等是指未受外力作用时的状态。

表 8-1　常用的电动机、电器的图形和文字符号

名称	符号	名称	符号
三相笼型异步电动机	M 3~	接触器 吸引线圈	KM
三相绕线式异步电动机	M 3~	接触器 主触头	KM
直流电动机	M	接触器 辅助触头	KM　　KM

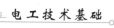

续表

名称		符号	名称	符号
单相变压器		T	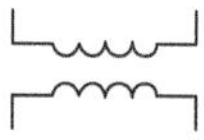 吸引线圈	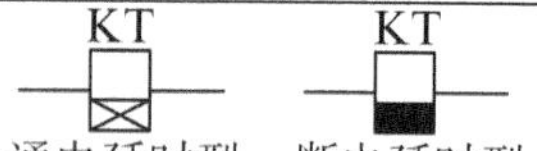 KT（通电延时型） KT（断电延时型）
三级刀开关		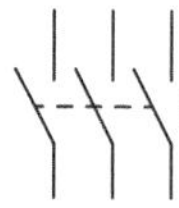 Q	时间继电器 / 通电延时闭合常开触头	 KT
按钮	常开按钮	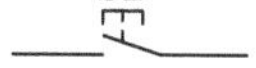 SB	时间继电器 / 通电延时断开常闭触头	 KT
	常闭按钮	 SB	时间继电器 / 断电延时断开常开触头	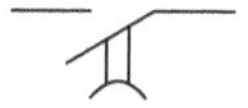 KT
	复合按钮	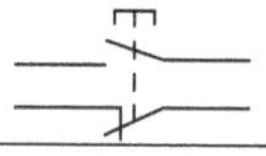 SB	时间继电器 / 断电延时闭合常闭触头	 KT
熔断器 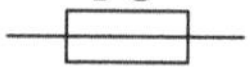 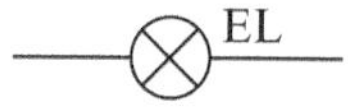		FU	灯	EL
行程开关	常开触点	 SQ	热继电器 / 发热元件	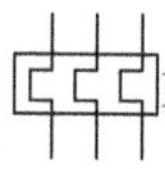 FR
	常闭触点	 SQ	热继电器 / 常闭触头	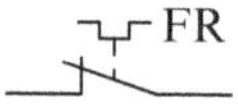 FR

2.原理图阅读步骤

原理图阅读步骤如下：

（1）在阅读电气原理图以前，必须对控制对象的工作情况有所了解，搞清楚其有关机械传动、液（气）压传动、电气配合得比较密切的生产机械的动作全过程，单凭电气原理图往往不能完全看懂其控制原理。

（2）一般先看主电路，再看控制电路，最后看显示及照明等辅助电路。

（3）看主电路时，搞清楚有几台电动机，各有什么特点：是否正反转、采用什么方法启动、有无调速与制动等。

（4）看控制电路时，一般从主电路的接触器触头入手，按动作的先后顺序（通常自上而下）逐一分析，搞清楚它们的动作条件和作用。搞清楚控制电路由几个基本环节组成，逐一分析。另外搞清楚有哪些保护环节。

8.2测试题

8.3 三相异步电动机的基本控制线路

继电-接触器控制线路多种多样,但都由一些基本环节按照一定要求连接组成。本节以三相笼型异步电动机的单方向运转的启动控制线路为例,说明一些基本环节及其原理。

🎬三相异步电动机的基本控制线路

1. 点动控制

点动控制就是当按下按钮时电动机转动,松开按钮时电动机就停转。

三相笼型异步电动机点动控制电路如图 8-16 所示,主电路由组合开关 Q、熔断器 FU、接触器的主触头 KM 和电动机 M 组成。主电路中的各部分与被控制电动机相串联,工作电流大。控制线路由点动按钮 SB、接触器的线圈 KM 组成。控制线路接在两相之间,电路中的电流较小。

🖼三相异步电动机的基本控制线路

动作过程是:合上开关 Q,接通电源,为电动机启动做好准备。

启动:按下按钮 SB→接触器 KM 线圈得电→KM 主触头闭合→电动机 M 启动运行。

停止:松开按钮 SB→接触器 KM 线圈失电→KM 主触头断开→电动机 M 失电停转。

点动控制多用于机床刀架、横梁、立柱等快速移动和机床对刀等场合。

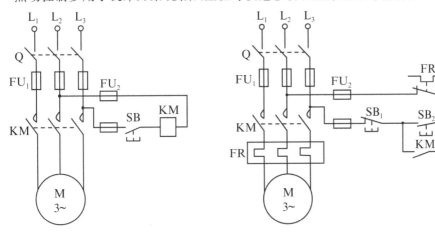

图 8-16 点动控制电路　　　　　　图 8-17 单向启停控制电路

2. 单向启停控制

大多数生产机械(例如水泵、通风机、机床等)需要连续工作,因此需要拖动生产机械工作的电动机在按钮按过后能保持连续运转。图 8-17 为单向启停控制电路。它是在点动电路基础上串接了一个停止按钮 SB₁,在启动按钮 SB₂ 两端并接一个接触器的常开辅助触头 KM。

按下启动按钮 SB₂,交流接触器 KM 的吸引线圈通电,其衔铁被吸合,主电路中 KM 主触头闭合,三相笼型电动机 M 接通电源启动。当松开按钮 SB₂ 时,在弹簧作用下 SB₂ 恢复到断开位置,但是,由于与启动按钮 SB₂ 并联的接触器辅助触头 KM 与其主触头是同时闭合的,因此,接触器 KM 线圈仍然处在通电状态,电动机可连续运行。接触器用其自身辅助常开触头"锁住"自己的线圈电路的作用称为"自锁",具有此作用的触头称为"自锁触头"。

需要电动机停转时,按下电路中串接的停止按钮 SB_1,其常闭触头断开,使接触器线圈 KM 失电,接触器 KM 的主触头和自锁触头同时复位断开,电动机便停转。

图 8-17 所示线路中刀开关 Q 作为隔离开关:当需要对电动机或电路进行检修时,拉开开关 Q,以隔离电源确保安全。

图 8-17 所示线路还可以实现短路保护、过载保护和零压保护。熔断器 FU 起短路保护作用,当发生短路事故时,熔体立即熔断,电源切断,电动机立即停转。热继电器 FR 起过载保护作用,当电动机负载过大或发生一相断路故障时,电动机的电流会增大,其值超过额定电流。如果超过额定电流不多,熔断器熔体不会熔断,但时间长了影响电动机寿命,甚至烧毁电动机,因此需要过载保护。当过载时,热继电器的发热元件 FR 发热,使串接于控制电路的常闭触头 FR 断开,于是接触器 KM 线圈断电,主触头 KM 断开,电动机电源切断,电动机停转。零压(或失压)保护是指当电源暂时断电或电压严重下降时,能够自动地把电动机电源切断;当电源电压恢复正常时,如果不重新按下启动按钮 SB_2,则电动机不能自行启动。接触器 KM 及其触头起零压保护作用,因为电源断电或电压下降严重时,接触器衔铁释放,触头断开,切断电动机电源;当电源电压恢复正常时,由于接触器自锁触头断开,不重按 SB_2 则 KM 线圈不会通电。

3. 单向启停与点动联锁控制

某些生产机械常常需要既能连续工作又能实现调整的点动工作,如试车、检修以及车床主轴的调整等。图 8-18 提供了两种此类联锁控制线路,其主电路与图 8-17 所示主电路相同。

图 8-18(a) 是带手动开关的单向启停与点动控制线路。点动一般常用于机床调整,在调整机床时,预先打开开关 S 切断自锁电路,即可达到点动目的。调整完毕后,闭合开关 S,使电路具有自锁作用,实现电动机正常连续工作的启停控制。图 8-18(b) 所示电路是把点动按钮 SB_3 的常闭触头作为联锁触头串接在接触器 KM 的自锁触头电路中,正常启动时按下启动按钮 SB_2,接触器 KM 线圈通电并自锁,实现电动机启停并连续工作。需要点动时,按下点动按钮 SB_3,其常开触头闭合使接触器 KM 线圈通电,但 SB_3 的常闭触头断开,把 KM 的自锁电路切断,因此,当手松开按钮 SB_3 时,KM 线圈便失电,实现点动控制。应当注意,接触器 KM 的释放时间应小于点动按钮 SB_3 的复位时间,否则点动无法正常工作。

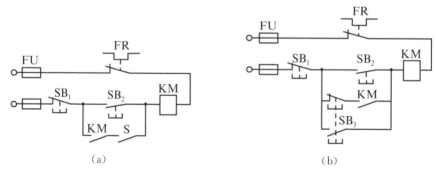

（a）   （b）

图 8-18 单向启停与点动联锁控制电路

4. 多地控制电路

大型机电设备有时为了操作方便,要求在两个或两个以上地点操作设备,多地控制电路需要在每一个控制地点安装一组启动和停止按钮。各组按钮的接线原则是:启动按钮并联,停止按钮串联。以两地控制为例,其控制电路如图 8-19 所示,主电路与图 8-17 所示主电路相同。按下任意一个启动按钮均可使 KM 线圈带电,电动机运转。同样,按下任意一个停止按钮均可使 KM 线圈失电,电动机停转。

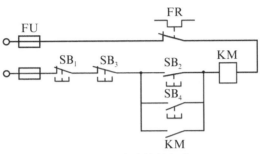

图 8-19　多地控制电路

8.3 测试题

8.4　笼型电动机的正反转控制

生产中往往要求运动部件具有正、反两个运动方向(如进退刀、升降架等),这就要求拖动电动机能正、反运转。由三相异步电动机工作原理可知,只要调换电动机接入电源的三根引线中的任意两根,就可实现电动机反转。

正反转基本控制电路如图 8-20 所示。主电路中用两个接触器引入电源。KM_1 闭合,则电动机正转;KM_2 闭合,则电动机反转。

笼型电动机的正反转控制

笼型电动机的正反转控制

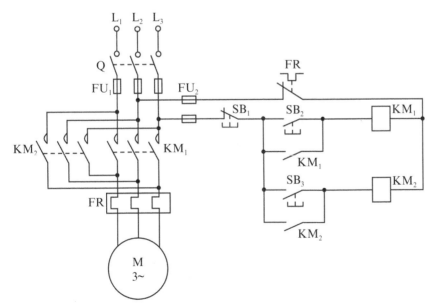

图 8-20　正反转基本控制电路

图 8-20 的控制电路存在的问题是:在改变电动机转向时,必须先按下停止按钮 SB_1,否则会造成接触器 KM_1 与 KM_2 线圈同时通电,其主触头同时闭合,发生电源短路事故,为此在控制电路中加入"互锁"。如图 8-21(a)所示,就是在反转的 KM_2 线圈电路中串接一个正转接触器 KM_1 的常闭辅助触头,这样在 KM_1 线圈通电时,KM_2 线圈因所在支路的 KM_1 常闭辅助触头断开而确保断电。同样要在正转的 KM_1 线圈电路中串接一个反转接触器 KM_2 的常闭辅助触头。这种在各自的控制电路中串接对方的常闭辅助触头,达到两个接触器不会同时工作的控制方式称为互锁(或联锁),这两个常闭触头称为互锁触头。

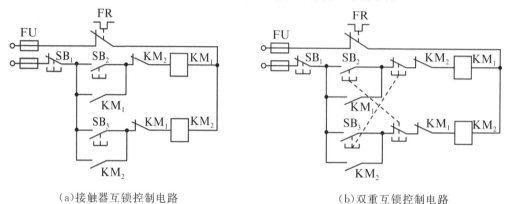

(a)接触器互锁控制电路　　　　　(b)双重互锁控制电路

图 8-21　正反转控制电路

图 8-21(a)所示控制电路的动作过程为:正转操作时按下 SB_2,KM_1 线圈通电,KM_1 主触头闭合,电动机正转,并通过 KM_1 常开辅助触头自锁、常闭辅助触头互锁。反转操作时先按停止按钮 SB_1,KM_1 线圈失电,触头复位,然后按下 SB_3,使 KM_2 线圈通电,KM_2 主触头闭合,电动机反转,并通过 KM_2 常开辅助触头自锁、常闭辅助触头互锁。

需要注意的是:如图 8-21(a)所示的控制电路,若在电动机正转过程中需要其反转,则必须先按下停止按钮 SB_1,KM_1 线圈失电,使其常闭触头 KM_1 复位闭合后,按下反转按钮 SB_3,才能使 KM_2 线圈通电,电动机反转。如果不按 SB_1 而直接按下 SB_3,则会因互锁而不起作用。反之,要使电动机反转改为正转,也要先按下 SB_1 再按 SB_2。这种操作方式比较适合大功率电动机与频繁正反转的电动机,可避免由于正反转直接换接时造成很大电流冲击。但是,对于小功率、允许直接正反转的电动机,上述操作不方便。图 8-21(b)所示线路中采用复合按钮互锁控制电路,实现电动机正反转直接换接。例如,当电动机正转时,按下反转启动按钮 SB_3,其常闭触头断开,使正转接触器 KM_1 线圈断电;同时 SB_3 常开触头闭合,使反转接触器 KM_2 线圈通电,于是电动机由正转直接改为反转。同理,当电动机反转时,按下正转启动按钮 SB_2,可以使电动机由反转直接改为正转,操作比较方便。

8.4测试题

8.5 行程控制

生产中由于工艺和安全的需要,常要求按照生产机械中某一运动部件的行程或位置变化对生产机械进行控制,例如龙门刨床的自动循环控制、磨床等生产机械工作台的自动往复控制等。这种根据行程或位置变化对生产机械进行的控制称为行程控制或限位控制,行程控制通常利用行程开关实现。

行程控制

8.5.1 行程开关

行程开关又称限位开关或位置开关,它是利用机械部件的位移来切换电路的自动电器。行程开关的结构和工作原理与按钮相似,只是按钮靠人手去按,而行程开关靠运动部件的碰撞使其内部触头动作。行程开关有直线式、单滚轮式、双滚轮式等。图 8-22 为单滚轮式行程开关的外形、结构、图形和文字符号。它有一对常闭触头和一对常开触头。当运动部件的撞块压下推杆时,常闭触头断开,常开触头闭合。当撞块离开推杆时,由于弹簧的作用,触头复位。

行程控制

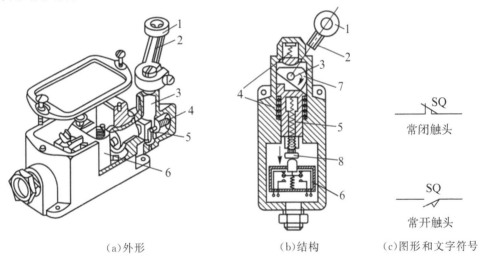

(a)外形 (b)结构 (c)图形和文字符号

1—滚轮;2—推杆;3—转轴;4—复位弹簧;5—撞块;6—微动开关;
7—凸轮;8—调节螺钉。

图 8-22 行程开关

8.5.2 自动往返行程控制

工作台由电动机 M 带动进行自动往返运动,如图 8-23 所示。行程开关 SQ_1、SQ_2 分别装在工作台的原位和终点。

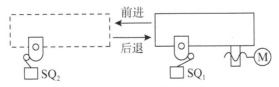

图 8-23 工作台往返运动

自动往返运动控制电路如图 8-24 所示。其主电路与正、反转电路相同,控制电路的动作过程是:按下 SB₂,KM₁ 线圈通电,通过 KM₁ 常开辅助触头自锁、常闭辅助触头互锁,KM₁ 主触头闭合,电动机正转拖动工作台前进。当工作台前进至终点(SQ₂ 处)时,其撞块压下行程开关 SQ₂,SQ₂ 常闭触头断开,KM₁ 线圈失电,KM₁ 触头复位使电动机停转并解除自锁;同时 SQ₂ 的常开触头闭合,KM₂ 线圈通电,通过 KM₂ 常开辅助触头自锁、常闭辅助触头互锁,KM₂ 主触头闭合,电动机反转驱动工作台后退。当工作台后退到原位(SQ₁ 处)时,其撞块压下行程开关 SQ₁,SQ₁ 的常闭触头断开,KM₂ 线圈失电,KM₂ 触头复位使电动机停转并解除自锁;同时 SQ₁ 的常开触头闭合,KM₁ 线圈通电,通过 KM₁ 辅助触头自锁、互锁,KM₁ 主触头闭合,电动机再次正转。如此循环,工作台则往返运动。

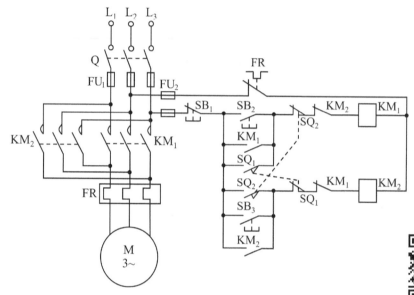

图 8-24　自动往返运动控制电路

8.5 测试题

8.6　时间控制

时间控制就是采用时间继电器实现延时控制,例如,三相异步电动机的 Y-△ 换接启动、能耗制动等常采用时间控制。

8.6.1　时间继电器

时间继电器是利用电磁原理或机械原理实现触头延时闭合或延时断开的自动控制电器。其延时方式有通电延时和断电延时两种。常用的时间继电器有电磁式、空气阻尼式、电动式和晶体管式等。这里以应用广泛、结构简单、价格低廉且延时范围大的空气阻尼式时间继电器(简称空气式时间继电器)为主进行介绍。

时间控制

1. 结构

空气式时间继电器又叫气囊式时间继电器,是利用空气阻尼式的原理获得延时。图

8-25 为 JS7-A 系列空气阻尼式时间继电器的外形和结构。

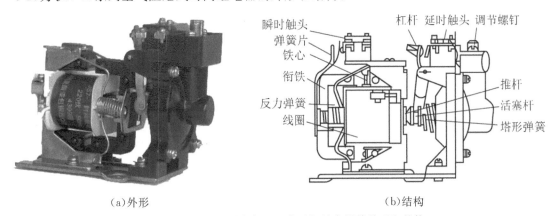

（a）外形　　　　　　　　　　　　　（b）结构

图 8-25　JS7-A 系列空气阻尼式时间继电器的外形和结构

空气阻尼式时间继电器主要包括以下几部分。

（1）电磁系统：由线圈、铁心和衔铁组成，还有反力弹簧和弹簧片。电磁系统起承受信号作用。

（2）触头系统：是执行机构，由两对瞬时动作触头（一对常开触头，一对常闭触头）和两对延时动作触头（一对常开触头、一对常闭触头）组成，瞬时触头和延时触头分别是两个微动开关（瞬时开关和延时开关）的触点。

（3）延时机构：主要部分是空气室，空气室内有一块橡皮薄膜，随空气的增减而移动。空气室顶部的调节螺钉可调节延时的长短。

（4）传动机构：起中间传递的作用，主要由推杆、活塞杆、杠杆及塔形弹簧组成。

2. 工作原理

图 8-26 为通电延时空气阻尼式时间继电器的工作原理图、图形及文字符号。

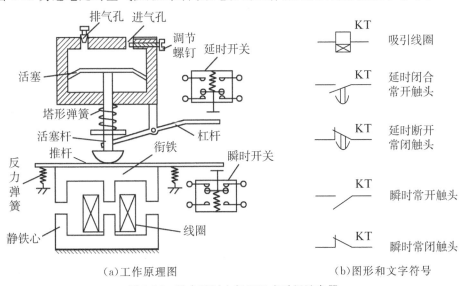

（a）工作原理图　　　　　　　　　　　（b）图形和文字符号

图 8-26　通电延时空气阻尼式时间继电器

通电延时空气阻尼式时间继电器的吸引线圈通电后衔铁(动铁心)吸合,瞬时开关(一个常闭、一个常开)动作。但衔铁与活塞杆之间有一段距离,在塔形弹簧作用下活塞杆向下移动。伞形活塞的表面有一层橡皮膜,活塞向下移动时,膜上面会形成空气稀薄的空间,而活塞受到下面空气的压力,不能迅速下移。当空气由进气孔进入时,活塞才逐渐下移。移动到最后位置时,杠杆使延时开关(一个常开、一个常闭)动作。延时时间为从线圈通电时刻起到延时开关动作时为止的这段时间。通过调节螺钉调节进气孔的大小就可调节延迟时间。空气阻尼式时间继电器的延时范围较大,为 0.4~180s。当吸引线圈断电时,衔铁释放,空气室内的空气通过排气孔迅速地排出,使活塞杆、杠杆、微动开关等迅速复位。

图 8-27 为断电延时空气阻尼式时间继电器的工作原理图、图形和文字符号。

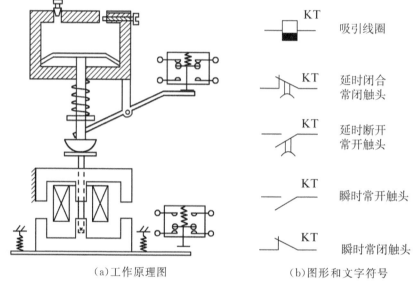

KT 吸引线圈

KT 延时闭合常闭触头

KT 延时断开常开触头

KT 瞬时常开触头

KT 瞬时常闭触头

(a)工作原理图　　　　(b)图形和文字符号

图 8-27　断电延时空气阻尼式时间继电器

断电延时型的结构、工作原理与通电延时型相似,只是静铁心安装方向不同,即当线圈通电衔铁吸合时推动活塞复位,排出空气,瞬时触点和延时触点均立即动作。当线圈失电衔铁释放时,活塞杆在弹簧作用下使活塞向下移动,瞬时触点立即复位,延时触点延时复位。

8.6.2　三相笼型异步电动机 Y-△换接启动控制线路

图 8-28 是三相笼型电动机 Y-△启动的控制线路图。其中用了图 8-26 通电延时继电器 KT 的两个触头:延时闭合常开触头和延时断开常闭触头。KM、KM_1、KM_2 是三个交流接触器。启动时 KM_1 工作,电动机接成星形;运行时 KM_2 工作,电动机接成三角形。具体工作过程为:启动时,按下 SB_2,KM 线圈通电,并通过 KM 常开辅助触头自锁;同时,KM_1 线圈、KT线圈通电,KM_1 常闭辅助触头断开实现互锁(KM_2 线圈断电),主电路中的 KM 主触头与KM_1 主触头闭合,定子绕组连接成星形,实现降压启动。经过一定时间后,KT 线圈延时时间到,其延时断开常闭触头断开,KM_1 线圈失电,KM_1 常闭辅助触头闭合,同时 KT 延时闭合常开触头闭合,KM_2 线圈通电,并通过 KM_2 辅助触头实现自锁和互锁,在主电路中 KM_1 主触头断开,KM_2 主触头闭合,定子绕组自动换接成三角形。

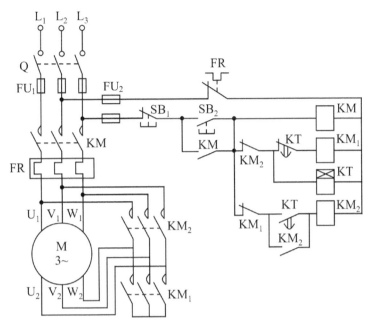

图 8-28　三相笼型异步电动机 Y-△换接启动控制线路

8.6.3　三相笼型异步电动机能耗制动控制线路

能耗制动方法是在电动机运行时断开其三相电源,同时接通直流电源,使直流电流通入电动机定子绕组产生制动转矩,使电动机迅速停转。接通直流电源时间可采用时间继电器控制。能耗制动的控制线路如图 8-29 所示。其中用了图 8-27 断电延时继电器 KT 的延时断开常开触头,其延时时间长短控制直流电源供电时间。KM_1、KM_2 是两个交流接触器。KM_1 使电动机接入三相电源,KM_2 使电动机接入直流电源。直流电流由桥式整流电源供给,设电动机正在转动,如果需要制动,控制线路的动作次序如下:

按下SB_1
- KM_1断电
  - 主触头KM_1断开 → 电动机脱离三相电源
  - 辅助常闭触头KM_1闭合 → KM_2线圈通电 → 定子绕组通入直流电 → 制动开始
- KT断电 —延时→ 常开触头KT延时打开 → KT断电延时期间KM_2线圈通电 → 电动机制动

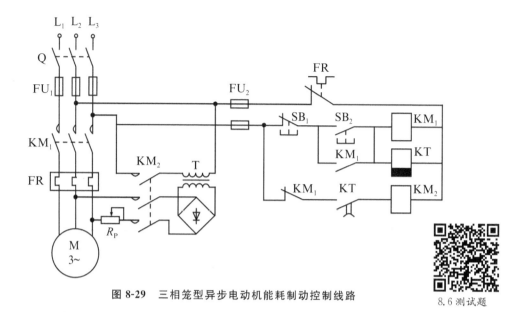

图 8-29　三相笼型异步电动机能耗制动控制线路

8.6 测试题

8.7　应用举例

8.7.1　三人抢答器控制线路

图 8-30(a)和(b)构成三人抢答器的主电路部分,图 8-30(c)为三人抢答器的控制电路部分。

其动作次序如下:

SB_1 按下 → KM_1 通电 ┬→ 辅助常开触头 KM_1 闭合 → 抢答器1灯亮,蜂鸣器响
　　　　　　　　　　　　└→ 辅助常闭触头 KM_1 断开 → KM_2、KM_3 断电 → 抢答器2和3无法动作

当 SB_2 或 SB_3 按下时同理,只有按钮控制的那一路抢答器动作。

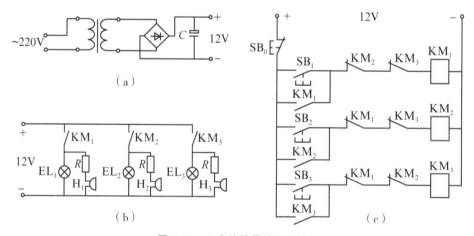

图 8-30　三人抢答器控制线路

8.7.2　一种混凝土搅拌机控制线路

某混凝土搅拌机主要由搅拌机构、上料装置、给水系统组成。混凝土搅拌机的电气控制线路如图 8-31 所示。其中搅拌机构是由电动机 M_1 的正反转运转来完成的,电动机 M_1 正转时进行搅拌,反转时将搅拌的混凝土排出;上料装置是由电动机 M_2 的正反转运行完成的,电动机 M_2 正转时料斗上升,M_2 反转时料斗下降,在其上升、下降运行的极限位置都设极限位置开关 SQ_1、SQ_2 加以保护。为了防止料斗负载运行时停电,以保证运行时的安全,将电磁制动器 YB 作为机械制动装置;供水系统由电磁阀 EV 通电供水。

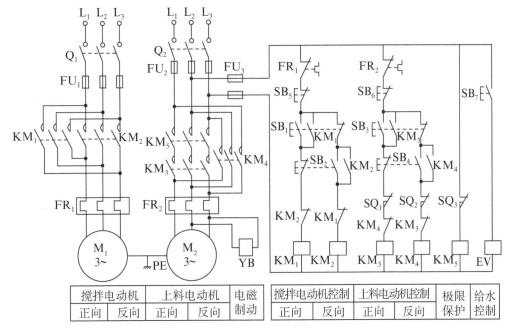

图 8-31　一种混凝土搅拌机控制线路

其具体控制如下:

1)搅拌机构的控制

搅拌过程控制:

按下 SB_1　→ KM_1 通电 → 辅助常开触头 KM_1 闭合自锁 → 主触头 KM_1 闭合 → 电动机 M_1 正转,进行搅拌
　　　　　　　　　　　　辅助常闭触头 KM_1 断开,实现互锁 → KM_2 断电,电动机 M_1 无法反转
　　　　　→ 联动开关 SB_1 的动断触点断开,实现机械联锁 → KM_2 可靠断电 → 确保电动机 M_1 无法反转

排料过程控制:

按下 SB_2　→ KM_1 断电 → 辅助常开触头 KM_1 断开,主触头 KM_1 断开 → 电动机 M_1 停止正转,搅拌停止
　　　　　　　　　　　　辅助常闭触头 KM_1 闭合 → KM_2 通电自锁 → 电动机 M_1 反转将混凝土排出
　　　　　→ SB_2 联动动合触点闭合,实现机械联锁

若要停止搅拌机构动作,则只需按下按钮 SB_5。

2)供水系统控制

搅拌需要用水时,按动 SB_7,电磁阀 EV 通电供水,松开按钮 SB_7,停止供水。

3）上料装置的控制

料斗上升控制：

按下SB₃ → KM₃通电 → 辅助常开触头KM₃闭合自锁 → 主触头KM₃闭合 → 电动机M₂正转，料斗上升
辅助常闭触头KM₄断开，实现互锁 → KM₄断电，电动机M₂无法反转
联动开关SB₃的动断触点断开，实现机械联锁 → KM₄可靠断电 → 确保电动机M₂无法反转

料斗下降控制：

按下SB₄ → KM₃断电 → KM₃辅助常开断开，KM₃主触头断开 → 电动机M₂停止正转，料斗上升停止
辅助常闭触头KM₃闭合 → KM₄通电自锁 → 电动机M₂反转，料斗下降
SB₄联动动合触点闭合，实现机械联锁

料斗升降的限位及保护控制：料斗上升、下降的自动停车由限位开关 SQ₁ 和 SQ₂ 控制，在上升极限位置另设位置保护开关 SQ₃，且配有限位接触器 KM₅，当料斗上升碰到 SQ₁ 时，限位开关失控，料斗将继续上升到碰到位置保护开关 SQ₃，使接触器 KM₅ 失电，其主触头分断，料斗立即停车。为了使料斗能在规定或任何位置停下来，或避免突然停电而造成料斗下降，在料斗提升机 M₂ 主电路中增设电磁制动器 YB 实现机械制动。

▤第8章拓展
练习-1

▤第8章拓展
练习-2

▤第8章拓展
练习-3

本章小结

（1）常用控制电器有刀开关、按钮、交流接触器、继电器、熔断器、低压断路器等，需要了解其工作原理，掌握其适用场合及符号。

（2）在电动机的控制线路中，熔断器可以实现短路保护，热继电器可以实现过载保护，接触器可以实现欠电压和失电压保护，低压断路器可以实现欠电压、失电压、过载或短路保护。

（3）继电-接触器控制系统是主要由接触器、继电器及按钮等组成的控制系统。继电-接触器控制电气图可以绘制成两种不同形式：安装图与原理图。通常把原理图的整个电路分为主电路和控制电路两部分。主电路是电源进线到电动机的大电流连接电路，如刀开关、接触器主触头、电动机等；控制电路是对主电路中各电器部件的工作情况进行控制、保护、监测等的小电流电路，包括接触器和继电器（直接串联于控制电路的电流继电器除外）的线圈及辅助触头、按钮等有关控制电器。

（4）点动、自锁、互锁、单向运行、多地控制、正-反转控制都是电动机的基本控制电路。

（5）根据行程或位置变化对生产机械进行的控制称为行程控制或限位控制，行程控制通常利用行程开关实现。

（6）时间继电器是利用电磁原理或机械原理实现触头延时闭合或延时断开的自动控制电器，例如三相异步电动机的 Y-△换接启动、能耗制动等常采用时间控制。其延时方式有通电延时和断电延时两种。

习题 8

8.1 在 220V 的控制电路中,能否将两个 110V 的继电器线圈串联使用?

8.2 试画出用按钮实现两地启动和停止三相异步电动机的控制电路。

8.3 在电动机控制线路中,已装有接触器,为什么还要装电源开关? 它们的作用有何不同?

8.4 闸刀开关的熔丝为何不装在电源侧? 安装闸刀开关时应注意什么?

8.5 中间继电器与交流接触器有什么区别? 什么情况下可用中间继电器代替交流接触器使用?

8.6 热继电器能否作短路保护? 为什么?

8.7 电动机控制电路如题 8.7 图所示,电路中有几处错误? 请改正。

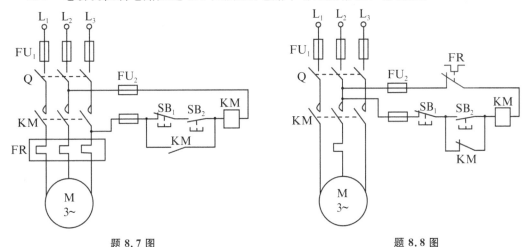

题 8.7 图　　　　　　　　　　　题 8.8 图

8.8 指出题 8.8 图所示电动机控制电路中的错误及错误对电动机运行状态的影响。

8.9 电动机控制电路如题 8.9 图所示,哪些可以实现自锁功能? 为什么?

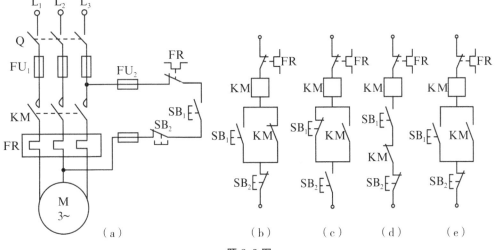

题 8.9 图

8.10 某两台电动机运转的控制电路图如题 8.10 图所示,试分析电动机的运转状态。

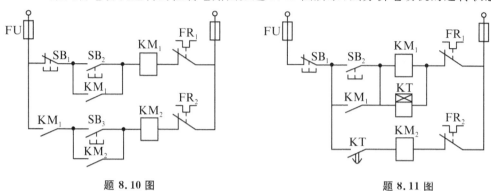

题 8.10 图   题 8.11 图

8.11 题 8.11 图为两台电动机运转控制电路,试分析电路的功能。

8.12 某机床的主电动机(三相笼型)为 7.5kW,380V,15.4A,1440r/min,不需要正反转。工作的照明灯是 36V,60W。要求有短路、零压及过载保护。试绘出控制电路图。

8.13 一密码门锁电路如题 8.13 图所示,当电磁铁线圈 YA 通电后便可将门闩拉出把门打开。图中 HA 为报警器,KA₁ 和 KA₂ 为继电器。试从开锁、报警和解除警报三个方面来分析其工作原理。

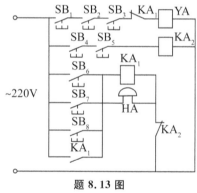

题 8.13 图

8.14 有三台电动机 M₁、M₂、M₃,要求在电动机启动时,M₁ 先启动,M₂ 再启动,M₃ 最后启动,在电动机停止时,M₃ 先停车,M₂ 再停车,M₁ 最后停车,试画出电动机的控制电路图。

8.15 电动机驱动运动部件由行程的原点出发,到达行程的终点后立即返回,回到原点后电动机自动停车,运动部件停留在原点,画出电动机的控制电路图。

8.16 在题 8.15 中,如果运动部件在原点停留一段时间后,自动开始进行下一次行程,试画出电动机的控制电路图。

8.17 某机床主轴由一台笼型电动机带动,润滑油泵由另一台笼型电动机带动。要求:(1)主轴必须在油泵开动后才能开动;(2)主轴要求可以实现正反转,并能单独停车;(3)有短路、零压及过载保护。试绘制控制电路图。

第9章 工厂供电与安全用电

工厂供电就是指工厂所需电能的供应和分配,也称工厂配电。

本章主要介绍电力系统的组成、工厂供电常识、安全用电常识及措施、节约用电的一些措施。

9.1 电力系统概述

众所周知,电能是现代工业生产的主要能源和动力。电能既易于由其他形式能量转换而来,又易于转换为其他形式的能量以供应用。它的输送与分配既简单经济,又便于控制、调节和测量,有利于实现生产过程自动化。因此,电能在现代工业生产及整个国民经济生活中应用极为广泛。

电力系统是电能的生产、输送、分配、变换和使用的一个统一整体。图 9-1 为电力系统的结构示意图,虚线框内为工厂供电系统。工厂供电系统是指从电源线路进厂起到高低压用电设备进线端止的整个电路系统,它是由工厂变配电所、配电线路和用电设备构成的整体,工厂供电系统是电力系统的主要组成部分,也是电力系统的主要用户。

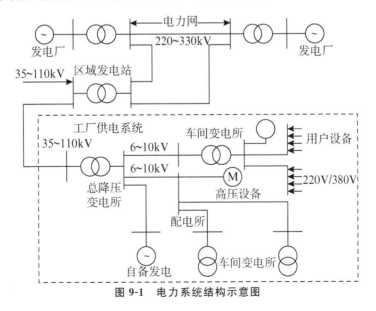

图 9-1　电力系统结构示意图

9.1.1　电力系统的组成

如图 9-2 所示,电力系统由发电厂、电力网和用户组成。

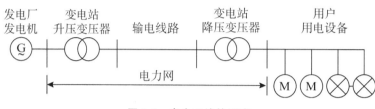

图 9-2　电力系统的组成

1.发电厂

发电厂又称发电站,是将自然界蕴藏的各种一次能源转换为电能(二次能源)的工厂。根据一次能源的来源不同,分为火力发电厂、水力发电厂、风力发电厂、核能发电厂、太阳能发电厂、地热发电厂以及潮汐发电厂等。由于我国的煤矿资源和水力资源丰富,因此,水力发电和火力发电占据了我国电能生产的主导地位。

2.电力网

电力网由变电站和各种不同电压等级的输电线路组成,它的任务是对发电厂生产的电能进行输送、变换和分配。电力网按供电范围、输送功率和电压等级的不同,可分为地方电力网、区域电力网和超高压电力网三类。

地方电力网是指电压等级为 35～110kV,输电距离在 50km 以内的电力网,由于它直接将电能送到用户,故又称配电网。

区域电力网是指电压等级为 110～220kV,输电距离在 50～300km 的电力网。它可以将较大范围内的发电厂联系起来,通过高压输电线路向较大范围内的用户输送电能。

超高压电力网是指电压等级为 330～750kV,输电距离在 300～1000km 的电力网。它将地处远方的大型发电厂电能送往电力负荷中心,同时可以将几个区域电力网连接成跨省的大电力系统。

变电站是接受电能、变换电能和分配电能的场所,一般可分为升压变电站和降压变电站两大类。升压变电站多设在发电厂内,其将发电厂生产的电能变成高压电能进行远距离传输。提高输电电压,不仅可以增大输送容量,而且会使输电成本降低,金属材料消耗减少,线路走廊利用率增加。通常将 220kV 及以下的输电电压称为高压输电,330～765kV 的输电电压称为超高压输电,1000kV 及以上的输电电压称为特高压输电。我国国家标准中规定输电线的额定电压为 35kV、110kV、220kV、330kV、500kV、750kV 等。降压变电站可将高电压变换为合理、规范的低电压,一般建立在负荷中心地点。

3.用户

用户是指将电能转换为所需要的其他形式能量的工厂或用电设备。按其对供电可靠性要求的不同,通常分为三级。

1)一级负荷

突然停止供电时,将造成人身伤亡,重大设备损坏,产生大量废品,引起生活混乱,重要城市供水、通信中断等。这类负荷应有两个独立电源。两个独立电源是指两个发电厂、一个发电厂和一个地区电网或两个地区变电所等。

2)二级负荷

突然停止供电时,将引起严重减产、停工,生产设备局部破坏,局部地区交通阻塞,大部分城市居民正常生活被打乱。这类负荷应尽量采用两回路供电,两回路应引自不同的变压器或母线段。

3)三级负荷

突然停止供电时造成的损失较小,对供电无特殊要求,一般单回路供电。

9.1.2　工厂供电系统

如图 9-1 所示,工厂供电系统作为电力系统的主要用户,可以实现工厂电能的接受、分配、变换、输送和使用。其中变配电所担负着接收电能、变换电压和分配电能的任务,配电线路承担着输送和分配电能的任务,用电设备指的是消耗电能的电动机、照明设备等。

不同类型的工厂,其供电系统组成各不相同。

大型工厂及某些电源进线电压为 35kV 及以上的中型工厂,电源电压一般经过两次降压,也就是电源电压进厂以后,先经总降压变电所,将 35kV 及以上的电源电压降为 6～10kV 的配电电压,然后通过高压配电线路将电能送到各个车间变电所,也有的经高压配电所再送到车间变电所,最后经配电变压器降为一般低压用电设备所需的电压。

一般中型工厂的电源进线电压是 6～10kV。电能先经高压配电所集中,再由高压配电线路将电能分送到各车间变电所或由高压配电线路直接供给高压用电设备。车间变电所内装设电力变压器,其将 6～10kV 的高压降为一般低压用电设备所需的电压(如 220V/380V),然后由低压配电线路将电能分送给各用电设备使用。

小型工厂,由于其所需容量一般不大于 1000kV·A,因而通常只设一个降压变电所,将 6～10kV 电压降为低压用电设备所需的电压。当工厂所需容量不大于 160kV·A 时,一般采用低压电源进线,因此工厂只需设一个低压配电间。

对工厂供电系统的基本要求是:安全、灵活、可靠、经济。

随着电力系统的发展,各国建立的电力系统,其容量及范围越来越大。建立大型电力系统可以经济合理地利用一次能源,降低发电成本,减少电能损耗,提高电能质量,实现电能的灵活调节和调度,大大提高供电可靠性。

9.2　安全用电常识

电能给人们带来了现代化生产和现代文明,但若使用不当,也会给人们造成灾害与事故。因此应十分重视安全用电问题,并具备一定的安全用电知识。

安全用电常识

9.2.1 触 电

安全用电常识

人体触电时,电流对人体会造成电击和电伤两种伤害。

电击是指电流通过人体,影响呼吸系统、心脏和神经系统,造成人体内部组织破坏甚至死亡。

电伤是指在电弧作用下或熔断丝熔断时,对人体外部造成的伤害,如烧伤、金属溅伤等。

调查表明,绝大部分的触电事故都是由电击造成的。电击伤害的程度取决于通过人体电流的大小、持续时间、电流的频率以及电流通过人体的途径等。

电流对人体伤害程度的影响因素主要有:

(1)人体电阻。人体电阻因人而异,通常为 $10^4 \sim 10^5 \Omega$,当角质外层破坏时,则降到 800 $\sim 1000 \Omega$。

(2)电流强度对人的伤害。人体允许的安全工频电流为 30mA,工频危险电流为 50mA。

(3)电流频率对人体的伤害。电流频率在 $40 \sim 60$Hz 对人体的伤害最大。实践证明,直流电对血液有分解作用,而 20kHz 以上的高频电流不仅没有危害,还可以用于医疗保健等。

(4)电流持续时间与路径对人体的伤害。电流通过人体的时间愈长,则伤害愈大。电流通过心脏会导致精神失常、心跳停止、血液循环中断,危险性最大。其中电流从右手到左脚的流经路径是最危险的。

(5)电压对人体的伤害。触电电压越高,通过人体的电流越大就越危险。当人体电阻为 800Ω,流过人体的电流为工频危险限值 50mA 时,所需的电压为 $0.05A \times 800\Omega = 40V$,所以国家规定,在一般情况下,把 36V 以下的电压定为安全电压,即使在干燥环境中,保持皮肤干燥,也不得超过 65V,而在特别潮湿的环境中,安全电压定为 24V 或 12V。工厂进行设备检修使用的手灯及机床照明都采用安全电压。

人可能触电的情况主要有直接触电、间接触电和跨步电压触电三种。

1.直接触电

直接触电是指人直接接触正常带电体而发生的触电现象,这种触电方式也有三种情况。

(1)电源中性点接地的单相触电,如图 9-3 所示。这时人体处于相电压下,危险较大。通过人体的电流一般可以表示为

$$I_{b} = \frac{U_P}{R_0 + R_b}$$

其中,U_P 指三相电源的相电压,一般为 220V;R_0 指接地电阻,一般小于等于 4Ω;R_b 指人体电阻,一般为 1000Ω。因此,通过人体的电流大约为 219mA,远远大于工频 50mA,危险性很大。

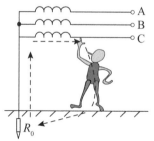

图 9-3　电源中性点接地的单相触电

（2）电源中性点不接地的单相触电，如图 9-4 所示。人体接触某一相时，通过人体的电流取决于人体电阻 R_b 与输电线对地绝缘电阻 R' 的大小。若输电线绝缘良好，对地绝缘电阻 R' 较大，对人体的危害性就较小。但导线与地面间的绝缘可能不良，即 R' 较小，甚至有一相接地，这时人体中就有电流通过，危险性很大。

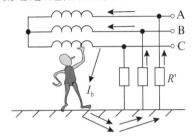

图 9-4　电源中性点不接地的单相触电

（3）双相触电，如图 9-5 所示。这时人体处于线电压 380V 下，通过人体的电流为

$$I_b = \frac{U_L}{R_0} = \frac{380}{1000}A = 380mA \gg 50mA$$

触电后果更为严重。

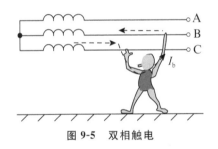

图 9-5　双相触电

2. 间接触电

是指因电气设备内部绝缘损坏而与外壳接触，使其外壳带电，人触及带电设备的外壳而导致的触电，相当于单相触电，大多数触电事故属于这一种。

3. 跨步电压触电

跨步电压触电是在高压输电线断线落地时，有强大的电流流入大地，在接地点周围产生电压降，如图 9-6 所示，当人体接近接地点时，两脚之间承受跨步电压而触电。跨步电压的大小与人和接地点距离、两脚之间的跨距、接地电流大小等因素有关。

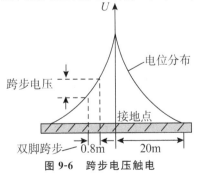

图 9-6　跨步电压触电

一般在 20m 之外,跨步电压就降为零。如果误入接地点附近,应双脚并拢或单脚跳出危险区。

触电事故发生后,首先应使触电者尽快脱离带电部分,例如把距离最近的电源开关拉开,或用有绝缘手柄的工具或干燥木棒把带电部分割断或推开。当触电者尚未脱离带电部分时,施救人员切不可和触电者的肌体接触,以免同陷触电危险。触电者脱离带电部分后,若已失去知觉,则必须打开窗户,或抬至空气畅通处,解开衣领,让触电者平直仰卧,并用衣物垫在他的背下,使他的头比肩稍低,以免妨碍呼吸,然后根据触电者的具体症状进行对症施救。

9.2.2 预防触电的措施

为了人身安全和满足电力系统工作的需要,要求电气设备采取接地措施。按接地目的的不同,主要分为工作接地、保护接地和保护接零。

1. 工作接地

工作接地,即将电源中性点接地,如图 9-7 所示。电源中性点接地目的是:①降低触电电压;②在电源中性点接地的系统中,一相接地后的电流较大,保护装置迅速动作,断开故障点;③降低电气设备对地的绝缘水平,在电源中性点不接地的系统中,一相接地时将使另外两相的对地电压升高到线电压。而在电源中性点接地的系统中,则接近于相电压,故可降低电气设备和输电线的绝缘水平,节省投资。

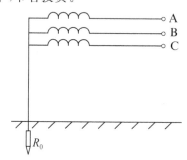

图 9-7 工作接地

2. 保护接地

电气设备的外壳一般要保护接地,比如家里的三孔插座,其中有一个孔就是家用电器的保护接地。

保护接地就是将电气设备的金属外壳用导线接到接地装置上,通过接地装置与大地可靠连接起来。所谓接地装置,就是埋入地下且连接为一体的金属结构架。金属结构架与周围土壤之间有一定的泄漏电阻,称为接地电阻 R_0,按规定接地电阻应小于 4Ω,即 $R_0 < 4\Omega$。

当电气设备内部绝缘损坏而使一相(例如 A 相)与金属外壳相碰时,电气设备的金属外壳带电,如图 9-8 所示。当人触及金属外壳时,接地电流 I_e 分为两路,一路是通过接地装置入地;一路是经过人体入地,这两路汇合后,再经其他两相(如 B、C 两相)对地绝缘电阻 R'

及对地分布电容 C' 回到电源。此时通过人体的电流为

$$I_b = \frac{R_0}{R_0 + R_b} I_e$$

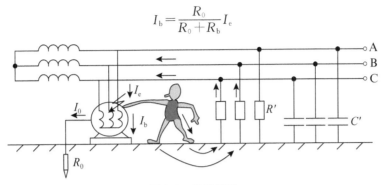

图 9-8　保护接地

由于人体电阻 R_b 与接地电阻 R_0 并联，且 $R_b \gg R_0$，根据并联电阻的分流作用，绝大部分电流经接地装置入地，流过人体的电流很小，从而保护人身安全，避免触电危险。保护接地的实质是利用接地装置的分流作用来减小通过人体的电流。

需要指出的是，保护接地多用于中性点不接地的低压系统。电源中性点已接地的三相电路中，不允许采用保护接地。这是因为当电气设备的某相（例如 A 相）绝缘损坏与金属外壳相碰时，在相电压作用下，A 相电流通过金属外壳、接地电阻 R_0、大地、电源中点接地电阻 R_0' 回到电源而形成短路回路，对于 380V/220V 的三相系统而言，相电压 $U_P = 220V$，R_0 与 R_0' 均约为 4Ω，若不计大地、导线与绕组阻抗，则此时接地电流为

$$I_e = \frac{U_P}{R_0 + R_0'} = \frac{220}{4 + 4} A = 27.5A$$

为了保证保护装置能可靠地动作，接地电流不应小于继电保护装置动作电流的 1.5 倍或熔丝额定电流的 3 倍。因此 27.5A 的接地电流只能保证断开动作电流不超过 27.5/1.5 =18.3A 的继电保护装置或额定电流不超过 27.5/3=9.2A 的熔丝。如果电气设备容量较大，就得不到保护，接地电流长期存在，外壳也将长期带电，其对地电压为

$$U_e = \frac{U_P}{R_0 + R_0'} R_0$$

如果 $U_P = 220V$，R_0 与 R_0' 等于 4Ω，则 $U_e = 110V$。此电压长期存在是会危及人身安全的，所以中点接地的三相电路中，采用保护接地是不安全的。

3. 保护接零

保护接零就是将电气设备的金属外壳接到中性线（或称零线）上，通常用于 380V/220V 的三相四线制系统，且中性点接地的低压系统中。通常把电源的中性点接地，负载设备的外露可导电部分，通过保护线连接到此接地点的低压配电系统称为 TN 系统。"T"表示电源中性点直接接地，"N"表示电气设备金属外壳接零。

287

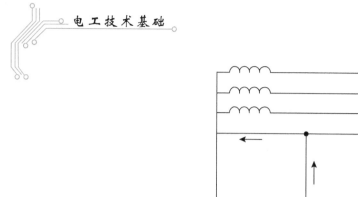

图 9-9 保护接零

电气设备正常工作时,零线不带电,人体触摸设备外壳并没有危险;当电气设备的某相(例如 C 相)绝缘损坏与金属外壳发生"碰壳"故障时,如图 9-9 所示,金属外壳将相线与零线直接接通,单相接地故障变成单相短路。短路电流的数值足以使安装在线路上的熔断器或其他过流保护装置动作,从而切断电源,缩短接触电压持续的时间,避免电击的危险。

保护接零应满足的条件及应注意的问题如下:

(1)保护灵敏度应达到要求。保护接零的实质是借相零回路低阻抗形成大的短路电流,迫使继电保护装置动作切断供电。也就是说,接零的保护作用不是由单独接零来实现的,而要与其他线路保护装置配合使用才能完成。因此,验算单相短路电流与保护装置动作电流的适应性是保护接零能否发挥作用的关键条件。单相短路电流取决于配电网电压和相零线回路阻抗。

当采用自动开关保护时,动作特性是定时限的,只要短路电流达到瞬时脱扣电流的 1.1 倍,自动开关就能可靠动作。考虑短路电流计算的误差和自动开关脱扣电流整定的偏差,要求短路电流不小于瞬时脱扣电流的 1.5 倍。当设备采用熔断器保护时,因为熔丝是靠电源的热效应而切断供电的,电流越大动作越快,即熔丝的安秒特性呈反时限特性。因此,为了保证迅速切断故障,一般要求短路电流值不小于熔断器熔体额定电流的 4 倍。

(2)低压电网中性点必须有良好的工作接地。接地电阻值 $R_0 < 4\Omega$,这样,如果高、低压绕组相碰或低压绕组一相碰壳,入地的接地电流流过工作接地所造成的中性线对地电压值可以受到接地电阻的限制。

(3)中性线不能断线。在三相四线制供电系统中,中性线既是负荷电流的通路,也是设备单相碰壳故障电流的通路。如果中性线断线、三相负荷不平衡,则中性点位移将使负荷三相电压不对称而无法正常工作,甚至烧坏设备;如果中性线断线,则单相碰壳故障将无法形成短路故障,故障点供电不会被切断,保护接零不起作用,且断路后的中性线上及全部与中性线相连的设备外壳均呈现危险的对地电压,使故障范围扩大。为此规定,TN 系统的中性线上不允许装熔断器或单极隔离开关,避免造成断线。同时有关文件还建议低压线路中性线采用与相线同截面的导线,以增加中性线的机械强度,减小断线概率。

（4）中性线必须重复接地。重复接地是指在 TN 系统中,除了对电源的中性点工作接地外,还在一定的处所把保护零线 PE 线或 PEN 线再进行接地,如图 9-10 所示。

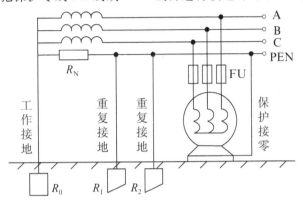

图 9-10　工作接地、保护接零和重复接地

重复接地的主要作用如下:

①减小中性线断线或接触不良时触电的危险性。在很多情况下,中性线断开或接触不良的可能性是不能完全排除的。无重复接地时,当中性线断线,断线处后面某电气设备碰壳短路时,零线重复接地能降低故障电器设备的对地电压,减小发生触电事故的危险性。

②缩短事故持续时间,降低漏电设备对地电压。采用重复接地后,重复接地和工作接地并联,降低相零回路的阻抗,因此发生短路时,能增加短路电流,加速线路保护装置动作,缩短事故持续时间。

③降低三相不平衡负荷电流造成的中性线电压。系统在设备完全正常运行的情况下,如三相负荷不平衡时,中性线有负荷电流流过,电流的大小随负荷的不平衡程度的增大而增大,该电流在中性线阻抗上也必然产生压降,而使接零设备上呈现对地电压。同理,设置重复接地后,也可降低中性线对地电压,规程要求中性线对地电压应不大于 50V。

应当注意的是,迅速切断电源供电是保护接零的基本保护方式,如不能实现这一基本保护,即使重复接地,往往也只能减小危险,而难以消除危险。

采用重复接地是为了提高保护接零的可靠性。为此,要求以下处所应装设重复接地:架空线路的干线和分支线的终端和沿线每 1km 处,分支线长度超过 200m 的分支处;电缆和架空线在引入车间或大型建筑物处;采用金属管配线时,金属管与保护线连接处;采用塑料管配线时,另行敷设保护线处。

低压线路中性线每个重复接地装置的接地电阻不应大于 10Ω,而电源容量在 100kV·A 以下者,不应超过 30Ω,但重复接地不应少于 3 处。中性线的重复接地应充分利用自然接地体。

（5）在由同一台发电机、同一台变压器或同一段母线供电的低压电网中,不宜同时采用保护接地和保护接零两种保护方式。否则,当保护接地的用电设备碰壳短路时,接零设备的外壳上将产生对地电压,这样将会使故障范围扩大。

（6）所有电气设备的保护线,应以"并联"方式连接到零干线上。比如,使用单相三孔插座时,不允许将插座上接电源中性线的孔同保护线的孔串接。因为一旦中性线松脱或断开,就会使设备的金属外壳带电,在中性线、相线接反时也会使外壳带电。正确接法是由接电源中性线的孔和接保护线的孔分别引出导线接到中性线上。

(7)手持式电具要有不带工作电流的专用接中性线芯,不可利用既带工作电流又兼用保护接零的同一线芯。否则当导线中的中性线芯断开时,电具的金属外壳将会出现大小相当于相电压的对地电压。

作为间接触电的防护方式,接零保护是有很大作用的。

9.2.3 静 电

静电是一种常见的物理现象。例如,脱下毛腈衣服或尼龙工作服,或用塑料梳子梳头发等,有时会听到响声,在黑暗中还能见到火花,这就是静电放电现象。静电一般是由两种物体相互摩擦产生的,当两个物体摩擦时,它们带有极性相反的电荷,彼此之间产生电位差。如果电荷积累到一定数量,其电位差达到一定数值,就会发生放电现象,立即出现响声和火花。

静电现象同其他事物一样,也具有两重性。在生产和生活中,静电已得到广泛的应用,例如静电喷涂、静电植绒、静电除尘、静电复印及静电分离、选种、选矿等。随着科学技术的发展,静电技术的应用越来越被人们重视。但在不少场合中,静电又给人们带来麻烦与危害,例如在印刷过程中,纸张带有静电会吸收空气中的尘埃使印刷质量下降;在合成纤维的生产过程中,也会因带有静电而吸引空气中的尘埃影响其合格率;一些高精度、高灵敏度的仪表因静电的存在而无法正常工作;在易燃易爆炸等危险品的场所里,静电火花往往是发生爆炸和火灾的原因。

通常两种绝缘体相互接触分离后,它们的表面就带有束缚电荷,但数量很少,而且一般物质总会有一些导电性能,哪怕是极微弱的导电性能也会使它所带电荷泄漏消失,这种情况是无关紧要的。但是如果两种绝缘体相互摩擦,或者具有静电电荷的积累,就有可能造成危害。

在生产和生活中,摩擦现象是不可避免的,因此也就避免不了静电现象的发生。人们经过长期实践认识到如塑料、橡胶等类型的非导电固体物质,在碾碎、搅拌、挤压、摩擦等操作过程中,容易产生静电。若周围空气干燥,设备又没有很好地接地,则静电电荷就会积累,形成高电位。另外,在管道中流动的易燃液体,如石油产品、乙醚、苯及液化天然气或者石油气等,它们与管壁相互摩擦,也会产生静电。这些带电液体注入储运容器时,因为易燃液体的绝缘性能好,其所带电荷不易消失,所以随着液体的灌注,液体中的电荷就会越积越多,而且这些带电液体中的电荷存在趋表现象,当液体表面电荷积累到一定数量时,就可能产生放电火花,引起易燃液体的蒸气燃烧爆炸,其中,从管道口流出或从管道裂缝处外喷及液化气体的放空等出口部位,更容易产生高电位。此外,带有大量粉尘的气体在通风管道中高速流动,或粉尘很高的生产场所,如麻纺、棉纺、毛纺、面粉等生产车间,粉尘之间相互摩擦也会产生静电,而且可能出现很高的电位,使得电位差达上千伏甚至上万伏。例如,有用汽油擦洗尼龙工作服引起火灾,在解剖手术中发生乙醚爆炸,在搬运乙苯过程中发生火灾的事例。分析其原因,都是由静电放电造成的。

综上所述,产生静电危害的原因有以下几方面:一是生产中所使用的原料或产品是易燃的非导电物质;二是加工中有摩擦、冲击、高速流动等工艺过程;三是有积累静电电荷的条件。要防止静电危害,就应尽量减少静电电荷的产生,设法消除静电电荷的积累。

常用的防止静电措施有:①导除静电,将产生静电的设备,如管道、管道口、容器等进行良好地接地。在不导电的物质中,在许可的情况下掺入导电物质,如在橡胶中掺入炭黑、石墨等以消除或减少静电电荷的积累。②采用等电位法,用导线将设备各部分或设备之间可靠地连接在一起,防止设备之间存在电位差,以消除静电放电。③使输送管道内壁光滑,限制液体的流速,以减少静电电荷的产生。尤其在倾倒、灌注易燃液体时,应防止飞溅冲击,要用导管从液面下接近容器底部放出液体。④在可能发生易燃、易爆炸气体的场所,要经常清扫积尘,加强通风,降低空气中粉尘的浓度。在粉尘浓度很高的场所,在条件允许时,尽可能加大空气湿度。这些场所应采用导电良好的水泥地面,在这里的工作人员,不能穿尼龙类的工作服,要穿能导除静电电荷的工作服与布底鞋。

9.3　节约用电

随着国民经济的发展,各方面的用电需要日益增长。为了满足这种需要,除了增加发电量外,还必须注意节约用电。即在满足生产、生活所必需的用电条件下,减小电能的消耗,提高用户的电能利用率和减小供电网络的电能损耗。节约用电对发展国民经济有重要意义。节约用电的措施主要包括以下几项。

1. 发挥用电设备的效能

应正确选择电动机及变压器的额定功率,避免"大马拉小车"的现象。电动机和变压器在接近额定负载时运行效率最高,且功率因数也较高,而在空载或轻载时效率及功率因数都较低,损耗大。

2. 提高线路和用电设备的功率因数

提高功率因数的目的在于发挥发电设备的潜力和减少输电线路的损失。《供电营业规则》规定:"用户在当地供电企业规定的电网高峰负荷时的功率因数,应达到下列规定:$100kV \cdot A$ 及以上高压供电的用户功率因数为 0.90 以上。其他电力用户和大、中型电力排灌站、趸购转售电企业,功率因数为 0.85 以上。农村用电,功率因数为 0.80。"

3. 降低线路损耗

要降低线路损耗,除提高功率因数外,还必须合理选择导线截面,适当缩短大电流负载(如电焊机)的连接,保持连接点紧接,三相负载接近对称等。

4. 技术革新

改造现有能耗大的供用电设备,逐步更新、淘汰现有低效率的电气设备。例如:电车上采用晶闸管调速比电阻调速节电 20% 左右;电阻炉上采用硅酸铝纤维代替耐火砖作为保温材料,可节电 30% 左右;采用精密铸造后,可使铸件的耗电量大大减小;采用节能灯特别是半导体照明后,耗电大、寿命短的白炽灯将被淘汰。

5. 加强用电管理

工厂不仅要建立一个功能完善的能源管理机构,而且要建立一套科学的能源管理制度,加强并不断完善用电定额管理,加强节电的宏观管理。

第 9 章测试题

第 9 章拓展练习

本章小结

(1)电力系统是电能的生产、输送、分配、变换和使用的一个统一整体。电力系统由发电厂、电力网和用户组成。电力网是连接发电厂和用户的中间环节,它由变电站和各种不同电压等级的输电线路组成。

(2)工厂供电系统是电力系统的主要组成部分,也是电力系统的主要用户。工厂供电系统是指从电源线路进厂起到高低压用电设备进线端止的整个电路系统,它是由工厂变配电所、配电线路和用电设备构成的整体。

(3)为了确保用电安全,必须建立安全用电制度,采取一系列的保护措施,如接地保护、接零保护、安装漏电保护及电气消防保护等。

(4)节约用电的措施主要有:正确选择电动机及变压器的额定功率,提高线路和用电设备的功率因数,降低线路损耗,改造现有能耗大的供用电设备,加强用电管理。

习题 9

9.1 什么是电力系统?什么是电力网?试述电力系统的作用和组成部分。

9.2 什么是工厂供电系统?试述其各部分的作用。

9.3 为什么中性点接地的系统中不采用保护接地?

9.4 为什么中性点不接地的系统中不采用保护接零?

9.5 什么叫工作接地与保护接地?什么叫保护接零?为什么在同一系统中不允许有的设备采取接地保护而另一些设备又采取接零保护?

9.6 区别工作接地、保护接地和保护接零。为什么在中性点接地系统中,除采用保护接零外,还要采用重复接地?

9.7 什么叫跨步电压?一般离接地故障点多远对人比较安全?

习题答案

习题 1

1.1 (a)、(b)、(d)、(e)正确;(c)错误,应为 $i=-C\dfrac{\mathrm{d}u}{\mathrm{d}t}$;(f)错误,应为 $i=C\dfrac{\mathrm{d}u}{\mathrm{d}t}$。

1.2 (1)$I=-1\mathrm{A}$,$U_1=U_3=U_4=-2\mathrm{V}$,$U_{ae}=-8\mathrm{V}$;(2)$V_a<V_b<V_c<V_d<V_e$。

1.3 元件 1:功率 $P_1<0$,发出功率,是电源;元件 2:功率 $P_2>0$,吸收功率,是负载;元件 3:功率 $P_3>0$,吸收功率,是负载。

1.4 B 点电位高;$P=UI<0$,元件 N 是电源。

1.5 A:U、I 参考方向关联,$P=2\mathrm{W}$,元件 A 实为吸收 2W 的功率。

B:U、I 参考方向非关联,$P=-UI=10\mathrm{W}$,$U=-5\mathrm{V}$。

C:U、I 参考方向非关联,$P=-UI=-3\mathrm{W}$,元件 C 实为发出 3W 的功率。

D:U、I 参考方向非关联,$P=-UI=-10\mathrm{W}$,$I=2\mathrm{A}$。

E:U、I 参考方向关联,$P=UI=-(-10\mathrm{W})$,$U=5\mathrm{V}$。

F:U、I 参考方向关联,$P=UI=10\mathrm{W}$,$P_{发出}=-P_{吸收}=-10\mathrm{W}$。

1.6 (1)$W=P_{高}t=6.6\times10^5\mathrm{J}$;(2)$R_1=44\Omega$;(3)$I=P_{低}/U=2\mathrm{A}$,$Q=I^2R_1t=5.28\times10^4\mathrm{J}$。

1.7 C、D 处出现短路故障。

1.8 S 闭合:$U_{ab}=0$,$U_{cd}=4\mathrm{V}$;S 断开:$U_{ab}=6\mathrm{V}$,$U_{cd}=0$。

1.9 $I=10\mathrm{A}$ 时,$U=0$;$i=10\sin100t\mathrm{A}$ 时,$u=L\dfrac{\mathrm{d}i}{\mathrm{d}t}=1000\cos100t\mathrm{V}$。

1.10 $Q=CU=10^{-3}\mathrm{C}$。

1.11 $U=10\mathrm{V}$ 时,$I=0$;$u=10\sin100t\mathrm{V}$ 时,$i=C\dfrac{\mathrm{d}u}{\mathrm{d}t}=0.1\cos100t\mathrm{A}$。

1.12 (a)$I=-2\mathrm{A}$;(b)$I=2\mathrm{A}$;(c)$I=3\mathrm{A}$。

1.13 (a)$U=3\mathrm{V}$;(b)$U_1=1\mathrm{V}$,$U_2=2\mathrm{V}$,$U_3=3\mathrm{V}$。

1.14 $I_{ab}=0$,$U_{ab}=0$。

1.15 (1)$U_{ab}=-2\mathrm{V}$;(2)$I_{ab}=-0.5\mathrm{A}$。

1.16 $I_1=-2\mathrm{A}$,$I_2=-1\mathrm{A}$,$I_3=-3\mathrm{A}$,$I_A=1\mathrm{A}$,$I_B=5\mathrm{A}$,$I_C=4\mathrm{A}$。

1.17 开关 S 断开时,$V_A=2\mathrm{V}$;开关 S 闭合时,$V_A=1.2\mathrm{V}$。

1.18 (a)$V_A = 6V$, $V_B = 3V$, $V_C = 0$；(b)$V_A = 4V$，$V_B = 0$，$V_C = -2V$；

(c)S断开时：$V_A = 6V$，$V_B = 6V$，$V_C = 0$；S闭合时：$V_A = 6V$，$V_B = 4V$，$V_C = 2V$；

(d)$V_A = 12V$，$V_B = 7.2V$，$V_C = 0$；(e)$V_A = 6V$，$V_B = -2V$，$V_C = -6V$。

1.19 $V_A = -2V$，$V_B = -2V$，$V_C = -4V$。

1.20 (1)零电位参考点为+12V电源的"-"端与-12V电源的"+"端的联结处；
(2)当电位器R_P的滑动触点向下滑动时，A点电位增高，B点电位降低。

习题2

2.1 (a)3.5Ω；(b)18Ω；(c)10Ω。

2.2 (a)10Ω；(b)18Ω；(c)6Ω。

2.3 (a)20Ω；(b)7Ω；(c)2Ω；(d)3Ω；(e)6Ω。

2.4 (a)8Ω；(b)2.4Ω；(c)1.5Ω。

2.5 (a)$I=0$，$U=6V$；(b)$I=2A$，$U=6V$；(c)$I=1A$，$U=6V$；(d)$I=5A$，$U=0$；(e)$I=5A$，$U=10V$；(f)$I=5A$，$U=20V$。

根据计算结果得出的规律性结论是：理想电压源的电压恒定，电流随外电路的变化而变；理想电流源的电流恒定，电压随外电路的变化而变化。

2.6 (a)电压值为8V的理想电压源；(b)电流值为5A的理想电流源；

(c)电流值为3A的理想电流源；(d)10V理想电压源串联2Ω电阻；

(e)2A理想电流源并联6Ω电阻；(f)3A理想电流源并联5Ω电阻。

【解释】 凡与理想电压源并联的元件对外电路不起作用，在分析与计算外电路时均可除去；凡与理想电流源串联的元件对外电路也不起作用，在分析与计算外电路时也可除去。

2.7 $I=1.6A$。

2.8 $I=-1A$。

2.9 $I=3A$。

2.10 $I=0.5A$。

2.11 (a)$R_{ab}=5.5\Omega$；(b)$R_{ab}=7\Omega$(加压求流法)。

2.12 $i=1A$。

2.13 **解析**：题目中共3个节点，任选2个节点列KCL方程，再选3个网孔列KVL方程，共5个方程可以求解5个未知量。

2.14 $I=2A$。

2.15 100V电压源发出功率86.67W；20V电压源发出功率-14.67W(吸收功率14.67W，在电路中起负载作用)；1A电流源发出功率58.67W。

2.16 $U_o=1V$。

2.17 $I=4A$；$U=10V$。

2.18 $I_1=-2A$；$I_3=6A$；$P_{3\Omega}=192W$。

2.19 $U=80V$。

2.20 电流源：10A，36V，360W(发出功率)；电压源：4A，10V，40W(吸收功率)；2Ω电

阻：10A，20V，200W（吸收功率）；4Ω 电阻：4A，16V，64W（吸收功率）；5Ω 电阻：2A，10V，20W（吸收功率）；1Ω 电阻：6A，6V，36W（吸收功率）。

吸收功率等于发出功率，所以功率平衡。

2.21 $I_1=10\mathrm{A}$；$I_2=-8\mathrm{A}$；$P_{2\mathrm{A}}=-20\mathrm{W}$（发出功率 20W）；$P_{6\mathrm{V}}=-60\mathrm{W}$（发出功率 60W）；$P_{2U}=-160\mathrm{W}$（发出功率 160W）。

2.22 戴维南等效电路参数为 $U_{\mathrm{oc}}=56\mathrm{V}$，$R_0=11\Omega$；诺顿等效电路参数为 $I_{\mathrm{sc}}=56/11\mathrm{A}$，$R_0=11\Omega$。

2.23 (a)戴维南等效电路参数为 $U_{\mathrm{oc}}=12\mathrm{V}$，$R_0=5\Omega$；诺顿等效电路参数为 $I_{\mathrm{sc}}=2.4\mathrm{A}$，$R_0=5\Omega$。

(b)戴维南等效电路参数为 $U_{\mathrm{oc}}=42\mathrm{V}$，$R_0=6\Omega$；诺顿等效电路参数为 $I_{\mathrm{sc}}=7\mathrm{A}$，$R_0=6\Omega$。

(c)戴维南等效电路参数为 $U_{\mathrm{oc}}=24\mathrm{V}$，$R_0=10\Omega$；诺顿等效电路参数为 $I_{\mathrm{sc}}=2.4\mathrm{A}$，$R_0=10\Omega$。

2.24 $I=0.5\mathrm{A}$（戴维南等效电路参数为 $U_{\mathrm{oc}}=16\mathrm{V}$，$R_0=8\Omega$；诺顿等效电路参数为 $I_{\mathrm{sc}}=2\mathrm{A}$，$R_0=8\Omega$）。

2.25 $I=-0.4\mathrm{A}$（戴维南等效电路参数为 $U_{\mathrm{oc}}=2\mathrm{V}$，$R_0=2\Omega$；诺顿等效电路参数为 $I_{\mathrm{sc}}=1\mathrm{A}$，$R_0=2\Omega$）。

2.26 $I=4\mathrm{A}$（戴维南等效电路参数为 $U_{\mathrm{oc}}=6\mathrm{V}$，$R_0=1\Omega$；诺顿等效电路参数为 $I_{\mathrm{sc}}=6\mathrm{A}$，$R_0=1\Omega$）。

2.27 $I=-5\mathrm{A}$（戴维南等效电路参数为 $U_{\mathrm{oc}}=50\mathrm{V}$，$R_0=0$）。

2.28 $I=1\mathrm{A}$（戴维南等效电路参数为 $U_{\mathrm{oc}}=30\mathrm{V}$，$R_0=10\Omega$；诺顿等效电路参数为 $I_{\mathrm{sc}}=3\mathrm{A}$，$R_0=10\Omega$）。

习题 3

3.1 (1)最大值：$U_{\mathrm{m}}=100\sqrt{2}\,\mathrm{V}$，$I_{\mathrm{m}}=2\sqrt{2}\,\mathrm{A}$；有效值：$U=100\mathrm{V}$，$I=2\mathrm{A}$；

频率：50Hz；角频率：314rad/s；初相位：$\varphi_u=10°$，$\varphi_i=-30°$；u、i 之间的相位差：$\varphi_u-\varphi_i=40°$；

(2)$\dot U=100\angle10°\mathrm{V}$，$\dot I=2\angle-30°\mathrm{A}$，电压 u 超前电流 i 40°；

(3)$i=-2\sqrt{2}\sin(314t-30°)=2\sqrt{2}\sin(314t-30°+180°)=2\sqrt{2}\sin(314t+150°)\mathrm{A}$。

3.2 不对，因为相位差是两个同频率正弦量的初相之差，而 i_1，i_2 频率不相同。

3.3 $U=220\mathrm{V}$，$u=220\sqrt{2}\sin(314t+45°)\mathrm{V}$。

3.4 $A+B=11-\mathrm{j}2$；$A-B=5-\mathrm{j}10$；$AB=10\angle-37°\times5\angle53°=50\angle16°$；$A/B=2\angle-90°$。

3.5 $AB=10\angle-90°\times5\sqrt{2}\angle45°=50\sqrt{2}\angle-45°$；$A/B=\sqrt{2}\angle-135°$；

$AC=10\angle-90°\times10\angle90°=100$；$A/C=-1$。

3.6 $\dot I_1=4\angle30°\mathrm{A}$，$\dot I_2=4\angle150°\mathrm{A}$，$\dot I_3=4\angle-150°\mathrm{A}$，$\dot I_4=4\angle-30°\mathrm{A}$；

$i_1=4\sqrt{2}\sin(\omega t+30°)\mathrm{A}$，$i_2=4\sqrt{2}\sin(\omega t+150°)\mathrm{A}$，$i_3=4\sqrt{2}\sin(\omega t-150°)\mathrm{A}$，$i_4=$

$4\sqrt{2}\sin(\omega t-30°)$A。

3.7 $\dot{I}_1=(4+j3)$A，$\dot{I}_2=(-4+j3)$A，$\dot{I}_3=(4-j3)$A，$\dot{I}_4=(-4-j3)$A。

3.8 (1)$\dot{U}=5\angle 0°$V；(2)$\dot{U}=5\angle 30°$V；(3)$\dot{U}=5\angle -120°$V；(4)$\dot{U}=5\angle -60°$V。

3.9 (1)错误，正弦量和相量不是等于关系，$i=5\sqrt{2}\sin(\omega t+10°)$A 或 $\dot{I}=5e^{j10°}$A；

(2)错误，$\dot{U}=10e^{j60°}$V；(3)错误，$i=5\sin\omega t$A 或 $I=\dfrac{5}{\sqrt{2}}$A；

(4)正确；(5)错误，$\dot{I}_m=2\angle 15°$A 或 $I_m=2$A；(6)错误，缺单位。

3.10 (1)$u=10\sqrt{2}\sin(314t+30°)$V；(2)$u=10\sqrt{2}\sin(314t-10°)$V；

(3)$i=10\sqrt{2}\sin(314t-53°)$A；(4)$u=5\sin(314t-127°)$V；

(5)$u=10\sqrt{2}\sin(314t+180°)$V；(6) $i=8\sqrt{2}\sin(314t-90°)$A。

3.11 $i_1=10.8\sin(\omega t+67.5°)$A。

3.12 $u=196.6\sin(\omega t+119.4°)$V。

3.13 $\dot{U}_L=jX_L\dot{I}=j31.4$V，$u_L=31.4\sqrt{2}\sin(\omega t+90°)$V；$u_C=7.24\sqrt{2}\sin(\omega t-90°)$V。

3.14 $U=100$V。

3.15 $R=5.09\Omega$，$L=13.7$mH。

3.16 (1)正确；(2)错误；(3)正确；(4)正确；(5)错误；

(6)正确；(7)错误；(8)正确；(9)错误；(10)正确。

3.17 (a)14.1A(以电压为基准相量)；(b)10A，141V(设$\dot{U}_1=100\angle 0°$V)。

3.18 (a)$Z=3\Omega$，阻性阻抗；(b)$Z=(5.5-j4.75)\Omega$，容性阻抗。

3.19 (1)5A；(2)Z_2为电阻，7A；(3)Z_2为电容，1A。

3.20 $i=2.5\sqrt{2}\sin(2t-45°)$A；$u_R=5\sqrt{2}\sin(2t-45°)$V；

$u_L=10\sqrt{2}\sin(2t+45°)$V；$u_C=5\sqrt{2}\sin(2t-135°)$V。

3.21 $u=1.7\sqrt{2}\sin(2t-37°)$V。

3.22 $i=0.62\sqrt{2}\sin(314t+82.9°)$A；$i_1=0.02\sqrt{2}\sin(314t-5.3°)$A；

$i_2=0.62\sqrt{2}\sin(314t+84.7°)$A。

3.23 $I=10\sqrt{2}$A，$R=10\sqrt{2}\Omega$，$X_C=10\sqrt{2}\Omega$，$X_L=5\sqrt{2}\Omega$。

(可以设$\dot{I}_2=10\angle 0°$A，电阻元件的电压电流同相，故$\dot{I}_1=10\angle 90°$A)

3.24 $u_C=75\sqrt{2}\sin(t-120°)$V。

3.25 $I_1=10$A，$X_C=15\Omega$，$R_2=X_L=7.5\Omega$(可以设$\dot{I}_2=10\sqrt{2}\angle 0°$A，$R_2=X_L$，则$\dot{U}_2=U_2\angle 45°$V，进而可推得$\dot{I}_2=10\angle 135°$A，再由KCL可得$\dot{I}=10\angle 45°$A，可见$\dot{I}$和$\dot{U}_2$同相，进而由KVL可以推出$U_2$)。

3.26 (1)$i=5\sqrt{2}\sin(10^6t+180°)$A；$i_1=9\sqrt{2}\sin(10^6t+180°)$A；$i_2=4\sqrt{2}\sin 10^6t$A。

(2)由支路1元件上电压与电流的相位差 $\varphi=(-90°)-180°=-270°+360=90°$，故元

件 1 可能为电感元件。

3.27 $\dot{I}_1=11.3\angle 8°$A，$\dot{I}_2=14\angle 143°$A（可以用支路电流法利用一个 KCL 方程和一个 KVL 方程联立求解，或者利用节点电压法求解）。

3.28 $R=30\Omega$，$L=0.127$H，$Z=(30+j40)\Omega$。

3.29 $P=469.4$W，$Q=1432$var，$S=1507$V·A。

3.30 $C=111.6\mu$F，电流前后分别为 15.2A 和 10.1A。

3.31 $f_0=795.8$kHz，$Q=80$，$U_R=1$mV，$U_L=U_C=80$mV。

3.32 $C=292$pF，$Q=101.7$，$I_0=10\mu$A，$U_{L_0}=10.17$mV。

3.33 $\omega=\omega_0=\dfrac{1}{\sqrt{(L_1+L_2)C}}$rad/s。

3.34 55.18W（$P=U_{ac}I_2\cos(\varphi_1-\varphi_2)$，其中 φ_1、φ_2 分别是电压 u_{ac}、电流 i_2 的初相）。

习题 4

4.1 不可以，此时三个电压为 $u_A=U_m\sin\omega t$V，$u_B=U_m\sin(\omega t-120°)$V，$u'_C=-u_C=U_m\sin(\omega t-240°+180°)=U_m\sin(\omega t-60°)$V，这三个电压的相位差不相等，不是对称的三相电压。

4.2 $u_{AB}=220\sqrt{2}\sin(314t-45°)$V。

4.3 必须使用三相电源工作的负载称三相负载。只需使用单相电源工作的负载称单相负载。将单相负载适当分配后接到三相电源的三个相上，称为单相负载的三相连接。电灯的两根电源线间只需接入单相电源便能工作，故为单相负载。

4.4 66 个电灯分成三组，每组 22 个相互并联后接入三相电源一相的火线与中线间，获得相电压 220V；$I_L=10$A。

4.5 电源的中性点一般是接地的，电源的火线对地有电压。即便中性点不接地，也可通过导线对地的电容构成回路，因此人体只要触及火线就会触电。为此开关应接在火线上，断开开关便可进行电灯的修理与更换，否则将形成带电作业，造成触电危险。

4.6 $I_L=I_P=44$A，220V。

4.7 $I_L=38.1$A，$I_P=22$A。

4.8 $\dot{I}_A=44\angle-53°$A，$\dot{I}_B=11\angle-120°$A，$\dot{I}_C=22\angle 120°$A，$\dot{I}_N=27.5\angle-68.9°$A。

4.9 $\dot{I}_A=6.8\angle-85.95°$A，$\dot{I}_B=5.67\angle-143.53°$A，$\dot{I}_C=10.95\angle 68.12°$A。

4.10 (1) $\dot{I}_A=1.968\angle-63.4°$A，$\dot{I}_B=1.968\angle 176.6°$A，$\dot{I}_C=1.968\angle 56.6°$A；

(2) $\dot{I}_A=6.84\angle-27.4°$A，$\dot{I}_B=7.3\angle 168°$A，$\dot{I}_C=1.968\angle 56.6°$A。

4.11 (1) 220V，220V，220V；(2) 320V，190V，190V。

4.12 $I_A=39.3$A（注意阻性元件的电压、电流同相，而 Y 形连接中线电压超前相电压 30°，△形连接中线电流滞后相电流 30°，故 $\dot{I}_{A\triangle}$ 和 $\dot{I}_{AY}$ 同相）。

4.13 $\dot{I}_A=0.273\angle 0°$A，$\dot{I}_B=0.273\angle-120°$A，$\dot{I}_C=0.553\angle 85.3°$A，$\dot{I}_N=0.364\angle 60°$A。

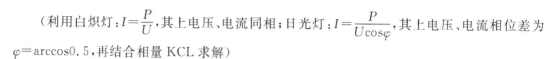

（利用白炽灯：$I=\dfrac{P}{U}$，其上电压、电流同相；日光灯：$I=\dfrac{P}{U\cos\varphi}$，其上电压、电流相位差为 $\varphi=\arccos0.5$，再结合相量 KCL 求解）

4.14 $\lambda=0.6$，$P=1.74\mathrm{kW}$。

4.15 $\lambda=0.819$，$P=2.7\mathrm{kW}$。

4.16 $Z=3.13\angle30^\circ\Omega$。

4.17 （1）虽然各相负载阻抗的模相等，但幅角并不相同，故负载不对称；

（2）$\dot{I}_A=22\angle0^\circ\mathrm{A}$，$\dot{I}_B=22\angle150^\circ\mathrm{A}$，$\dot{I}_C=22\angle-150^\circ\mathrm{A}$，$\dot{I}_N=16.1\angle180^\circ\mathrm{A}$，

$\dot{I}_N'=16.1\angle0^\circ\mathrm{A}$（令 $\dot{U}_A=220\angle0^\circ\mathrm{V}$）；

（3）$P_{总}=P_R=4840\mathrm{W}$。

4.18 （1）$P=3.63\mathrm{kW}$；（2）$P_1=767.1\mathrm{W}$，$P_2=2862.9\mathrm{W}$。

（$P_1=U_{AB}I_A\cos\varphi_1$，$P_2=U_{CB}I_C\cos\varphi_2$，其中，若令 $\dot{U}_{AB}=220\angle0^\circ\mathrm{V}$，则 $\varphi_1=75^\circ$，$\varphi_2=-15^\circ$）

习题 5

5.1 （1）$i_L(0_+)=0$，$i(0_+)=0.5\mathrm{A}$；（2）$i(\infty)=i_L(\infty)=1\mathrm{A}$，$u_L(\infty)=0$。

5.2 （1）$i_C(0_+)=i(0_+)=1\mathrm{A}$，$u_C(0_+)=30\mathrm{V}$；（2）$i(\infty)=i_C(\infty)=0$，$u_C(\infty)=50\mathrm{V}$。

5.3 （a）$i_C(0_+)=-I_S(1+R_2/R_1)$，$u_1(0_+)=-I_SR_2$；

（b）$i_C(0_+)=U_S/(3R)$，$u(0_+)=U_S/3$；

（c）$u_C(0_+)=0$，$i_L(0_+)=0$，$u_L(0_+)=3\mathrm{V}$；

（d）$i(0_+)=i_L(0_+)=0.25\mathrm{A}$，$u_L(0_+)=1.25\mathrm{V}$；

（e）$i_L(0_+)=1\mathrm{A}$，$u_L(0_+)=-8\mathrm{V}$；

（f）$i_L(0_+)=U_S/R$，$i(0_+)=U_S/(2R)$，$u(0_+)=u_L(0_+)=U_S/2$。

5.4 （1）$i_1(0_+)=i_2(0_+)=i_{C1}(0_+)=i_{C2}(0_+)=1\mathrm{A}$，$i_{L1}(0_+)=i_{L2}(0_+)=0\mathrm{A}$，

$u_{C1}(0_+)=u_{C2}(0_+)=0$，$u_1(0_+)=2\mathrm{V}$，$u_2(0_+)=-8\mathrm{V}$，$u_{L1}(0_+)=u_{L2}(0_+)=8\mathrm{V}$。

（2）$i_1(\infty)=i_{L1}(\infty)=i_{L2}(\infty)=1\mathrm{A}$，$i_2(\infty)=-1\mathrm{A}$，$i_{C1}(\infty)=i_{C2}(\infty)=0$。

$u_{C1}(\infty)=u_{C2}(\infty)=8\mathrm{V}$，$u_1(\infty)=2\mathrm{V}$，$u_2(\infty)=8\mathrm{V}$，$u_{L1}(\infty)=u_{L2}(\infty)=0$。

5.5 $i_L(0_+)=1\mathrm{A}$，$i(0_+)=4\mathrm{A}$，$i_C(0_+)=3\mathrm{A}$，$u_C(0_+)=4\mathrm{V}$，$u_L(0_+)=24\mathrm{V}$；

$i_L(\infty)=i(\infty)=4\mathrm{A}$，$i_C(\infty)=0$，$u_C(\infty)=16\mathrm{V}$，$u_L(\infty)=0$。

5.6 $i_C(t)=i_C(\infty)+[i_C(0_+)-i_C(\infty)]\mathrm{e}^{-\frac{t}{\tau}}=[0+(-0.45-0)\mathrm{e}^{-\frac{t}{0.11\times10^{-3}}}]\mathrm{A}$

$=-0.45\mathrm{e}^{-9.1\times10^3t}\mathrm{A}$；

$i(t)=i(\infty)+[i(0_+)-i(\infty)]\mathrm{e}^{-\frac{t}{\tau}}=[0+(0.18-0)\mathrm{e}^{-\frac{t}{0.11\times10^{-3}}}]\mathrm{A}=0.18\mathrm{e}^{-9.1\times10^3t}\mathrm{A}$。

5.7 $i_L(t)=i_L(\infty)+[i_L(0_+)-i_L(\infty)]\mathrm{e}^{-\frac{t}{\tau}}=[0+(8-0)\mathrm{e}^{-\frac{t}{0.5\times10^{-3}}}]\mathrm{A}=8\mathrm{e}^{-2\times10^3t}\mathrm{A}$；

$u_L(t)=u_L(\infty)+[u_L(0_+)-u_L(\infty)]\mathrm{e}^{-\frac{t}{\tau}}=[0+(-160-0)\mathrm{e}^{-\frac{t}{0.5\times10^{-3}}}]\mathrm{V}=-160\mathrm{e}^{-2\times10^3t}\mathrm{V}$。

5.8 $i_L(t)=i_L(\infty)+[i_L(0_+)-i_L(\infty)]\mathrm{e}^{-\frac{t}{\tau}}=[1+(0-1)\mathrm{e}^{-\frac{t}{2\times10^{-3}}}]\mathrm{A}=1-\mathrm{e}^{-500t}\mathrm{A}$；

$u_L(t)=u_L(\infty)+[u_L(0_+)-u_L(\infty)]\mathrm{e}^{-\frac{t}{\tau}}=[0+(5-0)\mathrm{e}^{-\frac{t}{2\times10^{-3}}}]\mathrm{V}=5\mathrm{e}^{-500t}\mathrm{V}$。

5.9 $i(t) = i(\infty) + [i(0_+) - i(\infty)]e^{-\frac{t}{\tau}} = [-1.25 + (-5 + 1.25)e^{-\frac{t}{1.5}}]\text{A}$

$= (-1.25 - 3.75e^{-0.67t})\text{A}$；

$u_C(t) = u_C(\infty) + [u_C(0_+) - u_C(\infty)]e^{-\frac{t}{\tau}} = [12.5 + (20 - 12.5)e^{-\frac{t}{1.5}}]\text{V} = (12.5 +$

$7.5e^{-0.67t})\text{V}$。

5.10 $i_L(t) = i_L(\infty) + [i_L(0_+) - i_L(\infty)]e^{-\frac{t}{\tau}} = [15 + (5 - 15)e^{-\frac{t}{2\times10^{-3}}}]\text{mA}$

$= 15 - 10e^{-500t}\text{mA}$；

$u_L(t) = u_L(\infty) + [u_L(0_+) - u_L(\infty)]e^{-\frac{t}{\tau}} = [0 + (5 - 0)e^{-\frac{t}{2\times10^{-3}}}]\text{V} = 5e^{-500t}\text{V}$。

5.11 $0 \leqslant t < 0.6\mu\text{s}$ 时，$u_o(t) = [4 + (8 - 4)e^{-\frac{t}{0.4\times10^{-3}}}]\text{V} = (4 + 4e^{-2500t})\text{V}$；

$t \geqslant 0.6\mu\text{s}$ 时，$u_o(t') = -u_C(t') = 0 - (u_C(6\mu\text{s}) - 0)e^{-\frac{t'}{0.27\times10^{-3}}} = -0.12e^{-3700(t-6\mu\text{s})}\text{V}$。

5.12 $i_L(t) = [110 + (10 - 110)e^{-\frac{t}{0.1}}]\text{A} = (110 - 100e^{-10t})\text{A} = 30\text{A} \Rightarrow t \approx 22.3\text{ms}$。

（思路：求出短路后电流的全响应表达式，由 $i = 30\text{A}$ 得到切断电源的时间）

习题 6

6.1 对空心线圈：接到直流电源上时，电流 $I_- = U/R$。接到交流电源上时，电流 $I_\sim = \dfrac{U}{\sqrt{R^2 + X_L^2}}$，显然 $I_\sim < I_-$，消耗功率 $P_- > P_\sim$。

插入铁心后：接到直流电源上，磁通不变化，电流和功率也不变。接到交流电源上，由楞次定理可知，因为磁通增大，感抗 X_L 增大，且铁心发生磁滞、涡流损失，使电路电阻也略有增大，所以电流大大减小，功率也减小。

6.2 恒定电流仅在铜电阻上产生功率损耗，不存在铁心的磁滞和涡流损耗，故无铁损。

6.3 变压器铁心用硅钢片的目的是减小涡流损耗。如果用整块的铁心，变压器会因过热而损坏。

6.4 不可以，$U_1 \approx 4.44fN_1\Phi_m$，$U_{20} \approx 4.44fN_2\Phi_m$，若将 N_1 和 N_2 均减少为原来的 1/5，则磁通将增加 5 倍，因此励磁电流将大大增加，但因磁路饱和，电流将远远超过额定值而使绕组绝缘烧坏。

6.5 二次绕组上没有电压，原因：变压器的工作原理是电磁感应定律，一次绕组上加交流电压，产生的交变电流使线圈中产生交变的磁场，交变磁场在二次绕组上产生感应电压。所以直流电不会在二次绕组上产生电压。

6.6 电流表上不会有任何读数（两根线的电流方向相反，产生的磁通相互抵消）。

6.7 (1) 钳入一根线时，线电流为 5A，电流表读数为 5A；

(2) 钳入两根线时，电流表读数为 5A（由于线电流各相差 120°，大小均为 5A，故 $\dot{I}_1 + \dot{I}_2 = \dot{I}_1 \angle -60°$）；

(3) 钳入三根线时，电流表读数为 0（$\dot{I}_1 + \dot{I}_2 + \dot{I}_3 = 0$）。

6.8 线圈的铜损 $\Delta P_{Cu} = RI^2 = 6\text{W}$，线圈的铁损 $\Delta P_{Fe} = P - \Delta P_{Cu} = 64\text{W}$；

功率因数 $\cos\varphi = \dfrac{P}{UI} \approx 0.29$。

6.9 因空心线圈取用的有功功率即为铜损，故线圈电阻 $R = \dfrac{P_2}{I_2^2} = \dfrac{UI_2\cos\varphi_2}{I_2^2} = 0.55\,\Omega$；

则铁心线圈的铜损 $\Delta P_{\text{Cu}} = RI_1^2 = 13.75\,\text{W}$；

铁心线圈的铁损 $\Delta P_{\text{Fe}} = P_1 - \Delta P_{\text{Cu}} = UI_1\cos\varphi_1 - \Delta P_{\text{Cu}} = 343.75\,\text{W}$。

6.10 $n = S_{\text{N}}/P_{\text{N}} \approx 166$ 只（白炽灯具有纯阻性，$\cos\varphi = 1$）；

一次绕组额定电流 $I_{1\text{N}} = S_{\text{N}}/U_{1\text{N}} \approx 3.2\,\text{A}$；

二次绕组额定电流 $I_{2\text{N}} = S_{\text{N}}/U_{2\text{N}} \approx 45.5\,\text{A}$。

6.11 （1）$I_1 = 0.05\,\text{A}$；$U_1 = 400\,\text{V}$；（2）$I_1 = 0.05\,\text{A}$；$U_1 = 2000\,\text{V}$；

（3）$I_1 = 0.25\,\text{A}$；$U_1 = 400\,\text{V}$。

6.12 （1）一次绕组上的等效电阻为 $250\,\Omega$（$|Z_1| = K^2|Z_2|$，$R_1 = K^2 R_2$）；

灯泡上的工作电流 $I_2 = 4\,\text{A}$（$I_1 = \dfrac{U_1}{|Z_1|} = \dfrac{200}{250}\,\text{A} = 0.8\,\text{A}$，$I_2 = KI_1$）；

（2）灯泡的输出功率为 $40\,\text{W}$（$I_1 = \dfrac{U_1}{|Z_1|} = \dfrac{200}{250+250}\,\text{A} = 0.4\,\text{A}$，$I_2 = KI_1$，$P_2 = I_2^2 R$）。

习题 7

7.1 三相电源的三个电压在相位上互差 120°，三个电压初相正幅值的顺序称为相序。三相异步电动机本身没有相序，但三相绕组的空间位置互差 120°。

7.2 当电源线电压为 380 V 时，定子绕组应接成星形；当电源线电压为 220 V 时，定子绕组应接成三角形，这样就可保证无论什么连接方法，各相绕组上的端电压不变。

7.3 六极电动机，$p = 3$，$n_0 = 1000\,\text{r/min}$，$f_1 = 50\,\text{Hz}$，$f_2 = sf_1 = 1\,\text{Hz}$，$n = 980\,\text{r/min}$。

7.4 三相异步电动机转子抽掉后，空气隙增大，磁路磁阻大大增加，又因为 $U_1 \approx 4.44 f_1 N_1 \Phi_{\text{m}}$，当 U_1、f_1、N_1 不变时，Φ_{m} 几乎不变，所以磁动势定子电流将大大增加，可能烧坏定子绕组。

7.5 不能。因 $U_1 \approx 4.44 f_1 N_1 \Phi_{\text{m}}$，当 U_1、N_1 不变时，f_1 降低，Φ_{m} 增大，则电动机空载磁化电流增大，电动机发热；同时 f_1 减小，同步转速 n_0 会下降，进而电动机转速 n 也会下降。

7.6 不能。根据三相异步电动机的机械特性可知，最大转矩 $T_{\max}$ 又称临界转矩，它是异步电动机稳定工作区和不稳定工作区的临界点。若异步电动机工作在临界点，则当机械负载转矩略有波动，瞬时转矩大于临界转矩 $T_{\max}$ 时，电动机就会停转而被卡住，以致损坏电动机。

7.7 $n = 1470\,\text{r/min}$（异步电动机额定运行时，其机械特性可近似为直线，故负载转矩为额定转矩一半时，转差也近似为一半）

7.8 $n_0 = 1500\,\text{r/min}$，$n = 1470\,\text{r/min}$，$T_{\text{N}} = 142.9\,\text{N}\cdot\text{m}$。

7.9 $I_{\text{LN}} = \dfrac{P_{\text{N}}}{\sqrt{3}\,U_{\text{N}}\eta_{\text{N}}\cos\varphi} = 11.7\,\text{A}$，$I_{\text{P}} = \dfrac{I_{\text{LN}}}{\sqrt{3}} = 6.76\,\text{A}$，$T_{\text{N}} = 36.5\,\text{N}\cdot\text{m}$，$s_{\text{N}} = 0.04$。

7.10 （1）$p = 2$，$s_{\text{N}} = 0.027$，$T_{\text{N}} = 65.41\,\text{N}\cdot\text{m}$，$T_{\max} = 130.82\,\text{N}\cdot\text{m}$；

（2）$I_{\text{N}} = \dfrac{P_{\text{N}}}{\sqrt{3}\,U_{\text{N}}\eta_{\text{N}}\cos\varphi} = 20.3\,\text{A}$，$I_{\text{st}} = 142.1\,\text{A}$，$T_{\text{st}} = 130.82\,\text{N}\cdot\text{m}$；

（3）$I_{stY}=142.1/3A=47.37A$，$T_{stY}=130.82/3N·m=43.61N·m$；

（4）$T_C=70\%T_N$时，不能采用 Y-△换接启动（$T_{C0.7}>T_{stY}$），

$T_C=30\%T_N$时，能采用 Y-△换接启动（$T_{C0.3}<T_{stY}$）。

7.11 （1）$p=2$，$s_N=0.04$；

（2）$T_N=26.53N·m$，$I_N=8.8A$；

（3）能，$T_{st}=37.142N·m$，$T'_{st}=30.09N·m>T_N$（电动机的驱动转矩 $T\propto U_1^2$）；

（4）不能，$T_{stY}=T_{st}/3=12.38N·m<T_C=0.5T_N$；

（5）若电动机运行在额定状态下，当电源电压降低时，电动机的驱动转矩 T 会下降，转速 n 也会下降，则电动机转子绕组与定子旋转磁场之间的转差 $\Delta n=n_0-n$ 增大，转子电流会增加，从而定子电流增加，电动机的驱动转矩 T 又开始回升，直至 $T'=T_C$，这时电动机将在新的转速 n' 下运行，并且有 $n'<n_N$，$I'>I_N$。

7.12 （1）$n_N=1470$ r/min，$T_N=194.9$ N·m，$\cos\varphi_N=0.88$；

（2）变比 $K=\sqrt{\dfrac{T_{st}}{T'_{st}}}=\sqrt{\dfrac{1.2T_N}{0.85T_N}}\approx1.19$（自耦变压器启动的启动转矩为直接启动的 $1/K^2$）；

电动机的启动电流 $I_{stD}=I_{st}/K=338.24A$（即自耦变压器二次侧电流）；

线路上的启动电流 $I_{st1}=I_{stD}/K=284.23A$（即自耦变压器一次侧电流）。

习题 8

8.1 不能。即使两个继电器型号相同，每个线圈的电压均为电源电压的一半，也不能将两个线圈串联使用，因为两个继电器线圈铁心气隙总会略有差异，两个继电器通电后就不会同时动作。先吸合的继电器，因为磁路闭合，阻抗增加，该线圈两端电压增加，使另一个线圈电压达不到电器动作的电压值。故两个交流电器需要同时动作时，两个电器的线圈必须用并联接法。

8.2 满足设计要求的控制电路如题 8.2 答案图所示。

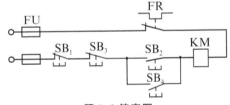

题 8.2 答案图

8.3 电源开关如铁壳开关、自动空气开关一般不适宜用来频繁操作和远距离控制，而一般的电动机控制都有这方面的要求。交流接触器适用于频繁地遥控接通或断开交流主电路，它具有一般电源所不能实现的遥控功能，并具有操作频率高、工作可靠和性能稳定等优点。但交流接触器保护功能较差，不具备过载、短路等保护功能，而这些功能又是一般电动机控制回路所必需的。一般电源开关，特别是自动空气开关，它的保护机构完善齐全，能对电动机进行有效保护。所以需由两者配合使用才能做到控制灵活、保护齐备。

8.4 如将熔丝装在闸刀开关的电源侧(进线端),则在闸刀拉开后,因熔丝未和电源分开而仍带电。如果要检查或更换熔丝,则必须带电作业,容易造成触电事故。为了保障安全,必须将熔丝装于闸刀后面,即负荷侧(出线端)。

在安装闸刀开关时,除不能将电源侧与负荷侧反接外,一般闸刀开关必须垂直安装在控制屏或开关板上,接通状态下手柄应朝上,不能倒装。否则在分断状态下,闸刀如有松动落下会造成误接通的可能。

8.5 中间继电器与交流接触器的区别有以下几点:

(1)功能不同。交流接触器可直接用来接通和切断带有负载的交流电路,中间继电器主要用来反映控制信号。

(2)结构不同。交流接触器一般带有灭弧装置,中间继电器则没有。

(3)触头不同。交流接触器的触头有主、辅之分,而中间继电器的触头没有主、辅之分,且数量较多。

中间继电器与交流接触器的原理相同,但触头容量较小,一般不超过5A;对于电动机额定电流不超过5A的电气控制系统,可以代替交流接触器使用。

8.6 热继电器不能作短路保护。热继电器主双金属片受热膨胀的热惯性及操作机构传递信号的惰性,使热继电器从过载开始到触头动作需要一定的时间,也就是说,即使电动机严重过载甚至短路,热继电器也不会瞬时动作,因此热继电器不能用作短路保护。

8.7 共有4处错误,正确电路见图8-17。

8.8 共有4处错误。(1)主电路保险丝不应装在电源侧,否则在闸刀拉开后,因熔丝未和电源分开而仍带电。如果要检查或更换熔丝,则必须带电作业,容易造成触电事故。(2)控制电路不应连在电源的同一根相线上,否则会使控制电路没有工作电源。(3)主电路只连接了一个热继电器的热元件,不能起到电动机的过载保护作用。(4)控制电路中的自锁触点应该是接触器的辅助常开触点,否则会使接触器产生振动。

8.9 只有(e)可以实现自锁功能。

8.10 交流接触器KM_1控制M_1电动机,交流接触器KM_2控制M_2电动机。M_1启动后M_2才能启动,M_2不能单独停车,按下停止按钮SB_1,接触器线圈KM_1断电,两台电动机同时停车。

8.11 交流接触器KM_1控制M_1电动机,交流接触器KM_2控制M_2电动机。按下启动按钮SB_2时,M_1先启动,延时一段时间后M_2自行启动;按下停止按钮SB_1时,两台电动机同时停车。

8.12 满足设计要求的控制电路如题8.12答案图所示。

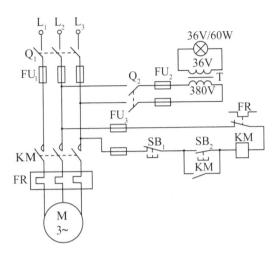

题 8.12 答案图

8.13　当按下 SB$_1$、SB$_2$、SB$_3$ 时,电磁铁线圈 YA 带电动作将门闩拉出把门打开。若按下 SB$_6$、SB$_7$、SB$_8$ 中的任一个,则线圈 KA$_1$ 带电,其常开触点 KA$_1$ 闭合自锁使警铃 HA 报警,此时若按下 SB$_4$、SB$_5$,则 KA$_2$ 带电,其常闭触点 KA$_2$ 断开,解除警铃。

8.14　满足设计要求的控制电路如题 8.14 答案图所示。

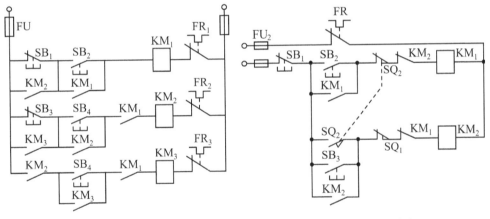

题 8.14 答案图　　　　　　　　**题 8.15 答案图**

8.15　设行程开关 SQ$_1$ 安装在行程的起点,行程开关 SQ$_2$ 安装在行程的终点,满足设计要求的控制电路如题 8.15 答案图所示。

8.16　在题 8.15 答案图中增加时间控制,满足设计要求的控制电路如题 8.16 答案图所示。

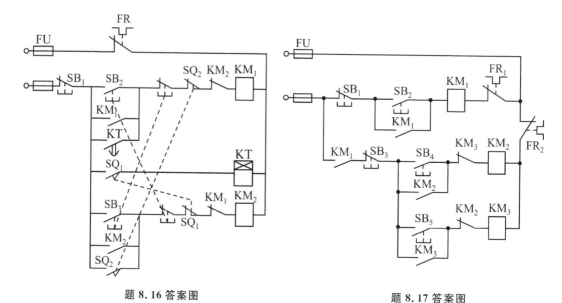

题 8.16 答案图   题 8.17 答案图

8.17 满足设计要求的控制电路如题 8.17 答案图所示(主电路略)。图中交流接触器 KM_1 控制的 M_1 为润滑油泵电动机,交流接触器 KM_2 控制的 M_2 为主轴电动机。

习题 9

答案略。

参考文献

[1]蔡启仲.电路基础[M].北京:清华大学出版社,2013.

[2]成开友.电工电子技术基础[M].北京:电子工业出版社,2019.

[3]韩雪涛.电子电路识图、应用与检测[M].北京:电子工业出版社,2019.

[4]黄锦安,蔡小玲,徐行健.电工技术基础[M].3版.北京:电子工业出版社,2017.

[5]卢飒.电路分析基础[M].北京:电子工业出版社,2017.

[6]秦曾煌.电工学(上册)电工技术[M].7版.北京:高等教育出版社,2009.

[7]秦雯.电工技术基础[M].北京:机械工业出版社,2018.

[8]邱关源,罗先觉.电路[M].5版.北京:高等教育出版社,2006.

[9]孙克军.电工手册[M].北京:机械工业出版社,2023.

[10]汪建,李开成.电路原理(下册)[M].3版.北京:清华大学出版社,2021.

[11]汪建,刘大伟.电路原理(上册)[M].3版.北京:清华大学出版社,2020.

[12]王松林.电路基础[M].4版.西安:西安电子科技大学出版社,2021.

[13]吴文琳.电工电路300例[M].北京:中国电力出版社,2018.

[14]许宏吉.电路分析基础[M].北京:清华大学出版社,2023.

[15]张煌竟,甄理.电工基础与运用(上、下册)[M].成都:西南交通大学出版社,2023.

[16]张诗淋,陈健,姚箫箫,等.电工基础及应用项目式教程[M].北京:冶金工业出版社,2023.

[17]张振文.电工手册[M].北京:化学工业出版社,2018.

[18]周茜.电路分析基础[M].3版.北京:电子工业出版社,2015.

[19]朱桂萍,于歆杰,陆文娟.电路原理[M].北京:高等教育出版社,2016.